최신 소화설비

박외철 · 김영수 · 방창훈
이수경 · 이춘하

도서출판 동화기술

머리말

매년 화재로 인해 많은 인명손실과 경제적 손실이 발생하고 있는 가운데 최근 소방관련 학과를 개설한 대학의 수가 급격히 증가한 것은 소방안전을 위해 바람직한 현상이다. 소화설비는 화재초기에 신속하게 소화함으로써 화재로 인한 인적, 물적 피해를 최소화하는데 필수적인 설비이다.

이 책에는 소방공학에 있어 핵심부분인 소화설비의 기본이론과 구조, 기능, 작동원리를 이해하기 쉽게 설명하였다. 국가화재안전기준(National Fire Safety Code, NFSC)의 제정에 따라 이 기준을 중심으로 하고 미국소방협회(National Fire Protection Association, NFPA)의 규정 등을 참조하였다. 1장에는 소방공학뿐만 아니라 공학에서 공통으로 사용되는 국제단위를 포함한 단위와 물리량을, 2장에는 소화펌프와 배관을 취급함으로써 소화설비의 기초를 복습하도록 하였다. 한편, 3~6장은 수계 소화설비, 7~10장은 비수계 소화설비로 구분하여 학습할 수 있도록 하였고, 할로겐화합물 소화설비는 사용이 금지됨에 따라 제외하였다. 단위의 국제화 추세를 감안하여 국제단위를 기본으로 하고, 현장에서 흔히 사용하는 압력의 단위인 kgf/cm^2 대신 MPa를 사용하였다. 소화설비 관련 실무능력 배양에 도움이 될 수 있도록 각 소화설비의 종합정밀점검표를 추가하였고, 예제와 연습문제를 통해 이해를 돕고 응용력을 기를 수 있도록 하였으며, 연습문제 중 계산문제의 풀이를 부록에 실었다.

이 책을 출판하는데 도움을 주신 많은 분들께 감사드린다.

저 자

차 례

CHAPTER 3 스프링클러설비

CHAPTER 4 소화전 설비

CHAPTER 5 물분무소화설비

CHAPTER 6 포 소화설비

CHAPTER 7 이산화탄소 소화설비

CHAPTER 8 청정소화약제 소화설비

CHAPTER

9 분말소화설비

CHAPTER 10 소화기구

APPENDIX 부 록

CHAPTER 1

단위와 물리량

1.1 단 위

어떤 양을 수치로 표시하기 위하여 비교의 기준으로서 사용되는 동종의 양을 단위(unit)라 한다. 기본량을 길이, 질량 및 시간으로 잡고, 이들의 단위를 기본으로 하는 국제단위와 질량 대신에 힘을 기본량으로 하여 길이, 힘 및 시간을 기본단위로 삼는 공학단위를 사용하여 왔다. 우리나라뿐만 아니라 미국이나 영국에서조차 점차 국제단위계(System International d'Unites, SI units)로 바뀌고 있으므로 국제단위를 사용하는 것이 바람직하다. 그러나 아직도 kgf, cal, ps 등의 단위가 흔히 쓰이고 있으므로 이들 단위와 국제단위의 관계를 알아두어야 한다.

국제단위계에서는 길이, 질량, 시간의 단위로 각각 m, kg, s를 기본단위로 하며, 이를 MKS 단위계라 부르기도 한다. 이에 비해 cm, g, s를 기본단위로 하는 절대단위계를 CGS 단위계라고도 한다.

(1) 힘

힘, 무게 또는 하중의 단위로 N(newton)을 쓴다. 1 N이란 질량 1 kg의 물체에 1 m/s^{2}의 가속도를 생기게 하는 힘으로, 기본단위로 표시하면, 운동의 기본법칙인 Newton의 제 2법칙에 따라 힘 f는 질량 m과 가속도 a의 곱, 즉,

$$f = ma \tag{1.1}$$

에서

$$\begin{aligned} 1\ \text{N} &= 1\ \text{kg} \times 1\ \text{m/s}^2 \\ &= 1\ \text{kg} \cdot \text{m/s}^2 \end{aligned}$$

가 된다. 한편, 질량 1 g의 물체에 1 cm/s^{2}의 가속도가 생기게 하는 힘을 1 dyn(dyne)이라 한다.

공학단위계에서는 기본단위로 길이 m, 시간 s를 쓰지만, 질량 대신에 힘의 단위로 kgf(또는 kg중)을 사용한다. kgf은 질량 1 kg의 물체에 미치는 지구의 중력, 즉, 질량이 1 kg인 물체의 지구에서의 무게를 뜻하며, 질량이 1 kg인 물체의 무게가 1 kgf이므로, kgf 대신에 kg으로 표기하기도 한다. 지구의 표준중력가속도 g가 9.80665 m/s^{2}이므로, N과 kgf의 관계는 식 (1.1)에 따라

$$1\ \text{kgf} = 1\ \text{kg} \times 9.80665\ \text{m/s}^2$$
$$= 9.80665\ \text{N}$$

또는

$$1\ \text{N} = 0.101975\ \text{kgf}$$

이다. 보통 1 kgf = 9.81 N을 사용한다.

(2) 에너지

일과 열, 에너지는 같은 물리량으로, 국제단위계에서는 J(joule)을 사용한다. 1 J은 1 N의 힘의 작용방향으로 거리 1 m 이동하는데 필요한 에너지, 즉,

$$1\ \text{J} = 1\ \text{N} \cdot \text{m}$$

를 나타낸다. 그러나 공학단위계에서는 일은 kgf·m, 열은 cal (calorie)의 단위를 사용한다. 국제단위와 공학단위의 관계는 다음과 같다.

$$1\ \text{kgf} \cdot \text{m} = 9.81\ \text{N} \cdot \text{m}$$
$$= 9.81\ \text{J}$$
$$1\ \text{cal} = 4.19\ \text{J}$$

(3) 동력

동력 또는 일률은 단위시간당 에너지로 국제단위는 W(watt)이며,

$$1\ \text{W} = 1\ \text{J/s}$$

이다. 동력의 단위로 흔히 사용되고 있는 kgf·m/s, 미터계 마력 ps, 영국계 마력 HP와 W의 관계는 다음과 같다.

$$1\ \text{kW} = 102\ \text{kgf} \cdot \text{m/s}$$
$$1\ \text{ps} = 0.736\ \text{kW}$$
$$1\ \text{HP} = 0.746\ \text{kW}$$

(4) 압력

단위면적당 힘을 나타내는 압력 또는 응력은 여러 가지의 단위로 표현되지만, 국제단위는 Pa(pascal), 즉,

$$1\ \text{Pa} = 1\ \text{N/m}^2$$

이다.

그러나 국제표준기구(International Standard Organization, ISO)에서는 bar를 잠정적으로 겸용할 수 있도록 규정하고 있다. 그밖에 kgf/cm^2, mmHg, $mAq(mH_2O)$, psi(pound per square inch)를 사용하기도 한다. 대기가 단위면적에 미치는 힘을 대기압(atmospheric pressure) 또는 기압이라 한다. 대기압은 위치와 고도, 기상 상태에 따라 다르므로 표준대기압 atm을 정하여 표준대기압과 흔히 사용되는 압력의 단위 사이에는 다음과 같은 관계가 있다.

$$
\begin{aligned}
1\ \text{atm} &= 101{,}325\ \text{Pa} \\
&= 101.325\ \text{kPa} \\
&= 1.0332\ \text{kgf/cm}^2 \\
&= 1.013\ \text{bar} \\
&= 10.332\ \text{mAq} \\
&= 760\ \text{mmHg} \\
&= 14.7\ \text{psi}
\end{aligned}
$$

흔히 사용하는 kgf/cm^2과 Pa의 관계는

$$1\ \text{kgf/cm}^2 = 98.1\ \text{kPa} \fallingdotseq 0.1\ \text{MPa}$$

이다.

1 kgf/cm^2를 1 at, 즉, 1공학기압이라고 부르기도 하며, 진공압력을 표시하는 torr(torricelli)는 mmHg와 같다.

힘, 에너지, 동력, 압력의 대표적인 단위는 <표 1-1>와 같다. 한편, 이들 국제단위에 10진법 접두어를 붙여 사용하면 아주 편리한데 그 접두어가 <표 1-2>에 주어져 있다. <표 1-3>는 주요 물리량의 단위를 나타낸 것이다.

〈표 1–1〉 국제단위와 공학단위

물리량	국제단위		공학단위		환 산
힘	newton	N	kg중	kgf	1 kgf = 9.81 N
에너지 (일, 열)	joule	J	calorie(열) kgf · meter(일)	cal kgf · m	1 cal = 4.19 J 1 kgf·m = 9.81 J
동력	watt	W	마력	ps HP	1 ps = 0.736 kW 1 HP = 0.746 kW
압력, 응력	pascal	Pa	공학기압	kgf/cm^2	1 kgf/cm^2 = 98.1 kPa ≒ 0.1 MPa

〈표 1-2〉 단위용 접두어

인 수	접두어		인 수	접두어	
	명 칭	기 호		명 칭	기 호
10^{12}	tera	T	10^{-2}	centi	c
10^{9}	giga	G	10^{-3}	milli	m
10^{6}	mega	M	10^{-6}	micro	μ
10^{3}	kilo	k	10^{-9}	nano	n
10^{2}	hecto	h	10^{-12}	pico	p
10	deka	da	10^{-15}	femto	g
10^{-1}	deci	d	10^{-18}	atto	a

〈표 1-3〉 주요 물리량의 단위

물리량	단위명	기호	식	기본단위 표현
길이	meter	m	m	m
질량	kilogram	kg	kg	kg
시간	second	s	s	s
전류	ampere	A	A	A
온도	kelvin (degree celsius)	K(℃)	K(℃)	K(℃)
물질량	mole	mol	mol	mol
광도	candela	cd	cd	cd
가속도	-	m/s^2	m/s^2	m/s^2
면적	square meter	m^2	m^2	m^2
밀도	kilogram per cubic meter	-	kg/m^3	$kg \cdot m^3$
힘	newton	N	$kg \cdot m \cdot s^{-2}$	$kg \cdot m \cdot s^{-2}$
일, 열, 에너지	joule	J	$N \cdot m$	$kg \cdot m^2 \cdot s^{-2}$
모멘트, 토크	newton meter	$N \cdot m$	$N \cdot m$	$kg \cdot m^2 \cdot s^{-2}$
면적관성모멘트	-	m^4	m^4	m^4
평면각	radian	rad	rad	rad
동력	watt	W	J/s	$kg \cdot m^2 \cdot s^{-3}$
압력, 응력	pascal	Pa	N/m^2	$N \cdot m^{-2}$
회전속도	revolution per second (rps)	rev/s	s^{-1}	s^{-1}
속도	meter per second	m/s	m/s	$m \cdot s^{-1}$
부피	cubic meter	m^3	m^3	m^3

예제 1-1 지표상에서 질량이 60 kg인 물체의 중량은 몇 N인가? 또 이것을 kgf로 환산하라.

풀이 $m = 60\ kg,\ g = 9.81\ m/s^2$이므로 무게 w는

$$w = mg = 60\ kg \times 9.81\ m/s^2 = 588.6\ kg \cdot m/s^2 = \underline{588.6\ N}$$

$1\ kgf = 9.81\ N$이므로

$$w = 588.6\ N \times 1\ kgf/9.81\ N = \underline{60\ kgf}$$

예제 1-2 몸무게가 70 kgf인 사람이 중력가속도가 지구의 1/6인 달에서는 몇 N이 되겠는가?

풀이 지구에서의 무게가 70 kgf이면 질량도 70 kg이므로 $m = 70\ kg,\ g = 9.81/6\ m/s^2$이고

$$w = mg = 70\ kg \times (9.81/6\ m/s^2) = 114.5\ kg \cdot m/s^2 = \underline{114.5\ N}$$

1.2 기본성질

(1) 밀도와 비체적, 비중량, 비중

밀도(density)는 단위체적당 질량으로, 기호 ρ로 나타내며 단위는 kg/m^3이다.

$$\rho = m/V \tag{1.2}$$

여기서 m은 질량, V는 체적이다.

비체적(specific volume)은 단위질량당 체적이며, v로 표기하고, 밀도의 역수이다. 즉,

$$v = 1/\rho \tag{1.3}$$

이고, 단위는 m^3/kg이다.

비중량(specific weight)은 단위체적당 중량(w)을 나타내며, γ로 표시한다. 밀도 ρ와의 관계는 다음과 같이 ρg가 되고 단위는 N/m^3이다.

$$\gamma = w/V = mg/V = \rho g \tag{1.4}$$

비중(specific gravity)은 4℃의 물의 밀도에 대한 어떤 물질의 상대밀도(relative density)이며, 단위가 없는 무차원이다. 이것은 다음의 관계식으로 표시를 하면

$$sg = \rho / \rho_w = \gamma / \gamma_w \tag{1.5}$$

가 된다. 여기서

ρ = 밀도
γ = 비중량
ρ_w = 4℃의 물의 밀도
γ_w = 4℃의 물의 비중량

이다. 특별한 언급이 없으면, 물의 밀도와 비중량으로 각각 1,000 kg/m^3, 9,810 N/m^3를 사용한다. 참고로 기체의 비중은 공기의 밀도를 기준으로 한다.

예제 1-3 비중이 0.87인 원유 1드럼의 밀도와 비중량, 중량을 구하라. 1드럼은 200 ℓ 이다.

풀이

$\rho = sg \times \rho_w = 0.87 \times 1{,}000\ kg/m^3 = \underline{870\ kg/m^3}$
$\gamma = sg \times \rho_w = 0.87 \times 9{,}810\ N/m^3 = \underline{8{,}535\ N/m^3}$
$w = \gamma V = 8{,}535\ N/m^3 \times 0.2\ m^3 = \underline{1{,}707\ kN}$

(2) 비열과 잠열

앞에서 에너지(열)의 단위인 1 cal는 1 g의 물의 온도를 14.5℃에서 15.5℃까지 1℃ 올리는데 필요한 에너지로 정의했다. 이와 같이 어떤 물질 1 kg의 온도를 1℃ 올리는데 필요한 에너지를 비열(specific heat) 또는 열용량(heat capacity)이라고 한다. 이것을 식으로 표현하면

$$c = Q/(m \triangle T) \tag{1.6}$$

가 된다. 여기서

c = 비열, kJ/kg·K
Q = 열, kJ

m = 질량, kg

△T = 온도차, K(℃)

이다. <표 1-4>에는 몇 가지 물질의 비열을 수록하고 있다.

〈표 1-4〉 비열

물 질	비열(kJ/kg·K)
아세톤	2.22
염화칼슘(고체)	2.93
이산화탄소(고체)	0.50
이산화탄소(기체)	0.79
클로로폼	0.96
에틸알코올	1.93
나프탈렌	1.30
중탄산나트륨	0.92
톨루엔	1.63
물(액체)	4.19

예제 1-4 소방호스로 매분 390 ℓ의 물을 방수한다. 물의 온도가 18℃에서 비등점(100℃)까지 가열될 때 물이 흡수하는 에너지를 계산하라.

풀이 물의 유량은 390 ℓ/min이고, 이것은 0.39 m^3/min이다. <표 1-4>에서 물의 비열은 4.19 kJ/kg·K이므로, 물이 흡수하는 열 Q는

$$Q = cm\triangle T$$
$$= (4.19\ kJ/kg\cdot K)(0.39\ m^3/min \times 1{,}000\ kg/m^3)(82\ K)$$
$$= \underline{134{,}000\ kJ/min}$$

이다.

물질은 고체, 액체 및 기체의 형태로 존재한다. 고체상태에서 온도가 용융점까지 올라가 용해되면 액체상태가 되고, 비등점까지 상승하면 기체상태가 된다. 물질의 3가지 형태, 즉, 고상, 액상 및 기상을 3상(phase)이라 한다. 온도의 변화없이 상변화에 필요한 에너지를 잠열(latent heat)이라고 한다. 이에 비해 온도 상승에 소요되는 에너지를 감열(sensible heat)이라 부른다.

고체의 물질을 가열하여 용해온도에 도달한 다음, 고체결합을 파괴시키는데 필요한 추가 열에너지가 가해지면서 용해가 시작된다. 일정한 온도인 융점에서 고상으로부터 액상으로 바뀌는데 필요한 열에너지를 용해잠열 또는 용해열이라고 한다. 액체의 온도가 비등점까지 도달되면 기상으로 변환된다. 용해의 경우처럼 액상인 기존 결합을 깨고 기상으로 변환하는

데 추가 에너지가 소요된다. 이 에너지를 기회잠열(증발잠열) 또는 기화열(증발열)이라고 한다. <표 1-5>는 몇 가지 물질의 용해열과 융점, 기화열 및 비등점을 수록한 것이다.

〈표 1-5〉 물질의 용해열과 융점, 기화열, 비점

물 질	용해열(kJ/kg)	융점(℃)	기화열(kJ/kg)	비등점(℃)
아세톤	97.9	−95.5	519.1	56.1
천연부탄	80.4	−138.3	384.2	−0.5
에틸알코올	107.9	−114.4	851.8	−178.3
물	333.7	0.0	2261.0	100.0

예제 1-5 20℃의 물을 분당 240 ℓ 씩 10분간 분사했을 때, 이 물이 모두 증기로 변했다면 흡수한 열량은 몇 GJ인가? 또 이것을 cal로 환산하라.

풀이 <표 1-4>에서 물의 비열은 4.19 kJ/kg·K이고, <표 1-5>에서 물의 기화열은 2,261 kJ/kg이다. 물이 흡수한 열은 물이 20℃에서 100℃로 가열되는데 소요된 에너지와 100℃에서 증기로 변하는데 소요된 기화열을 합한 값이 된다.

$$\begin{aligned} Q &= (240\ \text{kg/min} \times 10\ \text{min})[(4.19\ \text{kJ/kg·K})(80\ \text{K}) + 2{,}261\ \text{kJ/kg}] \\ &= 6{,}231{,}000\ \text{kJ} \\ &= \underline{6.231\ \text{GJ}} \\ &= 6{,}231{,}000\ \text{kJ} \times 1\ \text{kcal}/4.19\ \text{kJ} \\ &= \underline{1.487\ \text{Gcal}} \end{aligned}$$

(3) 절대압력과 계기압력, 진공압력의 관계

압력은 단위면적당 수직방향의 힘으로, 응력과 같은 단위를 가진다. Hg는 수은주, Aq(또는 H_2O)는 수주를 나타낸다. 앞에서 다룬 kgf/cm^{2}을 공학기압(at) 또는 간단히 기압이라고 부르기도 하며, mmHg를 torr(torricelli), lbf/in^{2}를 psi(pound per square inch)로 표시하기도 한다.

대기압은 장소와 시각에 따라 변하므로 그 지점의 대기압을 국지대기압이라고 부른다. 국지대기압보다 높은 압력을 압력계로 측정한 압력을 계기압력(gage pressure)이라 하고, 진공계로 측정한 압력을 진공압력(vacuum pressure)이라고 한다. 그러나 이상기체의 상태식 (1.11)에 사용하는 압력은 절대압력(absolute pressure)으로 계기압력보다 국지대기압 만큼 더 큰 값이 된다. 또 진공압력은 절대압력에 비해 국지대기압 만큼 낮은 압력이 된다. 절대압력과 계기압력, 진공압력, 국지대기압의 관계는 <그림 1-1>과 같이

$$\text{절대압력} = \text{국지대기압} + \text{계기압력}$$
$$= \text{국지대기압} - \text{진공압력} \quad (1.7)$$

이다. 압력을 표시할 때 절대압력과 계기압력을 구분할 필요가 있을 때는 압력의 단위에 절대압력의 경우 abs 또는 a, 계기압력의 경우에 gage 또는 g를 붙이고, 진공의 경우에는 vac를 붙인다.

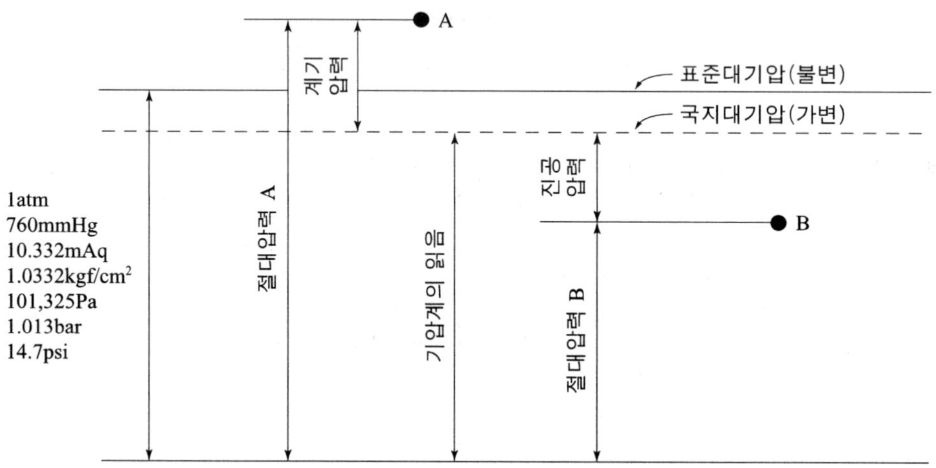

〈그림 1-1〉 절대압력과 계기압력, 진공압력의 관계

유체속 깊이에 따른 압력, 즉 유체압(hydrostatic pressure)은 깊이가 클수록 증가한다. 물과 같은 비압축성유체의 경우에 압력은 깊이에 비례하므로, 깊이 h에서의 압력 p는 깊이에 비중량을 곱한 값, 즉,

$$p = \gamma h \quad (1.8)$$

이다.

여기서 p는 계기압력이고, 이 압력을 절대압력으로 표시하기 위해서는 계기압력에 국지대기압을 더해야 한다. 액체의 자유표면이 밀폐용기에 채운 기체와 접할 때에는 위의 식으로 계산한 압력에 기체의 압력을 더해야 한다. 이 경우에 압력 p는 기체의 압력이 절대압력이면 절대압력, 기체의 압력이 계기압력이면 계기압력이 된다. 기체의 밀도는 액체의 밀도에 비해 훨씬 작으므로, 유체가 기체인 경우에는 깊이의 변화에 따른 압력차는 무시한다.

예제 1-6 물속 200 m 깊이에서의 압력을 절대압력과 계기압력으로 표시할 때, 공학기압(kgf/cm²)과 MPa로 각각 얼마가 되겠는가? 국지대기압은 100 kPa이다.

풀이 국지대기압을 P_o라고 하면

$$p = \gamma h + P_o$$

에서

$$p = (9{,}810\ N/m^3)(200\ m) + 100\times10^3 = 2{,}062{,}000\ Pa,abs = \underline{2.06\ MPa,abs}$$
$$= (9{,}810\ N/m^3)(200\ m) = 1{,}962{,}000\ Pa,gage = \underline{1.96\ MPa,gage}$$

이를 공학기압으로 표시하면, $1\ kgf/cm^2 = 0.1\ MPa$이므로

$$p = \underline{20.6\ kgf/cm^2,abs}$$
$$= \underline{19.6\ kgf/cm^2,gage}$$

(4) 점성(viscosity)

유체의 점성이란 유체가 유동할 때 흐름의 방향에 저항을 주어 전단응력을 유발시키는 성질을 말한다. 점성은 유체분자 상호간에 작용하는 힘에 기인한 것으로, 뉴턴의 점성법칙, 즉, 전단응력 τ는 속도구배 또는 변형율 du/dy에 비례한다는 방정식

$$\tau = \mu\, du/dy \tag{1.9}$$

을 만족하는 유체를 뉴턴유체라고 부른다. 비례상수 μ를 절대점성계수(absolute viscosity, dynamic viscosity)라고 하며, 유체의 밀도로 나눈 값인 ν를 동점성계수(kinematic viscosity)라고 한다.

$$\nu = \mu / \rho \tag{1.10}$$

절대점성계수와 동점성계수의 단위는 각각 kg/m·s (또는 Pa·s), m²/s이지만, 흔히 센티포아즈(centi poise) cP와 센티 스톡스(centi stokes) cSt를 사용한다. cP와 cSt의 단위는 다음과 같다.

$$1cP = 0.01P$$
$$= 0.01\ g/cm\cdot s$$
$$= 0.001\ kg/m\cdot s$$

$$1cSt = 0.01St$$
$$= 0.01\ cm^2/s$$
$$= 0.000001\ m^2/s$$

1.3 물의 기본성질

1.3.1 물의 물리적 성질

앞의 <표 1-4>와 <표 1-5>를 살펴보면 물은 다른 물질에 비해 비열과 잠열이 상당히 큼을 알 수 있다. 더구나 값이 저렴하고 쉽게 구할 수 있고 상온에서 저장할 수 있기 때문에 소화용으로 사용된다. 물은 뛰어난 냉각 특성을 갖고 있기 때문에 소화용으로 아주 적합하다. 물은 증발될 때 방대한 양의 수증기를 생성하는데 증기로 바뀌면 그 체적은 1,700배 이상 커진다. 이것은 액체상태에서 1 ℓ의 물은 기화된 후 약 1.7 m^3의 공간을 차지할 수 있는 양이 됨을 의미한다. 화재지역의 온도가 높을수록 더 크게 팽창한다. 260℃에서 팽창률은 처음 체적의 2,400배이고, 일반적인 화염의 온도인 650℃에서는 증기가 4,200배 이상 팽창한다.

물의 물리적 성질은 <표 1-6>과 같이 온도에 따라 다소 달라진다. 그러나 특별한 언급이 없는 한 밀도는 1,000 kg/m^3, 비체적 0.001 m^3/kg, 비중량 9,810 N/m^3(또는 1,000 kgf/m^3)을 사용한다.

〈표 1-6〉 물의 물리적 성질(1 atm)

온도 T(℃)	밀도 ρ (kg/m^3)	비중량 γ (N/m^3)	체적탄성계수 $E\times10^{-6}$(kPa)	절대점성계수 $\mu\times10^3$(kg/m·s)	동점성계수 $\nu\times10^6$(m^2/s)	포화증기압 P_v(kPa)
0	999.8	9,805	1.98	1.781	1.785	0.61
5	1000.0	9,807	2.05	1.518	1.519	0.87
10	999.7	9,804	2.10	1.306	1.306	1.23
15	999.1	9,798	2.15	1.139	1.139	1.70
20	998.2	9,789	2.17	1.002	1.003	2.34
25	997.0	9,777	2.22	0.890	0.893	3.17
30	995.7	9,764	2.25	0.798	0.800	4.24
40	992.2	9,730	2.28	0.653	0.658	7.38
50	988.0	9,689	2.29	0.547	0.553	12.33
60	983.2	9,642	2.28	0.466	0.474	19.92
70	977.8	9,589	2.25	0.404	0.413	31.16
80	971.8	9,530	2.20	0.354	0.364	47.36
90	965.3	9,466	2.14	0.315	0.326	70.10
100	958.4	9,399	2.07	0.282	0.294	101.33

예제 1-7 바닥면적 10 m×16 m, 높이 3 m인 실내에 280 ℓ/min의 물을 방수했을 때, 발생된 증기의 양을 계산하라. 물은 모두 증기로 변하여 연소가스의 온도인 650℃로 가열되어 체적이 4,200배로 증가한다고 가정한다.

풀이

280 ℓ는 0.28 m^3이므로, 생성된 증기는 이 체적의 4,200배, 즉,

$$0.28\ m^3/min \times 4{,}200 = \underline{1{,}176\ m^3/min}$$

가 된다. 1분 동안 발생한 증기의 체적이 1,176 m^3인데 비해 실내 체적은 10×16×3 = 480 m^3이므로, 증기의 나머지 체적 696 m^3은 밖으로 빠져나가게 된다. 이것은 생성된 증기량이 방으로부터 상당량의 열과 뜨거운 연소가스를 방출시키게 된다. 결과적으로 1분 동안 생성된 열 가운데 696 m^3/1,176 m^3×100 = 59 %, 즉, 59%의 열을 밖으로 방출한다. 수증기의 비열은 1.81 kJ/kg·K이지만, 증기가 냉각에 기여하는 것은 일반적으로 무시한다.

물은 상온에서 안정된 액체로서 얼음의 융해열 333.7 kJ/kg(80 kcal/kg), 물의 비열 4.186 kJ/kg·K(1 kcal/kg·K), 1 atm에서의 기화열(증발잠열) 2,261 kJ/kg(539 kcal/kg)이며, 스프링클러설비, 소화전설비, 물분무소화설비, 포소화설비에 물을 사용한다.

1.3.2 물소화약제의 장단점

소화약제로서의 물의 장단점은 다음과 같다.

(1) 장점

1) 냉각효과가 크다.
2) 값이 싸고 쉽게 구할 수 있다.
3) 무독성이며 화학적으로 안정되어있다.
4) 상온 대기압에서 저장한다.

(2) 단점

1) 0℃ 이하에서 결빙한다.
2) 전기도체이므로 전기화재에 사용할 수 없다(물분무소화설비 제외).
3) 가연성 액체의 소화에 효과가 작다.
4) 알칼리금속과 산화물, 금속분, 금수성 물질에 사용할 수 없다(분말소화약제, 마른 모래, 팽창질석 사용).
5) 통신기기실 등에 사용할 수 없다(주로 가스소화약제 사용).

물의 결빙을 방지하기위한 첨가제와 결빙온도는 <표 1-7>과 같다.

〈표 1-7〉 결빙방지 첨가제와 결빙온도

첨가제	농 도	결빙온도(℃)
염화칼슘+부식방지제	0.3~0.6 kg/ℓ	−18~−46
글리세린	50~70 wt%	−25~−40
프로필렌글리콜	30~60 wt%	−13~−51
다이에틸렌글리콜	50~60 wt%	−25~−41
에틸렌글리콜	39~53 wt%	−23~−40

1.3.3 물의 소화특성

물의 소화특성은 다음과 같다.

(1) 냉각(cooling)

1) 물에 의한 소화의 대부분은 냉각에 의한 것으로 가연성 증기의 발생을 억제하고 점화에너지의 공급을 차단한다.
2) 가연성 기체와 액체에는 효과가 적다.
3) 인화점 37.8℃ 이하의 가연성 액체에 사용하지 않는다.

(2) 질식(smothering)

1) 물과 수증기가 공기를 배제하여 산소공급을 차단한다.
2) 비중 1.1 이상, 인화점 37.8℃ 이상의 가연성 액체에도 효과가 있다.

(3) 유화(emulsification)

물과 섞이지 않는 점성 가연성 액체에 물을 살수하면 거품이 발생하며 막을 형성하여 소화한다.

(4) 희석(dilution)

1) 알코올 등의 수용성 가연성 액체에 물을 첨가하면 소화된다.
2) 가연성 액체의 저장조에는 사용하지 않는다.

1.4 공기의 기본성질

공기의 조성은 1 atm, 25℃에서 <표 1-8>과 같이 질소와 산소가 각각 체적분율(몰분율)로 78%, 21%, 질량분율로 76%, 23%로 되어있다.

〈표 1-8〉 공기의 조성(1 atm, 25℃)

기 체	몰분율(vol%)	질량분율(wt%)
질소(N_2)	78.03	75.51
산소(O_2)	20.99	23.15
이산화탄소(CO_2)	0.95	0.04
희가스	0.03	1.30

공기는 고압, 저온이 아닌 상태에서 이상기체(ideal gas)로 취급되며, 이상기체의 상태방정식,

$$pV = mRT \tag{1.11}$$

을 만족한다. 양변을 질량 m으로 나누면

$$pv = RT \text{ 또는 } p = \rho RT \tag{1.12}$$

로 쓸 수 있다. 여기서

p = 압력(절대압력)
V = 체적
m = 질량
T = 온도(절대온도)
v = 비체적
R = 기체상수
ρ = 밀도

이다.

기체상수(gas constant) R은 일반기체상수(universal gas constant) R_o를 그 기체의 분자량 M으로 나눈 값 R_o/M이고, 일반기체상수는 모든 이상기체에 대해 같은 값, 즉, 8,314 J/kmol·K이다. 공기의 분자량은 28.95 kg/kmol이고, 따라서 공기의 기체상수는 287.2 J/kg·K가 된다.

<표 1-9>는 절대압력 1 atm에서 온도에 따른 공기의 물리적 성질이다. 절대온도 100 K에서 3,000 K 사이의 정압비열과 프란틀수(Prandtl number)를 포함한 공기의 물리적 성질이 <부록 Ⅱ>에 주어져 있다.

〈표 1-9〉 공기의 물리적 성질(1 atm)

온도 T (℃)	밀도 ρ (kg/m^3)	비중량 γ (N/m^3)	절대점성계수 $\mu \times 10^5 (kg/m \cdot s)$	동점성계수 $\nu \times 10^5 (m^2/s)$
−40	1.514	14.85	1.57	1.04
−20	1.395	13.68	1.63	1.17
0	1.292	12.67	1.71	1.32
5	1.269	12.45	1.73	1.36
10	1.247	12.23	1.76	1.41
15	1.225	12.01	1.80	1.47
20	1.204	11.81	1.82	1.51
25	1.184	11.61	1.85	1.56
30	1.165	11.43	1.86	1.60
40	1.127	11.05	1.87	1.66
50	1.109	10.88	1.95	1.76
60	1.060	10.40	1.97	1.86
70	1.029	10.09	2.03	1.97
80	0.9996	9.803	2.07	2.07
90	1.9721	9.533	2.14	2.20
100	0.9461	9.278	2.17	2.29
200	0.7461	7.317	2.53	3.39
300	0.6159	6.040	2.98	4.84
400	0.5243	5.142	3.32	6.34
500	0.4565	4.477	3.64	7.97
1000	0.2772	2.719	5.04	1.82

예제 1-8 10 m×10 m×3 m 크기의 공간에 20℃의 공기가 차 있다. 대기압이 1 atm일 때, 이 공기의 밀도와 질량을 구하라.

풀이 $p = \rho RT$에서

$$\begin{aligned} \rho &= p/RT \\ &= p/[(R_o/M)(℃+273)] \\ &= 101{,}325\ \text{Pa}/[(8{,}314/28.95\ \text{kJ/kg}\cdot\text{K})\times(20+273\ \text{K})] \\ &= \underline{1.204\ \text{kg/m}^3} \end{aligned}$$

이 밀도는 위의 <표 1-9>에 나타나 있는 값과 같다. 실내 공기의 질량은

$$\begin{aligned} m &= \rho V\ \ (\text{또는 } m = pV/RT) \\ &= 1.204\ \text{kg/m}^3\times(10\times10\times3\ \text{m}^3) \\ &= \underline{361.2\ \text{kg}} \end{aligned}$$

연 습 문 제

1.1 다음의 ( ) 속에 맞는 숫자를 채워라.

(a) 10^{-2} m = (   ) mm   (b) 5.5×10^{10} kg = (   ) Gg

(c) 980 hPa = (   ) Pa   (d) 1,500 kW = (   ) MW

1.2 체적이 2.8 m^3, 무게가 2,500 kgf인 물체의 밀도, 비체적, 비중량이 각각 국제단위로 얼마인가?

1.3 직경이 3 mm, 높이가 72 cm인 수은주가 있다. 수은의 무게는 몇 N인가? 수은의 밀도는 13.6 g/cm^3이다.

1.4 18℃의 물 1,320 ℓ를 증발시키는데 필요한 열량은 몇 kJ인가?

1.5 2.5 MPa을 (a) bar, (b) 수두(mH_2O), (c) at(kgf/cm^2), (d) mmHg, (e) psi로 표시하라.

1.6 옥상 수조의 수면에서 35 m 아래에 위치한 밸브에서의 수압은 계기압력으로 몇 MPa인가?

1.7 국지대기압이 1 atm인 곳에서 압력계의 읽음이 25 kgf/cm^2, 진공계의 읽음이 735 torr일 때 절대압력으로 각각 몇 Pa인가?

1.8 크기가 10 m×10 m×2.5 m이고 온도와 기압이 20℃, 1 atm인 실내에서 공기의 밀도와 질량을 계산하라. 공기의 기체상수는 287 J/kg·K이다.

CHAPTER 2

소화펌프와 배관

2.1 소화펌프

펌프는 액체를 이송하는 기계로서, 소화펌프로 사용되는 원심펌프(centrifugal pump)는 터보펌프(turbo pump)의 일종으로, 회전차(impeller)가 회전하면 유체가 원심력에 의해 회전차 입구에서 축방향으로 흡입되고 반지름 방향으로 유출하는 구조로 되어 있다. 왕복펌프에 비해 구조가 간단하고 소형이고 진동과 소음이 적으며 맥동이 적어 소화설비에 사용된다.

2.1.1 원심펌프의 분류와 구조

원심펌프는 송출압력과 송출량의 범위가 넓어 소화용뿐만 아니라 고양정, 소유량의 왕복펌프와 저양정 대유량의 축류펌프의 영역에까지 널리 이용되고 있다. 원심펌프는 펌프 회전시의 토출량이 부하에 따라 일정하지 않은 비용적형 펌프(turbo type pump)로서, 임펠러(impeller)의 회전으로 유체에 회전운동을 주어 발생하는 원심력에 의한 속도에너지를 압력에너지로 변환하는 방식의 펌프이다. 원심펌프는 경량 소형이고 구조가 간단하며 취급이 용이하다. 또한 고속회전이 가능하여 전동기와 직결하여 운전할 수 있으며 효율이 높아 소화펌프(fire pump)로 많이 사용된다.

원심펌프의 분류는 안내깃(guide vane)의 유무, 흡입방식, 단수 등에 따라 분류할 수 있다. <그림 2-1>과 같이 안내깃(guide vane)이 없는 벌류트펌프(volute pump), 안내깃이 있는 것을 터빈펌프(turbine pump)라고 한다. 벌류트펌프는 안내깃이 없으므로 임펠러가 직접 물을 케이싱(casing)으로 유도하는 펌프로서 고유량 저양정 펌프의 특성을 가진다. 일반적으로 펌프의 단수(임펠러 수)를 많게 하여 높은 양정을 얻는 다단 벌류트펌프가 많이 사용된다. 터빈펌프는 안내깃이 있어 임펠러 회전운동시 물을 유도하여 속도에너지를 효과적으로 압력에너지로 변환시킬 수 있다. 즉, 안내날개로 인하여 난류의 발생을 감소시켜 물의 압력이 증가한다. 따라서 터빈펌프는 저유량 고양정 펌프의 특성을 가져 고층건물에 많이 사용된다.

흡입방식에 따라 회전차의 한쪽에서만 흡입하는 단흡입 펌프(single suction pump), 양쪽에서 흡입하는 양흡입 펌프(double suction pump)로 나눌 수 있고, 단수가 1개이면 단단 펌프(single stage pump), 여러 개이면 다단 펌프(multi-stage pump)라고 한다. 다단 펌프는 회전차를 단수만큼 설치하여 앞단의 송출액체를 다음 단에 흡입하는 펌프로, 고양정 또는 높은 송출압력이 필요한 경우에 사용한다.

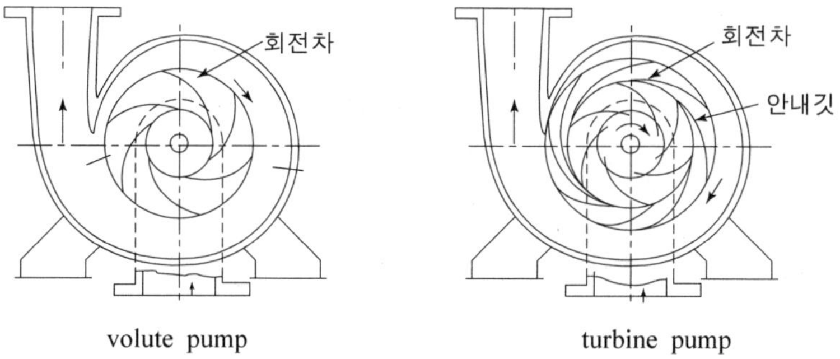

〈그림 2-1〉 벌류트펌프와 터빈펌프

원심펌프는 케이싱(casing)과 회전차(impeller), 안내깃, 와류실, 주축, 누설방지장치, 베어링(bearing), 흡입구, 송출구로 구성되어 있다. 회전차는 여러 개의 깃을 원판에 부착한 형태로 되어있고, 주축에 고정되어 있다. 회전차의 재질로 청동주물이 많이 사용되고, 특수강이나 합성수지로 제작하기도 한다. 안내깃은 회전차에서 송출되는 물을 와류실로 유도하여 운동에너지의 손실을 줄이고 압력에너지로 바꾸는 역할을 한다. 안내깃의 수는 회전차의 깃수보다 적으며, 보통 고정되어 있으나 유량에 따라 각도를 변화시키는 가변형도 있다.

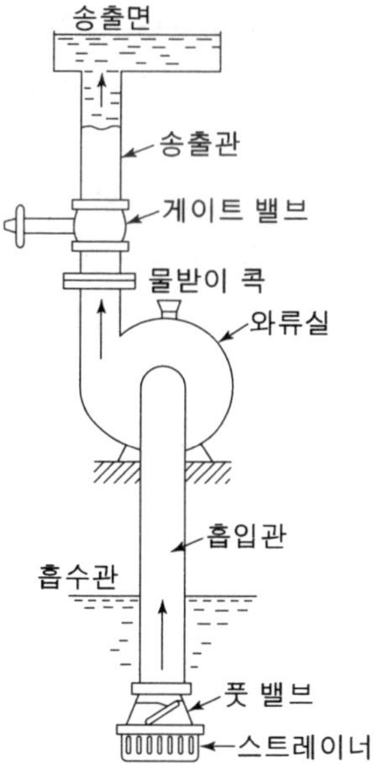

〈그림 2-2〉 원심펌프의 계통도

<그림 2-2>는 원심펌프의 계통도이다. 흡입구는 액체를 회전차에 흡입하는 부분이고, 일반적으로 플랜지 이음(flange coupling)으로 흡입관과 연결한다. 흡입관에는 진공계 또는 연성계를 설치하며, 펌프의 운전이 일시 정지되었을 때 펌프 속의 액체가 빠져나가는 것을 막기 위해 풋 밸브(foot valve)가 부착되어 있다. 또 이물질의 유입을 막기 위해 풋 밸브에 여과기(strainer)가 달려있다. 송출구는 와류실의 출구로서, 흡입관 쪽과 마찬가지로 플랜지 이음으로 송출관과 연결한다. 송출관에는 액체의 흐름을 개폐하는 게이트 밸브(gate valve), 역류를 방지하는 체크 밸브(check valve), 그리고 압력계를 설치한다. 흡입구와 송출구에는 펌프의 진동이 흡입관 및 송출관 측 배관에 전달되지 않도록 완충역할을 하는 휨이음으로 연결하기도 한다.

2.1.2 펌프의 소요동력

펌프의 흡입측과 송출측에서의 유동일, 운동에너지 및 위치에너지의 합은 동일하다는 에너지 보존의 법칙(열역학 제1법칙)에 따라 다음의 베르누이방정식(Bernoulli equation)이 성립한다.

$$p_1/\gamma + V_1^2/2g + H + z_1 = p_2/\gamma + V_2^2/2g + z_2 + \sum h \qquad (2.1)$$

여기서

p = 압력
V = 평균유속
H = 단위중량유량당 펌프의 동력
z = 위치
γ = 액체의 비중량
$\sum h$ = 손실수두

이고, 아래첨자 1과 2는 각각 흡입측과 송출측을 나타낸다. 손실수두는 마찰손실수두와 미소손실수두의 합이다. 마찰손실수두는 유체의 점성으로 인한 에너지손실, 즉 압력강하를 유체의 비중량으로 나눈 값이며, 미소손실수두는 관이음쇠나 밸브에서 발생하며, 흐름의 방향전환이나 관로 단면적의 변화에 따른 압력강하를 비중량으로 나눈 값으로, 부차적 손실수두라고도 한다.

소화설비에서 손실수두는 소화전 또는 헤드의 개수에 따라 결정되는 유량과 관의 구경 및 관이음쇠, 밸브의 구경에 의해 표(예 : 표 3-6, 표 3-7)에서 구할 수 있다. 그러나 유량이 표에 나와 있지 않은 경우에는 관이음쇠 및 밸브의 상당길이와 관의 길이를 합한 값을 다음의 달시-바이스바하의 식(Darcy-Weisbach equation)에 대입하여 구할 수 있다.

$$h_f = f(\ell/D)(V^2/2g) \qquad (2.2)$$

여기서

h_f = 마찰손실수두
f = 관마찰계수
ℓ = 관의 길이
D = 관의 지름
V = 관내 평균유속

이다.

식 (2.1)로부터

$$H = (p_2 - p_1)/\gamma + (V_2^2 - V_1^2)/2g + z_2 - z_1 + \sum h \qquad (2.3)$$

로 쓸 수 있다. 이 식에서 H는 임의의 두 점 1과 2 사이의 압력수두와 속도수두, 위치수두의 차이에 손실수두를 합한 펌프의 전양정(total head)과 같다.

만일 임의의 두 점 1과 2가 각각 대기에 개방되어있는 수원과 송출측 수조의 수면이라면, 압력은 모두 대기압이 ($p_1 = p_2 = 0$)고 속도는 무시할 수 있으므로($V_1 = V_2 = 0$), 이 식은 간단히

$$H = z_2 - z_1 + \sum h \qquad (2.4)$$

가 된다. 즉 전양정은 실양정(두 수조 사이의 수직거리) $z_2 - z_1$과 두 수조 사이의 손실수두 $\sum h$의 합이 된다.

펌프의 이론동력 P_{th}는

$$P_{th} = \gamma QH \qquad (2.5)$$

이고, Q는 펌프의 송출유량(토출량)이다.

펌프의 실제 운전에 있어서 마찰 등 기계적 동력손실, 액체의 누설 등 여러 가지 손실이 발생하므로 펌프의 축동력은 이론동력보다 커야 한다. 이론동력에 대한 축동력의 비를 펌프의 효율이라 부른다. 따라서 펌프의 축동력 P는

$$P = P_{th} / \eta \qquad (2.6)$$

가 된다. 여기서 η는 펌프효율로, 체적효율과 기계효율, 수력효율의 곱이며 원심펌프의 경우 <표 2-1>과 같다. 펌프는 전동기나 내연기관 등의 원동기로 구동되므로 펌프와 원동기 사이의 전동계수 k를 고려해야 한다. 원동기의 실제 소요동력 L은

$$L = \gamma QHk/\eta \qquad (2.7)$$

가 된다. k는 전동기 직결일 때 1.1, 그 밖의 원동기에 대하여 1.15~1.2를 사용한다.

〈표 2-1〉 원심펌프의 효율(η)

펌프구경(mm)	효 율
50	0.40~0.45
50~65	0.45~0.55
80	0.55~0.60
100	0.60~0.65
125~150	0.65~0.70

예제 2-1 매분 390 ℓ/min의 물을 이송하는 소화펌프가 있다. 펌프의 흡입측 연성계의 읽음이 진공 150 mmHg, 송출구의 압력계 눈금이 5 kgf/cm^{2}이다. 두 지점 사이의 높이차와 손실수두를 무시하고, 흡입관과 송출관의 지름이 50 mm일 때, 전동기의 동력은 몇 kW인가?

풀 이

$H = (p_2 - p_1)/\gamma + (V_2^2 - V_1^2)/2g + z_2 - z_1 + \sum h$에서

구경이 같으므로 $V_1 = V_2$, $z_2 = z_1$이고, $\sum h = 0$이다. 유량 Q는 390 ℓ/min(= 0.0065 m^3/s), 압력은

$$p_1 = -150\ \text{mmHg} \times 101{,}325\ \text{Pa} / 760\ \text{mmHg} = -20{,}000\ \text{Pa}$$

$$p_2 = 5\ \text{kgf/cm}^2 \times 101{,}325\ \text{Pa} / 1.0332\ \text{kgf/cm}^2 = 490{,}000\ \text{Pa}$$

이다. 따라서

$$H = [(490{,}000 - (-20{,}000))] / 9{,}810 = 52.0\ \text{m}$$

<표 2-1>에서 효율을 0.4로 하고, 전동계수 k는 1.1이므로, 식 (2.6)으로부터 전동기의 동력은

$$L = \gamma QHk/\eta = (9{,}810\ \text{N/m}^3)(0.0065\ \text{m}^3/\text{s})(52.0\ \text{m})(1.1)/0.4 = 9{,}120\ \text{W} = 9.2\ \text{kW}$$

그러므로 9.2 kW 이상의 전동기가 필요하다.

예제 2-2 유조선에서 비중이 0.85인 기름을 0.2 m^3/s로 높이 20 m의 저유탱크에 보내는 펌프의 이론동력을 구하라. 손실수두는 3 m이고, 유조선의 저유실과 저유탱크는 대기에 노출되어있다.

풀 이

$H = (p_2 - p_1)/\gamma + (V_2^2 - V_1^2)/2g + z_2 - z_1 + \sum h$

에서 1을 유조선의 저유실, 2를 저유탱크로 잡으면, 대기압이므로 $p_1 = p_2 = 0$, 유면의 유속은 무시할 수 있으므로 $V_1 = V_2 = 0$이고, $z_2 - z_1 = 20$ m, $\sum h = 3$ m이다. 따라서

$$H = z_2 - z_1 + \sum h = 20 + 3 = 23\ \text{m}$$

펌프의 이론동력은 식 (2.4)를 사용하여

$$P_{th} = \gamma QH = (0.85 \times 9{,}810\ \text{N/m}^3)(0.2\ \text{m}^3/\text{s})(23\ \text{m}) = 38{,}360\ \text{W} = 38.5\ \text{kW}$$

위의 식 (2.7)에서 L과 Q, H의 단위가 각각 kW, m^3/min, m일 때

$$L = 0.163QHk/\eta \tag{2.8}$$

가 된다.

예제 2-3 식 (2.8)을 유도하라.

풀 이 식 (2.7)에서 물이 비중량(γ)이 9,810 N/m^{3}이고 Q와 H의 단위가 각각 m^3/s, m일 때, L의 단위는 W이다. 이것으로부터 단위를 변환하면 식 (2.8)이 된다. 즉,

$$L(kW \times 1{,}000 W/kW) = 9{,}810Q(m^3/min \times min/60s)H(m)k/\eta$$

이므로

$$L(kW) = 9{,}810/(1{,}000 \times 60)\ Q(m^3/min)H(m)k/\eta$$

따라서

$$L = 0.163QHk/\eta$$

이고, L, Q, H의 단위는 각각 kW, m^3/min, m이다.

2.1.3 소화펌프의 특성

소화펌프는 일반 공정용 펌프와 달리 펌프의 토출량이 항상 동일한 것이 아니고 개방된 스프링클러 헤드나 소화전의 개수에 따라 유량이 변화하여도 각각 규정압과 규정 방사량이 발생하여야 하는 특징이 있다. 따라서 소화설비용 펌프는 토출량의 큰 변화가 발생되며 이로 인하여 펌프의 방수량이 설계치 이상이 될 경우 펌프의 선정에 따라서는 과부하를 일으켜 펌프가 정지하는 현상이 발생할 수 있다. 이를 방지하기 위하여 소화펌프는 다음과 같은 조건이 필요하다.

1) 정격토출량(설계수량)의 150%를 방사하여도 전양정은 정격양정의 65% 이상이 되어야 한다.
2) 체절양정(shut-off head)은 정격양정의 140%를 초과하지 않아야 한다.

또한 원심펌프는 물을 흡입할 수 있는 높이가 한정되어 있다. 대기압상태에서 이론적으로는 10 m까지 물을 흡입할 수 있지만, 실제로는 펌프내부가 완전 진공이 되도록 하는 것은 구조상 불가능하고 흡입관 속의 손실수두, 물의 증기압, 설치위치의 높이 등의 영향으로 보통펌프는 6~7 m까지가 펌프의 설치높이의 한도이다. 그러므로 원심펌프의 단수를 높일 경우 방출압력(토출양정)은 높일 수 있지만 흡입능력은 6~7 m를 초과할 수 없다.

2.1.4 펌프운전의 문제점과 대책

(1) 공동현상

식 (2-1)의 베르누이 방정식에서 알 수 있듯이 액체 속의 유속이 증가하면 압력은 감소하여, 압력이 포화증기압보다 낮아지면 증기가 발생한다. 또 압력이 낮아지면 액체속의 용

존 가스가 기포를 형성하기도 한다. 압력의 감소로 증기나 기포가 발생하여 공동(cavity)을 형성하는 현상을 공동현상(cavitation)이라고 한다. 펌프의 회전차나 프로펠러와 같이 고속으로 회전하는 날개의 표면과 펌프의 흡입관에서 공동현상이 발생하기 쉽다. 또 펌프의 회전속도가 높거나 흡입양정이 지나치게 클 때 공동현상이 발생하게 된다.

액체의 압력이 포화증기압보다 낮아지면 증기가 발생하므로, 펌프의 흡입양정은 액체의 포화증기압에 해당하는 수두를 초과할 수 없다. 포화증기압 이하로 압력이 강하하여 일어나는 공동현상의 발생조건은 정미유효흡입양정(net positive suction head, NPSH)으로 나타낼 수 있다. 펌프의 이용가능 정미유효흡입양정, 즉 Av NPSH(available NPSH)는

$$\text{Av NPSH} = p_A/\gamma + \frac{V^2}{2g} - h_S - \sum h - p_V/\gamma \tag{2.9}$$

로 정의된다. 여기서

p_A = 수원의 수면에서의 압력(절대압력)
γ = 액체의 비중량
V = 흡입관의 평균유속
h_S = 흡입실양정
$\sum h$ = 흡입관의 손실수두
p_V = 포화증기압(절대압력)

이다. 수원이 대기에 개방되어 있으면 p_A는 대기압이고, 밀폐된 경우에는 p_A가 수면에서의 절대압력이 된다. 흡입실양정 h_S는 수원의 수면(소화설비에서는 최악의 경우인 풋 밸브(foot valve))에서 펌프중심까지의 수직거리이다. h_S의 부호는 수원을 기준으로 하여 압입, 즉, 펌프가 수원보다 낮은 곳에 위치할 때 −, 반대로 흡상(펌프가 수원보다 높은 곳에 위치)일 때 +가 된다. 흡입관의 손실수두 $\sum h$는 흡입관의 마찰손실수두와 풋 밸브와 관이음쇠 등의 미소손실수두를 합한 값이다. 포화증기압은 단순히 증기압으로 부르기도 하는데, 물의 온도에 따라 달라지며, <표 1-6>에 주어져 있다. 펌프의 송출유량이 증가하면 손실수두가 증가하므로 Av NPSH의 값은 감소함을 알 수 있다. 위의 식 Av NPSH를

$$\text{Av NPSH} = h_A + h_V - h_S - h_L - h_{Vp} \tag{2.10}$$

로 쓰기도 한다. 여기서

h_A = 대기압 환산수두, p_A/γ
h_V = 흡입관의 속도수두, $V^2/2g$
h_S = 흡입실양정

h_L = 흡입관의 손실수두, Σh

h_{Vp} = 포화증기압 환산수두, p_V/γ

이다. Av NPSH를 유효수두(available head)라고 부르기도 한다.

위 식에서 $V^2/2g$ 또는 h_V는 일반적으로 다른 항에 비해 작으므로 무시한다. 이 경우에 유효수두는

$$\begin{aligned} \text{Av NPSH} &= p_A/\gamma - h_S - \Sigma h - p_V/\gamma \\ &= h_A - h_S - h_V - h_{Vp} \qquad (2.11) \end{aligned}$$

가 된다.

이에 비해 펌프의 회전차에서의 운동에너지 변화에 필요한 수두를 필요 정미유효흡입양정, 즉, Re NPSH(required NPSH)라고 하며, 요구수두(required head)라고 부르기도 한다. 펌프의 유량이 증가하면 요구수두의 값도 증가하는데, 요구수두의 값은 펌프제조업체에서 제공한다.

펌프에서 공동현상이 발생하지 않는 조건은 <그림 2-3>과 같이 유효수두가 요구수두보다 클 것, 즉,

$$\text{Av NPSH} > \text{Re NPSH} \qquad (2.12)$$

이다. 펌프의 위치를 선정할 때는 여유를 두어 유효수두를 요구수두의 1.3배 이상으로 한다.

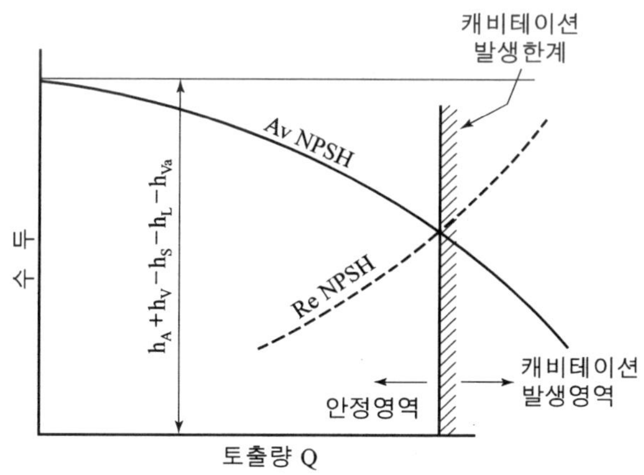

〈그림 2-3〉 공동현상의 발생조건

공동현상이 발생하면 다음과 같은 문제점이 발생한다.

1) 기포가 고압부위에서 파괴, 소멸되면서 충격과 소음, 진동을 일으키고 침식(erosion)을 일으킨다.
2) 표면에 점침식(pitting)이 일어난다.
3) 펌프의 성능이 떨어지고 심하면 양수가 불가능하게 된다.

공동현상의 방지대책은 다음과 같다.

1) 펌프의 위치를 낮게 하여 흡입양정을 작게 한다.
2) 양흡입 펌프를 사용하여 흡입저항을 줄인다.

3) 2대 이상의 펌프를 직렬로 연결하여 사용한다.

4) 종축펌프를 사용하고 회전차를 유체 속에 완전히 잠기게 한다.

5) 흡입관의 손실수두를 줄인다.

예제 2-4 대기에 노출된 수원의 수면이 펌프보다 2 m 높은 곳에 위치하며, 흡입관의 평균유속이 1 m/s, 손실수두가 1.5 m이고, 물의 온도는 20℃이다. 유효수두 Av NPSH를 구하라. 대기압은 1 atm으로 한다.

풀이

$$\text{Av NPSH} = p_A/\gamma + V^2/2g - h_S - \Sigma h - p_V/\gamma$$

에서 $p_A = 1\ \text{atm} = 101{,}325\ \text{Pa}$, $h_S = -2\ \text{m}$, $\Sigma h = 1.5\ \text{m}$이고, <표 1-6>에서 20℃일 때 $p_V = 2{,}340\ \text{Pa}$, $\gamma = 9{,}789\ \text{N/m}^3$이므로

$$\begin{aligned}\text{Av NPSH} &= (101{,}325\ \text{N/m}^2)/(9{,}789\ \text{N/m}^3) + (1\ \text{m/s})^2/(2\times 9.81\ \text{m/s}^2) \\ &\quad + 2\ \text{m} - 1.5\ \text{m} - (2{,}340\ \text{N/m}^2)/(9{,}789\ \text{N/m}^3) \\ &= 10.66\ \text{m}\end{aligned}$$

예제 2-5 수면이 펌프보다 1 m 낮은 지하수조에서 분당 $0.3\ \text{m}^3$의 물을 이송하는 원심펌프가 있다. 흡입관과 송출관의 구경이 모두 100 mm, 송출구 압력계의 읽음이 0.1 MPa일 때, 이 펌프에 공동현상이 발생하는가? 손실수두는 0.5 m이고, 물의 온도는 20℃, 요구수두는 6 m이다.

풀이

$p_A = 101{,}325\ \text{Pa}$, $h_S = 1\ \text{m}$, $\Sigma h = 0.5\ \text{m}$이고, 20℃의 물이므로 예제 2-4와 같이 $p_V = 2{,}340\ \text{Pa}$, $\gamma = 9{,}789\ \text{N/m}^3$이다. 흡입관과 송출관에서의 평균유속 V는 체적유량 Q를 관의 단면적 A로 나눈 값이므로

$$\begin{aligned}V &= Q/A \\ &= (0.3\ \text{m}^3/\text{min}\times 1\ \text{min}/60\ \text{s})/[3.14\times(0.1\ \text{m})^2/4] \\ &= 0.637\ \text{m/s}\end{aligned}$$

이다. 그러므로 유효수두는

$$\begin{aligned}\text{Av NPSH} &= p_A/\gamma - h_S - \Sigma h - p_V/\gamma \\ &= (101{,}325\ \text{N/m}^2)/(9{,}789\ \text{N/m}^3) \\ &\quad - 1\ \text{m} - 0.5\ \text{m} - (2{,}340\ \text{N/m}^2)/(9{,}789\ \text{N/m}^3) \\ &= 8.61\ \text{m}\end{aligned}$$

참고로 속도수두는

$$\begin{aligned}V^2/2g &= (0.637\ \text{m/s})^2/(2\times 9.81\ \text{m/s}^2) \\ &= 0.02\ \text{m}\end{aligned}$$

으로 다른 항에 비해 훨씬 작아 무시해도 무방함을 알 수 있다.

유효수두 Av NPSH는 8.61 m, 요구수두 Re NPSH는 6 m이므로

$$\text{Av NPSH} > \text{Re NPSH}$$

따라서 공동현상이 발생하지 않는다.

(2) 수격작용

펌프를 기동하거나 닫혀있던 밸브를 갑자기 열면 정지해 있던 액체가 흐르기 시작하면서 압력파를 발생하게 된다. 또 관속에 유체가 흐르고 있을 때 밸브를 갑자기 닫으면 압력이 급격히 상승하면서 압력파를 일으킨다. 유체의 운동에너지와 압력에너지가 서로 전환되면서 발생한 압력파는 액체속의 음속으로 상류와 하류로 반복 진행한다. 이와 같이 유로단면적의 급격한 변화에 의해 압력파가 발생하여 소음과 충격을 일으키는 현상을 수격작용(water hammer)이라고 한다. 난방 또는 가열용 증기배관에서 심한 소음이 발생하는 것은 수증기가 물과 함께 흐르면서 관의 단면적이 갑자기 달라지기 때문에 생기는 수격작용 때문이다. 수격작용은 유속이 빠를수록, 밸브를 열거나 닫는 시간이 짧을수록 격심해지고, 관이나 밸브를 파손하기도 한다. 물소화설비에서 펌프가 자동으로 기동될 때에도 수격작용이 일어날 수 있으므로 펌프의 출구측 관의 분기점이나 관말에 수격작용방지기나 서지탱크를 설치할 필요가 있다. 수격작용의 방지대책은 다음과 같다.

1) 유속을 낮춘다.
2) 밸브의 조작을 서서히 한다.
3) 펌프의 직상부나 곡관부위, 관 말단에 수격방지기(water hammer arrester 또는 water hammer cushion)나 서지탱크(surge tank)를 설치한다.
4) 플라이 휠(fly wheel)을 부착하여 펌프의 속도를 완만하게 변화시킨다.
5) 밸브를 펌프 송출구에 가깝게 설치한다.

<그림 2-4>는 수격방지기와 이를 설치한 모습이다. 수격방지기의 내부에 공기실이 있어 순간적인 이상 고압을 흡수하여 충격을 완화한다.

소방용 수격방지기

일반급수용 수격방지기

〈그림 2-4〉 수격방지기

(3) 맥동현상

원심펌프를 운전하는 동안 진공계와 압력계의 눈금이 주기적으로 흔들리고 펌프의 송출 유량이 주기적으로 변하는 현상을 맥동현상(surging)이라 한다. 맥동형상이 일어나면 압력과 유량이 일정하게 유지되지 않는다. 맥동현상은 배관 중에 수조나 공기탱크가 있고 유량조절 밸브가 수조의 하류에 있을 때 발생한다. 맥동현상의 방지대책은 다음과 같다.

1) 회전차나 안내깃의 형상치수를 바꾸어 그 특성을 변화시킨다.
2) 펌프의 송출유량을 맥동현상이 발생하는 유량보다 더 크게 되도록 유량조절 밸브를 열어준다.
3) 관로내 잔류공기를 제거하고, 관로의 단면적, 유속 등을 바꾼다.

(4) air binding

원심펌프는 펌프 내에 공기가 차있으면 펌프가 회전해도 물을 이송할 수 있는 원심력이 발생하지 않아 송수가 불가능하게 되는데, 이를 air binding이라고 한다. 펌프 내의 공기를 제거하는 진공펌프나 공기를 자동으로 제거하는 공기자동유출펌프(self priming pump)를 사용하고, 흡입관측의 공기가 쉽게 배출될 수 있도록 펌프 쪽으로 1/50 이상의 오름 경사로 한다.

2.2 배 관

2.2.1 관

배관용의 관은 수송하는 유체의 종류, 압력, 온도 및 설치장소에 따라 적합한 것을 사용해야 한다. 관에는 강관, 주철관, 동관 등의 금속관과 합성수지관, 철근 콘크리트관, 고무관, PVC관 등의 비금속관이 있다. 소화설비에는 주로 강관과 내식성이 높은 동관이 사용된다. 강관에는 이음매 없는 관(seamless pipe)과 용접관이 있고, 소방설비 배관용으로 배관용 강관(KSD 3507), 압력배관용 강관(KSD 3562)이 흔히 사용된다. 고무호스는 천연고무, 인조고무 또는 천에 고무를 결합하여 만들며, 굽힘이 자유로와 소방호스나 펌프 등 운반, 이동이 필요한 곳에 사용된다.

관의 호칭경은 mm 또는 인치(inch)로 표시하며, 같은 호칭경이라도 스케줄 번호(schedule number)에 따라 직경과 두께가 다르지만, 호칭경 14인치(350 mm) 이상의 관은 호칭경과 외경이 같다. 같은 호칭경의 관일지라도 관의 두께는 스케줄 번호가 클수록 두꺼운데, 스케줄 번호는

$$\text{Sch No.} = (p/\sigma_a)\times 1000 \tag{2.13}$$

로 정의된다. 여기서

p = 사용압력
σ_a = 관 재질의 허용응력

이다.

강관의 스케줄 번호에는 10, 20, 30, 40, 60, 80, 100, 120, 140, 160이 있으며, 이산화탄소 소화설비나 Inergen 소화설비와 같이 고압유체가 흐르는 관은 두께가 일반관보다 두꺼워야 하므로 스케줄 번호가 큰 것을 사용해야 한다.

2.2.2 관이음과 관이음쇠

관이음은 이음방법에 따라 영구이음과 착탈이음으로 나눌 수 있는데 용접은 영구이음이고, 나사이음, 플랜지이음, 신축이음은 착탈이음이다. 착탈이음은 해체 후 검사, 보수를 필요로 하는 배관시설에 사용된다.

(1) 관이음

1) **용접이음**(welding joint)

해체, 보수가 필요하지 않은 곳에는 용접으로 관을 연결한다. 소화설비에 흔히 사용되는 강관은 전기 아크용접이나 산소-아세틸렌 가스용접을, 스테인리스강관, 동관 등은 불활성 가스용접을 한다.

2) **플랜지이음**(flange joint)

플랜지를 관의 끝에 붙여 만들며, 서로 맞닿는 면에는 누설이 되지 않도록 가스켓(gasket)을 끼운 뒤 볼트를 끼우고 너트로 죈다. 주로 대구경 관에 사용하며, 관이음쇠나 밸브, 펌프를 관에 연결할 때 사용한다.

3) **나사이음**(screw joint)

주로 75 mm 이하의 소구경 관의 이음에 사용하며, 관의 끝 부분에 나사를 내어 관이음쇠와 연결하는 것으로 나사의 치수는 관의 호칭 치수와 같다.

4) **신축이음**(expansion joint, flexible joint))

온도의 변화로 인한 관의 신축으로 관이나 관이음쇠가 변형, 파손되는 것을 방지하고 펌프의 진동이 배관에 전달되는 것을 방지하기 위해 사용한다.

(2) 관이음쇠(pipe fittings)

관이음쇠에는 용도에 따라 다음과 같은 것이 있다.

1) **곧은 부분 연결용**

소켓(socket), 유니언(union), 플랜지(flange), 니플(nipple)

2) **굴곡부분 연결용**

엘보(elbow), 벤드(bend)

3) **분기용**

Y, T, 십자(cross)

4) **관말 폐쇄용**

플러그(plug), 캡(cap)

5) **구경 변경용**

이경 T, 리듀서(reducer), 부시(bush), 이경소켓

<그림 2-5>는 나사 이음용 각종 관이음쇠이고, 이들 관이음쇠의 사용예가 <그림 2-6>에 나타나 있다.

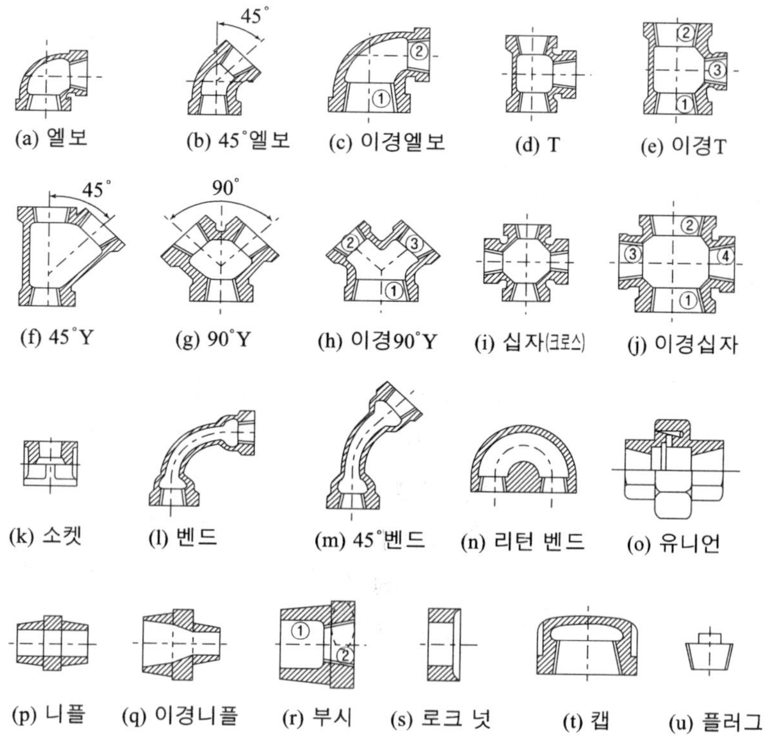

〈그림 2-5〉 나사이음용 관이음쇠의 종류(KSB 1531)

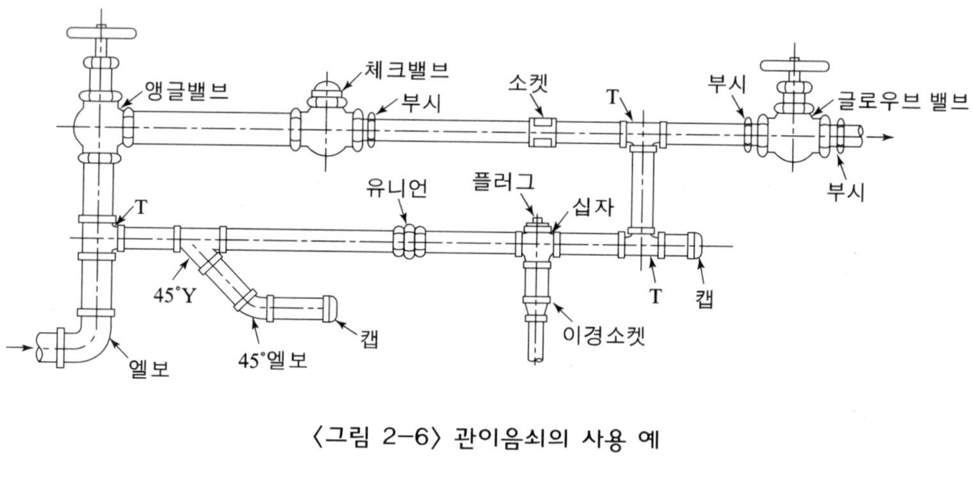

〈그림 2-6〉 관이음쇠의 사용 예

2.2.3 밸 브

밸브는 유체의 흐름을 차단하거나 유량을 조절하는데 사용되며, 압력이나 온도를 제어하기 위해 사용되기도 한다. 그 재료로는 주강, 주철, 청동, 합금강이 사용된다. 소화설비에 많이 사용되는 것은 다음과 같다.

(1) 게이트 밸브(gate valve)

게이트 밸브는 배관의 횡단면과 평행하게 개폐하는 것으로, 유체의 흐름을 차단 또는 조절하는데 사용되고, 슬루스 밸브(sluice valve)라고 부르기도 한다. <그림 2-7>과 같이 흐름의 방향이 바뀌지 않고, 밸브 속의 유로 단면적이 커서 압력손실이 작다. 밸브 스템(valve stem)이 상하로 움직이며 개폐된다. 완전히 개방하면 유동저항이 매우 적으며 밸브실 내에 유체가 남지 않는다. 값이 다소 비싸며, 밸브의 개폐에 시간이 걸리는 단점이 있다.

<그림 2-8>의 OS&Y 밸브(outside screw & yoke valve)는 일종의 게이트 밸브이며, 그림과 같이 열림 상태를 밸브 스템으로 바로 확인할 수 있는 개폐표시형 밸브로서 소화설비 주배관에 많이 사용된다.

소화설비의 주배관 등에 설치하는 상시개방 게이트 밸브에는 탬퍼 스위치(tamper switch)를 설치한다. 밸브가 완전히 개방되면 탬퍼 스위치가 작동하여 완전히 열려 있음을 표시한다.

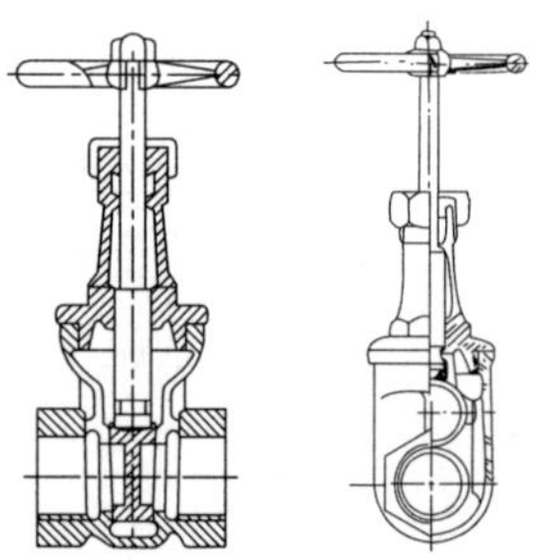

〈그림 2-7〉 gate valve

〈그림 2-8〉 OS&Y(outside screw & yoke) valve

(2) 스톱 밸브(stop valve)

스톱 밸브는 유량을 조절하는데 사용하는 밸브이며, <그림 2-9>와 같이 글로우브 밸브(globe valve)와 앵글 밸브(angle valve)가 있다. 글로우브 밸브는 입구와 출구의 방향이 같으나 앵글 밸브는 직각을 이룬다.

글로우브 밸브는 휠과 스템으로 밸브 디스크를 조절한다는 것은 게이트 밸브와 같으나

게이트 밸브는 밸브 디스크가 파이프 접속구와 같은 방향으로 얇은 판의 모양으로 가로 놓임으로서 유량을 조절하는데 비해 글로우브 밸브는 밸브 디스크가 파이프 접속구 방향에서 90° 각도의 위에서 오르내림으로서 유량을 조절하는 것이 다르다. 또한 스템의 길이가 글로우브 밸브는 짧고 게이트 밸브는 길다. 유체의 흐름 방향전환이 급격히 이루어짐으로 흐름에 대하여 저항손실이 크지만 밸브개폐가 게이트 밸브보다 빠르다.

앵글 밸브는 글로우브 밸브와 유사하지만, 유동방향을 90°로 변환시켜주는 밸브로서 옥내소화전의 방수구와 스프링클러설비 유수검지장치의 배수밸브 및 교차배관 청소구 등에 쓰인다.

같은 구경일 때 스톱 밸브가 게이트 밸브에 비해 압력손실이 훨씬 더 크고, 앵글 밸브가 글로우브 밸브보다 압력손실이 크다.

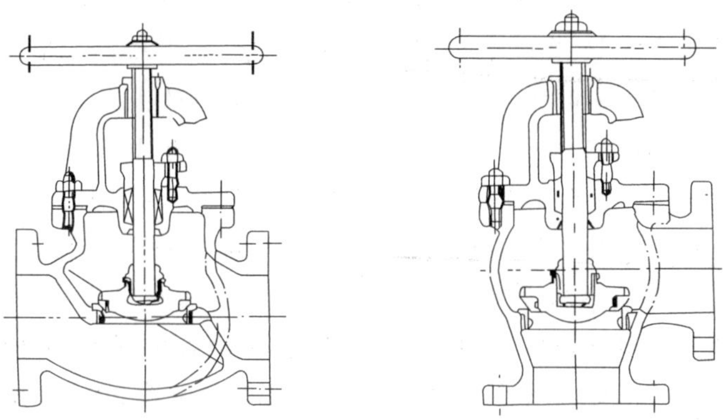

globe valve　　　　angle valve

〈그림 2-9〉 stop valve

(3) 체크 밸브(check valve)

체크 밸브는 <그림 2-10>과 같이 한 방향으로만 흐르게 하는 밸브로서, 역류 방지용으로 사용되므로 역지 밸브라고 부르는 경우도 있다. 리프트형(lift type)과 스윙형(swing type)이 있다. 펌프의 흡입관 끝에 부착되어있는 풋 밸브(foot valve)도 일종의 체크 밸브라고 할 수 있다. 유체가 역류하면 자동적으로 밸브가 닫히게 할 때 사용하며, 스몰렌스키 체크밸브(Smolensky check valve)와 스윙 체크밸브(swing check valve)가 많이 사용된다. 스몰렌스키 체크밸브는 평상시에 체크밸브 역할을 하며, 바이패스 밸브(by-pass valve)를 열어주면 2차측 배관의 물이 반대로 흐를 수 있어 배관의 유지보수 관리가 용이하므로 주배관에 많이 설치한다. 이에 비해 스윙 체크밸브는 소형으로 주관로가 아닌 물올림장치의 배관과 같은 유량이 적은 배관에 사용된다.

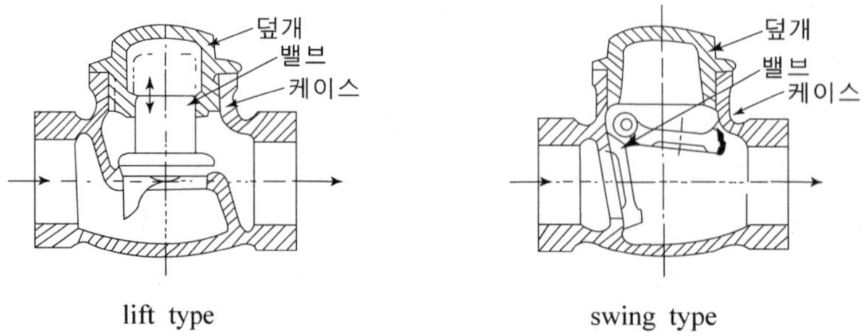

〈그림 2-10〉 check valve

(4) 안전 밸브(safety valve)와 릴리프 밸브(relief valve)

두 밸브 모두 배관이나 용기내의 압력이 일정치 이상이 되면 자동적으로 열려 유체를 밖으로 배출, 압력을 낮추는 밸브이다. 안전 밸브와 릴리프 밸브를 모두 안전 밸브라고 부르기도 하고 구조와 작동원리가 비슷하지만, 그 역할이 다르다.

안전 밸브(safety valve)는 유압기기, 공기압기기, 증기기기 등에서 과대 압력으로 인한 기기와 배관계의 파괴를 방지하기 위하여 사용되는 밸브로, 설정된 허용 최대압력에 도달하면 자동적으로 밸브가 열리면서 내부의 유체를 방출하여 압력을 감소시킨다. 구조상 레버(lever) 안전 밸브, 추를 밸브 위에 얹은 추 안전 밸브, 스프링의 압축력을 이용한 스프링 안전 밸브 등으로 나눈다. <그림 2-11>의 스프링 안전 밸브가 많이 사용된다. 또 안전 밸브는 2차측 압력(back press)의 영향을 받는 conventional type과 2차측 압력의 영향이 없는 balanced type으로 구분된다. conventional type은 2차측 압력이 설정압력의 10% 이내, balanced type 은 2차측 압력이 설정압력의 30～50%까지 사용할 수 있다. 안전 밸브는 내부압력이 설정치 이상으로 올라가면 자동으로 열려서 내부의 유체를 방출하고 압력이 설정치 미만으로 떨어지면 자동으로 잠기게 된다. 소화설비에서 펌프의 자동개폐장치의 일부인 압력챔버(pressure chamber)에는 안전 밸브를 설치해야 한다.

<그림 2-12>의 릴리프 밸브(relief valve)도 안전 밸브의 일종으로, 릴리프 밸브는 액체가 흐르는 관로에 부착하여 압력이 일정치 이상으로 올라가면 액체를 방출한다. 릴리프 밸브는 작동원리가 안전 밸브와 비슷하지만 일반적으로 액체에 사용된다. 수계 소화설비에서 소화펌프의 체절운전으로 인한 수온상승을 방지하기 위해 설치하는 순환배관(by-pass piping)에는 릴리프 밸브를 설치하여 수압이 설정치를 넘으면 릴리프 밸브가 개방되어 물을 물올림탱크(호수조)를 거쳐 흐르게 한다.

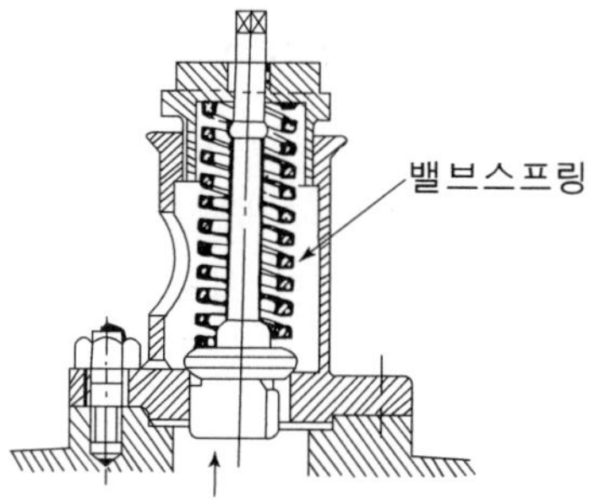

〈그림 2-11〉 스프링 안전밸브

〈그림 2-12〉 relief valve

(5) 감압 밸브(pressure reducing valve)

소화전이나 스프링클러 헤드에서 방출되는 물의 압력이 지나치게 높으면 소화가 곤란하므로 감압 밸브를 설치한다. 또 고압의 가스나 수증기를 사용하기에 적합한 압력으로 낮추고 고압측의 압력변화에 관계없이 저압측의 압력을 일정하게 유지하기 위해 감압 밸브를 사용한다. 감압원리는 릴리프 밸브(relief valve)와 유사하지만, 감압 밸브는 정상적인 상태에서 고압을 일정한 저압으로 낮춰주는 역할을 하는데 비해 릴리프 밸브는 설정압력을 초과하는 비상시에만 열려 정상적인 압력으로 회복하게 하는 역할을 한다. 감압 밸브 대신 오리피스를 관에 설치하여 압력을 낮추는 방법을 흔히 사용한다(그림 4-4 참조).

(6) 버터플라이 밸브(butterfly Valve)

나비 밸브라고도 하며, 원통형의 몸체 속에 밸브 스템을 축으로 하여 원형 평판이 회전함으로써 개폐된다. 유량 조절용으로 가장 간단한 구조이고 경량이므로 지지대를 필요치 않고, 밸브의 개도와 유량이 거의 비례하며, 다른 밸브에 비해 비교적 가격이 저렴하다. 주로 중저압 차단용으로 사용한다. 완전 폐쇄가 어렵고, 완전히 개방해도 유로 상에 평판이 존재하므로 저항이 크다. 또 장시간 닫힌 상태로 작동하지 않으면 밀착되어 작동불능이 될 수도 있다.

(7) 콕(cock)

유체를 직선상으로 흐르게 하고 콕을 회전시키면 완전히 통로가 열리므로 개폐가 빠르다. 주철과 청동제가 많으며 작은 지름의 저압용은 배수용으로 많이 사용된다.

(8) 볼 밸브(ball valve)

밸브의 실린더 내에 실린더와 거의 같은 구경으로 내부가 뚫려 있는 볼(ball)이 관로를 개폐시키는 구조로 되어 있다. 유체의 흐름방향과 유로의 방향이 같고 볼 관통부의 구경이 관경과 거의 같아 압력손실이 작다. 90°의 각도로 개폐되므로 개폐가 신속하고 밸브의 상태로 개폐상태를 쉽게 알 수 있다. 볼 밸브는 중, 고압 배관의 차단용으로 사용된다.

연 습 문 제

2.1 공동현상의 문제점은 무엇인가?

2.2 원심펌프의 구조를 설명하고, 벌류트펌프와 터빈펌프를 비교하라.

2.3 에너지 보존의 법칙을 이용하여 베르누이방정식을 유도하라. 이 방정식을 적용하기 위해서는 어떤 조건이 필요한가?

2.4 유효수두와 요구수두를 설명하라.

2.5 수격작용의 원인과 방지대책을 설명하라.

2.6 안전 밸브와 릴리프 밸브의 공통점과 차이점은 무엇인가?

2.7 관의 손실수두와 관이음쇠/밸브에서의 손실수두의 원인은 각각 무엇인가? 밸브에 따라 손실수두가 다른 이유는 무엇인가?

2.8 직경 50 mm의 관에 물이 360 ℓ/min으로 흐를 때, 다음을 계산하라. 동점성계수는 1.003×10^{-6} m^2/s이다.

(a) 평균유속　　(b) 질량유량

(c) 중량유량　　(d) 층류여부

2.9 직경 65 mm, 길이 100 m의 관에 물이 390 ℓ/min으로 흐를 때, 이 관의 마찰손실수두를 계산하라. 관마찰계수는 0.003이다.

2.10 관 속에 비중이 0.8인 기름이 시간당 4톤씩 흐르고 있다. 입구에서의 압력이 1.2 MPa, 출구의 압력이 109 kPa이면 입구와 출구 사이의 손실수두는 얼마인가? 이 관을 통해 기름을 수송하는데 필요한 펌프의 이론동력은 몇 kW인가?

2.11 매분 1 m^3의 물을 송출하는 펌프의 흡입구 압력이 진공 150 mmHg, 송출구의 압력은 7.5 kgf/cm^2이고, 송출구가 흡입구보다 75 cm 높을 때, 이 펌프의 단위중량유량당 동력을 계산하라. 흡입관과 송출관의 직경은 같고, 두 지점사이의 손실은 무시한다.

2.12 펌프로 높이 25 m인 옥상의 물탱크에 매분 900 ℓ의 물을 송출하고 있다. 관에서의 손실수두가 3 m일 때 이 펌프의 이론동력은 몇 kW인가? 또 이것은 몇 ps인가? 이 펌프의 효율이 75%라면 축동력은 몇 kW인가?

2.13 소화펌프의 이론동력 P_{th}는 γQH로 계산된다. 유체가 물이고, P_{th}와 Q, H의 단위가 각각 ps, ℓ/min, m일 때, 다음과 같이 쓸 수 있음을 증명하라.

$P_{th} = 0.00022QH$

2.14 수원의 수위보다 1 m 낮은 위치에 펌프가 설치되어있다. 흡입관의 평균유속이 1 m/s이고 손실수두가 0.5 m일 때 유효수두를 구하라. 국지대기압은 98 kPa, 물의 온도는 20℃이다.

2.15 흡입측 손실수두가 2 m일 때 소화펌프의 위치를 결정하라. 흡입관의 속도수두는 무시하고, 요구수두는 7.5 m, 대기압은 1 atm, 물의 온도는 20℃로 한다.

CHAPTER 3

스프링클러설비

3.1 용어의 정의

가압수조
가압원인 압축공기 또는 불연성 고압기체에 따라 소방용수를 가압시키는 수조

가지배관
스프링클러 헤드가 설치되어 있는 배관

간이헤드
간이스프링클러 헤드 또는 표준형 스프링클러 헤드(조기 반응형)

개방형 간이헤드
감열체 없이 방수구가 항상 열려 있는 간이헤드
방수구가 항상 열려져 있는 간이헤드

개방형 스프링클러 헤드
감열체 없이 방수구가 항상 열려 있는 스프링클러 헤드

개폐표시형 밸브
밸브의 개폐여부를 외부에서 식별이 가능한 밸브

건식 스프링클러설비(dry pipe sprinkler system)
가압송수장치에서 건식밸브까지 배관 내에 물이 가압되어 있고, 건식밸브와 폐쇄형 헤드 사이에는 압축공기 또는 압축질소가 채워져 있어 동파를 방지할 수 있는 폐쇄형 스프링클러설비

고가수조(gravity tank)
구조물 또는 지형지물 등에 설치하여 자연낙차의 압력으로 급수하는 수조

고정식 소화설비
펌프와 배관, 소화수 또는 소화약제를 최종 방출하는 방출구가 고정된 설비

교차배관(cross main)
직접 또는 수직배관을 통하여 가지배관에 급수하는 배관

교차회로방식

하나의 일제개방밸브의 담당구역 내에 2 이상의 화재감지기회로를 설치하고 인접한 2 이상의 화재감지기가 동시에 감지되는 때에 일제개방밸브가 개방, 작동되는 방식

급수배관

수원 및 옥외송수구로부터 스프링클러 헤드에 급수하는 배관

기동용 수압개폐장치

소화설비의 배관 내 압력변동을 검지하여 자동적으로 펌프를 기동 및 정지시키는 것으로서 압력챔버(pressure chamber), 기동용 압력스위치 등으로 구성

반사판(deflector)

스프링클러 헤드의 방수구에서 유출되는 물을 세분시키는 작용을 하는 금속판

방수구역

개방형 스프링클러설비의 소화범위에 포함된 영역

방호구역

폐쇄형 스프링클러설비의 소화범위에 포함된 영역

습식 스프링클러설비(wet pipe sprinkler system)

가압송수장치에서 폐쇄형 스프링클러 헤드까지 배관내에 항상 물이 가압되어 있다가 화재로 인한 열로 폐쇄형 스프링클러 헤드가 개방되면 배관내에 유수가 발생하여 습식 유수검지장치가 작동하게 되는 폐쇄형 스프링클러설비

신축이음(flexible joint)

펌프와 흡입관 또는 토출관의 연결, 가지배관과 스프링클러 헤드의 연결에 사용하는 구부림이 용이하고 유연성을 가진 관이음

압력수조(pressure tank)

소화용수와 공기를 채우고 일정압력 이상으로 가압하여 그 압력으로 급수하는 수조

연성계(compound gage)

대기압 이상의 압력과 대기압 이하의 압력을 측정할 수 있는 계측기

연소할 우려가 있는 개구부
각 방화구획을 관통하는 컨베이어, 에스컬레이터 또는 이와 유사한 시설의 주위로서 방화구획을 할 수 없는 부분

유수검지장치
본체내의 유수현상을 자동적으로 검지하여 신호 또는 경보를 발하는 장치

일제개방밸브(deluge valve)
화재발생시 자동 또는 수동식 기동장치에 따라 열리는 밸브

정격토출량
정격토출압력에서의 펌프의 토출량

정격토출압력
정격토출량에서의 펌프의 토출측 압력

조기반응형 헤드(early suppression fast response sprinkler, ESFR sprinkler)
표준형 스프링클러 헤드보다 기류온도 및 기류속도에 조기에 반응하는 헤드

주배관
각 층을 수직으로 관통하는 수직배관

준비작동식 스프링클러설비(preaction sprinkler system)
가압송수장치에서 준비작동식 유수검지장치 1차 측까지 배관 내에 항상 물이 가압되어 있고 2차 측에서 폐쇄형 스프링클러 헤드까지 공기가 대기압 상태로 차 있다가 화재발생시 감지기의 작동으로 준비작동식 유수검지장치가 작동하여 폐쇄형 스프링클러 헤드까지 송수되고 폐쇄형 스프링클러 헤드가 열에 의해 개방되는 방식의 스프링클러설비

진공계(vacuum gage)
대기압 이하의 압력을 측정하는 계측기

체절운전(shut-off operation)
펌프의 성능시험을 목적으로 펌프 토출측의 개폐밸브를 닫은 상태에서의 펌프 운전

충압펌프(priming pump, jockey pump)
배관내 압력손실에 따른 주펌프의 빈번한 기동을 방지하기 위하여 충압역할을 하는 펌프

측벽형 스프링클러 헤드(sidewall sprinkler)
가압된 물이 분사될 때 헤드의 축심을 중심으로 한 반원상에 균일하게 분산시키는 헤드

폐쇄형 간이헤드
정상상태에서 방수구를 막고 있는 감열체가 일정온도에서 자동적으로 파괴, 용해 또는 이탈됨으로써 방수구가 개방되는 간이헤드

폐쇄형 스프링클러 헤드
정상상태에서 방수구를 막고 있는 감열체가 일정온도에서 자동적으로 파괴・용해 또는 이탈됨으로써 방수구가 개방되는 스프링클러 헤드

화재조기진압용 스프링클러 헤드
특정 높은 장소의 화재위험에 대하여 조기에 진화할 수 있도록 설계된 스프링클러 헤드

3.2 스프링클러설비의 개요

스프링클러설비(sprinkler system)는 화재가 발생한 경우 천장에 설치된 폐쇄형 스프링클러 헤드의 감열(개방형 스프링클러 헤드의 경우에는 화재감지기나 화재감지용 폐쇄형 헤드의 감열)에 의하여 화재를 감지함과 동시에 그 헤드에서 물을 살수하여 화재를 초기 단계에서 효율적으로 소화하는 고정식 소화설비이다. 수원, 가압송수장치, 자동경보장치, 배관, 스프링클러 헤드, 관말시험밸브, 송수구 등으로 구성되어 있다. 통계에 의하면 스프링클러설비에 의한 소화의 성공률은 96%로, 대부분 한 개 또는 두 개의 스프링클러 헤드의 방수로 소화하였으며, 물에 의한 손실도 그리 크지 않음이 입증되었다. 스프링클러설비는 설치비용이 많이 들고, 유지관리에 다소의 어려움이 있지만, 자동 소화설비로서의 소화기능은 다른 소화설비와 비교가 안될 만큼 안전하고 효과적이다.

스프링클러설비의 장단점은 다음과 같다.

(1) 장점

1) 초기화재의 진화에 효과가 높다.

2) 물을 사용하므로 경제적이다.
3) 오보, 오동작이 적다.
4) 조작이 쉽고 안전하다.
5) 화재감지가 자동으로 이루어지며 사람이 없는 경우에도 효과적으로 소화할 수 있다.
6) 진화 후 복구가 쉽다.

(2) 단점

1) 초기 시공비가 많이 소요된다.
2) 다른 소화설비보다 시공이 복잡하다.
3) 분말이나 가스계 소화설비에 비해 물로 인한 피해가 크다.

3.3 스프링클러설비의 설치대상

스프링클러설비를 설치하여야 하는 특정소방대상물(가스시설 또는 지하구 제외)은 다음과 같다.

(1) 문화집회 및 운동시설(사찰, 제실, 사당 및 동식물원 제외)로서 다음에 해당하는 건축물의 전층
1) 수용인원이 100인 이상인 것
2) 영화상영관의 용도로 쓰이는 층의 바닥면적이 지하층 또는 무창층인 경우 500 m^2 이상, 그 밖의 층은 1,000 m^2 이상인 것
3) 무대부가 지하층, 무창층 또는 4층 이상의 층에 있는 경우에는 무대부의 면적이 300 m^2 이상인 것
4) 무대부가 3) 외의 층에 있는 경우에는 무대부의 면적이 500 m^2 이상인 것

(2) 판매시설 및 영업시설로서 다음에 해당하는 경우에는 전층
1) 3층 이하인 건축물로서 판매시설 및 영업시설의 바닥면적 합계가 6,000 m^2 이상인 것
2) 4층 이상인 건축물로서 판매시설 및 영업시설의 바닥면적 합계가 5,000 m^2 이상인 것
3) 수용인원 500인 이상인 것

(3) 11층 이상인 특정소방대상물의 경우에는 전층
(4) 노유자시설, 정신보건시설 및 숙박시설이 있는 수련시설로서 연면적 600 m^2 이상인 경우 전층
(5) 천장 또는 반자(반자가 없는 경우에는 지붕의 옥내에 면하는 부분)의 높이가 10 m를 넘는 랙크(rack)식 창고(선반 또는 이와 비슷한 것을 설치하고 승강기에 의하여 수납물을 운반하는 장치를 갖춘 것)로서 연면적 1,500 m^2 이상인 것
(6) 지하가(터널 제외)로서 연면적 1,000 m^2 이상인 것
(7) 위에 해당하지 아니하는 특정소방대상물(냉동창고 제외)의 지하층, 무창층 또는 4층 이상인 층으로서 바닥면적이 1,000 m^2 이상인 층
(8) 위의 특정소방대상물에 부속된 보일러실 또는 연결통로 등
(9) 복합건축물 또는 교육연구시설 내에 있는 학생수용 기숙사로서 연면적 5,000 m^2 이상인 경우에는 전층
(10) 위 (5)에 해당하지 아니하는 공장 또는 창고로서 지정수량의 1,000배 이상의 특수가연물을 저장, 취급하는 것

여기서 특정소방대상물은 소방시설설치유지 및 안전관리에 관한 법률 시행령에 규정되어있다. 특정소방대상물에는 근린생활시설, 위락시설, 문화집회 및 운동시설, 판매시설 및 영업시설, 숙박시설, 노유자시설, 의료시설, 공동주택, 업무시설, 통신촬영시설, 교육연구시설, 공장, 창고시설, 운수자동차관련시설, 관광휴게시설, 동식물관련시설, 위생 등 관련시설, 교정시설, 위험물저장 및 처리시설, 지하가, 지하구, 문화재, 복합건축물이 있다.

무창층은 지상층 중 다음에 해당하는 개구부의 면적의 합계가 그 층의 바닥면적의 1/30 이하인 층을 말한다.

(1) 개구부의 크기가 지름 50 cm 이상의 원이 내접할 수 있을 것
(2) 그 층의 바닥면으로부터 개구부 밑부분까지의 높이가 1.2 m 이내일 것
(3) 도로 또는 차량의 진입이 가능한 공지에 면할 것
(4) 화재 시 건축물로부터 쉽게 피난할 수 있도록 창살이나 기타 장애물이 없을 것
(5) 내부 또는 외부에서 쉽게 파괴 또는 개방이 가능할 것

3.4 스프링클러설비의 구조와 작동원리

폐쇄형 헤드가 화재를 감지하여 헤드가 개방되거나 화재감지기가 화재를 감지하여 가압송수장치로부터 개방형 헤드에 물이 공급되면 살수를 시작한다. 소정의 방수압과 방수량으로 살수하기 위해서는 가압송수장치를 자동으로 기동시키고 동시에 화재가 발생한 장소와 방재센터에 경보를 보내는 기능은 자동경보장치(또는 유수검지장치)이다. 스프링클러설비는 사용하는 헤드에 따라 폐쇄형 스프링클러설비와 개방형 스프링클러설비로 대별된다.

3.4.1 폐쇄형 스프링클러설비

폐쇄형 스프링클러설비는 천장부에 폐쇄형 헤드를 배치하여 화재가 발생했을 때 온도상승으로 스프링클러 헤드가 감열, 자동으로 개방되어 살수하는 방식으로 습식과 건식, 준비작동식이 있다.

(1) 습식 스프링클러설비(wet pipe sprinkler system)

습식 스프링클러설비는 배관 내에 상시 물을 가압하여 채워놓았다가 폐쇄형 헤드에서 화재탐지와 동시에 자동적으로 살수하고 화재의 발생을 경보하는 것으로, 스프링클러설비로서 가장 많이 사용되고 있다. 화재가 발생하지 않아도 가압송장치에서 습식 유수검지장치까지의 1차측 배관뿐만 아니라 유수검지장치에서 스프링클러 헤드까지의 2차측 배관에도 항상 물이 차있다. 따라서 보온이 충분하지 못할 경우 겨울철에 동결의 우려가 있다.

주차장에 스프링클러설비를 설치할 때는 습식 스프링클러설비를 설치할 수 없다. 다만, 주차장이 벽 등으로 차단되어 있고 출입구가 자동으로 열리고 닫히는 구조인 것으로서, 동절기에 상시 난방이 되는 곳이거나 그 밖에 동결의 염려가 없는 곳, 또는 스프링클러설비의 동결을 방지할 수 있는 구조 또는 장치가 된 경우에는 습식을 설치할 수 있다.

<그림 3-1>은 폐쇄형 습식 스프링클러설비의 계통도로서, 각각 4개의 폐쇄형 헤드가 설치된 두 방호구역에 펌프방식의 가압송수장치로 습식 유수검지장치를 거쳐 지하수조의 물을 공급하도록 되어있다. 펌프의 토출측에는 물올림탱크(호수조)를 포함한 물올림장치와

순환배관, 성능시험배관이 있다. 압력챔버(pressure chamber)와 압력계, 안전밸브, 압력스위치로 구성된 수압개폐장치는 펌프 자동기동용이다. 또한, 필요한 경우 송수구를 통해 소화용수의 공급이 가능하도록 송수구가 설치되어 있고, 헤드의 방수압력과 방수량을 점검할 수 있도록 최상층의 관말에 시험밸브함이 설치되어있다. 소화펌프를 수동으로 기동하는 습식 스프링클러설비는 수압개폐장치를 제외하고는 <그림 3-1>과 동일하다.

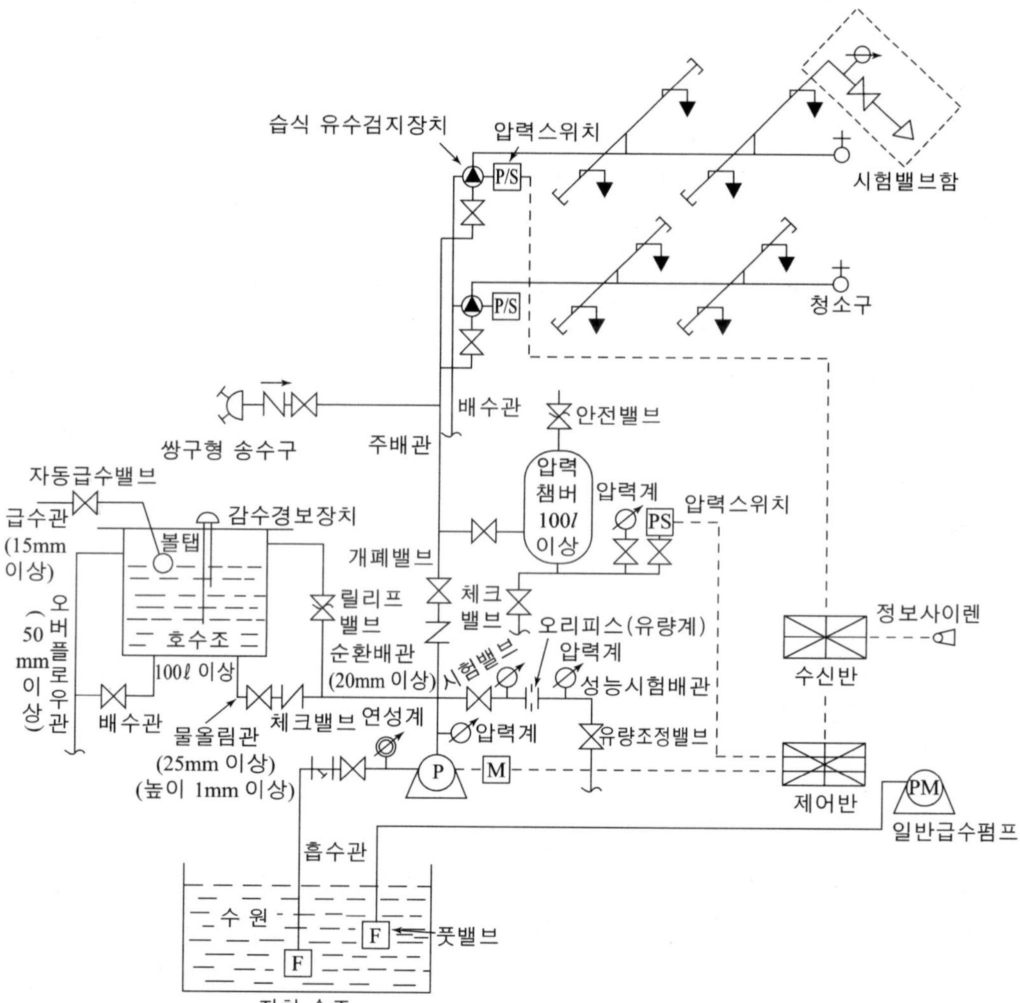

〈그림 3-1〉 폐쇄형 습식 스프링클러설비의 계통도(소화펌프 자동기동)

화재가 발생하면 폐쇄형 습식 스프링클러설비의 작동순서는 다음과 같다.

1) 화재 발생으로 온도가 상승하면 헤드가 감열, 개방된다.
2) 헤드의 개방으로 인한 유수현상을 습식 유수검지장치가 검지, 압력스위치가 작동하여 화재표시등이 켜지고 화재경보를 보낸다.
3) 주 배관내의 수압이 감소하면 수압개폐장치의 압력챔버(pressure chamber)에 부착된 압력스위치가 작동하여 소화펌프를 기동한다(수압개폐장치나 유수검지장치의 발신 또는 두 가지의 혼용으로 펌프를 자동으로 기동하지만, 대부분 수압개폐장치로 펌프를 기동한다. 수동기동의 경우, 수동으로 펌프 기동).
4) 개방된 헤드에서 계속 살수하여 소화가 완료되면 펌프를 정지시키고 유수검지장치의 1차측 게이트 밸브(gate valve)를 잠근다.
5) 개방된 헤드를 모두 신품으로 바꾸고 유수검지장치의 1차측 게이트 밸브를 열어둔다.

1개 또는 그 이상의 폐쇄형 스프링클러 헤드가 개방되어 배관 내에 유수 현상이 생기면 자동경보장치(유수검지장치)가 작동하여 수위실, 중앙통제실 등에 설치한 수신부에 있는 표시판으로 헤드 또는 감지기가 작동한 층을 표시함과 동시 벨, 사이렌 등의 음향신호에 의하여 경보를 보낸다. 습식 스프링클러설비의 자동경보장치(유수검지장치)의 작동순서는

1) 화재발생
2) 헤드개방
3) 감압
4) 유수
5) 발신부 작동
6) 수신부 작동(방호구역 표시)
7) 음향발신

이다.

자동경보장치의 발신부는 각 층, 각 방호구역마다 설치한다. 유수검지장치 또는 압력검지장치를 사용하도록 규정되어 있지만 특히 유수검지장치는 검정품이라야 한다. 자동경보밸브는 그 구조 및 기능에 따라 유수검지밸브와 유수작동밸브, 오리피스(orifice) 또는 벤투리(venturi)형 유수검지기, 패들(paddle)형 유수검지기의 4종류가 있으나, 유수검지밸브가 가장 많이 사용되고 있다.

유수검지밸브는 알람밸브(alarm valve) 또는 알람체크밸브(alarm check valve)라고 불린다. <그림 3-2>는 유수검지밸브와 게이트 밸브(gate valve), 리타딩 챔버(retarding chamber), 압력스위치(pressure switch) 등으로 구성된 습식 스프링클러용 자동경보장치이다.

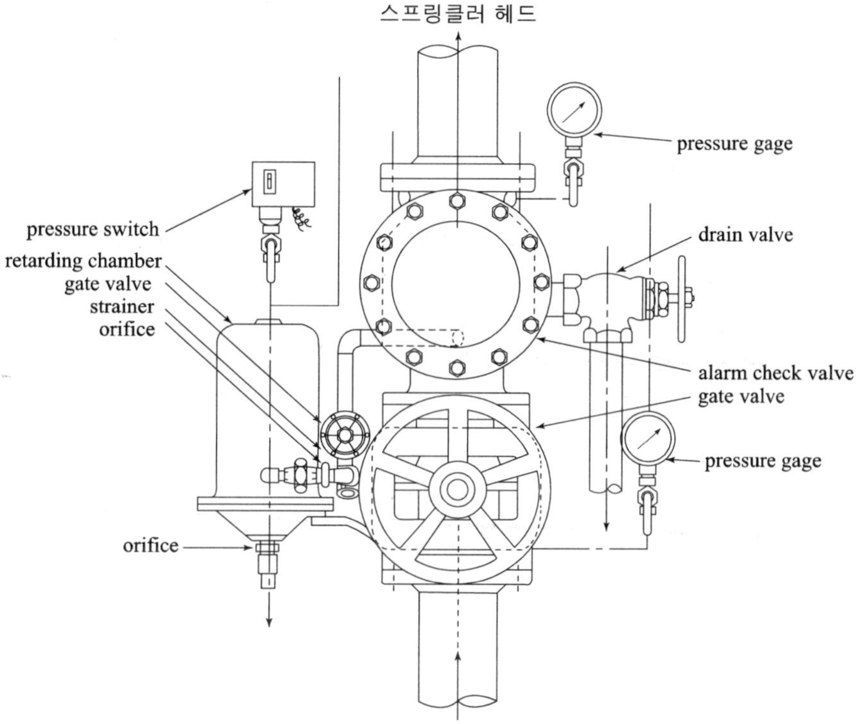

〈그림 3-2〉 유수검지밸브(alarm check valve)를 이용한 습식 자동경보장치

<그림 3-3>은 유수검지밸브를 이용한 습식 자동경보밸브의 작동과정을 나타낸 그림이다. 작동과정은

1) 평상시에는 가압송수장치측인 1차측과 헤드측인 2차측 배관에 같은 압력의 물이 차 있어 체크밸브의 구조와 유사한 유수검지밸브가 닫혀있다.
2) 화재발생으로 헤드가 감열, 개방되어 방수하면 2차측 수압이 떨어진다.

3) 유수검지밸브의 클래퍼(clapper)가 차압에 의해 열리고 물이 흐른다.
4) 비어있던 리타딩 챔버(retarding chamber)에 물이 들어간다.
5) 리타딩 챔버에 물이 차서 압력이 올라가면 압력스위치가 작동하여 경보를 보낸다.

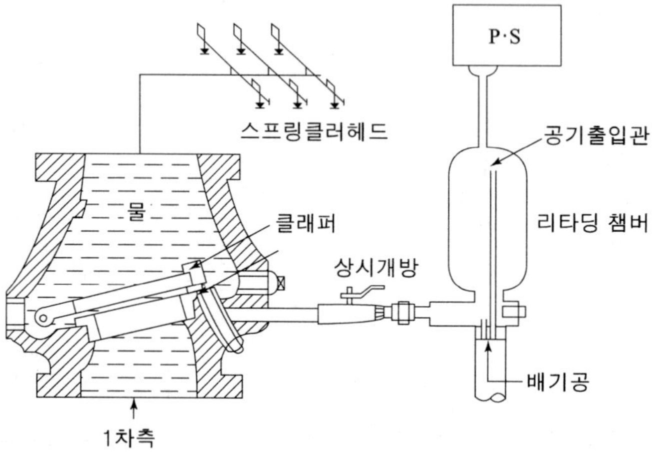

(a) **헤드 개방 전**

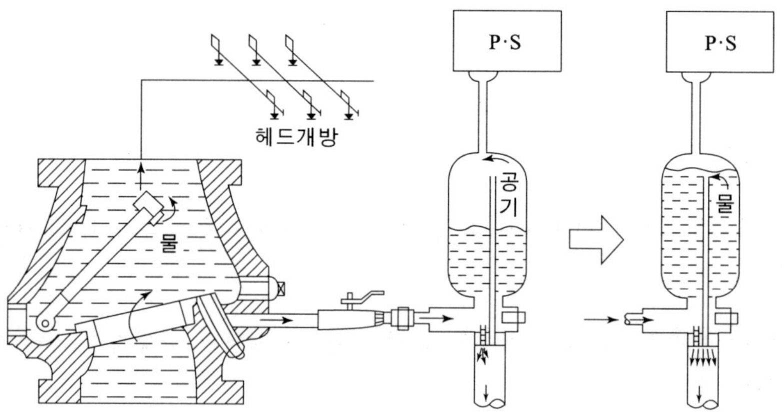

(b) **헤드 개방 후**

〈그림 3-3〉 유수검지밸브를 이용한 자동경보장치의 작동과정

유수검지밸브를 이용한 자동경보장치의 한 부분인 리타딩 챔버(retarding chamber)는 스프링클러의 오보를 방지하기 위한 목적으로 사용된다. 스프링클러 배관에 수격작용(water hammer)이나 압력파가 발생하여 수압변동이 생기면 물의 흐름이 없어도 자동경보밸브가 작동하여 오보를 보낼 수 있다. 이와 같은 오보를 방지하기 위해 자동경보밸브와 압력스위치 사이에 저수용기인 리타딩 챔버를 설치하여 경보를 발하는 시간을 약 15초 지연시킨다. 자동경보밸브로부터 유입된 물이 리타딩 챔버에 가득 차면 압력이 가해져 다이어프램(diaphragm)을 밀어 올려 압력스위치가 작동하게 된다. 물이 채워지고 다이어프램을 밀어 올리는 과정에서 자동경보발생시간을 지연시키게 된다. 리타딩 챔버내의 물은 자동으로 배수되며, 리타딩 챔버가 만수되지 않으면 압력스위치가 작동하지 않는다.

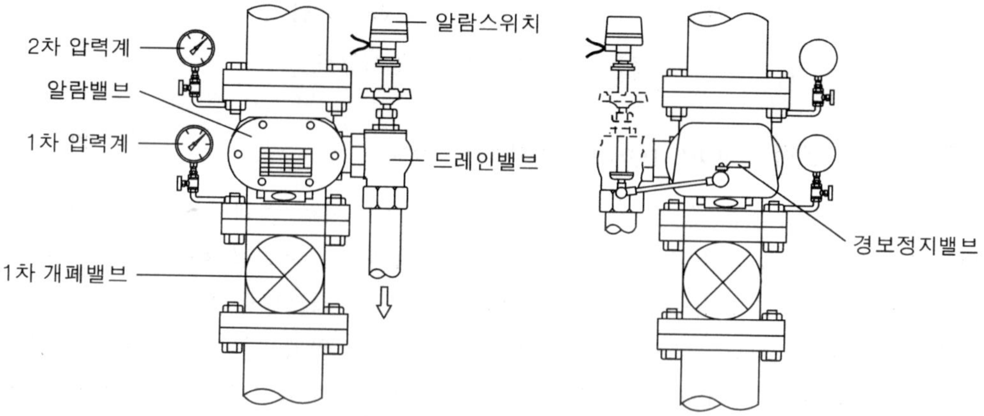

〈그림 3-4〉 압력스위치 직결 유수검지밸브

최근에는 <그림 3-4>와 같이 리타딩 챔버를 생략하고 압력스위치를 바로 연결한 유수검지밸브를 사용하는데, 압력스위치 내부에 지연타이머를 부착하여 오보를 방지한다.

유수작동밸브는 자동경보장치의 하나로, 체크밸브와 거의 같은 구조로 되어 있으나, 리타딩 챔버와 압력스위치 대신에 마이크로 스위치가 설치되어있다. 폐쇄형 헤드가 개방되어 물이 흐르면 유수작동밸브가 개방되면서 축이 회전하고, 이 축이 스위치 박스내의 회전자를 움직여 마이크로스위치가 작동, 신호를 보낸다.

패들(paddle)형 유수검지장치는 <그림 3-5>와 같이 관내에 원판형 패들이 있어 헤드 개방 전에는 물의 흐름이 없으나, 헤드의 개방으로 물이 흐르면 원판의 이동으로 유수를 검지하여 경보를 보내는 자동경보장치이다.

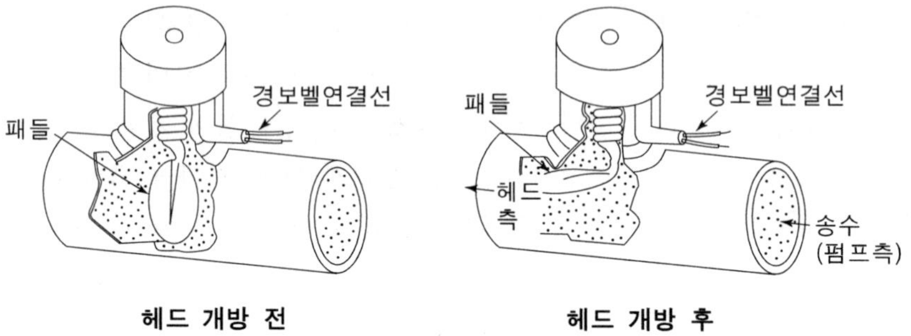

〈그림 3-5〉 패들형 유수검지장치

(2) 건식 스프링클러설비(dry pipe sprinkler system)

건식 스프링클러설비는 습식 스프링클러설비와 마찬가지로 폐쇄형 헤드를 사용하므로 앞의 <그림 3-1>의 습식 스프링클러설비와 거의 유사하지만, <그림 3-6>과 같이 습식 유수검지장치 대신에 건식 유수검지장치를 사용한다. 건식 스프링클러설비는 기온이 낮은 지방에서 이용하는 것으로, 배관 내 물의 동결을 방지하기 위해, 가압송수장치에서 건식밸브(dry pipe valve)까지의 1차측 배관에는 물이 가압상태로 차있지만 건식밸브에서 스프링클러 헤드까지의 2차측 배관에는 물 대신 압축공기 또는 압축질소를 채워 놓은 설비이다. <그림 3-6>의 건식 스프링클러설비에는 3개의 방호구역에 각 방호구역마다 4개의 폐쇄형 상향형 스프링클러 헤드가 부착되어있다. 또 각 방호구역마다 1개의 건식밸브(dry pipe valve)가 설치되어있고, 2차측 배관에 압축공기를 채워두는 설비로, 공기압축기와 공기배관이 설치되어있다. 화재가 발생하면 폐쇄형 헤드가 감열, 개방되고 2차측 배관 내의 압축공기를 방출하면 배관 내 압력이 떨어지며 감압에 의하여 건식밸브가 작동하여 경보를 보내며 1차측 배관 내의 물이 헤드로 공급되어 살수가 시작된다. 이와 같은 건식 스프링클러설비는 화재발생을 헤드가 감열, 개방되어 실제 방수가 시작할 때까지의 시간은 1분 이내에 이루어지도록 설계되어야 한다.

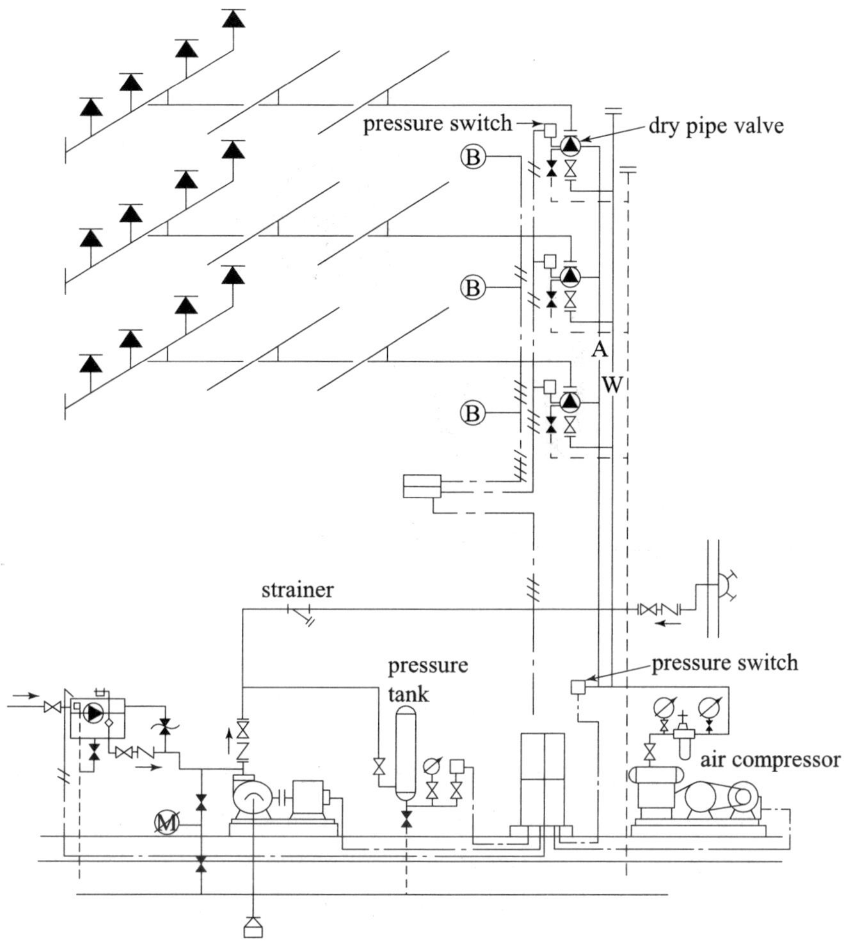

〈그림 3-6〉 건식 스프링클러설비의 계통도

건식밸브(dry pipe valve)는 습식 스프링클러의 유수검지밸브(alarm check valve)에 해당하는 것으로, <그림 3-7>과 같이 폐쇄형 건식 스프링클러설비에서 평상시 물이 없는 배관부분, 즉, 2차측에 물이 흘러들어가는 것을 억제하는 밸브이다. 이 밸브의 1차측은 가압송수장치에 연결되어 밸브까지 물이 충만되어 있고, 2차측은 압축공기 또는 압축질소로 충만되어 있다. 헤드가 개방되고 압축공기가 방출하여 압력이 저하하게 되면 이 밸브가 열리며 평상시 가압하여 놓은 압축공기의 압력은 1차측의 물의 압력에 의하여 결정된다.

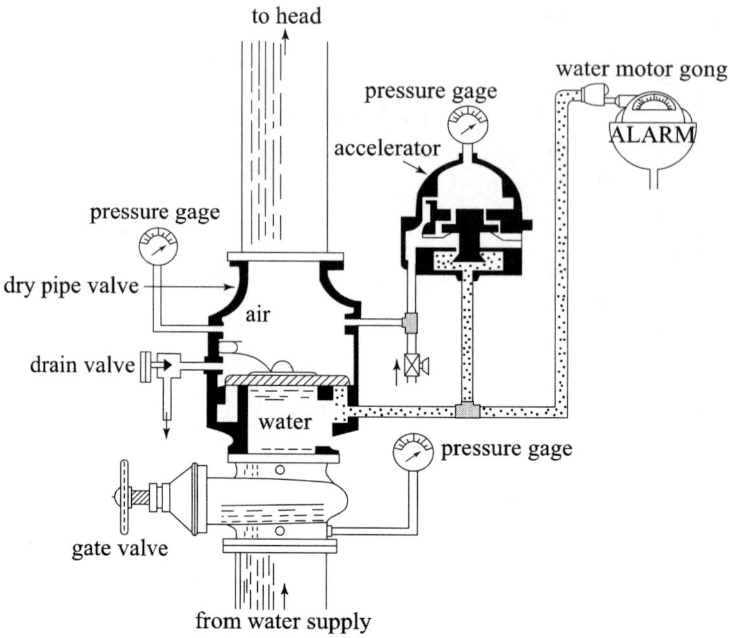

〈그림 3-7〉 건식밸브(dry pipe valve) 주위의 배관

화재가 발생하면 폐쇄형 헤드가 개방되어 압축공기 또는 압축질소가스가 신속하게 배출되어야 하는데, 압축공기 또는 압축질소가스의 배출에 따른 방수개시시간의 지연이 건식스프링클러설비의 단점이다. 이를 개선하기 위해 배기가속기 또는 급속개방기구(quick open-ing devices)가 필요하다. 배기가속기에는 액셀러레이터(accelerator)나 익조스터(exhauster)가 있다. <그림 3-8>은 배기가속기의 하나인 액셀러레이터(accelerator)이다. 화재가 발생해 폐쇄형 헤드가 감열, 개방되어 압축공기(또는 압축질소가스)가 헤드에서 방출되는데 시간이 걸리므로, 건식밸브에 직접 연결하여 압축공기를 신속하게 배출하여 방수지연시간을 단축함과 동시에 건식밸브의 클래퍼(clapper)가 열려 물이 헤드로 공급되게 한다. 액셀러레이터의 입구는 건식밸브의 클래퍼 2차측에 연결한다. 익조스터(exhauster)도 2차측 배관의 압축공기를 신속하게 배출하는 배기가속기로서, 건식밸브의 2차측에 입구를 연결하고 출구는 대기로 노출되어있다.

건식 스프링클러설비에는 일정한 압력의 공기 또는 질소가스를 공급하기 위해 공기압축기(또는 질소공급장치)와 압력조절기(pressure regulator), 저압경보스위치도 필요하다. 건식스프링클러설비에는 상향형 헤드를 사용하고, 하향형을 사용할 때는 드라이펜던트 헤드(dry pendent head)를 사용한다(3.5 스프링클러 헤드 참조).

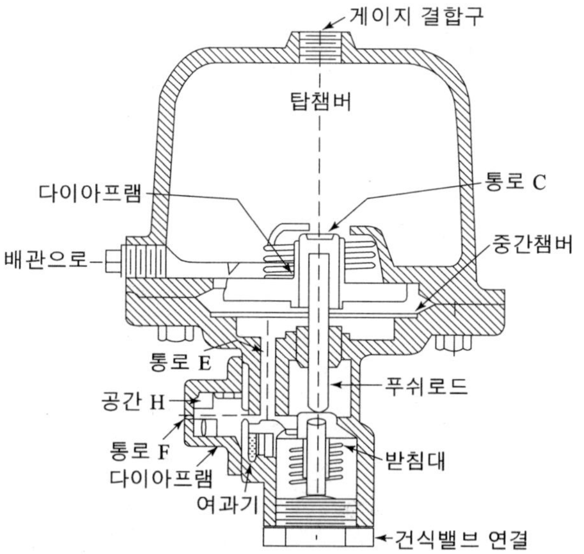

〈그림 3-8〉 액셀러레이터(accelerator)의 구조

(3) 준비작동식 스프링클러설비(preaction sprinkler system)

준비작동식 스프링클러설비는 습식설비의 장점을 살리고 건식설비의 결점을 보완한 폐쇄형 스프링클러설비로, 습식 또는 건식 유수검지장치 대신에 준비작동밸브(preaction valve)를 사용한다. 가압송수장치에서 준비작동밸브의 클래퍼(clapper)까지의 1차측 배관에는 가압수가 차있고 준비작동밸브의 클래퍼에서 스프링클러 헤드까지의 2차측 배관내에는 대기압 또는 저압으로 압축된 공가가 들어있다. 화재감지기가 화재를 감지하면 물을 헤드 근처까지 보내고, 열에 의해 헤드가 열리면 살수하는 방식이다. 같은 폐쇄형 헤드를 사용하지만, 열감지기나 연기감지기와 같은 자동화재탐지기와 연동으로 동작하며, 다른 스프링클러의 단점인 오동작을 줄여 물로 인한 피해를 막고 건식설비에 비해 방수개시 시간이 짧다.

<그림 3-9>는 준비작동식 스프링클러설비의 계통도이다. 3개의 층에 각각 5개의 폐쇄형 헤드와 4개의 화재감지기가 설치되어 있다. 각 층이 하나의 방호구역으로 설정되어 각 층마다 준비작동밸브가 설치되어 있다. 펌프는 수압개폐장치에 의해 자동으로 기동되고 1차측 배관내 수압이 떨어지면 충압펌프(priming pump)가 기동한다. 펌프 상부 배관에 설치된 WHC는 수격방지기(water hammer cushion)의 약자이다.

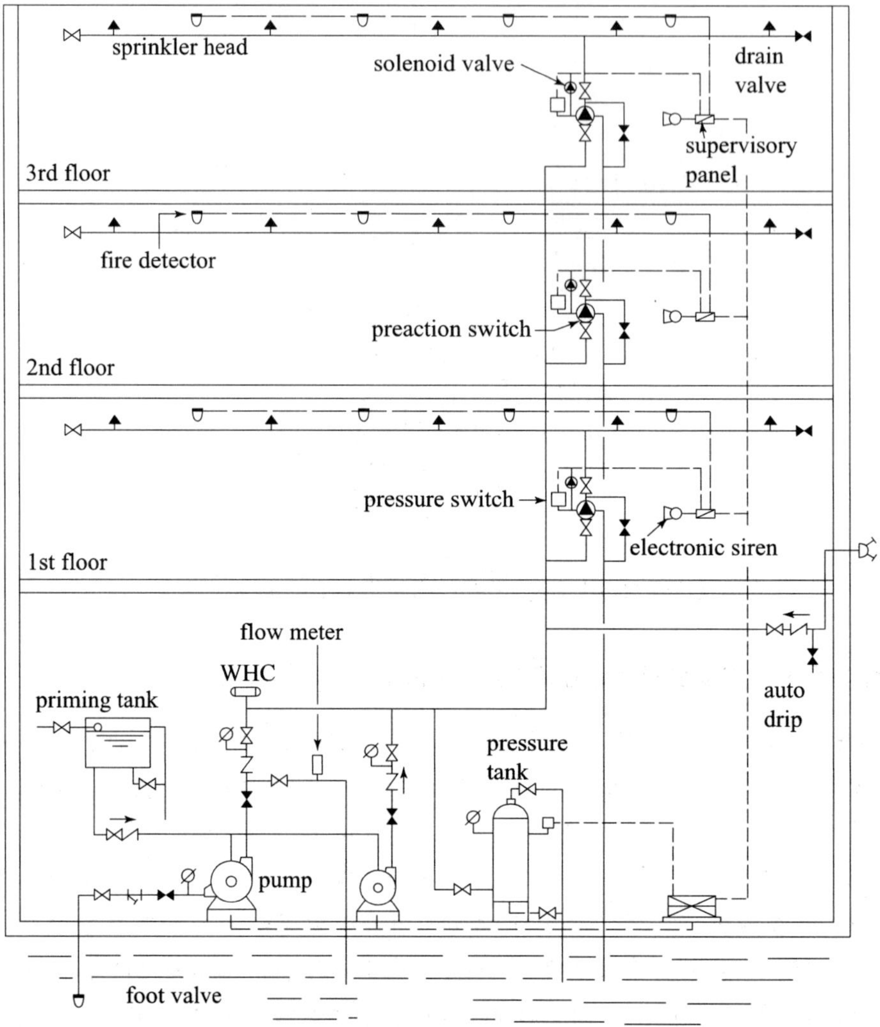

〈그림 3-9〉 준비작동식 스프링클러설비의 계통도

<그림 3-10>은 준비작동밸브(preaction valve) 주위의 배관을 그린 것이다. 준비작동밸브의 구조는 습식의 유수검지밸브나 건식의 건식밸브와 유사한 구조로 되어 있고, 전기식, 기계식, 공기식이 있다. 화재감지로 솔레노이드 밸브(solenoid valve, SV)가 작동하면 압력방출밸브(pressure operated relief valve, PORV)가 열려 공기의 압력을 대기압으로 낮추고 준비작동밸브가 열리도록 되어 있다.

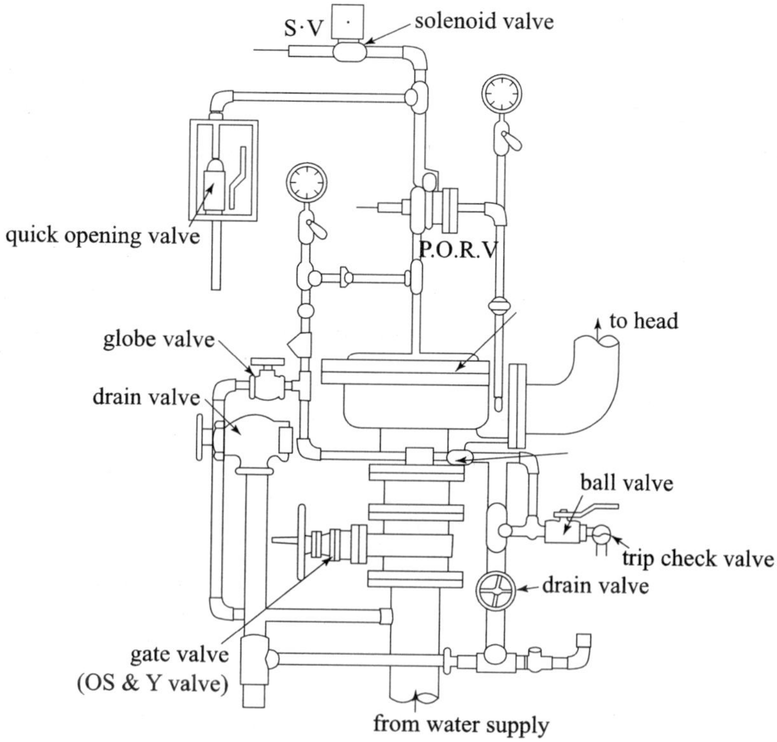

〈그림 3-10〉 준비작동밸브(preaction valve) 주위의 배관

준비작동식 스프링클러설비의 화재감지기 회로는 같은 각 회로에 연결된 감지기가 동시에 화재를 감지함으로써 오동작을 방지하기 위해 교차회로로 배열한다. 준비작동식 스프링클러설비에는 전원차단이나 자체고장이 발생했을 때 경보를 보내며 화재감지기와 준비작동밸브의 연동과 개구부 폐쇄, 펌프의 수동기동 등의 기능을 가진 수퍼바이저리 패널(supervisory & control panel)이 설치되어 있다.

3.4.2 개방형 스프링클러설비(deluge sprinkler system)

개방형 스프링클러설비는 화재를 자동으로 탐지하기 위한 감지부가 없는 개방형 스프링클러헤드를 천장부에 배치하고, 자동화재탐지설비나 감지용 폐쇄형 스프링클러헤드의 화재감지에 의하여 자동으로 일제개방밸브(deluge valve)가 열려 살수하는 스프링클러설비이다. 화재경보에 따라 수동으로 일제개방밸브를 개방하기도 한다. 하나의 방수구역 내의 설치된 모든 헤드로부터 동시에 살수시키는 방식으로, 대량의 물을 살수하므로 물에 의한 피해가 크다. 주로 천장이 높아 기류의 영향으로 폐쇄형 헤드가 개방되기 어려운 공연장 무대부, 수손의 우려가 없는 곳, 필름이나 페인트의 제조소 등 화재가 급격히 확산될 우려가 있는 장소에 설치한다. 가압송수장치에서 일제개방밸브까지의 1차측 배관내에는 가압된 물이 차있고, 일제개방밸브에서 개방형 헤드까지의 2차측 배관은 대기에 개방되어 있다. 개방형 스프링클러설비를 일제살수식 스프링클러설비(deluge sprinkler system)라고도 부르기도 한다.

<그림 3-11>은 화재감지기(주로 열감지기)로 화재를 감지하는 개방형 스프링클러설비의 계통도로서, 1층과 2층의 방수구역에 각각 9개의 개방형 헤드가, 각 층에 두 개의 일제개방밸브가 설치되어 있다. 유수검지장치는 일제개방밸브와 별도로 설치되어 있다.

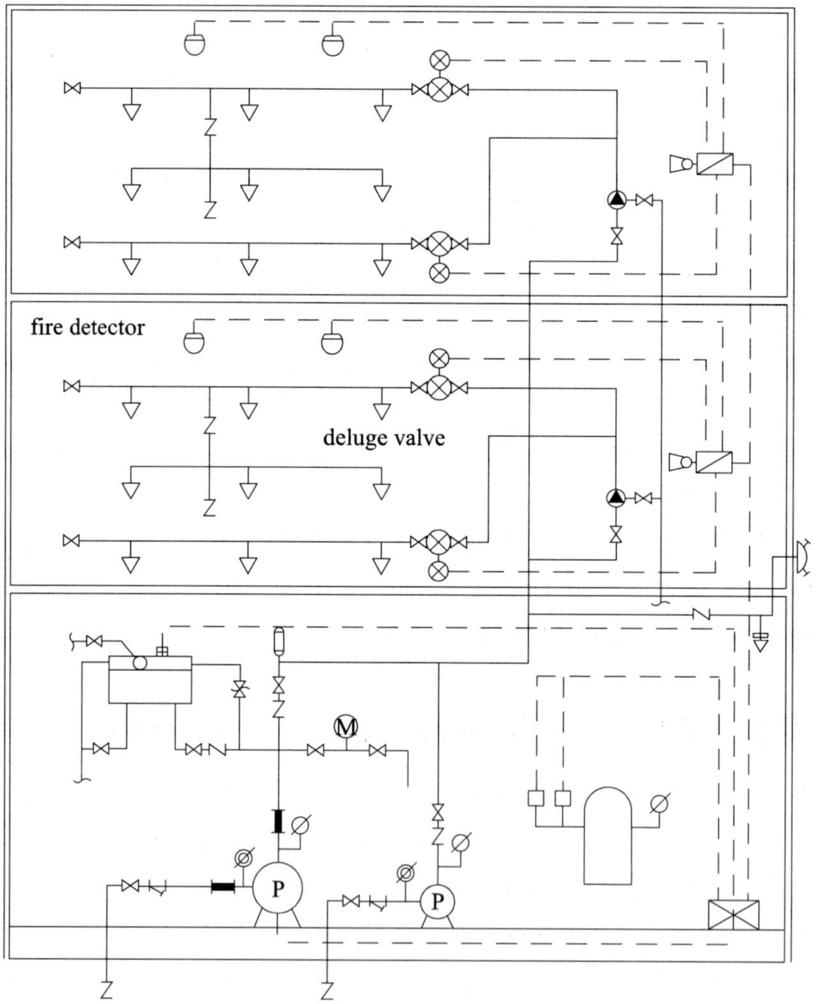

〈그림 3-11〉 개방형 스프링클러설비의 계통도(화재감지기 설치)

<그림 3-12>는 화재감지기 대신 화재감지용 폐쇄형 스프링클러 헤드를 부착한 개방형 스프링클러설비의 계통도이다. 2개의 방수구역에 각각 8개의 개방형 헤드와 3개의 화재감지용 폐쇄형 헤드가 설치되어 있다. 일제개방밸브가 열리면 유수검지기에서 물의 흐름을 감지, 경보를 보낸다.

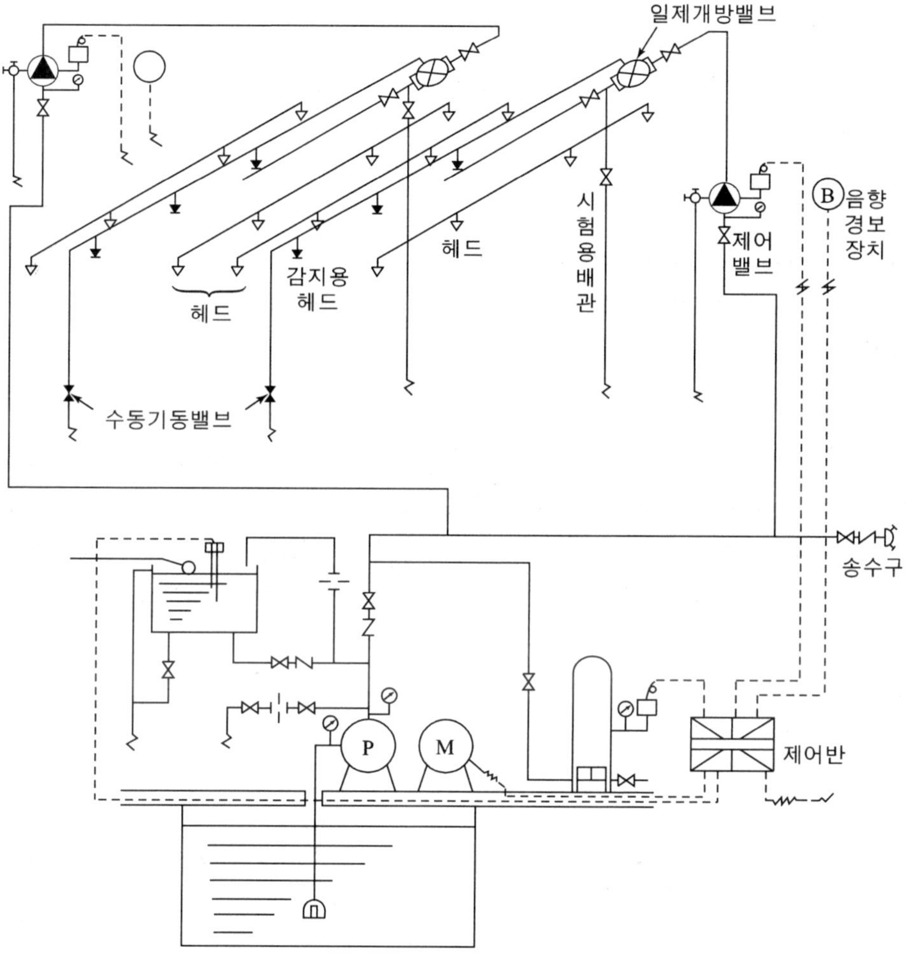

〈그림 3-12〉 개방형 스프링클러설비의 계통도(화재감지용 폐쇄형 헤드 설치)

화재가 발생했을 때 개방형 스프링클러설비의 작동순서는 다음과 같다.

1) 화재감지기가 작동하거나 화재감지용 헤드(폐쇄형 헤드)가 감열, 개방된다.
2) 화재수신기에 화재경보를 보내고 일제개방밸브를 자동으로 개방한다(수동식의 경우 수동기동밸브를 열어 일제개방밸브를 개방시킨다).
3) 유수를 검지하여 화재수신기에 방출구획을 표시, 경보벨을 울리게 한다.

4) 주 배관내의 수압이 감소하면 수압개폐기의 압력챔버(pressure chamber)에 부착된 압력스위치가 작동하여 소화펌프를 기동한다.

5) 방수구역내 모든 헤드에서 계속 살수하여 소화가 완료되면 펌프를 정지시킨다.

개방형 스프링클러설비의 자동경보는

1) 화재발생
2) 감지용 폐쇄형 헤드 개방 또는 화재감지기가 화재감지
3) 일제개방밸브 개방
4) 감압
5) 유수
6) 유수검지장치 또는 일제개방밸브의 발신부 작동
7) 수신부 작동(방수구역 표시)
8) 음향발신

의 순서에 따라 보내게 된다.

일제개방밸브를 유수검지장치로 사용하는 경우에는 압력스위치를 일제개방밸브의 출구측 배관에 설치하여 일제개방밸브가 개방되면 압력스위치가 작동하여 자동경보를 보내게 된다.

개방형 스프링클러설비에 중요한 요소인 일제개방밸브(deluge valve)는 화재감지용 헤드의 작동 또는 자동화재탐지설비의 감지기 작동에 의하여 자동으로 개방되거나, 원격기동

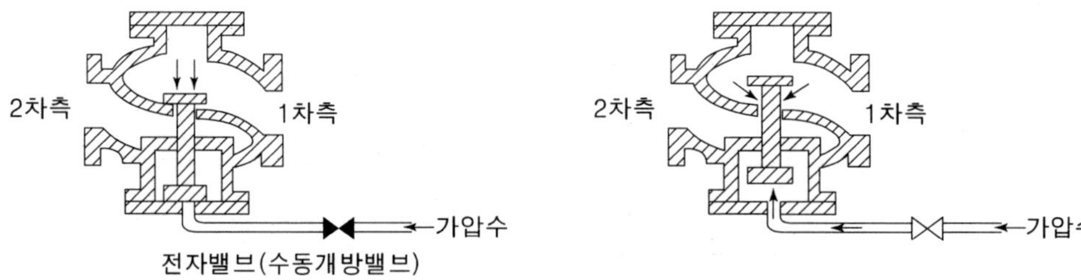

(a) **가압개방식**

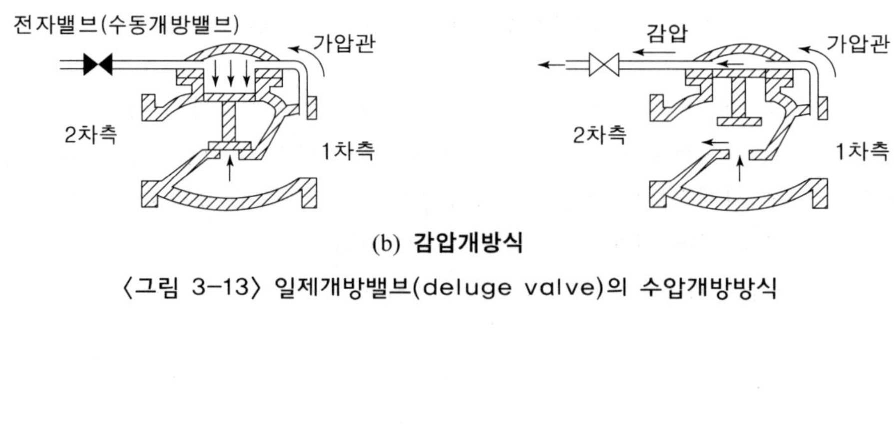

(b) **감압개방식**

〈그림 3-13〉 일제개방밸브(deluge valve)의 수압개방방식

장치에 의해 수동으로 개방된다. 일제개방밸브의 기동원으로 공기압, 유압, 수압, 전기가 있다. 수압을 기동원으로 하여 일제개방밸브를 개방하는 것은 별도의 기동원을 부착할 필요가 없기 때문에 많이 사용된다.

<그림 3-13>은 수압을 기동원으로 하는 일제개방밸브이며, 가압개방식과 감압개방식이 있다. 가압개방식에서는 화재가 발생하여 솔레노이드 밸브(solenoid valve)가 자동으로 열거나 수동개방밸브를 수동으로 개방하면 가압수가 밸브 피스턴(valve piston)을 밀어 일제개방밸브를 개방한다. 이에 비해 감압개방식은 솔레노이드 밸브가 자동으로 열거나 수동개방밸브를 수동으로 개방하여 밸브 실린더가 감압되면 피스턴이 실린더 쪽으로 이동하여 일제개방밸브가 개방되는 방식이다.

3.4.3 스프링클러설비의 비교

<표 3-1>은 스프링클러설비의 비교 결과를 요약한 것이다.

〈표 3-1〉 스프링클러설비의 비교

구 분		폐쇄형			개방형
		습 식	건 식	준비작동식	일제살수식
자동경보밸브		유수검지밸브 (alarm check valve), 유수작동밸브 등	건식밸브 (dry pipe valve)	준비작동밸브 (preaction valve)	일제개방밸브 (deluge valve) 또는 유수검지장치
배관 내 유체	1차측	가압수	가압수	가압수	가압수
	2차측	가압수	압축공기 또는 압축질소	공기 (압축 또는 대기압)	공기 (대기에 개방)
사용헤드		폐쇄형	폐쇄형	폐쇄형	개방형
화재감지기		불필요	불필요	필 요	필 요
특 징		(1) 헤드가 개방되어 즉시 소화가능 (2) 구조가 간단하고 설치면적이 작아 설비비가 적음 (3) 헤드가 화재를 감지하므로 오작동의 우려가 작음 (4) 동결위험이 있는 곳에는 보온 필요 (5) 배관의 누수 등으로 인한 물의 피해가 우려되는 장소에 부적합	(1) 동결위험 없음 (2) 헤드가 화재를 감지하므로 오작동의 우려가 작음 (3) 보온 불필요 (4) 2차측 배관의 기밀이 요구됨 (5) 압축공기 배출 후 방수하므로 방수가 지연됨 (6) 밸브의 설치면적이 큼	(1) 동결위험 없음 (2) 화재감지기 또는 화재감지용 헤드 필요 (3) 감지기의 오작동 우려	(1) 방호구역 전역 일시에 소화가능 (2) 소화 소요시간이 가장 짧음 (3) 화재감지기 또는 화재감지용 헤드 필요 (4) 감지기 오작동으로 인한 물의 피해가 큼

3.5 스프링클러 헤드

3.5.1 스프링클러 헤드의 분류

스프링클러 헤드(sprinkler head)는 방수구에서 나온 물을 반사판(deflector)에 부딪혀 사방으로 살수하는 것으로, 스프링클러설비의 핵심부분이다. 감열부의 유무와 감열부의 작동방식, 설치방향에 따라 분류한다.

(1) 감열부의 유무에 따른 분류

스프링클러 헤드에는 감열부의 유무에 따라 폐쇄형(closed type)과 개방형(open type) 헤드로 나눈다. <그림 3-14>와 같이 개방형은 감열부가 없어 항상 방수구가 개방된 상태로 되어 있다. 화재감지기나 화재감지용 헤드의 작동에 의하여 일제개방밸브를 개방하거나 화재발생시 수동으로 일제개방밸브를 개방하여 방수구역내의 헤드 전부가 동시에 살수하는 형식이다. 폐쇄형은 감열부가 가열되어 일정온도에 도달하면 개방된다.

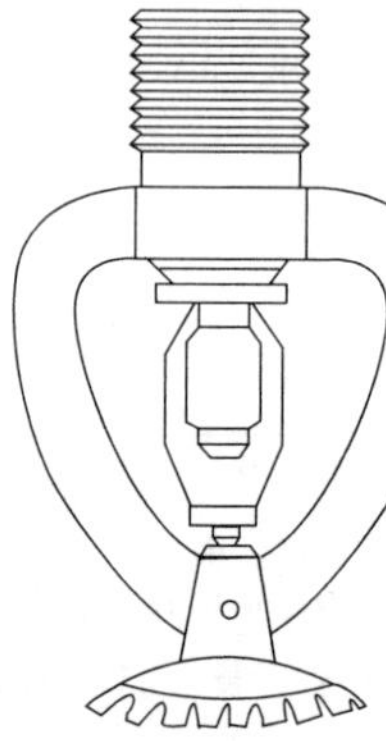

폐쇄형(용융링크형)

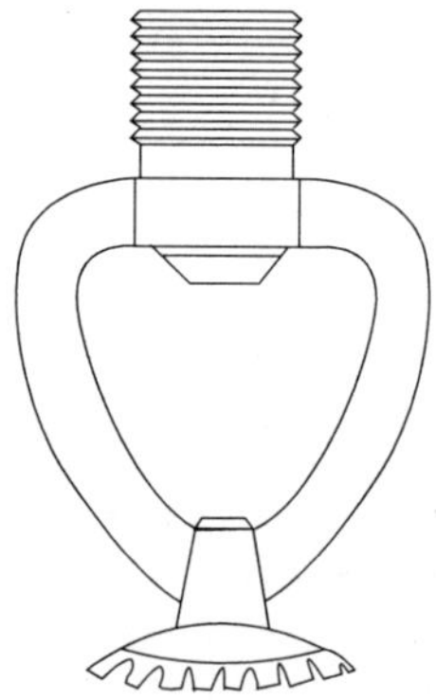

개방형

〈그림 3-14〉 폐쇄형 헤드와 개방형 헤드

(2) 감열부의 작동방식에 따른 분류

폐쇄형 헤드의 감열부 작동방식에 따라 용융링크형과 유리구형, 케미컬피스형으로 나눈다. 헤드에 작동온도가 표시되어 있고, 설치장소의 평상시 최고주위온도에 따라 선택하여야 한다(<표 3-2> 참조).

1) 용융링크형(fusible link type)

퓨즈(fuse)가 일정온도에 도달하면 녹아 개방되는 헤드로, 화재감지속도가 빨라 신속히 작동한다. 메탈피스형(metal piece type)도 일종의 용융링크형 헤드이다.

2) 유리구형(glass bulb type)

<그림 3-15>와 같이 유리구에 에테르, 알코올 등을 밀봉한 것으로, 화재로 가열되면 체적이 급격히 팽창되며, 이에 따라 유리구가 파열되는 원리를 이용한 것이다. 동작이 정확하고 액체의 색으로 온도를 표시한다.

3) 케미컬피스형(chemical piece type)

저융점 화학합성물질을 사용한 헤드로서, 일정한 온도에 도달하면 합성물질이 녹아 개방된다.

〈그림 3-15〉 유리구형(glass bulb type) 스프링클러 헤드

<그림 3-16>은 습식 스프링클러설비에 부착된 메탈피스형 폐쇄형 헤드의 살수과정을 나타낸 그림이다. 평상시 가압수가 헤드까지 차 있다가 화재발생으로 온도가 상승하면 퓨즈(fuse)가 녹아 메탈피스가 물의 압력에 견디지 못하고 밀려서 탈락한다. 물은 아래쪽으로 흘러 반사판(deflector)에 부딪혀 살수된다. 건식 스프링클러설비에서는 평상시 폐쇄형 헤드에 공압축기 또는 압축질소가스가 차 있다가 헤드가 개방되면 물이 헤드로 흐르고, 준비작동식의 경우에는 평상시에 대기압 상태의 공기가 헤드에 차 있다가 화재가 발생하면 헤드가 개방되고 물이 공급된다.

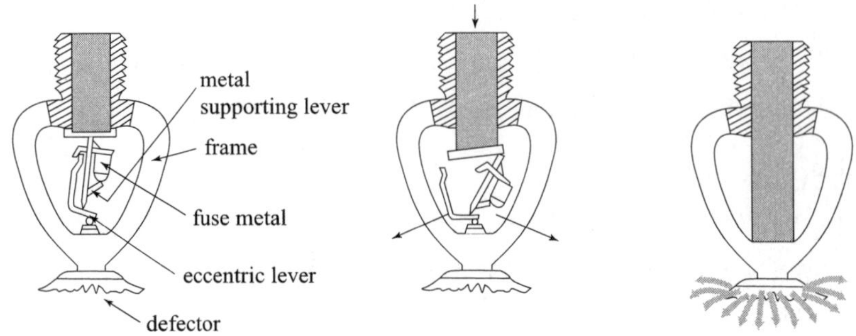

〈그림 3-16〉 폐쇄형 스프링클러 헤드(메탈피스형)의 방수과정

(3) 설치방향에 따른 분류

상향형과 하향형, 측벽형, 원형이 있다.

1) 상향형(upright type)
물이 위로 올라가 반사판에 의해 아래로 살수되며, 분사패턴이 가장 좋다. 반자가 없는 곳에 설치한다.

2) 하향형(pendant type)
아래로 방수되어 반사판에 부딪힌 후 아래로 살수된다. 반자가 있는 곳에 설치한다.

3) 측벽형(sidewall type)
옆방향으로 살수하는 헤드로, 주로 개구부의 연소방지용으로 사용한다.

4) 원형(round type)
<그림 3-17>과 같이 반사판이 없다.

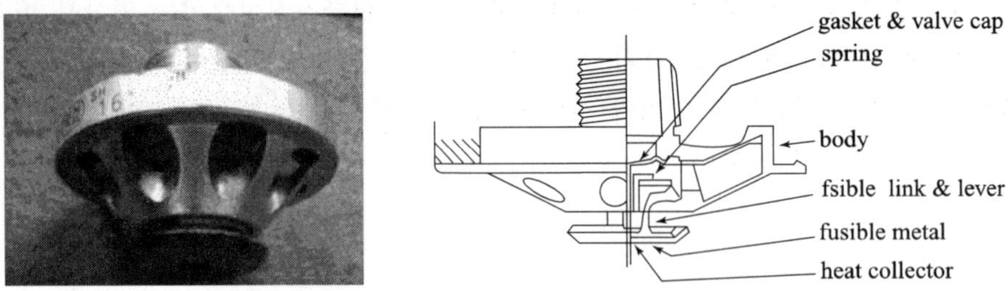

〈그림 3-17〉 원형 스프링클러 헤드(폐쇄형)

3.5.2 스프링클러 헤드의 설치기준

(1) 스프링클러 헤드는 소방대상물의 천장, 반자, 천장과 반자사이, 덕트, 선반, 기타 이와 유사한 부분(폭이 1.2 m를 초과하는 것에 한함)에 설치하여야 한다. 다만, 폭이 9 m 이하인 실내에 있어서는 측벽에 설치할 수 있다.

(2) 특수가연물을 저장 또는 취급하는 랙크(rack)식 창고에는 랙크 높이 4 m 이하마다, 그 밖의 것을 취급하는 것은 랙크 높이 6 m 이하마다 스프링클러헤드를 설치하여야 한다. 다만, 랙크식 창고의 천장높이가 13.7 m 이하로서 화재조기진압용 스프링클러설비의 화재안전기준(NFSC 103B)의 규정에 따라 설치하는 경우에는 천장에만 스프링클러 헤드를 설치할 수 있다.

(3) 스프링클러 헤드를 설치하는 천장, 반자, 천장과 반자사이, 덕트(duct), 선반 등의 각 부분으로부터 하나의 스프링클러 헤드까지의 수평거리는 다음과 같이 하여야 한다. 다만, 성능이 별도로 인정된 스프링클러 헤드를 수리계산에 따라 설치하는 경우에는 그러하지 아니하다.

1) 무대부와 특수가연물을 저장 또는 취급하는 장소에 있어서는 1.7 m 이하
2) 랙크식 창고에 있어서는 2.5 m 이하
3) 아파트에 있어서는 3.2 m 이하
4) 기타 소방대상물에 있어서는 2.1 m 이하(내화구조로 된 경우에는 2.3 m 이하)

(4) 무대부 또는 연소할 우려가 있는 개구부에 있어서는 개방형 스프링클러헤드를 설치하여야 한다.

(5) 다음의 장소에는 조기반응형 스프링클러 헤드(quick response sprinkler head)를 설치하여야 한다.

1) 공동주택 · 노유자시설의 거실
2) 오피스텔 · 숙박시설의 침실, 병원의 입원실

(6) 폐쇄형스프링클러헤드는 그 설치장소의 평상시 최고 주위온도에 따라 <표 3-2>에 따른 표시온도의 것으로 설치하여야 한다. 다만, 높이가 4 m 이상인 공장 및 창고(랙크식 창고 포함)에 설치하는 스프링클러 헤드는 그 설치장소의 평상시 최고 주위온도에 관계없이 표시온도 121℃ 이상의 것으로 할 수 있다.

〈표 3-2〉 폐쇄형 스프링클러 헤드의 표시온도

최고주위온도	표시온도
39℃ 미만	79℃ 미만
39~64℃	79~121℃
64~106℃	121~162℃
106℃ 이상	162℃ 이상

폐쇄형 스프링클러 헤드의 표시온도와 색

유리구형(glass bulb type)		퓨즈블 링크형(fusible link type)	
표시온도(℃)	액체의 색	표시온도(℃)	프레임의 색
57℃	오렌지	77℃ 미만	표시없음
68℃	빨강	78℃ ~ 120℃	흰색
79℃	노랑	121℃ ~ 161℃	파랑
93℃	초록	162℃ ~ 203℃	빨강
141℃	파랑	204℃ ~ 259℃	초록
182℃	연한자주	260℃ ~ 319℃	오렌지
227℃	검정	320℃ 이상	검정
260℃	검정		
343℃	검정		

(7) 스프링클러 헤드의 설치방법

1) 살수가 방해되지 아니하도록 스프링클러 헤드로부터 반경 60 cm 이상의 공간을 보유할 것. 다만, 벽과 스프링클러 헤드간의 공간은 10 cm이상으로 한다.
2) 스프링클러 헤드와 그 부착면(상향식 헤드의 경우에는 그 헤드의 직상부의 천장, 반자 또는 이와 비슷한 것)과의 거리는 30 cm 이하로 할 것
3) 배관, 행거(hanger) 및 조명기구 등 살수를 방해하는 것이 있는 경우에는 그로부터 밑으로 30 cm 이상의 거리를 둘 것
4) 스프링클러 헤드의 반사판은 그 부착면과 평행하게 설치할 것. 다만, 측벽형 헤드 또는 연소할 우려가 있는 개구부에 설치하는 스프링클러 헤드의 경우에는 그러하지 아니하다.
5) 천장의 기울기가 10분의 1을 초과하는 경우에는 가지관을 천장의 마루와 평행하게 설치하고, 스프링클러 헤드는 다음 기준에 적합하게 설치할 것
   - 천장의 최상부에 스프링클러 헤드를 설치하는 경우에는 최상부에 설치하는 스프링클러 헤드의 반사판을 수평으로 설치할 것
   - 천장의 최상부를 중심으로 가지관을 서로 마주보게 설치하는 경우에는 최상부의 가지관 상호간의 거리가 가지관상의 스프링클러 헤드 상호간의 거리의 2분의 1 이하(최소 1 m 이상)가 되게 스프링클러 헤드를 설치하고, 가지관의 최상부에 설치하는 스프링클러 헤드는 천장의 최상부로부터의 수직거리가 90 cm 이하가 되도록 할 것. 톱날지붕, 둥근 지붕, 기타 이와 유사한 지붕의 경우에도 이에 준한다.
6) 연소할 우려가 있는 개구부에는 그 상하좌우에 2.5 m 간격으로(개구부의 폭이 2.5 m

이하인 경우에는 그 중앙에) 스프링클러 헤드를 설치하되, 스프링클러 헤드와 개구부의 내측면으로부터 직선거리는 15 cm 이하가 되도록 할 것. 이 경우 사람이 상시 출입하는 개구부로서 통행에 지장이 있는 때에는 개구부의 상부 또는 측면(개구부의 폭이 9 m 이하인 경우에 한함)에 설치하되, 헤드 상호간의 간격은 1.2 m 이하로 설치하여야 한다.

7) 습식 스프링클러설비 외의 설비에는 상향식 스프링클러 헤드를 설치할 것. 다만, 다음의 하나에 해당하는 경우에는 그러하지 아니하다.
- 드라이펜던트 스프링클러 헤드를 사용하는 경우
- 스프링클러 헤드의 설치장소가 동파의 우려가 없는 곳인 경우
- 개방형 스프링클러 헤드를 사용하는 경우

드라이펜던트(dry pendent) 스프링클러 헤드는 한랭한 지역에서 흔히 발생되는 스프링클러 동파현상을 방지할 목적으로 사용하는 스프링클러로, 냉동창고와 같이 저온구역에도 사용된다. 준비작동식과 건식 스프링클러설비에 사용되며, 배관의 물이 스프링클러의 몸체에 들어가지 않는 구조로 되어 있다. <표 3-3>은 <그림 3-18>에 표시된 드라이펜던트 스프링클러 헤드의 제원을 나타낸 것이다.

〈그림 3-18〉 드라이펜던트(dry pendent) 스프링클러 헤드

〈표 3-3〉 드라이펜던트(dry pendent) 스프링클러 헤드의 예

접합부나사	PT 25A(1")	
구경(orifice size)	12.2 mm	
시험압력	2.5 MPa	
방수량	80 ℓ/min@0.1 MPa	
작동온도	72℃	
최고사용주위온도	39℃	
전 장	236.5 mm	296.5 mm
중 량	877 g	1,135 g

8) 측벽형 스프링클러 헤드를 설치하는 경우 긴 변의 한 쪽벽에 일렬로 설치(폭이 4.5 m 이상 9 m 이하인 실에 있어서는 긴 변의 양쪽에 각각 일렬로 설치하되 마주보는 스프링클러 헤드가 나란히꼴이 되도록 설치)하고 3.6 m 이내마다 설치할 것
9) 상부에 설치된 헤드의 방출수에 따라 감열부에 영향을 받을 우려가 있는 헤드에는 방출수를 차단할 수 있는 유효한 차폐판을 설치할 것

(8) 소방대상물의 보와 가장 가까운 스프링클러 헤드는 <표 3-4>의 기준에 따라 설치한다. 다만, 천장면에서 보의 하단까지의 길이가 55 cm를 초과하고 보의 중심으로부터 스프링클러 헤드까지의 거리가 스프링클러 헤드 상호간 거리의 2분의 1 이하가 되는 경우에는 스프링클러 헤드와 그 부착면과의 거리를 55 cm 이하로 할 수 있다.

〈표 3-4〉 보가 있는 부분의 스프링클러 헤드의 설치기준

스프링클러 헤드의 반사판 중심과 보의 수평거리	스프링클러 헤드의 반사판과 보 하단 사이의 수직거리
0.75 m 미만	보의 하단보다 낮을 것
0.75～1 m	0.1 m 미만
1～1.5 m	0.15 m 미만
1.5 m 이상	0.3 m 미만

3.5.3 스프링클러 헤드의 설치제외

스프링클러설비를 설치하여야 할 소방대상물의 다음 장소에는 스프링클러 헤드를 설치하지 않아도 된다.

(1) 계단실, 경사로, 승강기의 승강로, 파이프 피트(pipe pit), 덕트 피트(duct pit), 목욕실, 수영장(관람석부분 제외), 화장실, 직접 외기에 개방되어 있는 복도, 기타 이와 유사한 장소
(2) 통신기기실, 전자기기실, 기타 이와 유사한 장소
(3) 발전실, 변전실, 변압기, 기타 이와 유사한 전기설비가 설치되어 있는 장소
(4) 병원의 수술실, 응급처치실, 기타 이와 유사한 장소
(5) 천장과 반자 양쪽이 불연재료로 되어 있는 경우로서 그 사이의 거리 및 구조가 다음의 하나에 해당하는 부분
1) 천장과 반자사이의 거리가 2 m 미만인 부분
2) 천장과 반자사이의 벽이 불연재료이고 천장과 반자사이의 거리가 2 m 이상으로서 그

사이에 가연물이 존재하지 아니하는 부분

(6) 천장, 반자 중 한쪽이 불연재료로 되어 있고 천장과 반자사이의 거리가 1 m 미만인 부분

(7) 천장 및 반자가 불연재료 외의 것으로 되어 있고 천장과 반자사이의 거리가 0.5 m 미만인 부분

(8) 펌프실, 물탱크실, 엘리베이터 권상기실, 그 밖의 이와 비슷한 장소

(9) 아파트의 세대별로 설치된 보일러실로서 환기구를 제외한 부분이 다른 부분과 방화구획되어 있는 보일러실

(10) 현관 또는 로비 등으로서 바닥으로부터 높이가 20 m 이상인 장소

(11) 영하의 냉장창고의 냉장실 또는 냉동창고의 냉동실

(12) 고온의 노가 설치된 장소 또는 물과 격렬하게 반응하는 물품의 저장 또는 취급장소

(13) 불연재료로 된 소방대상물 또는 그 부분으로서 다음의 하나에 해당하는 장소

1) 정수장, 오물처리장 그 밖의 이와 비슷한 장소
2) 펄프공장의 작업장, 음료수공장의 세정 또는 충전하는 작업장 그 밖의 이와 비슷한 장소
3) 불연성의 금속, 석재 등의 가공공장으로서 가연성물질을 저장 또는 취급하지 아니하는 장소

(14) 연소할 우려가 있는 개구부에 드렌처설비(drencher system)를 다음 기준에 따라 설치한 경우에는 그 개구부에 스프링클러 헤드를 설치하지 않아도 된다. 드렌처설비는 건축물의 외벽이나 창의 개구부, 처마, 지붕의 연소하기 쉬운 곳이나 유리창문과 같이 파손되기 쉬운 부분에 설치, 살수하여 외부화재로부터 보호하기 위한 설비이다.

1) 드렌처 헤드는 개구부 위측에 2.5 m 이내마다 1개를 설치할 것
2) 제어밸브(일제개방밸브, 개폐표시형 밸브 및 수동조작부 포함)는 소방대상물 층마다에 바닥면으로부터 0.8 m 이상 1.5 m 이하의 위치에 설치할 것
3) 수원의 수량은 드렌처 헤드가 가장 많이 설치된 제어밸브의 드렌처 헤드의 설치개수에 1.6 m^3를 곱한 값 이상일 것
4) 드렌처 헤드가 가장 많이 설치된 제어밸브의 드렌처 헤드를 동시에 모두 개방했을 때 각각의 헤드선단의 방수압력이 0.1 MPa 이상, 방수량이 80 ℓ/min 이상이 되도록 할 것
5) 수원에 연결하는 가압송수장치는 점검이 쉽고 화재 등의 재해로 인한 피해우려가 없는 장소에 설치할 것

3.6 수 원

3.6.1 폐쇄형 스프링클러설비

스프링클러설비의 수원은 아래 <표 3-5>의 스프링클러설비 설치장소별 스프링클러 헤드의 기준개수(스프링클러 헤드의 설치개수가 가장 많은 층(아파트의 경우에는 설치개수가 가장 많은 세대)에 설치된 스프링클러 헤드의 개수가 기준개수보다 적은 경우에는 그 설치개수)에 1.6 m^3(헤드 1개당 방수량 80 ℓ/min로 20분간 방수)를 곱한 양 이상이 되도록 한다.

〈표 3-5〉 스프링클러설비 설치장소별 폐쇄형 헤드의 기준개수

스프링클러설비 설치장소			기준개수
지상10층 이하인 소방 대상물	공장 또는 창고(rack식 창고 포함)	특수가연물 저장 · 취급	30
		그 밖의 것	20
	근린생활시설, 판매시설, 영업시설 또는 복합건축물	슈퍼마켓, 도매시장, 소매시장 또는 이들의 복합건축물	30
		그 밖의 것	20
	그 밖의 것	헤드의 부착높이 8m 이상	20
		헤드의 부착높이 8m 미만	10
아파트			10
지상 11층 이상인 소방대상물(아파트 제외), 지하가 또는 지하역사			30

(주) : 하나의 소방대상물이 2 이상의 스프링클러 헤드의 기준개수란에 해당하는 때에는 기준개수가 많은 난 기준(각 기준개수에 해당하는 수원을 별도로 설치한 경우 제외)

3.6.2 개방형 스프링클러 헤드

개방형 스프링클러 헤드를 사용하는 스프링클러설비의 수원은 최대 방수구역에 설치된 스프링클러 헤드의 개수가 30개 이하일 경우에는 설치 헤드개수에 1.6 m^3를 곱한 양 이상으로 하고, 30개를 초과하는 경우에는 정격토출압력과 정격토출량에 따라 산출된 가압송수장치의 분당 송수량에 20분을 곱한 양 이상이 되도록 한다.

3.6.3 수 조

(1) 수원의 종류

1) 고가수조

고가수조(gravity tank)는 건물 최상층에 설치한 스프링클러 헤드보다 높은 위치에 설치하여 자연낙차압을 이용하는 것뿐 아니라 펌프방식에 있어서 펌프보다 수원의 수위가 높은 장소에 설치되는 모든 수조를 말한다. 일반용수와 겸용하는 자연낙차압력 이용방식의 고가수조로서 해당 소화설비에 필요한 유효수량은 물탱크전체의 수량이 아니라 일반급수배관의 급수구와 소화설비의 급수구 사이의 높이에 저장되는 수량만을 산정해야 한다. 이와 같은 일반급수와의 겸용고가수조에서 특히 유의할 것은 일반급수배관의 급수구보다 소화설비의 급수구를 반드시 아래에 설치하도록 시공 당시에 철저히 확인하여야 한다.

2) 압력수조

압력수조(pressure tank)는 가압송수방식 중 압력수조방식의 압력수조 자체가 수원인 것으로서, 탱크용량의 2/3는 물을 채우고 1/3은 압축공기를 충전시켜 두어 수위가 낮아지면 급수펌프 운전용 감지장치(감수전극봉)에 의하여 급수펌프가 작동 2/3의 수량이 항상 유지되고 공기압축기 운전용 감지장치(압력스위치)에 의하여 공기압축기가 작동 필요한 압력을 보충시켜 주게 된다.

3) 지하수조

지하수조란 지하에 설치되어 있는 수조를 의미하는 것이 아니라 펌프방식에 있어서 가압송수장치의 펌프보다 수원의 수위가 낮은 위치에 설치된 모든 수조를 말한다. 수량산정에 있어서 소화설비 전용으로 설치된 경우에는 당해수조 전체의 용량을 유효수량으로 산정하며 일반용수와 겸용인 경우에는 일반급수펌프의 풋밸브(foot valve)와 소화펌프의 풋밸브 사이의 수량만을 유효수량으로 산정한다.

(2) 유효수량

스프링클러설비용 수조는 방호구역(폐쇄형 설비) 또는 방수구역(개방형 설비)의 설치 헤드가 모두 동시에 열려 80 ℓ/min의 방수량으로 20분간 살수할 수 있는 양 이상의 유효수량을 가져야 한다. 즉,

$$V \geq 1.6N(m^3) \tag{3.1}$$

이다. 여기서 V는 수원의 유효수량, N은 구역 내 설치 헤드개수이다. 설치된 헤드의 개수가 <표 3-5>보다 많은 경우에는 <표 3-5>의 기준개수로 한다.

소화용 외의 다른 설비와 겸용하여 스프링클러설비용 수조를 설치하는 경우에는 <그림 3-19>와 같이 스프링클러설비의 풋밸브, 흡수구 또는 수직배관의 급수구와 다른 설비의 풋밸브, 흡수구 또는 수직배관의 급수구와의 사이의 수량을 그 유효수량으로 한다.

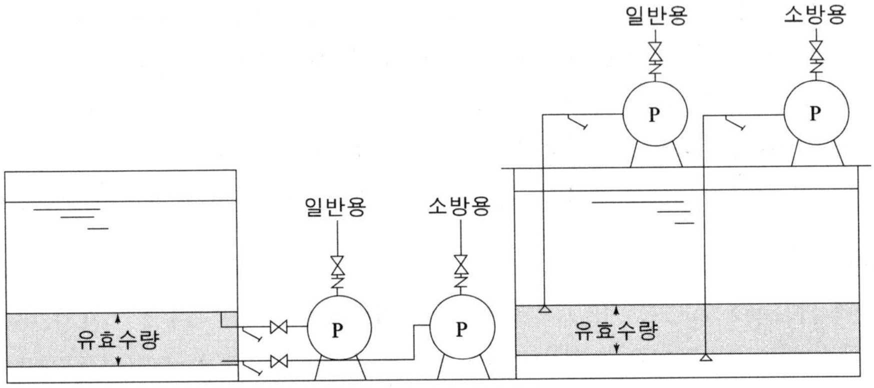

〈그림 3-19〉 수조의 유효수량

유효수량이라고 하는 것은 저장된 물 중에서 화재 시 실제로 소방용으로 이용할 수 있는 물의 양을 말한다. 소방전용 수조를 설치하여 사용하더라도 수조내의 흡입구의 위치와 흡입 시 소용돌이 발생으로 인한 흡입불능 수위 등을 고려하여야 한다. 펌프방식의 경우에 있어서는 수위가 낮아져 수면이 흡입구에 가까워지면 물에 소용돌이가 생기면서 공기가 흡입되어 양수가 중단된다.

(3) 옥상수조

스프링클러설비의 수원은 위의 기준에 따라 산출된 유효수량의 3분의 1 이상을 스프링클러설비가 설치된 건축물의 옥상에 설치하되, 다음 중 하나에 해당하는 경우에는 설치하지 않아도 된다. 또 옥상수조는 이와 연결된 배관을 통하여 상시 소화수를 공급할 수 있는 구조인 경우에는 둘 이상의 소방대상물이 있더라도 하나의 소방대상물에만 설치하면 된다.

1) 옥상이 없는 건축물 또는 공작물
2) 지하층만 있는 건축물
3) 고가수조를 가압송수장치로 설치한 스프링클러설비

4) 수원이 건축물의 지붕보다 높은 위치에 설치된 경우
5) 건축물의 높이가 지표면으로부터 10 m 이하인 경우
6) 내연기관의 기동에 따른 펌프 또는 주 펌프와 동등 이상의 성능이 있는 별도의 펌프에 비상전원을 연결하여 설치한 경우

(4) 수조의 설치기준

스프링클러설비용 수조는 다음의 기준에 따라 설치해야 한다.

1) 점검에 편리한 곳에 설치할 것
2) 동결방지조치를 하거나 동결의 우려가 없는 장소에 설치할 것
3) 수조의 외측에 수위계를 설치하되 구조상 불가피한 경우에는 수조 안의 물의 양을 쉽게 확인할 수 있도록 할 것
4) 수조의 상단이 바닥보다 높은 때에는 수조의 외측에 고정식 사다리를 설치할 것
5) 수조가 실내에 설치된 때에는 그 실내에 조명설비를 설치할 것
6) 수조의 밑부분에는 청소용 배수밸브 또는 배수관을 설치할 것
7) 수조의 외측의 보기 쉬운 곳에 "스프링클러설비용 수조"라고 표시한 표지를 할 것. 다른 설비와 겸용하는 때에는 그 겸용되는 설비의 이름도 함께 표시한다.
8) 스프링클러펌프의 흡수배관 또는 스프링클러설비의 수직배관과 수조의 접속부분에는 "스프링클러설비용 배관"이라고 표시한 표지를 할 것
9) 소방설비의 전용수조로 하되, 다음의 하나에 해당하는 경우에는 전용으로 설치하지 않아도 된다.
   - 스프링클러 펌프의 풋밸브(foot valve) 또는 흡수배관의 흡수구(수직회전축펌프의 흡수구를 포함)를 소화용 외 다른 설비의 풋밸브 또는 흡수구보다 낮은 위치에 설치한 때
   - 고가수조로부터 스프링클러설비의 수직배관에 물을 공급하는 급수구를 다른 설비의 급수구보다 낮은 위치에 설치한 때

3.7 스프링클러설비의 가압송수장치

가압송수장치에는 펌프방식과 고가수조방식, 그리고 압력수조방식이 있다. 고가수조방식은 고가수조의 설치가 곤란하여 거의 사용하지 않으며, 압력수조방식은 공기압축기 등의 가압장치를 필요로 하므로, 대부분의 경우 펌프방식을 사용한다.

3.7.1 설치기준

스프링클러설비의 가압송수장치는 쉽게 접근할 수 있고 점검하기에 충분한 공간이 있는 장소로서 화재 및 침수 등의 재해로 인한 피해를 받을 우려가 없는 곳에 설치하여야 한다. 또 동결방지조치를 하거나 동결의 우려가 없는 장소에 설치하여야 한다.

3.7.2 방수압력 및 방수량

(1) 방수압

가압송수장치의 정격토출압력은 하나의 헤드선단에 0.1 MPa 이상 1.2 MPa 이하의 방수압이 될 수 있게 하고, 방수압력이 1.2 MPa을 초과할 경우에는 감압장치를 설치하여야 한다. 감압방법에는 다음과 같은 것이 있다.

1) 감압밸브 방식

감압용 밸브 또는 오리피스를 설치하여 방수압력을 낮추는 방식으로 가장 많이 사용한다.

2) 고가수조 방식

고가수조를 이용한 가압송수장치에서 고가수조를 고층부와 저층부로 구분하여 설치하여 감압한다.

3) 구간별 전용배관 방식

구간을 고층부와 저층부로 구분하여 구간별로 입상관 및 펌프 등을 각각 별도로 설치하여 감압하는 방식이다.

4) 중간펌프 방식

구간을 저층부와 고층부로 구분한 후 고층부용 중간펌프 및 수조를 별도로 설치한다.

여기서 방수압이라 함은 헤드선단에 <그림 3-28>과 같은 피토게이지(pitot gage)를 설치하여 측정한 압력, 즉 정체압(또는 전압)을 말한다. 소화전설비 등 물소화설비의 방수압은 모두 정체압이다(그림 3-28의 방수압 측정 참조).

(2) 방수량

가압송수장치의 송수량은 0.1 MPa의 방수압력에서 기준개수의 모든 헤드로부터 80 ℓ/min 이상의 방수성능을 가진 방수량을 충족시킬 수 있어야 한다.

폐쇄형 스프링클러 헤드를 사용하는 설비의 경우, 가압송수장치의 토출량은 앞의 <표 3-5>의 헤드 기준개수에 80 ℓ/min을 곱한 양 이상으로 하고, 개방형 스프링클러 헤드수가 30개 이하의 경우에 가압송수장치의 토출량은 헤드 개수에 80 ℓ/min을 곱한 양 이상으로 할 수 있으나 30개를 초과하는 경우에는 정격토출압력과 정격토출량에 적합하게 한다.

3.7.3 펌프방식

(1) 설치기준

가압송수장치로 펌프방식이 가장 널리 사용된다. <그림 3-20>에는 소화펌프로 다단 원심펌프를 사용한 예이다. 펌프를 사용하는 경우, 펌프의 토출량은 위의 토출량을 충족하는 양 이상이어야 한다. 펌프는 다른 소화설비와 겸용하는 경우 각각의 소화설비의 성능에 지장이 없을 때를 제외하고는 전용으로 설치해야 한다. 펌프에는 “스프링클러 펌프”라고 표시한 표지를 부착해야 하며, 가압송수장치를 다른 소화설비와 겸용하는 때에는 그 겸용되는 소화설비의 이름을 표시한 표지를 함께 부착하여야 한다.

펌프의 성능은 체절운전 시 정격토출압력의 140%를 초과하지 아니하고, 정격토출량의 150%로 운전 시 정격토출압력의 65% 이상이 되어야 한다.

(2) 흡입측 및 토출측 배관

펌프의 흡입측에는 연성계 또는 진공계를 설치해야 한다. 수원의 수위가 펌프의 위치보다 높거나 수직회전축 펌프를 사용하는 경우에는 연성계 또는 진공계를 설치하지 않아도 된다. 펌프의 흡입측 배관은 공기고임이 생기지 아니하는 구조로 하고 여과장치를 설치해야 한다. 또 수조가 펌프보다 낮게 설치된 경우에는 각 펌프(충압펌프 포함)마다 수조로부터 흡입측 배관을 설치해야 한다. 펌프의 토출측에는 체크밸브 이전에 펌프 토출측 플랜지에서 가까운 곳에 압력계를 설치한다. <그림 3-20>은 펌프 주위의 배관이다.

1) **풋밸브**(foot valve)

수원의 수위가 펌프보다 아래에 위치한 흡수방식에서 흡수관 말단에 설치하여 펌프기동 시 물의 흐름을 펌프측으로만 흡상되게 하고 펌프정지시에 흡입관내 물을 가두어두는 체크밸브의 역할과 수조 내 이물질이 흡입되는 것을 1차적으로 걸러주는 여과기능을 겸한다. 풋밸브에서의 누수 시 펌프의 흡상능력이 저하되거나 불능이 되는 경우가 있으므로, 와이어로프(wire rope) 등을 연결하여 수동으로 용이하게 밸브시트(valve seat)면의 작동상황을 확인할 수 있는 구조로 한다.

2) **흡입관**

펌프의 흡입측에 설치하는 관으로서 다음과 같이 설치한다.

- 흡입측 배관은 전용으로 하며 가급적 짧고 관경은 크게 할 것
- 흡입관과 펌프를 연결하는 배관에는 편심 리듀서(reducer) 사용
- 공기고임을 방지하기 위해 흡입배관은 펌프쪽으로 1/50 이상 오름 경사로 한다.
- 진공계(또는 연성계) 설치 시 가급적 펌프 가까이에 설치
- 여과기(strainer) 설치 시 유수방향에 주의하고 걸럼망은 바닥으로 향하게 설치(공기고임 방지)
- 버터플라이 밸브(butterfly valve)는 압력손실이 크므로 개폐밸브로 사용하지 말 것

3) **여과기**(strainer)

흡입측 배관에 모래나 침전물과 같은 이물질이 펌프 케이싱내로 흡입되는 것을 방지하여 펌프의 고장이나 기능의 저하를 방지하는 여과장치이다. Y형과 U형이 있으나 소화설비에는 Y형이 많이 사용된다.

4) **플렉시블 조인트**(flexible joint)

플렉시블 조인트는 신축이음(그림 3-20의 내진장치)으로 주로 펌프의 토출측과 흡입측에 펌프와 직결하여 쓰이는데, 펌프로부터의 진동을 흡수하여 배관의 변형과 파손을 방지하는 신축이음으로, 펌프에 가까이 설치하는 것이 바람직하다.

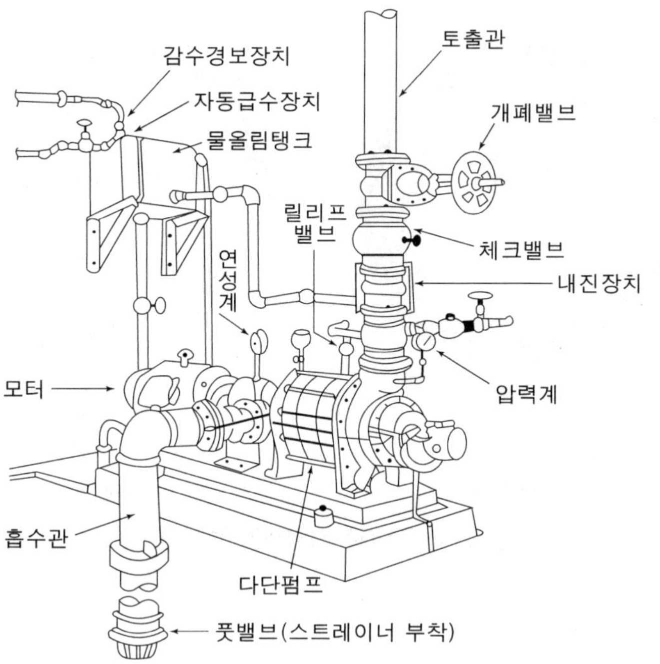

〈그림 3-20〉 펌프의 주위의 배관

5) **압력계 등**

- 압력계(pressure gage) : 압력계는 펌프의 토출측에 설치하여 토출압력(양압)을 계기압(국지대기압을 0으로 하여 대기압 이상의 압력 표시)으로 나타낸다.
- 연성계(compound gage) : 수원의 수위가 펌프보다 아래쪽에 위치하는 흡입방식에서는 흡입배관 내의 압력은 항상 대기압보다 작게 된다. 연성계는 진공압(부압)과 양압을 모두 측정할 수 있으며, 물의 흡입상태를 확인하기 위해 펌프의 흡입측 배관에 설치한다.
- 진공계(vacuum gage) : 대기압을 0으로 하여 이보다 낮은 압력, 즉 진공압력을 측정하는 게이지로서 측정범위는 0～760 mmHg까지이며 760 mmHg.vac(또는 760 torr)가 완전진공이다.

<그림 3-21>은 압력계와 연성계이다.

압력계

연성계

〈그림 3-21〉 압력계와 연성계

6) **체크밸브의 기능 확인**

흡입측의 풋밸브와 토출측의 스모렌스키 체크밸브(Smolensky check valve)의 기능을 확인하는 방법은 다음과 같다.

- 물올림관의 물올림밸브를 폐쇄한다. (고가수조인 경우 흡입측 밸브 폐쇄)
- 펌프를 정지시킨다.
- 펌프의 물올림 컵을 서서히 열어본다.
- 물올림 컵의 수위상태를 확인한다. 정상일 경우 수위변화가 없다.

물이 솟구치면 스모렌스키 체크밸브에 이상이 있고, 물이 빨리 들어가면 풋밸브에 이상이 있어 역류방지기능을 하지 못하는 것이다.

(3) 펌프 성능시험배관과 순환배관

펌프의 유량(토출량)을 확인하기 위한 펌프 성능시험배관과 펌프의 체적운전 시 수온상승을 방지하기 위한 순환배관을 <그림 3-22>와 같이 설치한다.

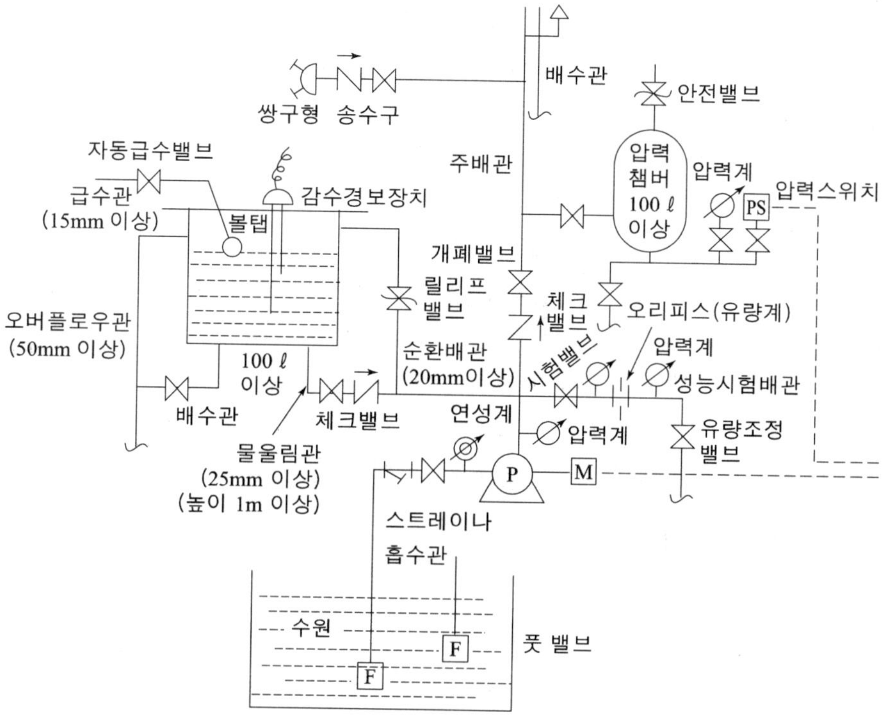

〈그림 3-22〉 성능시험배관과 순환배관

1) **펌프 성능시험배관**

정격부하운전 시 펌프의 성능을 시험하기 위한 성능시험배관과 토출측의 밸브가 닫혀있어 펌프가 회전하더라도 주배관 내에 물이 흐르지 않는 체절운전의 경우에 수온이 상승하는 것을 방지하기 위한 순환배관을 설치해야 한다. 그러나 아래에 설명하는 충압펌프에는 성능시험배관과 순환배관을 설치할 필요가 없다.

펌프 성능시험배관은 다음 기준에 적합하여야 한다.

① 성능시험배관은 펌프의 토출측에 설치된 개폐밸브 이전에서 분기하여 설치하고, 유량측정장치를 기준으로 전단 직관부에 개폐밸브를 후단 직관부에는 유량조절밸브를 설치할 것

② 유량측정장치는 성능시험배관의 직관부에 설치하되, 펌프의 정격토출량의 175%까지 측정할 수 있는 성능이 있을 것

성능시험배관은 정기적으로 펌프의 성능을 시험하여 펌프의 성능곡선의 불량 및 방사압과 토출량을 검사하기 위한 배관으로서 펌프의 토출측의 개폐밸브 이전에서 분기시키고, 관로에는 정격토출량의 175%까지 측정할 수 있는 유량계를 설치한다. 성능시험배관의 관경은 정격토출압력의 65% 이하에서 정격토출량의 150% 이상을 토출할 수 있는 크기 이상으로 하도록 되어 있는데 정격토출압력은 당해 설비의 양정 계산시 총양정을 환산한 압력이며 정격토출량은 당해 설비에 필요한 펌프의 분당토출량(ℓ/min)이다.

성능시험배관에서 펌프의 유량측정방법으로 <그림 3-23>과 같이 오리피스(orifice)의 양쪽 두 압력계로부터 압력을 읽어 유량을 구하는 압력계 방식과 오리피스와 압력계 대신 유량계로 바로 유량을 측정하는 유량계 방식이 있다.

압력계 방식의 성능시험배관은 시험밸브와 압력계, 오리피스, 압력계, 유량조절밸브의 순으로 설치하며, 두 압력계의 읽음 p_1, p_2으로부터 다음과 같이 유량 Q를 계산한다.

$$Q = C_V A V \tag{3.2}$$

에서

$$Q = C_V A[2g(p_1 - p_2)/\gamma]^{0.5} \tag{3.3}$$

이다. 여기서

C_V = 오리피스의 유량계수, 0.59～0.68
V = 평균유속
A = 오리피스의 단면적, $\pi D^2/4$
g = 중력가속도, 9.81 m/s^2
γ = 물의 비중량, 9,810 N/m^3

이다.

유량계 방식에서는 유량계로 로타미터(rotameter)를 많이 사용하는데, 유체속에 부자(float)를 띄워 눈금으로 표시된 유량을 직접 눈으로 읽을 수 있으며, 압력손실이 적고 측정 범위가 넓은 장점이 있다. 성능시험배관에 배관과 동일한 호칭경의 유량계를 수직으로 설치하는데 유량계의 상류측 시험밸브는 유량계에서 배관구경의 8배 이상 상류쪽에, 유량계의 하류측 유량조절밸브는 배관구경의 5배 이상 거리를 두어 부착하고 직관부를 형성하여야 하며 유량계 설치 시 유량계 1차측에만 개폐밸브를 설치하는 경우가 있으나 이 경우는 난류로 인하여 원활한 측정이 불가능하다. 따라서 유량계 2차측에도 개폐밸브 즉, 유량조절밸브를 설치하여 측정 시 1차측 개폐밸브는 완전개방하고 2차측 개폐밸브로 유량을 조절하여 측정하도록 설계 및 시공하는 것이 바람직하다.

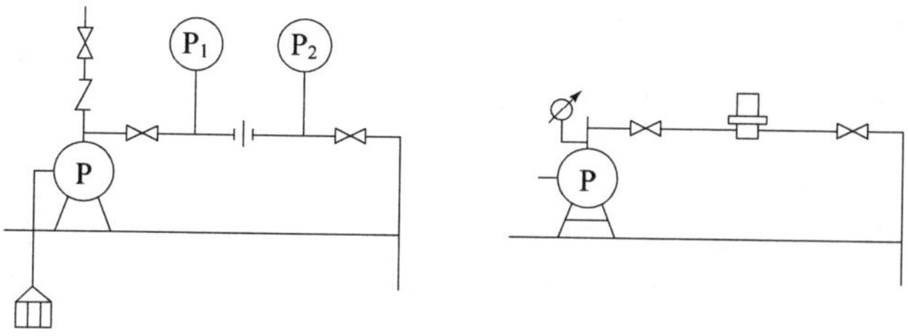

압력계 방식 **유량계 방식**

〈그림 3-23〉 펌프성능시험배관

성능시험배관의 관 지름은 정격토출압력 p와 정격토출량 Q와의 관계식인 식 (3.11) 또는 (3.12)의 p에 0.65p, Q에 1.75Q를 대입하면 구할 수 있다. 정격토출압력의 65%에서 펌프의 정격토출량의 175%까지 측정할 수 있어야 하기 때문이다.

펌프의 성능시험의 절차는 다음과 같다.

(가) 체절압력 운전시험

소화펌프의 토출측으로 물을 방수하지 않는 상태로 운전을 하면 토출측의 관로가 모두 폐쇄되어 있어 펌프는 물을 전혀 토출하지 못하고 공회전하게 된다. 이 때의 운전상태를 체절운전 상태라 하며 펌프는 체절압력에 도달하게 된다(이론적인 체절압력 = 1.4×펌프의 전양정(m)/100, 단위는 MPa).

① 펌프의 토출측 주밸브를 잠근다.
② 성능시험배관 상의 두 밸브를 잠근다. (평상시 잠근 상태)
③ 동력제어반에서 충압펌프의 운전선택 스위치를 수동 또는 정지 위치로 한다.
④ 압력챔버의 배수밸브를 개방하고 주펌프가 기동되면 배수밸브를 잠근다.
⑤ 릴리프 밸브가 개방될 때의 압력을 압력계에서 읽고 그 값이 체절압력 미만인지 확인한다.

체절운전시험 시 펌프의 성능저하와 과부하에 의한 전동기의 소손을 방지하기 위하여 짧은 시간 내에 행하고 점검 후에는 밸브 및 동력제어반을 원상 복구하여야 한다.

(나) 릴리프 밸브(relief valve) 압력조정

① 동력제어반에서 주펌프 및 충압펌프의 운전선택 스위치를 수동의 위치로 한다.
② 주밸브를 잠근다.
③ 성능시험배관상의 두 밸브를 개방한다.

④ 동력제어반에서 주펌프를 수동으로 기동시킨다.
⑤ 펌프가 기동되면 성능시험배관의 1차 밸브를 서서히 잠그면서 펌프 토출측의 압력계 지침이 체절압력 미만이 되도록 한다.
⑥ 릴리프 밸브 캡을 열고 조정나사를 스패너로 반시계 방향으로 돌려서 순환배관으로 물이 흐르는 것이 확인되면 펌프를 수동으로 정지시킨다.
⑦ 성능시험배관의 두 밸브를 완전히 잠그고 주밸브를 개방한다.
⑧ 동력제어반에서 충압펌프 및 주펌프의 운전선택 스위치를 자동으로 한다. (설정 압력에 도달되면 펌프는 자동으로 정지한다.)

(다) 유량측정 시험
① 펌프 토출측 주밸브를 잠근다.
② 성능시험배관의 1차 밸브를 완전 개방한다.
③ 동력제어반에서 충압펌프 운전선택 스위치를 수동 또는 정지 위치로 한다.
④ 압력챔버의 배수밸브를 개방하고 주펌프가 기동되면 배수밸브를 잠근다.
⑤ 성능시험배관의 유량조절밸브(성능시험배관의 2차 밸브)를 서서히 개방하여 유량계를 통과하는 유량이 정격토출유량(펌프사양에 명시)이 되도록 조정한다. 정격토출유량이 되었을 때 펌프 토출측 압력계를 읽어 정격토출압력 이상인지 확인한다.
⑥ 성능시험배관의 유량조절밸브를 조금 더 개방하여 유량계를 통과하는 유량이 정격토출유량의 150%가 되도록 조정한다(예 : 펌프토출유량이 400 lpm인 경우, 400×1.5 = 600 lpm). 이때 펌프 토출측압력계의 확인된 압력은 정격토출압력의 65% 이상이어야 한다(예 : 전양정이 60 m인 펌프의 경우 60 m÷100×0.65 = 0.39 MPa 이상).
⑦ 펌프토출측 주밸브를 개방하고, 성능시험배관상의 두 밸브를 서서히 잠근다. (이때 수격작용이 발생하지 않도록 주의)
⑧ 주펌프는 설정압력에 도달되면 정지한다. 동력제어반에서 충압펌프 운전선택 스위치를 자동으로 한다.

2) 순환배관

가압송수장치의 체절운전 시, 즉, 펌프 토출측의 배관이 모두 막힌 상태로 물이 전혀 방출되지 않고 펌프가 계속 공회전 하는 경우에 수온 상승을 방지하기 위하여 순환배관(by-pass piping)(<그림 3-22> 참조)을 설치해야 한다. 체크밸브(check valve)와 펌프 사이에서 분기한 구경 20 mm 이상의 배관에 체절압력 미만에서 개방되는 릴리프 밸브(relief valve)를 설치하여야 한다. 그러나 배관에 개폐밸브를 설치하여서는 안되며 체절운전 시 체절압력 미만에서 개방되는 릴리프 밸브(relief valve)를 설치하여야 한다. 릴리프 밸브는 설정압력 이상이면 밸브 캡(valve cap)을 지지하고 있는 스프링이 밀려올라가 열리면서 과압을 방출하여 펌프 내의 체절운전 시 공회전에 의한 수온상승을 방지한다.

(4) 기동장치 및 충압펌프

1) 기동용 수압개폐장치의 설치목적과 구성

화재가 발생하여 헤드로부터 살수가 시작되고 소화할 때까지 헤드에서는 계속 소정의 압으로 살수할 수 있도록 가압송수해야 한다. 스프링클러 펌프는 옥내소화전설비의 펌프와 대동소이하지만 스프링클러 펌프에는 원칙적으로 압력챔버(pressure chamber)를 부착시킨다는 것이 큰 특징이라고 할 수 있다. 폐쇄형 헤드를 이용하는 스프링클러설비에 있어서 펌프를 자동 기동시키는 경우 헤드 또는 개폐밸브의 개방에 의한 유수검수장치와 기동용 수압개폐장치의 작동이 연동되어있다.

기동용 수압개폐장치는 소화펌프를 자동으로 기동하고 정지시키는 장치로서 스프링클러 설비를 포함한 수계 자동식 소화설비에 있어서는 반드시 설치되어야 하는 중요한 장치라고 할 수 있다. 기동용 수압개폐장치는 수압의 강하를 감지하여 펌프를 기동 또는 정지시키는 장치이다. 체크밸브(check valve)와 게이트 밸브(gate valve)를 지나 분기 설치하여 펌프 2차측의 전배관내의 압력을 감지하고 압력이 감소하면 압력스위치가 작동하여 충압펌프(priming pump)를 작동시키거나 주펌프를 작동시켜 일정압력이 유지되도록 하는 장치이다. 따라서 아무리 성능이 우수한 소화펌프라 할지라도 수압개폐장치의 압력조정이 제대로 되어있지 못하면 법정 방수압력과 방수유량을 충분히 얻지 못하게 된다.

기동용 수압개폐장치의 설치목적은 소화용 주펌프 및 충압펌프를 자동기동 또는 정지시키기 위한 것으로, 순간적인 압력변화에 의한 소화펌프의 기동 및 정지가 단속적으로 기동하는 것을 방지하고 압력챔버(pressure chamber)의 상부 공기의 완충작용으로 수격작용 등 압력변동에 따른 오작동을 방지한다.

기동용 수압개폐장치는 <그림 3-24>와 같이 압력챔버(pressure chamber)와 부속품으로 개폐밸브(급수밸브), 배수밸브, 안전밸브, 압력스위치(pressure switch), 압력계 등이 부착된다. 압력챔버는 내용적이 100 ℓ 이상으로 소방검정기술기준에 적합해야 한다. 개폐밸브(급수밸브)는 압력챔버의 정비 및 공기교체 작업 시 급수제어용 밸브이고, 배수밸브(drain valve)는 용기의 최하단에 부착하여 압력챔버 내의 물을 완전히 배수할 경우와 침전물의 배출시 등에 이용된다.

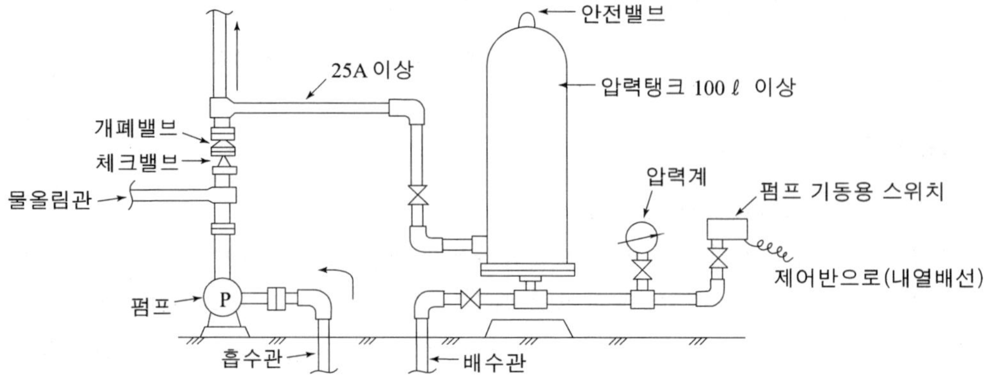

〈그림 3-24〉 기동용 수압개폐장치

<그림 3-25>의 압력스위치(pressure switch)는 배관내의 압력이 설정압력 이하로 강하되면 압력챔버에 부착되어 있는 이 장치가 펌프를 기동시킨다. 용기내부의 압력이 설정압력에 달하면 압력스위치는 물리적인 양의 압력을 전기신호로 변환시켜 신호를 발신하고, 이 전기 신호에 의해 전동기가 기동되어 운전된다. 펌프기동용 신호의 발신설정 값은 필요시 변경할 수 있는 구조로 되어 있다. 안전밸브(safety valve)는 펌프 토출측의 배관에 과도한 압력이 작용될 때 개방되어 압력을 방출함으로써 과도한 압력으로부터 스프링클러설비를 보호한다. 또 압력계는 압력챔버 내 압력, 즉, 배관 2차측 압력을 나타낸다.

기동용 수압개폐장치의 작동원리는 다음과 같다. 펌프가 정지되어도 체크밸브 상부는 이 체크밸브로 인해 압력이 유지된다. 압력챔버의 내부에는 물과 함께 공기가 들어 있다. 공기는 물과 달리 압축성 유체이므로 펌프의 작동에 의해 관내의 압력이 상승하면 체적이 줄면서 압축되고 관내 압력이 일정하게 유지되나, 누설 등에 의해 미소한 물의 누출이 생기면 결국 누출 체적만큼 압력챔버 내에 압축되어 있던 공기가 팽창한다. 누출이 많아지거나 방수구가 개방되면 압축되어 있던 공기의 팽창만으로 압력을 유지하기가 어려워지고 압력이 설정압력 이하로 강하되어 압력스위치가 이를 검지하여 펌프를 자동으로 기동하게 되고 이후 압력이 설정압력까지 상승하면 펌프를 자동으로 정지시킨다. 보통 압력챔버에는 두 개의 압력스위치(pressure switch)가 장치되어 있는데 각각 주펌프와 충압펌프(보조펌프)를 기동/정지시키는 신호를 발신한다. 압력스위치의 기동/정지신호의 발신압력은 조정이 가능하며 설비에 알맞도록 설정한다.

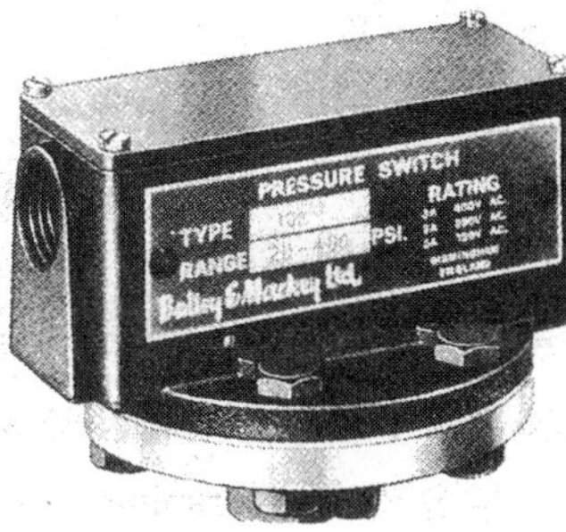

〈그림 3-25〉 압력스위치

2) **압력챔버의 공기교체 또는 충전**

기동용 수압개폐장치의 압력챔버 상단에는 약간의 공기가 채워져 있어야 하는데 시공 후 최초 급수 충전 시 또는 펌프의 자동기동 점검 시 상단에 설치된 안전밸브의 수동개방 등 사후관리 부주의로 공기가 모두 배출되고 압력챔버에 물만 가득 채워지면 압력스위치가 너무 민감하게 작동하게 된다. 이 때 나타나는 현상은 배관내의 압력이 누수 등에 의해 감압될 때 충압펌프가 조금씩 자주 반복해서 작동 및 정지를 계속하는 단속적 운전이 일어나게 된다. 따라서 압력 변동의 여유를 주기 위해서는 압력챔버 상단부에 2～3 ℓ 정도의 공기가 체류하는 것이 바람직하다. 이는 입상관 체크밸브(check valve) 2차측 배관에 수격작용(water hammer)이 발생했을 때 이를 완충하여 설비를 보호하는 역할도 겸한다. 압력챔버의 공기교체 또는 충전 요령은 다음과 같다.

- 펌프동력제어반에서 주펌프 및 충압펌프의 조작 선택스위치를 “수동” 또는 “정지” 위치로 한다(공기교체작업 도중 펌프의 자동기동 방지)
- 챔버 내의 물을 배수한다.
- 챔버 내에 신선한 공기가 들어오게 한다.
- 펌프동력제어반에서 주펌프 및 충압펌프의 조작 선택스위치를 “자동”위치로 한다. (이 때 소화펌프는 자동으로 기동되며 설정압력에 도달되면 자동정지 한다.)

3) **충압펌프**

기동용 수압개폐장치를 사용하는 경우에는 충압펌프(priming pump, jockey pump)를 설치해야 한다. 다만, 소화용 급수펌프로도 상시 충압이 가능한 경우에는 충압펌프를 별도로 설치하지 않아도 된다. 충압펌프의 역할은 펌프 토출측 배관계통의 압력을 항시 일정한 압력 이상으로 유지시켜 줌으로써 화재발생 시 방출구로부터 즉각적으로 규정압력 이상의 소화수를 방출시킬 수 있도록 하여 조기에 화재진압이 가능하도록 하는 역할을 한다. 일반적으로 충압펌프는 기동용 수압개폐장치에 의하여 자동기동 되도록 설치되며 배관계통의 압력변화에 따라 기동 및 정지를 반복하게 된다. 충압펌프의 토출압력은 스프링클러설비의 최고위 살수장치(일제개방밸브의 경우는 일제개방밸브)의 자연압보다 적어도 0.2 MPa 이 더 크도록 하거나 가압송수장치의 정격토출압력과 같게 해야 하며, 토출량은 스프링클러설비의 정상적인 누설량 이상이어야 한다.

충압펌프는 소화펌프 토출측 배관계통의 압력이 누수 등에 의하여 유지해야 할 압력점 이하가 되면 충압펌프 기동용 스위치가 작동하여 자동기동되며, 충압펌프의 기동에 의하여 배관계통의 압력이 충압펌프의 정지 설정압력까지 올라가면 자동으로 정지된다.

<그림 3-26>은 주펌프(main pump)와 충압펌프의 연결 예를 나타낸 그림이다.

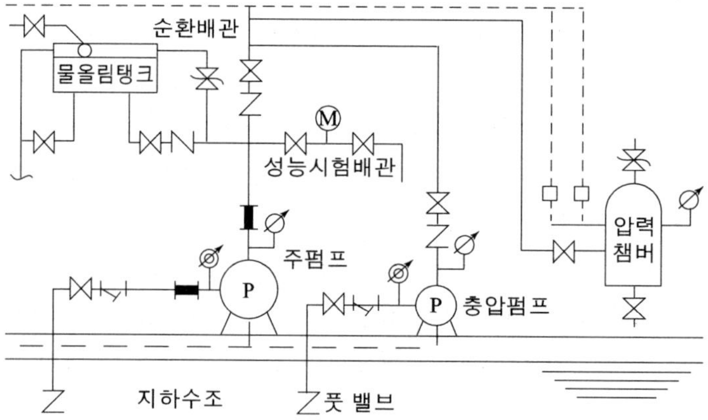

〈그림 3-26〉 소화펌프와 충압펌프(priming pump)의 연결

4) 압력스위치의 설정방법

압력스위치의 설정방법은 정형화된 방법은 없으나 일반적으로 다음과 같이 적용한다.

① 압력스위치에는 “RANGE”와 “DIFF”의 눈금이 있으며 압력스위치 상단부의 나사를 이용하여 조정하게 되어 있다. RANGE는 펌프의 정지점이며 DIFF는 정지점과 기동점의 차이로 펌프가 RANGE의 압력에서 정지하고, DIFF만큼 압력이 떨어지면 펌프는 다시 기동하게 된다.

② 주펌프와 충압펌프의 기동점은 자연낙차압보다 높아야 한다. 펌프의 기동점은 당해 건축물의 자연낙차압에 0.2 MPa을 가산한 압력 이하로 떨어졌을 때 기동되도록 하여야 한다.

③ 펌프의 정지점은 RANGE의 설정 값으로서 당해 설비의 양정계산 시 산정된 총양정(또는 당해 펌프사양상의 양정값)을 압력으로 환산한 값으로 설정한다.

④ 일반적으로 주펌프와 충압펌프가 원활하게 기동하도록 주펌프는 충압펌프보다 0.05 MPa 낮게 기동점을 설정하고 정지점은 0.05 MPa 높게 설정하여 충압펌프가 주펌프의 기동, 정지점의 범위 내에 있도록 한다.

⑤ 충압펌프의 DIFF는 최소한 0.1 MPa 이상 되도록 하여 잦은 ON/OFF가 일어나지 않도록 할 필요가 있다.

⑥ 펌프의 기동 및 정지순서를 충압펌프 기동 → 주펌프 기동 → 충압펌프 정지 → 주펌프 정지로 한다.

주펌프는 소화 중에 계속 물을 공급하도록 정지점을 정해두지 않고 계속 가동되도록 할 필요가 있다. 따라서 펌프의 정지점을 설정하는 대신에 소화가 완료되면 수동조작으로 펌프를 정지시킨다.

(5) 물올림장치

원심펌프는 회전차가 회전할 때의 원심력으로 물을 펌프 속으로 흡입, 송수하므로, 펌프를 기동할 때는 반드시 마중물이 필요하다. 수원의 수위가 펌프보다 낮은 위치에 있는 경우에는 풋밸브(foot valve) 고장으로 펌프실 및 흡입관 내의 물이 수조로 빠져 내려가면 펌프를 작동시켜도 물이 흡입되지 않으므로, 마중물을 공급하기 위한 물올림장치를 반드시 설치해야 한다. 물올림장치의 주기능은 펌프에 물을 공급하여 항상 펌프만 작동하면 물이 흡입될 수 있도록 하는 장치이다. 물올림장치에는 <그림 3-27>과 같이 유효수량 100 ℓ 이상의 전용 물올림 탱크(primming tank)를 설치하고, 구경 15 mm 이상의 급수배관을 통해 물이 항상 보급되도록 볼탑(ball top)을 설치해야 한다. 물올림 탱크를 호수조라고 부르기도 한다. 물올림탱크에는 물올림탱크 내의 물이 1/2 이상 감수하였을 때 플로트 스위치(float switch) 또는 전극봉으로 신호를 발신하여 감시제어반 등에 표시등과 버저(buzzer)로 경보하는 감수경보장치(저수위 경보장치)를 설치한다. 수조 및 물올림장치의 감수경보장치 기능을 확인하는 방법은 다음과 같다.

1) 공급배관상의 밸브를 폐쇄한다.
   - 수조인 경우 수조에 급수되는 밸브 폐쇄
   - 물올림장치인 경우 자동급수밸브 폐쇄
2) 배수밸브 개방
3) 수조내의 수위가 1/2 이상 저수위로 될 경우 경보음 확인
4) 복구

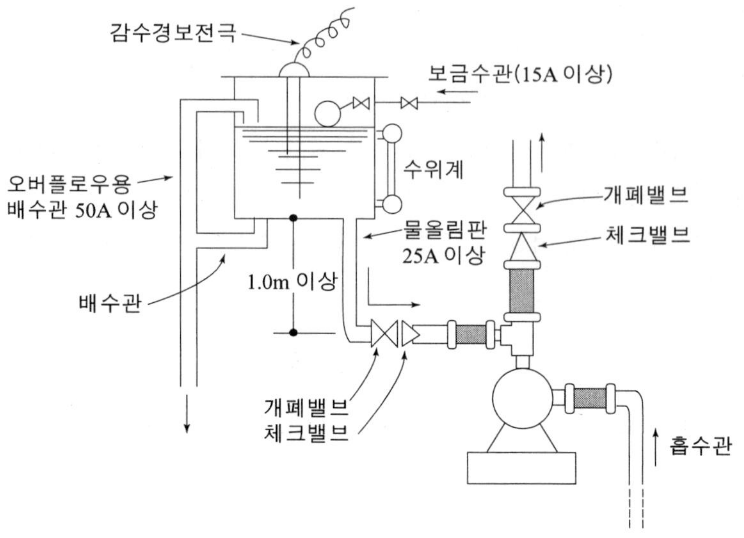

〈그림 3-27〉 물올림장치의 계통도

(6) 펌프의 동력

펌프의 전양정 H는

$$H = h_1 + h_2 + h_3 \tag{3.4}$$

으로 쓸 수 있다. 여기서

h_1 = 실양정

h_2 = 배관의 손실수두

h_3 = 스프링클러 헤드의 방수압력의 환산수두(10 m)

실양정 h_1은 수원에서 최고위치 스프링클러 헤드까지의 높이지만, 실제로는 풋밸브(foot valve)에서 최고위치 스프링클러 헤드까지의 높이를 말한다. 배관의 손실수두 h_2는 관의 마찰손실수두와 관이음쇠 및 밸브 등의 부차적 손실수두를 합한 값이다. 한편, 헤드 방수압의 환산수두는

$$h_3 = p/\gamma \tag{3.5}$$

에서 방수압 p는 0.1 MPa, 물의 비중량 γ 는 9,810 N/m^{3}이므로, h_3는 10 m가 된다.

펌프의 정격토출량은 헤드 1개당 방수량 80 ℓ/min에 헤드수 N을 곱한 양, 즉,

$$Q = 80\,N(\ell/\min) \tag{3.6}$$

이상 되어야 한다. 설치된 헤드의 수가 <표 3-5>의 기준개수보다 더 많이 설치된 경우에는 N은 이 기준개수로 한다.

펌프용 원동기(전동기 또는 내연기관)의 소요동력 L는 앞의 식 (2.7)과 같이

$$L = \gamma QHk/\eta \tag{3.7}$$

여기서

Q = 펌프의 정격토출량

H = 전양정

γ = 물의 비중량(9,810 N/m^3)

η = 펌프 효율(펌프 구경에 따라 0.40~0.70 <표 2-1> 참조)

k = 전달계수(전동기 1.1, 내연기관 1.15~1.20)

이다. 위 식에 물의 비중량 9,810 N/m^{3}을 대입하면 식 (3.7)은

$$L = 0.163QHk/\eta \tag{3.8}$$

로 쓸 수 있다. 여기서 펌프용 전동기 또는 내연기관의 동력 L의 단위는 kW, Q와 H의 단위는 각각 m^3/min, m임에 유의해야 한다(예제 2-3 참조).

한편, 전동기 대신에 내연기관을 사용하는 경우에는 제어반에 따라 내연기관의 자동기동과 수동기동이 가능하고, 상시 충전되어 있는 축전지설비를 갖추어야 한다.

펌프의 동력 또는 원동기의 동력을 계산하기 위해서는 식 (3.4)의 배관의 손실수두 h_2를 계산해야 한다. 배관의 손실수두는 2장에서 설명한 바와 같이 관의 마찰손실수두와 관이음쇠 및 밸브류의 미소손실수두로 나뉘게 된다. 관의 마찰손실수두는 관 속을 흐르는 물의 유량과 관의 호칭경에 따라 <표 3-6>에 주어져 있다. 관이음쇠 및 밸브류의 미소손실수두는 <표 3-7>의 상당 관 길이(equivalent pipe length)를 이용하여 계산한다. 예를 들면, 호칭경 50 mm인 90° 엘보(elbow)의 상당 관 길이가 2.1 m인 것은 그 엘보 1개의 미소손실수두가 같은 호칭경의 관 길이 2.1 m에서 발생하는 마찰손실수두와 같음을 의미한다. 그러므로 먼저 관이음쇠와 밸브의 손실수두 상당 관 길이를 <표 3-6>에서 구한 다음, 이 값을 실제 관의 길이에 합해 <표 3-6>의 관 길이 100 m당 마찰손실수두와 곱해 h_2를 구하면 된다.

<표 3-6>은 스프링클러 헤드의 개수(또는 유량)에 따른 관의 마찰손실수두이므로 스프링클러설비 외의 소화설비에 사용할 수 없다. 그러나 <표 3-7>은 유량에 관계없이 관이음쇠와 밸브의 손실수두에 관한 것이므로, 수계 소화설비뿐만 아니라 물이 흐르는 모든 관의 배관에 적용할 수 있다.

〈표 3-6〉 관의 마찰손실수두(관 100 m당 마찰손실)

개수	유량 (ℓ/min)	호칭경 (mm)										
		25	32	40	50	65	80	90	100	125	150	200
		마찰손실수두 (m)										
1	80	39.82	11.38	5.40	1.68	0.50	0.22	0.11				
2	160	150.42	42.84	20.29	6.32	1.87	0.80	0.40	0.22	0.08		
3	240	307.77	87.66	41.51	12.93	3.82	1.65	0.82	0.45	0.16	0.07	
4	320	521.92	148.66	70.40	21.93	6.48	2.79	1.39	0.77	0.27	0.12	
5	400	789.04	224.75	106.31	32.99	9.79	4.22	2.10	1.16	0.40	0.17	0.05
6	480		321.55	152.26	47.43	14.01	6.04	3.01	1.66	0.58	0.25	0.06
7	560		418.87	198.11	61.71	18.23	7.86	3.91	2.16	0.75	0.33	0.08
8	640		535.46	253.55	78.98	23.33	10.06	5.00	2.76	0.96	0.42	0.11
9	720		665.39	315.08	90.14	29.00	12.50	6.22	3.43	1.19	0.52	0.13
10	800			380.80	119.08	35.31	15.23	7.56	4.17	1.45	0.63	0.16
11	880			457.21	142.42	42.08	18.14	9.03	4.98	1.73	0.75	0.19
12	960			536.43	167.09	49.37	21.28	10.59	5.83	2.03	0.88	0.23
13	1040			619.25	192.89	56.99	24.56	12.22	6.74	2.34	1.02	0.26
14	1120			713.76	222.33	65.69	28.31	14.09	7.77	2.70	1.11	0.30
15	1200			810.82	252.56	74.80	32.26	16.00	8.83	3.07	1.34	0.35
16	1280			911.84	284.02	83.92	36.17	18.00	9.92	3.45	1.50	0.39
17	1360				318.36	94.12	40.37	20.19	11.13	3.87	1.68	0.43
18	1440				353.56	104.46	45.03	22.41	12.35	4.29	1.87	0.48
19	1520				390.93	115.51	49.78	24.77	13.66	4.74	2.06	0.54
20	1600				415.01	122.61	54.90	27.24	15.03	5.23	2.27	0.59
21	1680				470.71	139.07	59.94	29.83	16.44	5.71	2.49	0.64
22	1760				513.01	151.57	65.33	32.51	17.92	6.23	2.71	0.70
23	1840				557.05	164.58	70.94	35.30	19.46	6.76	2.94	0.76
24	1920				602.46	178.00	76.72	38.17	21.05	7.31	3.18	0.82
25	2000				649.74	191.97	82.98	41.16	22.71	7.90	3.44	0.89
26	2080				698.89	206.49	89.00	44.29	24.42	8.48	3.69	0.96
27	2160				749.00	221.29	95.38	47.47	26.17	9.09	3.96	1.02
28	2240				800.58	236.55	101.95	50.73	27.97	9.71	4.23	1.09
29	2320				855.19	252.67	103.91	54.19	29.88	10.38	4.52	1.17
30	2400				910.41	268.98	115.94	57.67	31.85	11.07	4.82	1.25

〈표 3-7〉 관이음쇠와 밸브의 손실수두 상당 관 길이

호칭경 mm(in)	90° elbow	45° elbow	90° T 분류	90° T 직류	gate valve	globe valve	angle valve
	상당 관 길이 (m)						
12(½)	0.60	0.36	0.90	0.18	0.12	4.50	2.40
20(¾)	0.75	0.45	1.20	0.24	0.15	6.00	3.60
25(¼)	0.90	0.54	1.50	0.27	0.18	7.50	4.50
32(1¼)	1.20	0.72	1.80	0.36	0.24	10.50	5.40
40(1½)	1.50	0.90	2.10	0.45	0.30	13.8	6.50
50(2)	2.10	1.20	3.00	0.60	0.39	16.5	8.40
65(2½)	2.40	1.30	3.60	0.75	0.48	19.5	10.2
80(3)	3.00	1.80	4.50	0.90	0.60	24.0	12.0
100(4)	4.20	2.40	6.30	1.20	0.81	37.5	16.5
125(5)	5.10	3.00	7.50	1.50	0.99	42.0	21.0
150(6)	6.00	3.60	9.00	1.80	1.20	49.5	24.0

(주) 1. 나사이음 기준
2. 이경 socket, bushing, reducer는 직경이 작은 쪽의 45° elbow에 해당
3. swing check valve, foot valve는 angle valve에 해당
4. bend, coupling은 직류 90° T에 해당
5. 자동경보밸브는 angle valve에 해당
6. ball valve와 포 소화설비의 자동밸브는 globe valve에 해당
7. union, flange, socket의 손실수두 무시
8. 소화전은 구조와 형상에 따라 위의 밸브 중 유사한 것 선택

예제 3-1 20개의 헤드가 설치된 방호구역의 폐쇄형 스프링클러설비 중에서 지름 100 mm, 길이 15 m인 주배관의 구간에 90° 엘보(elbow) 2개, 게이트 밸브(gate valve) 1개, 체크밸브(check valve) 1개가 설치되어 있다.
(1) 수원의 유효수량, (2) 펌프의 토출량, (3) 배관의 손실수두를 구하라.

풀이 (1) 유효수량
식 (3.1)에서

$$V \geq 1.6\,N(m^3) = 1.6\times20 = \underline{32\ m^3}$$

그러므로 유효수량 32 m³ 이상의 수원을 확보해야 한다.

(2) 펌프의 정격토출량
식 (3.6)에서

$$Q = 80\,N(\ell/min) = 80\times20\ \ell/min = \underline{0.0267\ m^3/s}$$

(3) 배관의 손실수두

구경 100 mm인 관의 길이가 15 m이고 같은 호칭경의 밸브와 관이음쇠의 상당길이(표 3-7)를 합해 마찰손실수두를 곱하면 된다. 상당길이는

$$4.2\ m \times 2개 + 0.81\ m \times 1개 + 16.5\ m \times 1개 = 25.71\ m$$

이다. 주배관의 유량은 80 ℓ/min×20개, 즉 1,600 ℓ/min이므로 <표 3-6>에서 관 100 m당 마찰손실수두는 15.03 m이다. 그러므로 이 구간의 손실수두는

$$h_2 = (15\ m + 25.71\ m) \times (15.03/100) = \underline{6.12\ m}$$

예제 3-2 10개의 개방형 헤드가 설치된 무대부 방수구역이 있다. 수원에서 헤드까지의 높이가 8 m, 배관의 손실수두가 10.5 m일 때, 소화펌프용 전동기의 동력을 구하라.

풀이

식 (3.3)에서 실양정 h_1은 8 m, 배관의 손실수두 h_1는 10.5 m이고 환산수두는 10 m이므로

$$H = h_1 + h_2 + h_3 = 8 + 10.5 + 10 = 28.5\ m$$

이다. 펌프의 토출량 Q는

$$Q = 80\ \ell/min \times 10개 = 800\ \ell/min = 0.0133\ m^3/s$$

이고, 따라서 전동기의 동력 L은 식(3.7)에서 전동계수 k는 1.1, 펌프의 효율 η는 0.6 (표 2-1 참조)으로 하면

$$L = \gamma QHk/\eta = 9,810\ N/m^3 \times 0.0133\ m^3/s \times 28.5\ m \times 1.1/0.6 = 6,820\ W = 6.82\ kW$$

그러므로 6.82 kW 이상의 전동기가 필요하다. 1마력(ps)은 736 W이므로 6.82 kW는 9.3 ps이다.

(7) 펌프의 동력전달장치 점검과 방수압 측정

1) 동력전달장치 점검

펌프는 스스로 기능을 발휘할 수 없으므로 전동기나 내연기관과 축으로 연결되어 원동기로부터 동력을 전달받는다. 충압펌프는 예외일 수 있으나 주펌프는 연결축 사이에 완충작용을 위해 고무패킹을 사이에 끼우게 되는데 전동기 등의 분당회전수(rpm)가 1,800 이상이므로 약간의 이격만 생겨도 쉽게 마모된다. 그 결과 연결축이 부러지거나 정상적인 rpm을 확보할 수 없게 되므로 수시 펌프와 전동기의 연결축에 설치된 패킹을 확인, 교체해주어야 한다.

2) **방수압 측정**

스프링클러설비의 헤드가 설치된 최상층 부분의 관말에서 방수압을 측정하였을 때 0.1 MPa의 압력으로 80 ℓ/min 이상의 토출량이 계측되어야 한다. 방수압 측정은 <그림 3-28>과 같이 습식 스프링클러설비의 말단시험장치에서 피토게이지(pitot gauge)를 사용하여 측정한다. 관 구경의 0.5배 떨어진 부분에 피토관 입구를 수류의 중심선과 일치하도록 대면, 실제 방출압이 게이지 상에 지시침으로 나타난다. 방출구의 구경과 방수압을 알면 식 (3.9)를 사용하여 유량을 산정할 수 있는데, 이 식은 스프링클러설비나 소화전의 방수압뿐만 아니라 배관의 유량산출에도 사용된다. 현장에서 방수압과 관의 구경을 측정하면 유량을 계산하여 확인할 수 있다.

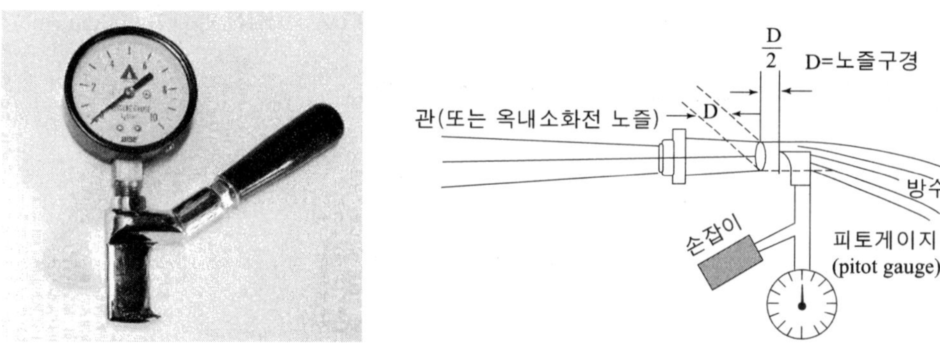

〈그림 3-28〉 방수압 측정방법

그림에서 관말(소화전의 경우 소화전 노즐)을 1, 피토게이지의 입구를 2라고 하면 이 두 점에 대한 베르누이 방정식은 식 (2.1)로부터

$$\frac{p_1}{\gamma} + \frac{v_1^2}{2g} + z_1 = \frac{p_2}{\gamma} + \frac{v_2^2}{2g} + z_2$$

이다. 여기서 γ는 물의 비중량이고, p_1은 대기압으로, 2는 정체점이므로 $V_2 = 0$이고 $z_1 = z_2$이므로

$$V_1 = \sqrt{\frac{2g}{\gamma} p_2} \tag{3.9}$$

이다. 이 식에서 p_2는 바로 방수압 p이다.

방수량 Q는 식 (3.3)에 따라

$$Q = C_V \frac{\pi}{4} D^2 \sqrt{\frac{2g}{\gamma} p} \tag{3.10}$$

이며 유량계수 C_V는 0.99이고, 관 또는 노즐의 지름 D와 방수압 P를 대입하면 방수량 Q를 계산할 수 있다.

이 식에서 $g = 9.81 m/s^2$, 비중량 γ는 $9{,}810 N/m^3$, $C_V = 0.99$를 대입하고, 직경 D와 방수압 p의 단위가 각각 m, N/m^2일 때 방수량 Q의 단위는 m^3/s가 된다. 만일 Q와 D, P의 단위가 각각 ℓ/min, mm, kgf/cm^2이라면 식 (3.11)은

$$Q(\ell/min \times min/60s \times m^3/1000\ \ell)$$

$$= 0.99 \times \frac{3.14}{4} \times [D(mm \times m/1000mm)]^2 \times \sqrt{\frac{2 \times 9.81}{9810} p(kgf/cm^2 \times 9.81N/kgf \times 10000cm^2/m^2)}$$

이 되고, 이것을 정리하면

$$Q = 60 \times 1000 \times 0.99 \times \frac{3.14}{4} \times \left(\frac{1}{1000}\right)^2 \times D^2 \times \sqrt{\frac{2 \times 9.81}{9810} \times 9.81 \times 10000} \times \sqrt{p}$$

따라서

$$Q = 0.653 D^2 \sqrt{p} \tag{3.11}$$

이다. 여기서 Q와 D, P의 단위는 각각 ℓ/min, mm, kgf/cm^2이다. 지름이 일정한 경우

$$Q = K \sqrt{p} \tag{3.12}$$

로 쓸 수 있다. K를 방출계수(K-factor)라고 부르기도 한다.

(8) 수격방지기(water hammer cushion, WHC)의 설치

가압송수펌프가 기동되어 송수를 시작할 때 초기에는 펌프에서부터 급작스럽게 압력이 상승되어 관로망으로 퍼져나간다. 주펌프는 용량이 크므로 충격적인 압력, 즉, 순간적인 고압은 배관에 연결된 헤드, 일제개방밸브 등 방수장치에 악영향을 미칠 뿐만 아니라 배관의 진동, 누수 등을 초래하기도 한다. 이와 같은 현상을 줄이기 위하여 펌프직상부나 곡관부위 및 관의 말단에 수격방지기를 부착한다(그림 2-4 참조). 수격방지기는 내부에 공기실이 있어 순간적인 이상고압을 흡수하여 충격을 완화한다.

3.7.4 고가수조방식

고가수조(gravity tank)의 자연낙차를 이용한 가압송수장치는 고가수조의 자연낙차수두(수조의 하단으로부터 최고층에 설치된 헤드까지의 수직거리)는 다음의 식에 따라 산출한 수치 이상이 되어야 한다.

$$H = h_1 + h_2 \tag{3.13}$$

여기서

H = 필요한 낙차
h_1 = 배관의 손실수두
h_2 = 헤드의 방수압력 환산수두, 10 m

이고, 배관의 손실수두 계산방법은 앞의 펌프방식과 같다. 고가수조에는 수위계, 배수관, 급수관, 오버플로우관(overflow pipe) 및 맨홀(manhole)을 설치해야 한다.

헤드의 방수압력을 확보하기 위해서는 최고위치 헤드에서 고가수조까지의 수직거리가 10 m 이상 되어야 하므로 고가수조를 건축물의 옥상에 설치하기 곤란하다. 이 때문에 고가수조방식의 가압송수방식은 거의 사용되지 않는다.

3.7.5 압력수조방식

압력수조(pressure tank)를 수원 및 가압원으로 하며, 압력탱크의 2/3는 급수펌프로 상시 물을 공급하고 나머지 상부의 1/3에 해당되는 부분은 공기압축기로 압축공기를 공급하여 압축공기의 압력으로 방수구의 방수압력을 확보하는 가압송수방식이다. 이 설비에는 반드시 급수펌프와 공기압축기가 부설되며, 주로 초대형 건물이나 대규모의 공장 등에 사용하는 경우가 많다.

압력수조를 이용한 가압송수장치에서 압력수조의 압력, 즉 압축공기의 압력은 다음 식에 따라 산출한 압력 이상이어야 한다.

$$P = p_1 + p_2 + p_3 \tag{3.14}$$

여기서

P = 필요한 압력
p_1 = 낙차(압력수조에서 최고위치 헤드까지의 높이)의 환산압
p_2 = 배관의 손실압
p_3 = 헤드의 방수압, 0.1 MPa

이다. p_1과 p_2는 각각 압력수조에서 최고위치 헤드까지의 높이와 배관의 손실수두에 물의 비중량을 곱한 값이다.

압력수조에는 <그림 3-29>와 같이 수위계, 급수관, 급기관, 맨홀, 압력계, 안전장치 및 압력저하방지용 자동식 공기압축기(air compressor)를 설치해야 한다. 압력수조방식은 펌프나 고가수조 대신에 압력수조의 상부 1/3의 용적에 압축공기를 공급하여 식 (3.14)의 압력 이상을 항상 유지해야 한다. 실제 대부분의 건축물에는 지하수조에 수원을 확보하고 화재가 발생하면 소화펌프를 가동하여 소화하는 펌프방식 가압송수장치를 채택하고 있다.

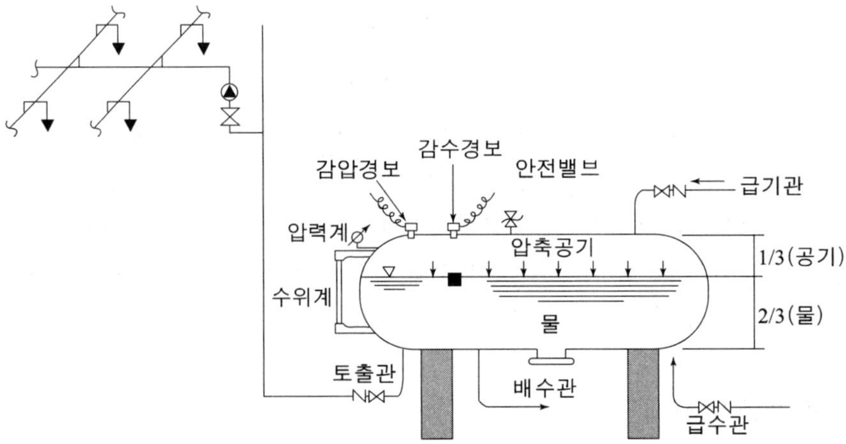

〈그림 3-29〉 압력수조방식

3.8 폐쇄형 스프링클러설비의 방호구역 및 유수검지장치

3.8.1 방호구역

폐쇄형 스프링클러 헤드를 사용하는 설비(폐쇄형 스프링클러설비)의 방호구역, 즉, 스프링클러설비의 소화범위에 포함된 영역과 유수검지장치는 다음기준에 적합하여야 한다.

(1) 하나의 방호구역의 바닥면적은 3,000 m^2 이내로 한다.
(2) 하나의 방호구역에는 1개 이상의 유수검지장치를 설치하되, 화재발생시 접근이 쉽고 점검하기 편리한 장소에 설치한다.
(3) 하나의 방호구역은 2개층에 미치지 않게 하되, 1개층에 설치되는 스프링클러 헤드의 수가 10개 이하인 경우에는 3개층 이내로 할 수 있다.

3.8.2 유수검지장치

스프링클러 헤드에 공급되는 물은 송수구를 통해 공급되는 경우가 아니면 반드시 유수검지장치를 지나도록 해야 한다. 유수검지장치가 자연낙차에 따른 압력수가 흐르는 배관에 설치된 경우에는 화재 시 물의 흐름을 검지할 수 있는 최소한의 압력이 얻어질 수 있도록 수조의 하단으로부터 낙차를 두어 설치해야 한다. 또 조기반응형 스프링클러 헤드를 설치하는 경우에는 습식 유수검지장치를 설치해야 한다.

유수검지장치를 실내에 설치하거나 보호용 철망 등으로 구획하여 바닥으로부터 0.8 m 이상 1.5 m 이하의 위치에 설치하되, 그 실 등에는 가로 0.5 m 이상 세로 1 m 이상의 출입문을 설치하고 그 출입문 상단에 "유수검지장치실"이라고 표시한 표지를 설치해야 한다. 그러나 기계실(공조용 기계실 포함) 안에 설치하는 경우에는 기계실 출입문 상단에 표지를 설치하면 된다.

3.9 개방형 스프링클러설비의 방수구역 및 일제개방밸브

개방형 스프링클러설비의 방수구역 및 일제개방밸브(deluge valve)는 다음의 기준에 적합하여야 한다.

(1) 하나의 방수구역은 2개층에 미치지 않아야 한다.
(2) 방수구역마다 일제개방밸브를 설치한다.
(3) 하나의 방수구역을 담당하는 헤드의 개수는 50개 이하로 하되, 2개 이상의 방수구역으로 나눌 경우에는 하나의 방수구역을 담당하는 헤드의 개수는 25개 이상으로 한다.
(4) 일제개방밸브의 설치위치 및 표지는 폐쇄형 스프링클러설비의 경우와 같다.

3.10 배 관

스프링클러설비의 배관은 동결의 우려가 있는 경우에 동결방지조치를 하거나 동결의 우려가 없는 장소에 설치하여야 한다. 연결송수관설비의 배관과 겸용할 경우, 주배관은 구경 100 mm 이상, 방수구로 연결되는 배관의 구경은 65 mm 이상의 관으로 하여야 한다.

3.10.1 배관의 재질

배관은 배관용 탄소강관(KSD 3507) 또는 배관 내 사용압력이 1.2 MPa 이상일 경우에는 압력배관용 탄소강관(KSD 3562)이나 이와 동등 이상의 강도, 내식성 및 내열성을 가진 것으로 하여야 한다. 다만, 습식 스프링클러설비의 배관은 이음매 없는 동 및 동합금(KSD 5301)의 배관용 동관을 사용할 수 있다. 그러나 다음의 하나에 해당하는 장소에는 소방용 합성수지배관으로 설치할 수 있다.

(1) 배관을 지하에 매설하는 경우
(2) 다른 부분과 내화구조로 구획된 덕트 또는 피트의 내부에 설치하는 경우
(3) 천장(상층이 있는 경우에는 상층바닥의 하단 포함)과 반자를 불연재료로 설치하고 그 내부에 습식으로 배관을 설치하는 경우

3.10.2 급수배관

스프링클러설비의 급수배관은 다음의 기준에 따라 설치하여야 한다.

(1) 전용으로 하되, 스프링클러설비의 기동장치의 조작과 동시에 다른 설비의 용도에 사용하는 배관의 송수를 차단할 수 있거나, 스프링클러설비의 성능에 지장이 없는 경우에는 다른 설비와 겸용할 수 있다.
(2) 급수를 차단할 수 있는 개폐밸브는 개폐표시형으로 설치하고, 펌프의 흡입측 배관에는 버터플라이 밸브(butterfly valve) 외의 개폐표시형 밸브를 설치하여야 한다.
(3) 배관의 구경은 수리계산 또는 <표 3-8>의 기준에 따라 설치하되, 수리계산에 따르는 경우 가지배관의 유속은 6 m/s, 그 밖의 배관의 유속은 10 m/s 이내로 해야 한다.

〈표 3-8〉 스프링클러 헤드수별 급수관의 구경(단위 : mm)

구분 \ 급수관의 구경(mm)		25	32	40	50	65	80	90	100	125	150
헤드수 (개)	가	2	3	5	10	30	60	80	100	160	161 이상
	나	2	4	7	15	30	60	65	100	160	161 이상
	다	1	2	5	8	15	27	40	55	90	91 이상

(주) 1. 폐쇄형 스프링클러설비의 경우로서 1개 층에 하나의 급수배관(또는 밸브 등)이 담당하는 구역의 최대면적은 3,000 m^2를 초과하지 아니할 것
2. 폐쇄형 스프링클러 헤드를 설치하는 경우에는 "가"란의 헤드수에 따를 것. 다만, 100개 이상의 헤드를 담당하는 급수배관(또는 밸브)의 구경을 100 mm로 할 경우에는 수리계산을 통하여 위의 배관의 유속에 적합하도록 할 것
3. 폐쇄형 스프링클러 헤드를 설치하고 반자 아래의 헤드와 반자속의 헤드를 동일 급수관의 가지관 상에 병설하는 경우에는 "나"란의 헤드수에 따를 것
4. 폐쇄형 스프링클러설비의 배관구경은 "다"란에 따를 것
5. 개방형 스프링클러 헤드를 설치하는 경우 하나의 방수구역이 담당하는 헤드의 개수가 30개 이하일 때는 "다"란에 따르고, 30개를 초과할 때는 수리계산 방법에 따를 것

(4) 급수배관에 설치된 개폐밸브에는 그 밸브의 개폐상태를 감시제어반에서 확인할 수 있도록 급수개폐밸브 작동표시 스위치를 다음 기준에 따라 설치하여야 한다.

1) 급수개폐밸브가 잠길 경우 탬퍼 스위치(tamper switch)가 동작하여 감시제어반 또는 수신기에 표시되어야 하며 경보음을 발할 것
2) 탬퍼 스위치는 감시제어반 또는 수신기에서 동작의 유무확인과 동작시험, 도통시험을 할 수 있을 것
3) 급수개폐밸브의 작동표시 스위치에 사용되는 전기배선은 내화전선 또는 내열전선으로 설치할 것

3.10.3 가지배관과 교차배관

가지배관과 교차배관은 <그림 3-30>과 같이 수평주행배관과 헤드를 연결하는 관으로, 물이 입상관, 수평주행배관, 교차배관, 가지배관을 순서대로 거쳐 헤드에 공급된다.

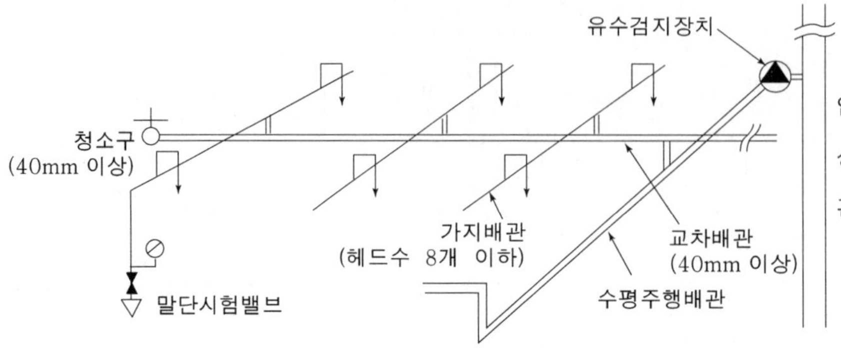

〈그림 3-30〉 배관의 명칭

(1) 가지배관의 배열기준

1) 토너먼트(tournament) 방식이 아닐 것
   토너먼트 배관방식은 균등배관방식으로, 분사헤드에서 일정한 방수압과 방수량을 유지하기 위해 주로 분말소화설비에 사용된다. 그러나 스프링클러설비에서는 배관의 마찰손실을 줄이고 이물질의 유입하여 축적하지 않게 하기위해 토너먼트 방식을 피해야 한다.
2) 교차배관에서 분기되는 지점을 기점으로 한쪽 가지배관에 설치되는 헤드의 개수(반자 아래와 반자속의 헤드를 하나의 가지배관 상에 병설하는 경우에는 반자 아래에 설치하는 헤드의 개수)는 8개 이하로 해야 한다. 다만, 다음에 해당하는 경우에는 그러하지 아니하다.
   - 기존의 방호구역 안에서 칸막이 등으로 구획하여 1개의 헤드를 증설하는 경우
   - 습식 스프링클러에 격자형 배관방식(2 이상의 수평주행배관 사이를 가지배관으로 연결하는 방식)을 채택하는 때에는 펌프의 용량, 배관의 구경 등을 수리학적으로 계산한 결과 헤드의 방수압 및 방수량이 소화목적을 달성하는 데 충분하다고 인정되는 경우
3) 가지배관과 스프링클러 헤드 사이의 배관을 신축배관으로 하는 경우에는 다음 기준에 적합해야 한다.
   - 최고사용압력은 1.4 MPa 이상이어야 하고, 최고사용압력의 1.5배의 수압에 변형과 누수가 없어야 한다.

- 진폭 5 mm, 매초 진동수 25로 6시간 동안 작동시킨 경우 또는 매초 0.35 MPa부터 3.5 MPa까지의 압력변동을 4,000회 실시한 경우에도 변형과 누수가 없어야 한다.

(2) 교차배관의 위치, 청소구 및 가지배관의 헤드설치 기준

1) 교차배관은 가지배관 밑에 수평으로 설치하고, 그 최소구경이 40 mm 이상이 되도록 할 것. 다만, 패들(paddle)형 유수검지장치를 사용하는 경우에는 교차배관의 구경과 동일하게 설치할 수 있다.
2) 청소구는 교차배관 끝에 개폐밸브를 설치하고, 호스 접결이 가능한 나사식 또는 고정배수 배관식으로 할 것. 이 경우 나사식의 개폐밸브는 옥내소화전 호스 접결용의 것으로 하고, 나사보호용의 캡으로 마감하여야 한다.
3) 하향식 헤드를 설치하는 경우에 가지배관으로부터 헤드에 이르는 헤드접속배관은 가지관상부에서 분기할 것. 다만, 소화설비용 수원의 수질이 먹는 물 관리법의 규정에 따라 먹는 물의 수질기준에 적합하고 덮개가 있는 저수조로부터 물을 공급받는 경우에는 가지배관의 측면 또는 하부에서 분기할 수 있다.

3.10.4 일제개방밸브

일제개방밸브를 사용하는 스프링클러설비에 있어서 동 밸브 2차측 배관의 부대설비는 다음 기준에 따른다.

(1) 개폐표시형 밸브를 설치할 것
(2) 개폐표시형 밸브와 일제개방밸브 사이의 배관은 다음과 같은 구조로 할 것
 1) 수직배수배관과 연결하고 동 연결배관상에는 개폐밸브를 설치할 것
 2) 자동배수장치 및 압력스위치를 설치할 것
 3) 압력스위치는 수신부에서 일제개방밸브의 개방여부를 확인할 수 있게 설치할 것

3.10.5 유수검지장치 시험장치

준비작동식 스프링클러설비나 개방형 헤드를 설치한 경우 외에 유수검지장치를 사용하는 스프링클러설비에는 그 시험장치를 다음의 기준에 따라 설치하여야 한다.

(1) 유수검지장치에서 가장 먼 가지배관의 끝으로부터 연결하여 설치할 것
(2) 시험장치 배관의 구경은 유수검지장치에서 가장 먼 가지배관의 구경과 동일한 구경으로 하고, 그 끝에 개방형 헤드를 설치할 것. 이 경우 개방형 헤드는 반사판 및 프레임

을 제거한 오리피스만으로 설치할 수 있다.

(3) 시험배관의 끝에는 물받이통 및 배수관을 설치하여 시험 중 방사된 물이 바닥에 흘러 내리지 아니하도록 할 것. 다만, 목욕실, 화장실 또는 그 밖의 곳으로서 배수처리가 쉬운 장소에 시험배관을 설치한 경우에는 그러하지 아니하다.

3.10.6 배관행거

가지배관에는 헤드의 설치지점 사이마다 1개 이상의 배관행거(pipe hanger)를 설치하되, 헤드간의 거리가 3.5 m를 초과하는 경우에는 3.5 m 이내마다 1개 이상 설치할 것. 이 경우 상향식 헤드와 행가 사이에는 8 cm 이상의 간격을 두어야 한다.

교차배관에는 가지배관과 가지배관 사이마다 1개 이상의 행가를 설치하되, 가지배관 사이의 거리가 4.5 m를 초과하는 경우에는 4.5 m 이내마다 1개 이상 설치한다. 또 수평주행배관에는 4.5 m 이내마다 1개 이상 설치한다.

3.10.7 배관의 배수

습식 스프링클러설비의 배관을 수평으로 한다. 배관의 구조상 소화수가 남아 있는 곳에는 배수밸브를 설치하여야 한다. 습식 스프링클러설비 외의 설비에는 헤드를 향하여 상향으로 수평주행배관의 기울기를 500분의 1 이상, 가지배관의 기울기를 250분의 1 이상으로 해야 한다. 다만, 배관의 구조상 기울기를 줄 수 없는 경우에는 배수를 원활하게 할 수 있도록 배수밸브를 설치하여야 한다.

수직배수배관의 구경은 50 mm 이상으로 하되, 수직배관의 구경이 50 mm 미만인 경우에는 수직배관과 같은 구경으로 할 수 있다.

3.10.8 기 타

기계실, 공동구 또는 덕트(duct)에 설치되는 배관은 다른 설비의 배관과 쉽게 구분이 될 수 있는 위치에 설치하거나, 그 배관표면 또는 배관 보온재표면의 색상은 적색으로 소방용 설비의 배관임을 표시하여야 한다.

3.11 음향장치 및 기동장치

3.11.1 음향장치

스프링클러설비의 음향장치는 다음 기준에 따라 설치하여야 한다.

(1) 습식 유수검지장치 또는 건식 유수검지장치를 사용하는 설비에 있어서는 헤드가 개방되면 유수검지장치가 화재신호를 발신하고 그에 따라 음향장치가 경보되도록 할 것

(2) 준비작동식 유수검지장치 또는 일제개방밸브(deluge valve)를 사용하는 설비에는 화재감지기의 감지에 따라 음향장치가 경보되도록 할 것. 이 경우 화재감지기회로를 교차회로방식(하나의 준비작동식 유수검지장치 또는 일제개방밸브의 담당구역 내에 2 이상의 화재감지기회로를 설치하고 인접한 2 이상의 화재감지기가 동시에 감지되는 때에 준비작동식 유수검지장치 또는 일제개방밸브가 개방, 작동되는 방식)으로 하는 때에는 하나의 화재감지기회로가 화재를 감지하는 때에도 음향장치가 경보되도록 하여야 한다.

(3) 음향장치는 유수검지장치나 일제개방밸브의 담당구역마다 설치하되 그 구역의 각 부분으로부터 하나의 음향장치까지의 수평거리는 25 m 이하가 되도록 할 것

(4) 음향장치는 경종 또는 사이렌(전자식 사이렌 포함)으로 하되, 주위의 소음 및 다른 용도의 경보와 구별이 가능한 음색으로 할 것. 이 경우 음향장치를 경종으로 설치하는 경우에는 유수검지장치 등의 부근에 유수검지장치나 일제개방밸브가 개방되어 2차측에 유수가 있는 때 경보되는 사이렌을 1개 이상 설치하여야 하며, 그 사이렌은 자동화재탐지설비, 비상벨설비 또는 자동식사이렌설비의 음향장치와 겸용할 수 있다.

(5) 주음향장치는 수신기의 내부 또는 그 직근에 설치할 것

(6) 지상 5층 이상으로서 연면적이 3,000 m^2를 초과하는 소방대상물 또는 그 부분에 있어서는 2층 이상의 층에서 발화한 때에는 발화층 및 그 직상층에 한하여, 1층에서 발화한 때에는 발화층과 그 직상층 및 지하층에 한하여, 지하층에서 발화한 때에는 발화층과 그 직상층 및 기타의 지하층에 한하여 경보를 발할 수 있도록 할 것

(7) 음향장치는 정격전압의 80% 전압에서 음향을 발할 수 있고 음량은 부착된 음향장치의 중심으로부터 1 m 떨어진 위치에서 90 dB 이상이어야 한다.

3.11.2 펌프 기동장치

펌프의 기동방식은 수동기동방식과 자동기동방식으로 분류된다.

(1) 수동기동방식(on-off방식)

겨울철 동결이 우려되는 장소에 한하여 설치할 수 있으며, 펌프기동스위치를 누르면 가압송수장치의 펌프가 작동하는 방식이다. 보호판이 부착된 기동(on)-정지(off) 스위치가 부착되어 있다.

(2) 자동기동방식(기동용 수압개폐장치방식)

수동기동방식의 적용이 가능한 대상을 제외한 전 소방대상물에는 반드시 자동기동방식을 설치하여야 하는데 이는 기동용 수압개폐장치를 이용하거나 압력스위치 또는 이와 동등 이상의 성능이 있는 것을 설치하여 폐쇄형 헤드(소화전설비의 경우 소화전함의 앵글밸브)가 개방되면, 배관내의 압력이 감소하면서 압력감지장치에 의해 펌프가 작동되어 방수되는 방식이다. 이러한 기동용 수압개폐장치는 소화전설비에서는 수동기동방식과 선택적으로 적용될 수 있지만, 스프링클러설비나 포소화설비, 물분무소화설비에는 필수적인 기동방식이다.

스프링클러설비의 가압송수장치로 펌프가 설치된 경우에는 그 펌프의 작동은 다음 기준에 적합하여야 한다.

1) 습식 유수검지장치 또는 건식 유수검지장치를 사용하는 설비에 있어서는 유수검지장치의 발신이나 기동용 수압개폐장치에 의하여 작동되거나 또는 이 두 가지의 혼용에 따라 작동될 수 있도록 할 것
2) 준비작동식 유수검지장치 또는 일제개방밸브를 사용하는 설비에 있어서는 화재감지기의 화재감지나 기동용 수압개폐장치에 따라 작동되거나 또는 이 두 가지의 혼용에 따라 작동할 수 있도록 할 것
   준비작동식 유수검지장치 또는 일제개방밸브의 작동은 다음의 기준에 적합하여야 한다.
   - 담당구역내의 화재감지기의 동작에 따라 개방 및 작동될 것
   - 폐쇄형 스프링클러 헤드를 사용하는 설비의 경우에 화재감지기회로는 교차회로방식으로 해야 한다. 다만, 스프링클러설비의 배관 또는 헤드에 누설경보용 물 또는 압축공기가 채워지는 경우나 화재감지기를 자동화재탐지설비의 화재안전기준(NFSC 203)의 감지기로 설치한 때에는 그러하지 아니하다.
3) 준비작동식 유수검지장치 또는 일제개방밸브의 인근에서 수동기동(전기식 및 배수식)에 따라서도 개방 및 작동될 수 있게 할 것
4) 화재감지기의 설치기준은 자동화재탐지설비의 화재안전기준 규정을 준용할 것. 이 경우 교차회로방식에 있어서의 화재감지기의 설치는 각 화재감지기 회로별로 설치하되, 각

화재감지기 회로별 화재감지기 1개가 담당하는 바닥면적은 자동화재탐지설비의 화재안전기준 규정에 따른 바닥면적으로 한다.

5) 화재감지기 회로에는 다음 기준에 따른 발신기를 설치해야 한다.
   - 조작이 쉬운 장소에 설치하고, 스위치는 바닥으로부터 0.8 m 이상 1.5 m 이하의 높이에 설치할 것
   - 소방대상물의 층마다 설치하되, 당해 소방대상물의 각 부분으로부터 하나의 발신기까지의 수평거리가 25 m 이하가 되도록 할 것. 다만, 복도 또는 별도로 구획된 실로서 보행거리가 40 m 이상일 경우에는 추가로 설치하여야 한다.
   - 발신기의 위치를 표시하는 표시등은 함의 상부에 설치하되, 그 불빛은 부착면으로부터 15° 이상의 범위 안에서 부착지점으로부터 10 m 이내의 어느 곳에서도 쉽게 식별할 수 있는 적색등으로 할 것

3.12 스프링클러 송수구

스프링클러설비에 사용하는 소화약제는 물이기 때문에 소정의 수량 및 수압을 확보하지 않으면 소기의 목적을 달성할 수 없다. 개방형, 폐쇄형에 관계없이 스프링클러 헤드 1개당의 기본적인 방수량은 1.6 m^3이므로, 헤드 1개에 대하여 1.6 m^3 이상의 수량을 보유하고 있는 수원 확보가 필수적이다. 스프링클러설비의 수원의 수량은 이와 같은 계산상의 양은 법적 문제는 없지만, 실제 화재가 발생한 경우 규정수량을 사용해도 소화할 수 없는 경우를 고려하여 소방차로 스프링클러용 소화용수를 공급하여 소화작업을 지속적으로 수행하기 위해서는 송수구가 필요하다. 즉, 스프링클러설비의 송수구는 연결송수관설비의 송수구와 같은 역할을 하게 된다.

스프링클러설비의 송수구를 다음 기준에 따라 설치하여야 한다.

(1) 송수구는 화재층으로부터 지면으로 떨어지는 유리창 등이 송수 및 그 밖의 소화작업에 지장을 주지 아니하는 장소에 설치할 것

(2) 송수구로부터 스프링클러설비의 주배관에 이르는 연결배관에 개폐밸브를 설치한 때에는 그 개폐상태를 쉽게 확인 및 조작할 수 있는 옥외 또는 기계실 등의 장소에 설치할 것

(3) 구경 65 mm 쌍구형으로 할 것

(4) 송수구에는 그 가까운 곳의 보기 쉬운 곳에 송수압력범위를 표시한 표지를 할 것
(5) 폐쇄형 스프링클러 헤드를 사용하는 스프링클러설비의 송수구는 하나의 층의 바닥면적이 3,000 m^2를 넘을 때마다 1개 이상(5개를 넘을 경우에는 5개로 한다)을 설치할 것
(6) 지면으로부터 높이가 0.5 m 이상 1 m 이하의 위치에 설치할 것
(7) 송수구의 가까운 부분에 자동배수밸브(또는 직경 5 mm의 배수공) 및 체크밸브를 설치할 것. 이 경우 자동배수밸브는 배관안의 물이 잘 빠질 수 있는 위치에 설치하되, 배수로 인하여 다른 물건 또는 장소에 피해를 주지 아니하여야 한다.

3.13 전 원

3.13.1 상용전원

스프링클러설비에는 다음 기준에 따른 상용전원회로의 배선을 설치하여야 한다.
(1) 저압수전인 경우에는 인입개폐기의 직후에서 분기하여 전용배선으로 하여야 하며, 전용의 전선관에 보호되도록 할 것
(2) 특별고압수전 또는 고압수전일 경우에는 전력용 변압기 2차측의 주차단기 1차측에서 분기하여 전용배선으로 하되, 상용전원의 상시공급에 지장이 없을 경우에는 주차단기 2차측에서 분기하여 전용배선으로 할 것. 다만, 가압송수장치의 정격입력전압이 수전전압과 같은 경우에는 위 (1)의 기준에 따른다.

3.13.2 비상전원

스프링클러설비에는 자가발전설비 또는 축전지설비에 따른 비상전원을 설치하여야 한다. 다만, 차고나 주차장으로서 스프링클러설비가 설치된 부분의 바닥면적(포소화설비의 화재안전기준(NFSC 105)의 규정에 따라 차고, 주차장의 바닥면적 포함)의 합계가 1,000 m^2 미만인 경우에는 비상전원수전설비로 설치할 수 있으며, 2이상의 변전소에서 전력을 동시에 공급받을 수 있거나 하나의 변전소로부터 전력의 공급이 중단되는 때에는 자동으로 다른 변전소로부터 전력을 공급받을 수 있도록 상용전원을 설치한 경우에는 비상전원을 설치하지 아니할 수 있다.

비상전원 중 자가발전설비 또는 축전지설비(내연기관에 따른 펌프를 설치한 경우에는 내연기관의 기동 및 제어용축전지)는 다음 기준을, 비상전원수전설비는 소방시설용 비상전원수전설비의 화재안전기준(NFSC 602)에 따라 설치하여야 한다.

(1) 점검에 편리하고 화재 및 침수 등의 재해로 인한 피해를 받을 우려가 없는 곳에 설치할 것
(2) 스프링클러설비를 유효하게 20분 이상 작동할 수 있어야 할 것
(3) 상용전원으로부터 전력의 공급이 중단된 때에는 자동으로 비상전원으로부터 전력을 공급받을 수 있도록 할 것
(4) 비상전원의 설치장소는 다른 장소와 방화구획 할 것. 이 경우 그 장소에는 비상전원의 공급에 필요한 기구나 설비외의 것(열병합발전설비에 필요한 기구나 설비 제외)을 두지 않아야 한다.
(5) 비상전원을 실내에 설치하는 때에는 그 실내에 비상조명등을 설치할 것

3.14 제어반

3.14.1 제어반의 설치

제어반을 설치하되, 감시제어반과 동력제어반으로 구분하여 설치하여야 한다. 다만, 다음의 하나에 해당하는 경우에는 감시제어반과 동력제어반으로 구분하여 설치하지 않아도 된다.

(1) 다음에 해당하지 아니하는 소방대상물에 설치되는 스프링클러설비
  1) 지하층을 제외한 층수가 7층 이상으로서 연면적이 2,000 m^2 이상인 것
  2) 위에 해당하지 아니하는 소방대상물로서 지하층의 바닥면적의 합계가 3,000 m^2 이상인 것. 다만, 차고, 주차장 또는 보일러실, 기계실, 전기실 등 이와 유사한 장소의 면적은 제외한다.
(2) 내연기관에 따른 가압송수장치를 사용하는 스프링클러설비
(3) 고가수조에 따른 가압송수장치를 사용하는 스프링클러설비

3.14.2 감시제어반의 기능

감시제어반의 기능은 다음 기준에 적합하여야 한다.

(1) 각 펌프의 작동여부를 확인할 수 있는 표시등 및 음향경보기능이 있어야 할 것
(2) 각 펌프를 자동 및 수동으로 작동시키거나 작동을 중단시킬 수 있어야 한다.
(3) 비상전원을 설치한 경우에는 상용전원 및 비상전원의 공급여부를 확인할 수 있어야 하고, 자동 또는 수동으로 상용전원 또는 비상전원으로의 전환이 가능할 것
(4) 수조 또는 물올림탱크가 저수위로 될 때 표시등 및 음향으로 경보할 것
(5) 예비전원이 확보되고 예비전원의 적합여부를 시험할 수 있어야 할 것

3.14.3 감시제어반의 설치기준

감시제어반은 다음 기준에 따라 설치하여야 한다.

(1) 화재 및 침수 등의 재해로 인한 피해를 받을 우려가 없는 곳에 설치할 것
(2) 감시제어반은 스프링클러설비의 전용으로 하되, 스프링클러설비의 제어에 지장이 없는 경우에는 다른 설비와 겸용할 수 있다.
(3) 감시제어반은 다음 기준에 따른 전용실 안에 설치할 것. 다만, 공장, 발전소 등에서 설비를 집중 제어, 운전할 목적으로 설치하는 중앙제어실내에 감시제어반을 설치하는 경우에는 그러하지 아니하다.
   1) 다른 부분과 방화구획을 할 것. 이 경우 전용실의 벽에는 기계실 또는 전기실 등의 감시를 위하여 두께 7 mm 이상의 망입유리(두께 16.3 mm 이상의 접합유리 또는 두께 28 mm 이상의 복층유리 포함)로 된 4 m^2 미만의 붙박이창을 설치할 수 있다.
   2) 피난층 또는 지하 1층에 설치할 것. 다만, 다음의 1에 해당하는 경우에는 지상 2층에 설치하거나 지하 1층외의 지하층에 설치할 수 있다.
      - 건축법시행령의 규정에 따라 특별피난계단이 설치되고 그 계단(부속실 포함)출입구로부터 보행거리 5 m 이내에 전용실의 출입구가 있는 경우
      - 아파트의 관리동(관리동이 없는 경우에는 경비실)에 설치하는 경우
   3) 비상조명등 및 급・배기설비를 설치할 것
   4) 무선통신보조설비의 화재안전기준(NFSC 505)의 규정에 따른 무선기기 접속단자를 설치할 것
   5) 바닥면적은 감시제어반의 설치에 필요한 면적외에 화재 시 소방대원이 그 감시제어반의 조작에 필요한 최소면적 이상으로 할 것

(4) 위 규정에 따른 전용실에는 소방대상물의 기계, 기구 또는 시설 등의 제어 및 감시설비 외의 것을 두지 아니할 것
(5) 각 유수검지장치 또는 일제개방밸브의 작동여부를 확인할 수 있는 표시 및 경보기능이 있도록 할 것
(6) 일제개방밸브를 개방시킬 수 있는 수동조작스위치를 설치할 것
(7) 일제개방밸브를 사용하는 설비의 화재감지는 각 경계회로별로 화재표시가 되도록 할 것
(8) 다음의 각 확인회로마다 도통시험 및 작동시험을 할 수 있도록 할 것
 1) 기동용 수압개폐장치의 압력스위치회로
 2) 수조 또는 물올림탱크의 저수위감시회로
 3) 유수검지장치 또는 일제개방밸브의 압력스위치회로
 4) 일제개방밸브를 사용하는 설비의 화재감지기회로
 5) 개폐밸브의 폐쇄상태 확인회로
 6) 그 밖의 이와 비슷한 회로
(9) 감시제어반과 자동화재탐지설비의 수신기를 별도의 장소에 설치하는 경우에는 이들 상호간에 동시 통화가 가능하도록 할 것

3.14.4 동력제어반의 설치기준

동력제어반은 다음 기준에 따라 설치하여야 한다.
(1) 앞면은 적색으로 하고 "스프링클러설비용 동력제어반"이라고 표시한 표지를 설치할 것
(2) 외함은 두께 1.5 mm 이상의 강판 또는 이와 동등 이상의 강도 및 내열성능이 있는 것으로 할 것
(3) 그 밖의 동력제어반의 설치에 관하여는 감시제어반의 설치기준 (1)과 (2)의 기준을 준용할 것

3.15 배선 등

(1) 스프링클러설비의 배선은 전기사업법의 규정에 따른 기술기준에서 정한 것 외에 다음 기준에 따라 설치하여야 한다.

1) 비상전원으로부터 동력제어반 및 가압송수장치에 이르는 전원회로배선은 내화배선으로 할 것. 다만, 자가발전설비와 동력제어반이 동일한 실에 설치된 경우에는 자가발전기로부터 그 제어반에 이르는 전원회로배선은 그러하지 아니하다.
2) 상용전원으로부터 동력제어반에 이르는 배선, 그 밖의 스프링클러설비의 감시 · 조작 또는 표시등회로의 배선은 내화배선 또는 내열배선으로 할 것. 다만, 감시제어반 또는 동력제어반 안의 감시 · 조작 또는 표시등회로의 배선은 그러하지 아니하다.

(2) 내화배선 및 내열배선에 사용되는 전선 및 설치방법은 옥내소화전설비의 화재안전기준(NFSC 102)에 따른다.

(3) 스프링클러설비의 과전류차단기 및 개폐기에는 "스프링클러설비용"이라고 표시한 표지를 하여야 한다.

(4) 스프링클러설비용 전기배선의 양단 및 접속단자에는 스프링클러설비단자라고 표시한 표지를 부착하고, 스프링클러설비용 전기배선의 양단에는 다른 배선과 식별이 용이하도록 표시해야 한다.

3.16 수원 및 가압송수장치의 펌프 등의 겸용

(1) 수원의 저수량

스프링클러설비의 수원을 옥내소화전설비, 간이스프링클러설비, 화재조기진압용 스프링클러설비, 물분무소화설비, 포소화전설비 및 옥외소화전설비의 수원과 겸용하여 설치하는 경우의 저수량은 각 소화설비에 필요한 저수량을 합한 양 이상이 되도록 하여야 한다. 다만, 이들 소화설비 중 고정식 소화설비(펌프, 배관과 소화수 또는 소화약제를 최종 방출하는 방출구가 고정된 설비)가 2 이상 설치되어 있고, 그 소화설비가 설치된 부분이 방화벽과 방화문으로 구획되어 있는 경우에는 각 고정식 소화설비에 필요한 저수량 중 최대의 것 이상으로 할 수 있다.

(2) 펌프의 토출량

스프링클러설비의 가압송수장치로 사용하는 펌프를 옥내소화전설비, 간이스프링클러설비, 화재조기진압용 스프링클러설비, 물분무소화설비, 포소화설비 및 옥외소화전설비의 가압송수장치와 겸용하여 설치하는 경우의 펌프의 토출량은 각 소화설비에 해당하는 토출량을 합한 양 이상이 되도록 하여야 한다. 다만, 이들 소화설비 중 고정식 소화설비가 2 이상 설치되어 있고, 그 소화설비가 설치된 부분이 방화벽과 방화문으로 구획되어 있으며 각 소화설비에 지장이 없는 경우에는 펌프의 토출량 중 최대의 것 이상으로 할 수 있다.

(3) 배 관

옥내소화전설비, 간이스프링클러설비, 화재조기진압용 스프링클러설비, 물분무소화설비, 포소화설비 및 옥외소화전설비의 가압송수장치에 있어서 각 토출측 배관과 일반급수용의 가압송수장치의 토출측 배관을 상호 연결하여 화재 시 사용할 수 있다. 이 경우 연결배관에는 개폐표시형 밸브를 설치하여야 하며, 각 소화설비의 성능에 지장이 없도록 하여야 한다.

(4) 송수구

스프링클러설비의 송수구를 옥내소화전설비, 간이스프링클러설비, 화재조기진압용 스프링클러설비, 물분무소화설비, 포소화설비, 연결송수관설비 또는 연결살수설비의 송수구와 겸용으로 설치하는 경우에는 스프링클러설비의 송수구의 설치기준에 따르되 각각의 소화설비의 기능에 지장이 없도록 하여야 한다.

3.17 스프링클러설비의 점검

(1) 수원

1) 소요 수량의 확보 여부
2) 불순물이 부유, 토사침전, 수초번식, 냄새나 부패 여부

(2) 제어반

1) 배선은 전용회로인가

2) 제어반 박스는 전용인 것인가
3) 전선은 손상 부분이 없는가, 정규공사를 하였는가
4) 원격 조작회로에 고장이 생길 경우 수동 기동이 가능한가
5) 전원 전압, 제어반의 전압계는 규정치 범위에 있는가
6) 개폐조작 및 기능상 지장이 없는가
7) 전원 표시등은 상시 점등되어 있는가
8) 기동 표시등은 펌프가 기동하였을 때 점등 되는가
9) 감시제어반의 설치위치의 적정여부
10) 전격전류에 적합한 퓨즈를 사용하고 있는지 여부
11) 예비 퓨즈는 확보하고 있는지 여부
12) 각 접속부의 이완 또는 탈락은 없는지 여부
13) 전선의 외피손상 등으로 단락의 염려는 없는지의 여부
14) 규정의 전압치의 표시등을 사용하고 있는지 여부

(3) 가압송수장치

1) 화재 등으로 피해를 받을 우려가 있는 장소가 아닌가
2) 주위에는 점검에 장애가 되는 것이 없는가
3) 펌프의 양수량은 적합한 것인가
4) 윤활유는 충만되어 있는가
5) 물올림탱크에는 물이 충만되어 있는가
6) 물올림탱크는 자동적으로 보수되도록 되어있는가
7) 펌프 직근의 밸브류는 개폐방향의 표시가 되어 있으며, 용이하게 개폐되는가
8) 펌프의 회전축의 이완 등이 있어 저항이 생기는지의 여부

(4) 전동기

1) 전동기의 용량은 규정에 적합한가
2) 화재 등으로 피해를 받을 우려가 없는 장소가 아닌가
3) 주위에 점검의 장애가 되는 것은 없는가
4) 윤활유는 충만되어 있는가
5) 제3 접지공사는 시공되어있는가
6) 접지 저항치는 100Ω 이하인가

(5) 내연기관

1) 화재 등으로 피해를 받을 우려가 없는 장소인가
2) 엔진의 용량은 규정에 적합한가
3) 연료는 충만되어 있는가
4) 엔진오일은 충만되어 있는가
5) 배터리액은 충만되어 있는가
6) 배터리의 비중은 1.25～1.28 범위내인가
7) 배터리의 자동 충전장치는 정상적으로 작동하고 있는가
8) 기동장치는 시동시험을 행하여 용이하게 시동되는가
9) 배기관은 방화구조로 되어 있는가
10) 배기관은 옥외로 통해 있는가
11) 냉각수는 충만되어 있는가
12) 라디에이터의 누수 개소는 없는가
13) 소화전함에서 원격기동이 가능하며, 기동표시등의 점등사항은 정상적인가
14) 내연기관의 전류계, 전압계 등은 정상적인가

(6) 배 관

1) 배관, 계수, 부착금구, 밸브류의 변형, 손상, 부식 등은 없는가
2) 결합부 등에서 누수하는 곳은 없는가
3) 배관 부착금구 볼트의 탈락 또는 허술한 곳은 없는가
4) 각 밸브에 개폐 방향표시가 되어 있는가
5) 각 밸브의 개폐조작이 용이한가

(7) 기동장치 및 경보장치

1) 자동경보밸브 및 유수작동밸브에 누수는 없으며, 조작핸들에 파손, 탈락은 없는가
2) 전기 배선은 단자의 이완, 탈락이 없으며 확실하게 결선 접속되어 있는가
3) 압력계의 지시는 1차측과 2차측과의 모순은 없는가
4) 밸브는 개폐방향이 명시되어 있으며, 완전히 개방상태로 있는가
5) 수신반과 경종의 구조, 기능에 이상이 없는가
6) 시험밸브를 개방했을 때 수신기는 정확히 표시되며, 펌프 등 가압송수장치가 기동되는가

7) 압력수조의 경우 압력계의 지시는 설정압력과 일치하는가
8) 수량은 수조 용적의 2/3 이하로 되어 있는가
9) 압력스위치의 배선과 단자의 이완, 탈락이 없으며 확실하게 결선 접속되어 있는가
10) 수동기동장치는 누름단추의 위치에 선명한 표시가 되어 있는가
11) 누름단추 박스의 보호판은 파손되거나 탈락되어 있지 않은가
12) 누름단추 높이는 적정한가
13) 개방형 헤드를 설치한 경우 감지기와 연동되는가

(8) 제어밸브

1) 제어밸브 부근에 장애물이 방치되어 있지 않은가
2) 제어밸브의 설치높이는 규정대로 되어 있는가
3) 표시등은 설치되어 있는가
4) 밸브는 개방되어 있는가
5) 밸브의 조작은 용이한가

(9) 수동개방밸브와 일제개방밸브

1) 수동개방밸브 부근에 장애물이 없는가
2) 직근의 보기 쉬운 곳에 표시가 되어 있고, 그 표시는 선명한가
3) 조작 핸들에 파손, 탈락은 없는가

(10) 헤드

1) 폐쇄형 헤드
- 헤드 설치부분에 누락된 부분은 없는가
- 헤드의 간격은 규정에 맞는가
- 헤드는 주위온도에 적합한 것으로 설치되어있는가
- 헤드의 주위에는 60 cm 이상의 공간을 확보하고 있는가
- 부착면과의 거리는 45 cm 이하인가
- 헤드의 부착각도 불량 또는 변형 등으로 살수가 한쪽으로 치우칠 우려는 없는가
- 헤드에서 누수되는 곳은 없는가

2) 개방형 헤드
- 헤드 설치부분에 누락된 부분은 없는가

- 헤드의 간격은 규정대로 유지하고 있는가
- 헤드의 부착각도 또는 변형으로 살수가 한쪽으로 치우칠 우려는 없는가
- 헤드 주위의 장애물로 인하여 유효살수가 불가능한 부분은 없는가

(11) 송수구

1) 쌍구형의 전용 송수구로 되어 있는가
2) 설치개수는 적합한가
3) 소방 펌프차가 접근할 수 있는 위치인가
4) 송수구 직근에 규정에 의한 표시가 되어 있는가
5) 송수구에는 체크밸브와 자동드럽(drip)장치가 설치되어 있는가

(12) 비상전원

1) 비상전원의 설치대상인 경우 설치되어 있는가
2) 비상전원 수전설비
   - 다른 전기회로의 개폐에 의하여 차단되지 않도록 되어 있는가
   - 개폐기에는 옥내소화전 전용으로 되어 있고, 그 표시가 있는가
3) 자가발전설비
   - 스프링클러설비를 20분간 이상 작동할 수 있는 용량인가
   - 상용전원으로부터 비상전원으로 자동으로 전환되는가
4) 축전지설비
   - 축전지설비는 정전 시 자동으로 비상전원으로 전환되는가
   - 다른 설비와 겸용하는 경우, 다른 설비의 사고 시 차단되지 않도록 되어 있는가
   - 개폐기에는 스프링클러설비 전용표시가 되어 있는가

(13) 고가수조

1) 유효수량이 확보되어 있는가
2) 체크밸브가 설치되어 있는가
3) 배수관, 수위계, 고정사다리, 넘침용 배수관 등이 유효하게 설치되어 있는가

3.18 간이스프링클러설비

간이스프링클러설비에 관한 기준은 국가화재안전기준(NFSC 103A)에 규정되어 있고, 그 설치대상은 다음과 같다.

(1) 지하층 또는 무창층에 설치된 다중이용업소
(2) 주용도가 근린생활시설로서 연면적 1,000 m^2 이상인 것은 전층
(3) 교육연구시설 내에 있는 합숙소로서 연면적 100 m^2 이상인 것

3.18.1 수 원

간이스프링클러설비의 수원은 상수도설비에 직접 연결하는 수돗물이나 전용 수조로 한다. 수조를 설치하는 경우에는 적어도 1개 이상의 자동급수장치를 갖추어야 하며, 2개의 간이헤드에서 최소 10분 이상 방수할 수 있는 양 이상으로 해야 한다. 유효수량이 확보된 경우에는 소화용 외의 다른 설비의 수조와 겸용으로 사용해도 된다.

그 밖의 간이스프링클러설비용 수조 설치기준은 스프링클러설비 수조의 설치기준과 같다.

3.18.2 가압송수장치

상수도설비에 직접 연결하거나 펌프, 고가수조, 압력수조, 가압수조를 이용하는 가압송수장치를 설치하는 경우에 있어서의 정격토출압력은 가장 먼 가지배관에서 2개의 간이헤드를 동시에 개방할 경우 간이헤드 선단의 방수압력은 0.1 MPa 이상, 간이스프링클러 헤드 1개의 방수량은 50 ℓ/min(표준형 헤드를 설치하는 경우에는 80 ℓ/min) 이상이어야 한다.

펌프방식과 고가수조방식, 압력수조방식의 가압송수장치의 설치기준은 스프링클러설비와 같다. 가압수조를 이용한 가압송수장치는 다음의 기준에 따라 설치하여야 한다.

(1) 가압수조의 압력은 간이헤드 2개를 동시에 개방할 때 적정 방수량 및 방수압이 10분 이상 유지되도록 할 것
(2) 가압수조의 수조는 최대상용압력 1.5배의 물의 압력을 가하는 경우 물이 새거나 변형이 없어야 할 것
(3) 가압수조에는 수위계 · 급수관 · 배수관 · 급기관 · 압력계 및 안전장치를 설치할 것

3.18.3 방호구역 및 유수검지장치 등

스프링클러설비 참조

3.18.4 배관 및 밸브

간이스프링클러설비의 배관 및 밸브 등의 순서는 상수도설비에서 직접 연결하여 배관 및 밸브 등을 설치하는 경우에는 다음 기준에 따라 설치해야 한다.

(1) 폐쇄형 간이헤드를 사용하는 경우에는 수도용 계량기, 개폐표시형 개폐밸브, 체크밸브, 압력계, 유수검지장치(압력스위치 등 유수검지장치와 동등 이상의 기능과 성능이 있는 것 포함), 시험밸브

(2) 개방형 간이헤드를 사용하는 경우에는 수도용 계량기, 개폐표시형 개폐밸브, 압력계, 체크밸브, 압력 등 확인시험배관, 압력계, 일제개방밸브, 개폐표시형 개폐밸브

그 밖의 사항은 스프링클러설비와 동일하다.

3.18.5 간이헤드

간이헤드는 다음 기준에 적합한 것을 사용하여야 한다.

(1) 폐쇄형 간이헤드를 사용할 것. 다만, 동파 등의 우려가 있는 장소에는 개방형 간이헤드를 사용할 수 있다.

(2) 간이헤드의 작동온도는 실내의 최대 주위천장온도가 0℃ 이상 38℃ 이하인 경우 공칭작동온도가 57℃에서 77℃의 것을 사용하고, 39℃ 이상 66℃ 이하인 경우에는 공칭작동온도가 79℃에서 109℃의 것을 사용할 것

(3) 간이스프링클러 헤드 하나의 방호면적은 13.4 m^2 이하로 하고 헤드와 헤드사이의 거리는 3.7 m 이하(표준형 스프링클러 헤드를 설치하는 경우에는 헤드 하나의 방호면적은 21 m^2 이하, 헤드와 헤드 사이의 거리는 4.6 m 이하), 간이헤드에서 벽이나 칸막이까지의 거리는 0.3 m에서 1.8 m 이내가 되도록 설치할 것

(4) 상향식 간이헤드 또는 하향식 간이헤드의 경우에는 간이헤드의 디플렉터에서 천장 또는 반자까지의 거리는 25 mm에서 102 mm 이내가 되도록 설치하여야 하며, 측벽형 간이헤드의 경우에는 102 mm에서 152 mm사이에 설치할 것

(5) 간이헤드는 천장 또는 반자의 경사, 보, 조명장치 등에 따라 살수장애의 영향을 받지 아니하도록 설치할 것

(6) 소방대상물의 보와 가장 가까운 간이헤드는 <표 3-9>의 기준에 따라 설치할 것. 다만, 천장면에서 보의 하단까지의 길이가 55 cm를 초과하고 보의 중심으로부터 간이헤드까지의 거리가 간이헤드 상호간 거리의 2분의 1 이하가 되는 경우에는 간이헤드와 그 부착면과의 거리를 55 cm 이하로 할 수 있다.

〈표 3-9〉 보가 있는 부분의 간이헤드의 설치기준

간이헤드의 반사판 중심과 보의 수평거리	간이헤드의 반사판과 보 하단 사이의 수직거리
0.75 m 미만	보의 하단보다 낮을 것
0.75 ~ 1 m	0.1 m 미만
1 ~ 1.5 m	0.15 m 미만
1.5 m 이상	0.3 m 미만

(7) 상향식 간이헤드 아래에 설치되는 하향식 간이헤드에는 상향식 헤드의 방출수를 차단할 수 있는 유효한 차폐판을 설치할 것

3.18.6 음향장치 및 기동장치

스프링클러설비 참조

3.18.7 송수구

간이스프링클러설비에는 소방차로부터 그 설비에 송수할 수 있는 송수구를 다음 기준에 따라 설치하여야 한다.

(1) 송수구는 화재층으로부터 지면으로 떨어지는 유리창 등이 송수 및 그 밖의 소화작업에 지장을 주지 아니하는 장소에 설치할 것
(2) 송수구로부터 간이스프링클러설비의 주배관에 이르는 연결배관에 개폐밸브를 설치한 때에는 그 개폐상태를 쉽게 확인 및 조작할 수 있는 옥외 또는 기계실 등의 장소에 설치할 것
(3) 구경 65 mm 단구형 또는 쌍구형으로 하여야 하며, 송수배관의 안지름은 40 mm 이상으로 할 것
(4) 지면으로부터 높이가 0.5 m 이상 1 m 이하의 위치에 설치할 것
(5) 송수구의 가까운 부분에 자동배수밸브(또는 직경 5 mm의 배수공) 및 체크밸브를 설치

할 것. 이 경우 자동배수밸브는 배관안의 물이 잘 빠질 수 있는 위치에 설치하되, 배수로 인하여 다른 물건 또는 장소에 피해를 주지 아니하여야 한다.

3.18.8 비상전원

간이스프링클러설비에는 간이스프링클러설비를 유효하게 10분(근린생활시설의 경우에는 20분) 이상 작동할 수 있고 상용전원으로부터 전력의 공급이 중단된 때에는 자동으로 비상전원으로부터 전원을 공급받을 수 있는 구조의 비상전원 또는 화재안전기준(NFSC 602)의 소방시설용 비상전원수전설비 규정에 따른 비상전원수전설비를 설치하여야 한다. 다만, 무전원으로 작동되는 간이스프링클러설비의 경우에는 모든 기능이 10분(근린생활시설의 경우에는 20분) 이상 유효하게 지속될 수 있는 구조를 갖추어야 한다.

3.18.9 수원 및 가압송수장치의 펌프 등의 겸용

간이스프링클러설비의 수원을 옥내소화전설비, 스프링클러설비, 화재조기진압용 스프링클러설비, 물분무소화설비, 포소화전설비 및 옥외소화전설비의 수원과 겸용하여 설치하는 경우의 저수량은 각 소화설비에 필요한 저수량을 합한 양 이상이 되도록 하여야 한다. 다만, 이들 소화설비 중 고정식 소화설비(펌프, 배관과 소화수 또는 소화약제를 최종 방출하는 방출구가 고정된 설비)가 2 이상 설치되어 있고, 그 소화설비가 설치된 부분이 방화벽과 방화문으로 구획되어 있는 경우에는 각 고정식 소화설비에 필요한 저수량 중 최대의 것 이상으로 할 수 있다.

간이스프링클러설비의 가압송수장치로 사용하는 펌프를 옥내소화전설비, 스프링클러설비, 화재조기진압용 스프링클러설비, 물분무소화설비, 포소화설비 및 옥외소화전설비의 가압송수장치와 겸용하여 설치하는 경우의 펌프의 토출량은 각 소화설비에 해당하는 토출량을 합한 양 이상이 되도록 하여야 한다. 다만, 이들 소화설비 중 고정식 소화설비가 2 이상 설치되어 있고, 그 소화설비가 설치된 부분이 방화벽과 방화문으로 구획되어 있으며 각 소화설비에 지장이 없는 경우에는 펌프의 토출량 중 최대의 것 이상으로 할 수 있다.

옥내소화전설비, 스프링클러설비, 간이스프링클러설비, 화재조기진압용 스프링클러설비, 물분무소화설비, 포소화설비 및 옥외소화전설비의 가압송수장치에 있어서 각 토출측 배관과 일반급수용의 가압송수장치의 토출측 배관을 상호 연결하여 화재 시 사용할 수 있다. 이 경우 연결배관에는 개폐표시형 밸브를 설치하여야 하며, 각 소화설비의 성능에 지장이 없도록 하여야 한다.

간이스프링클러설비의 송수구를 옥내소화전설비, 스프링클러설비, 화재조기진압용 스프링클러설비, 물분무소화설비, 포소화설비, 연결송수관설비 또는 연결살수설비의 송수구와 겸용으로 설치하는 경우에는 스프링클러설비의 송수구의 설치기준에 따르되 각각의 소화설비의 기능에 지장이 없도록 하여야 한다.

3.19 화재조기진압용 스프링클러설비

화재조기진압용 스프링클러설비(early suppression fast response sprinkler system)는 랙크(rack)식 창고에 설치하며, 화재안전기준(NFSC 103B)에 규정되어 있다.

3.19.1 설치장소의 구조

화재조기진압용 스프링클러설비를 설치할 장소의 구조는 다음에 적합하여야 한다.

(1) 당해층의 높이가 13.7 m 이하일 것. 다만, 2층 이상일 경우에는 당해층의 바닥을 내화구조로 하고 다른 부분과 방화구획할 것

(2) 천장의 기울기가 1,000분의 168을 초과하지 않아야 하고, 이를 초과하는 경우에는 반자를 지면과 수평으로 설치할 것

(3) 천장은 평평하여야 하며 철재나 목재트러스 구조인 경우, 철재나 목재의 돌출부분이 102 mm를 초과하지 아니할 것

(4) 보로 사용되는 목재 · 콘크리트 및 철재사이의 간격이 0.9 m 이상 2.3 m 이하일 것. 다만, 보의 간격이 2.3 m 이상인 경우에는 화재조기진압용 스프링클러 헤드의 동작을 원활히 하기 위하여 보로 구획된 부분의 천장 및 반자의 넓이가 28 m^2를 초과하지 아니할 것

(5) 창고내의 선반의 형태는 하부로 물이 침투되는 구조로 할 것

3.19.2 수 원

화재조기진압용 스프링클러설비의 수원은 수리학적으로 가장 먼 가지배관 3개에 각각 4개의 스프링클러 헤드가 동시에 개방되었을 때 헤드선단의 압력이 <표 3-10>에 의한 값 이상으로 60분간 방사할 수 있는 양으로, 계산식은 다음과 같다.

$$V \geq K \times (p)^{0.5} \times 12 \times 60 \qquad (3.15)$$

여기서

V = 수원의 양(ℓ)

K = 상수(ℓ/min/MPa$^{0.5}$)

p = 헤드선단의 압력(MPa)

이고, 12는 헤드의 개수, 60은 60분을 나타낸다.

화재조기진압용 스프링클러설비의 옥상수조 및 수원의 설치기준은 스프링클러설비의 기준과 같다.

3.19.3 가압송수장치

(1) 펌프방식

$$H = h_1 + h_2 + h_3 \qquad (3.16)$$

여기서

H = 펌프의 전양정

h_1 = 실양정

h_2 = 배관의 손실수두

h_3 = <표 3-10>에 의한 최소방수압력의 환산수두

가압송수장치에는 "화재조기진압용 스프링클러펌프"라고 표시한 표지를 하되, 가압송수장치를 다른 설비와 겸용하는 때에는 그 겸용되는 설비의 이름을 표시한 표지를 함께 하여야 한다. 기타 가압송수장치의 설치기준은 스프링클러설비와 같다.

(2) 고가수조방식

고가수조의 자연낙차수두(수조의 하단으로부터 최고층에 설치된 헤드까지의 수직거리)는 다음의 식에 따라 산출한 수치 이상이 되도록 한다.

$$H = h_1 + h_2 \qquad (3.17)$$

여기서

H = 필요한 낙차(m)

h_1 = 배관의 손실수두(m)

h_2 = <표 3-10>에 의한 최소방수압력의 환산수두

기타 고가수조방식은 스프링클러설비를 참조할 것.

(3) 압력수조방식

압력수조의 압력은 다음의 식에 따라 산출한 수치 이상으로 할 것

$$P = p_1 + p_2 \quad (3.18)$$

여기서

P = 필요한 압력(MPa)

p_1 = 배관의 손실압(MPa)

p_2 = <표 3-10>에 의한 최소방수압력(MPa)

이다. 기타 압력수조방식에 관련된 기준은 스프링클러설비와 같다.

〈표 3-10〉 화재조기진압용 스프링클러 헤드의 최소방수압력(MPa)

최대 층고	최대 저장높이	화재조기진압용 스프링클러 헤드				
		K = 360 하향식	K = 320 하향식	K = 240 하향식	K = 240 상향식	K = 200 하향식
13.7 m	12.2 m	0.28	0.28	–	–	–
13.7 m	10.7 m	0.28	0.28	–	–	–
12.2 m	10.7 m	0.17	0.28	0.36	0.36	0.52
10.7 m	9.1 m	0.14	0.24	0.36	0.36	0.52
9.1 m	7.6 m	0.10	0.17	0.24	0.24	0.34

3.19.4 방호구역 및 유수검지장치

스프링클러설비 참조

3.19.5 배 관

스프링클러설비 참조

3.19.6 음향장치 및 기동장치

화재조기진압용 스프링클러설비의 음향장치 및 기동장치는 다음 기준에 따라 설치하여야 한다.

(1) 유수검지장치를 사용하는 설비에 있어서는 헤드가 개방되면 유수검지장치가 화재신호를 발신하고 그에 따라 음향장치가 경보되도록 할 것

(2) 음향장치는 유수검지장치 등의 담당구역마다 설치하되 그 구역의 각 부분으로부터 하나의 음향장치까지의 수평거리는 25 m 이하가 되도록 할 것
(3) 음향장치는 경종 또는 사이렌(전자식 사이렌 포함)으로 하되, 주위의 소음 및 다른 용도의 경보와 구별이 가능한 음색으로 할 것. 이 경우 음향장치를 경종(또는 사이렌)으로 설치하는 경우에는 유수검지장치의 부근에 유수검지장치가 개방되어 2차측에 유수가 있는 때 경보되는 사이렌을 1개 이상 설치하여야 하며, 그 사이렌은 자동화재탐지설비, 비상벨설비 또는 자동식 사이렌설비의 음향장치와 겸용할 수 있다.
(4) 주음향장치는 수신기의 내부 또는 그 직근에 설치할 것
(5) 지상 5층 이상으로서 연면적이 3,000 m^2를 초과하는 소방대상물 또는 그 부분에 있어서는 2층 이상의 층에서 발화한 때에는 발화층 및 그 직상층에 한하여, 1층에서 발화한 때에는 발화층과 그 직상층 및 지하층에 한하여, 지하층에서 발화한 때에는 발화층과 그 직상층 및 기타의 지하층에 한하여 경보를 발할 수 있도록 할 것
(6) 음향장치는 다음 기준에 따른 구조 및 성능의 것으로 할 것
  1) 정격전압의 80% 전압에서 음향을 발할 수 있는 것으로 할 것
  2) 음량은 부착된 음향장치의 중심으로부터 1 m 떨어진 위치에서 90폰 이상이 되는 것으로 할 것

화재조기진압용 스프링클러설비의 가압송수장치로서 펌프가 설치되는 경우에는 그 펌프가 유수검지장치의 발신이나 기동용 수압개폐장치에 따라 작동되거나 또는 이 두 가지의 혼용에 따라 작동될 수 있도록 하여야 한다.

3.19.7 헤 드

화재조기진압용 스프링클러설비의 헤드는 다음에 적합하여야 한다.
(1) 헤드 하나의 방호면적은 6.0 m^2 이상 9.3 m^2 이하로 할 것
(2) 가지배관의 헤드 사이의 거리는 천장의 높이가 9.1 m 미만인 경우에는 2.4 m 이상 3.7 m 이하로, 9.1 m 이상 13.7 m 이하인 경우에는 3.1 m 이하로 할 것
(3) 헤드의 반사판은 천장 또는 반자와 평행하게 설치하고 저장물의 최상부와 914 mm 이상 확보되도록 할 것
(4) 하향식 헤드의 반사판의 위치는 천장이나 반자 아래 125 mm 이상 355 mm 이하일 것
(5) 상향식 헤드의 감지부 중앙은 천장 또는 반자와 101 mm 이상 152 mm 이하이어야 하며, 반사판의 위치는 스프링클러배관의 윗부분에서 최소 178 mm 상부에 설치되도록 할 것

(6) 헤드와 벽과의 거리는 헤드 상호간 거리의 2분의 1을 초과하지 않아야 하며 최소 102 mm 이상일 것

(7) 헤드의 작동온도는 74℃ 이하일 것. 다만, 헤드 주위의 온도가 38℃ 이상의 경우에는 그 온도에서의 화재시험 등에서 헤드작동에 관하여 공인기관의 시험을 거친 것을 사용할 것

(8) 헤드의 살수분포에 장애를 주는 장애물이 있는 경우에는 다음에 적합할 것

1) 천장 또는 천장근처에 있는 장애물과 반사판의 위치는 <그림 3-31> 또는 <그림 3-32>와 같이 하며, 천장 또는 천장근처에 보, 덕트, 기둥 · 난방기구, 조명기구, 전선관 및 배관 등의 기타 장애물이 있는 경우에는 장애물과 헤드 사이의 수평거리에 따른 장애물의 하단과 그 보다 윗부분에 설치되는 헤드 반사판 사이의 수직거리는 <표 3-11> 또는 <그림 3-33>에 따를 것.

2) 헤드 아래에 덕트, 전선관, 난방용 배관 등이 설치되어 헤드의 살수를 방해하는 경우에는 <표 3-11> 또는 <그림 3-33>에 따를 것. 다만, 2개 이상의 헤드의 살수를 방해하는 경우에는 <표 3-12>를 참고로 한다.

(9) 상부에 설치된 헤드의 방출수에 따라 감열부에 영향을 받을 우려가 있는 헤드에는 방출수를 차단할 수 있는 유효한 차폐판을 설치할 것.

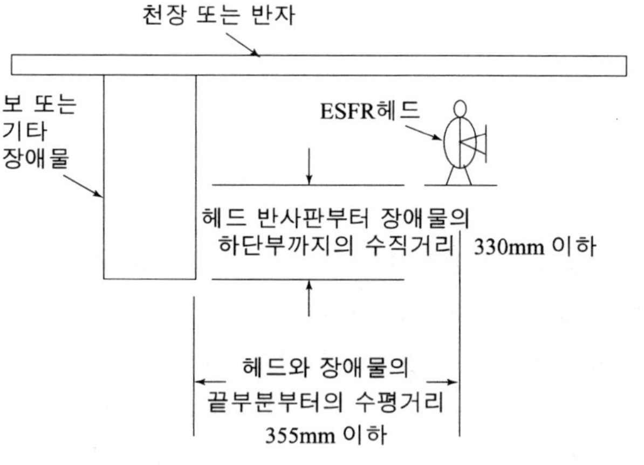

〈그림 3-31〉 보 또는 기타 장애물 위에 헤드가 설치된 경우의 반사판 위치
(그림 3-33 또는 표 3-11을 함께 사용할 것)

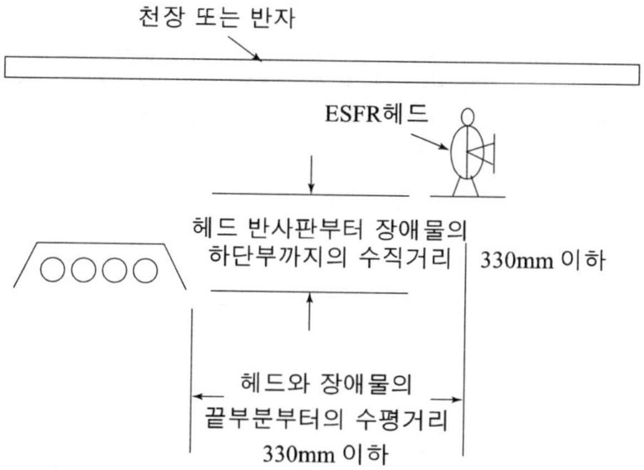

〈그림 3-32〉 장애물이 헤드 아래에 연속적으로 설치된 경우의 반사판 위치
(그림 3-33 또는 표 3-11을 함께 사용할 것)

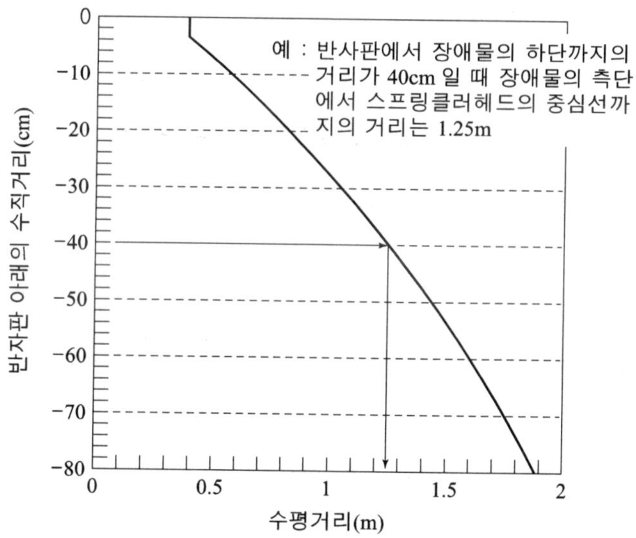

〈그림 3-33〉 장애물 아래에 설치되는 헤드 반사판의 위치

〈표 3-11〉 보 또는 기타 장애물 아래에 헤드가 설치된 경우의 반사판 위치

장애물과 헤드사이의 수평거리	장애물의 하단과 헤드의 반사판 사이의 수직거리	장애물과 헤드사이의 수평거리	장애물의 하단과 헤드의 반사판 사이의 수직거리
0.3 m 미만	0 mm	1.1～1.2 m	300 mm
0.3～0.5 m	40 mm	1.2～1.4 m	380 mm
0.5～0.7 m	75 mm	1.4～1.5 m	460 mm
0.7～0.8 m	140 mm	1.5～1.7 m	560 mm
0.8～0.9 m	200 mm	1.7～1.8 m	660 mm
1.0～1.1 m	250 mm	1.8 m 이상	790 mm

〈표 3-12〉 저장물 위에 장애물이 있는 경우의 헤드설치 기준

장애물		조 건
종 류	폭	
돌출장애물	0.6 m 이하	1. <표 3-11> 또는 <그림 3-32>에 적합하거나 2. 장애물의 끝 부근에서 헤드 반사판까지의 수평거리 0.3 m 이하로 설치
	0.6 m 초과	<표 3-11> 또는 <그림 3-33>에 적합할 것
연속장애물	5 cm 이하	1. <표 3-11> 또는 <그림 3-33>에 적합하거나 2. 장애물이 헤드 반사판 아래 0.6 m 이하로 설치된 경우 허용
	5 cm～0.3 m	1. <표 3-11> 또는 <그림 3-33>에 적합하거나 2. 장애물의 끝 부근에서 헤드 반사판까지의 수평거리 0.3 m 이하로 설치
	0.3 m～0.6 m	1. <표 3-11> 또는 <그림 3-33>에 적합하거나 2. 장애물이 끝 부근에서 헤드 반사판까지의 수평거리 0.6 m 이하로 설치
	0.6 m 초과	1. <표 3-11> 또는 <그림 3-33>에 적합하거나 2. 장애물이 평편하고 견고하며 수평적인 경우, 저장물 최상단과 헤드 반사판의 간격을 0.9 m 이하로 설치 3. 장애물이 평편하지 않거나 비연속적인 경우, 저장물 아래에 평편한 판을 설치한 후 헤드 설치

3.20 기 타

(1) 저장물의 간격

저장물품 사이의 간격은 모든 방향에서 152 mm 이상의 간격을 유지하여야 한다.

(2) 환기구

화재조기진압용 스프링클러설비의 환기구는 공기의 유동으로 인하여 헤드의 작동온도에 영향을 주지 않는 구조이어야 하고, 화재감지기와 연동하여 동작하는 자동식 환기장치를 설치하지 않아야 한다. 다만, 자동식 환기장치를 설치할 경우에는 최소작동온도가 180℃ 이상이어야 한다.

(3) 송수구, 전원, 제어반, 배선 등

스프링클러설비 참조

(4) 헤드의 설치제외

타이어, 두루마리 종이 및 섬유류, 섬유제품 등의 연소 시 화염의 속도가 빠르고 방사된 물이 하부까지에 도달하지 못하는 것과 제4류 위험물에는 화재조기진압용 스프링클러 헤드를 설치할 수 없다. 그러나 이들 물품에 대한 화재시험 등 공인기관의 시험을 받은 경우에는 설치해도 된다.

(5) 수원 및 가압송수장치의 펌프 등의 겸용

화재조기진압용 스프링클러설비의 수원을 옥내소화전설비, 스프링클러설비, 간이스프링클러설비, 물분무소화설비, 포소화전설비 및 옥외소화전설비의 수원과 겸용하여 설치하는 경우의 저수량은 각 소화설비에 필요한 저수량을 합한 양 이상이 되도록 하여야 한다. 다만, 이들 소화설비 중 고정식 소화설비가 2 이상 설치되어 있고, 그 소화설비가 설치된 부분이 방화벽과 방화문으로 구획되어 있는 경우에는 각 고정식 소화설비에 필요한 저수량 중 최대의 것 이상으로 할 수 있다.

화재조기진압용 스프링클러설비의 가압송수장치로 사용하는 펌프를 옥내소화전설비, 스프링클러설비, 간이스프링클러설비, 물분무소화설비, 포소화설비 및 옥외소화전설비의 가압송수장치와 겸용하여 설치하는 경우의 펌프의 토출량은 각 소화설비에 해당하는 토출량을 합한 양 이상이 되도록 하여야 한다. 다만, 이들 소화설비 중 고정식 소화설비가 2 이상 설치되어 있고, 그 소화설비가 설치된 부분이 방화벽과 방화문으로 구획되어 있으며 각 소화설비에 지장이 없는 경우에는 펌프의 토출량 중 최대의 것 이상으로 할 수 있다.

옥내소화전설비, 스프링클러설비, 간이스프링클러설비, 화재조기진압용 스프링클러설비, 물분무소화설비, 포소화설비 및 옥외소화전설비의 가압송수장치에 있어서 각 토출측 배관과 일반급수용의 가압송수장치의 토출측 배관을 상호 연결하여 화재 시 사용할 수 있다. 이 경우 연결배관에는 개폐표시형 밸브를 설치하여야 하며, 각 소화설비의 성능에 지장이 없도록 하여야 한다.

화재조기진압용 스프링클러설비의 송수구를 옥내소화전설비, 스프링클러설비, 간이스프링클러설비, 물분무소화설비, 포소화설비, 연결송수관설비 또는 연결살수설비의 송수구와 겸용으로 설치하는 경우에는 스프링클러설비의 송수구의 설치기준에 따르되 각각의 소화설비의 기능에 지장이 없도록 하여야 한다.

3.21 스프링클러설비 및 간이 스프링클러설비의 점검

스프링클러설비와 간이스프링클러설비의 점검은 <표 3-13>에 따라 실시한다.

〈표 3-13〉 스프링클러설비·간이스프링클러설비 종합정밀점검표

(1) 설치상태 개요

항 목		
방 식		□ 폐쇄형 습식 □ 폐쇄형 건식 □ 준비작동식 □ 일제살수식
수 원	구 분	1차
	종 별	□ 고가수조 □ 압력수조 □ 그 밖의 것 :
	위 치	설치장소 □ 지하 □ 지상 □ 옥상 □ 그 밖의 것 : 펌프흡입방식에 의한 분류 □ 부압흡입방식의 저수조 □ 정압흡입방식의 저수조
	수 량	보유량 : m^3 유효수량 : m^3 □ 전용 □ 겸용
가압송수장치	설치위치	층 실 | 압력조정장치 □ 유 □ 무
	펌프방식 – 펌프 전동기	□ 전용 □ 겸용 토출량 : ℓ/min 전 양 정 : m 구 경 : mm 전 압 : V 출 력 : kW
	펌프방식 – 물올림장치	유효수량 : ℓ 급수방식 : 급수배관경 : mm 감수경보의 종별 및 표시장소 :
	펌프방식 – 기동용수압개폐장치	용 량 : ℓ 사용압력 : MPa
	고가수조방식	유 효 낙 차 : m
	압력탱크방식	탱크가압압력 : MPa 용 량 : ℓ 공기압축기 용량 : m^3/min 동 력 : kW
보조용고가(또는 옥상)수조		유효수량 : m^3
헤 드		□ 폐쇄형 설치층 : 층 (형식승인번호 제 호 표시온도 : ℃ 설치개수 : 개) □ 폐쇄형 설치층 : 층 (형식승인번호 제 호 표시온도 : ℃ 설치개수 : 개) □ 개방형 설치층 : 층 (형식승인번호 제 호 설치개수 : 개) □ 드라이펜던트형: 층 (표시온도 : ℃ 설치개수 : 개)
일제개방밸브		□ 감압개방 □ 가압개방 형식승인번호 제 호 □ 직경 mm 설치개수 : 개
준비작동밸브		□ 감압개방 □ 가압개방 형식승인번호 제 호 □ 직경 mm 설치개수 : 개
방수구역		방수구역수 : 구역 최대방수구역 : m^2 방 사 량 : ℓ/min 최소방수구역 : m^2 방 사 량 : ℓ/min
기동장치	펌프기동	□ 기동용 수압개폐장치 □ 유수검지장치 □ 그 밖의 것 :
	방수기동	□ 스프링클러헤드 □ 감지기 □ 수동기동밸브
자 동 경보장치	□ 유수검지장치	형식승인번호 제 호 □ 직경 mm 설치개수 : 개
	□ 압력검지장치	형식승인번호 제 호 □ 직경 mm 설치개수 : 개
	경 보	□ 자동화재탐지설비 □ 전기식 □ 기계식
배 관	배 관 – 입상관	□ 직경 : mm □ 전용 □ 겸용
	배 관 – 재 질	□ KSD 3562 □ KSD 3507 □ 그 밖의 것 :
	이 음	□ 플랜지 □ 그 밖의 것 :
	밸 브 – 개폐밸브	□ KS : K □ 그 밖의 것 :
	밸 브 – 체크밸브	□ KS : K □ 그 밖의 것 :
	방식조치	□ 방식테이프감기 □ 라이닝관 □ 그 밖의 것 :
송 수 구		□ 단구형 : 개 □ 쌍구형 : 개 □ 설치위치 :
배 선	비상전원회로	□ 내화전선 □ 전선관매설 □ 그 밖의 것 :
	조 작 회 로	□ 내열전선 □ 전선관노출 □ 전선관매설 □ 그 밖의 것 :
비상전원		□ 비상전원수전설비 □ 자가발전설비 □ 축전지설비 □ 그 밖의 것 :
비 고		형식승인번호는 소방시설성능시험표만 해당

(2) 성능 및 종합정밀점검

(결과 : 양호○, 요정비△, 불량×)

번호	점 검 항 목	결 과			
		결과	불량내용	조치내용	법적근거
1	수 원 ○ 주된 수원의 저수량 ○ 옥상수조의 저수량 ○ 다른 설비와 겸용의 경우 후드밸브 또는 흡수구의 위치 ○ 수원의 수질				
2	수 조 ○ 점검의 편의성 ○ 동결방지조치(또는 동결 우려 없는 장소의 환경)상태 ○ 수위계(또는 수위확인 조치) ○ 수조 외측사다리(바닥보다 낮은 경우 제외) ○ 조명설비(또는 채광상태) ○ 배수밸브 또는 배수관 ○ "스프링클러용 수조"의 표지 설치상태 ○ 수조와 주배관 접속부의 "스프링클러용 배관"의 표지 설치상태 ○ 수조내부 청소상태 및 방청조치				
3	가압송수장치 ○ 펌프설치장소의 점검편의성 및 화재 · 침수등 재해방지 환경 ○ 동결방지조치(또는 동결의 우려가 없는 장소의 환경)상태 ○ 기준개수의 헤드의 동시 방수시 방수압 및 방수량 ○ 헤드의 최고방수압력 제한(1.2 MPa 이하) 적합여부 ○ 다른 설비와 펌프를 겸용하는 경우 소화용으로 사용시 장애발생여부 ○ 기동스위치 또는 수압개폐장치의 기능 ○ 펌프성능시험배관 상태 ○ 수온상승방지밸브설치위치 · 배관규격 그 밖의 설치상태 및 릴리프 밸브 개방압력 ○ 물올림장치 용량 · 배관 및 보급수 보충상태 ○ 물올림장치의 감수시 자동급수 및 저수위 경보작동상태 ○ 충압펌프용량 · 양정 및 표지 ○ 내연기관의 경우 기동장치 및 축전지 상태 ○ 가압송수장치의 소화용도 표지 ○ 고가수조의 경우 낙차 · 급수관 및 오버플로우관의 상태 ○ 압력수조의 경우 수조의 내용적 · 내용적과 저수량의 비율 · 가압가스의 평상시 압력 · 수위계 · 급수관 · 급기관 · 맨홀 · 압력계 · 안전장치 및 압력저하 방지장치 설치상태				
4	방호구역등 ○ 방호구역의 면적 ○ 유수검지장치 및 일제개방밸브의 배치 층의 구분(설치위치) ○ 유수검지장치 및 일제개방밸브의 설치높이 · 전용실 점검구의 규격 · 위치 및 표지 ○ 헤드로의 급수가 유수검지장치 및 일제개방밸브의 경과여부 ○ 자연낙차에 의한 유수압력과 유수검지장치의 유수검지압력 적정여부 ○ 일제개방밸브의 방수구역 및 헤드의 설치개수				

번호	점 검 항 목	결 과			
		결과	불량 내용	조치 내용	법적 근거
5	배관 및 밸브류 ○ 배관의 재질 ○ 다른 설비와 급수배관을 겸용하는 경우 소화용으로의 사용 시 장애발생 여부 ○ 흡입측 배관의 공기고임방지조치 및 여과장치상태 ○ 토출측 배관의 유속 ○ 급수배관의 구경 ○ 가지배관의 배열 및 최대헤드 설치수 제한 ○ 교차배관과 가지배관의 상호위치 및 최소구경 ○ 청소구, 개폐밸브의 규격 및 나사보호 상태 ○ 헤드의 종류(□ 상향형 □ 하향형 □ 측벽형)의 선택상태 ○ 하향식헤드의 경우 헤드접속배관과의 분기위치 ○ 건식배관의 경우 수평배관의 기울기 ○ 일제개방밸브 2차측의 개폐표시형 밸브, 배수장치 및 압력스위치의 설치 및 상태 ○ 유수검지장치용 시험장치의 위치 · 배관의 구경 · 장소 및 오리피스의 설치상태 ○ 입상배수배관의 구경 ○ 주차장의 경우 스프링클러 설비 방식 ○ 유량측정장치의 용량 및 설치상태 ○ 동결방지조치 또는 동결우려가 없는 장소의 환경상태 ○ 개폐표시형 밸브의 종류, 설치위치 및 기능 ○ 개폐밸브의 탬퍼 스위치 설치(또는 시건장치의 설치 및 열쇠보관) 상태 ○ 다른 설비의 배관과의 구분방식 및 상태 ○ 입상배관의 지지 및 수평배관의 행가 배치간격 · 설치상태 및 지지하중 ○ 배관내부의 청소상태 ○ 다른 설비와 겸용의 경우 후드밸브 또는 흡수구의 위치				
6	음향장치 ○ 유수검지장치 사용의 경우 유수검지와 음향장치의 연동 ○ 일제개방밸브 사용의 경우 화재감지기와 음향장치의 연동 ○ 교차회로방식 화재감지기 경우 1회로 화재감지 시 음향장치와 연동 ○ 음향장치의 종류 및 배치				
7	펌프 및 일제개방밸브 작동신호 ○ 펌프장치의 작동신호 수신 및 작동상태 □ 유수검지장치의 유수신호 □ 수압개폐장치의 작동신호 □ 유수검지장치 또는 수압개폐장치에 의한 신호 혼용 ○ 일제개방밸브(준비작동밸브)의 작동체계, 신호 수신 및 작동상태 □ 화재감지회로에 의한 화재감지신호 □ 수압개폐장치의 작동신호 □ 폐쇄형 하향식 헤드의 경우 화재감지기 회로방식 □ 수동기동(전기식 및 배수식)장치와 연동 □ 화재감지기의 종류 및 감지면적 □ 화재감지기회로의 발신기의 설치상태				

번호	점 검 항 목	결 과			
		결과	불량 내용	조치 내용	법적 근거
8	스프링클러 헤드 ○ 헤드설치 누락여부 ○ 스프링클러 헤드의 배치거리 및 수평거리 ○ 무대부나 연소우려가 있는 개구부의 개방형 헤드 설치상태 ○ 폐쇄형 헤드 설치장소의 최고 주위온도와 표시온도 ○ 스프링클러 헤드 주위의 살수장애 상태 ○ 스프링클러 헤드의 반사판의 설치상태 ○ 경사진 천장의 경우 스프링클러 헤드의 배치상태 ○ 연소 우려가 있는 개구부에 대한 헤드의 배치상태 ○ 측벽형 헤드의 경우 배치상태 ○ 스프링클러 헤드의 설치위치와 보의 수평거리				
9	스프링클러 옥외송수구 ○ 설치장소 및 위치(높이 포함) ○ 개폐밸브 설치장소 및 조작을 위한 편의성 상태 ○ 송수구의 규격 및 접결나사의 보호상태 ○ 송수구의 송수압력표시 ○ 송수구간 이격거리 ○ 송수구의 송수담당 면적 송수구의 개수 ○ 자동배수밸브, 체크밸브의 설치위치 및 상태				
10	제어반 [감시제어반] ○ 각 펌프의 작동표시등 및 음향경보 기능 ○ 각 펌프의 자동 또는 수동의 작동 및 중단기능 ○ 비상전원 및 상용전원의 공급표시와 자동/수동 전환기능 ○ 수조 또는 물올림탱크의 저수위 표시 및 경보기능 ○ 예비전원 확보상태 및 전환기능 ○ 전용실을 설치하는 경우 그 장소위치 · 방화구획 · 조명 · 급배기설비 · 무선통신기기접속단자 · 최소면적 및 정리상태 ○ 설치장소의 점검의 편의성 및 화재, 침수 등 재해방지환경 ○ 유수검지장치 또는 일제개방밸브의 작동여부표시 및 경보기능 ○ 일제개방밸브(준비작동밸브)의 개방용 수동스위치의 기능 ○ 화재감지기회로사용의 경우 경계회로별 화재표시 기능 ○ 모든 확인회로의 도통시험 · 작동시험 기능 및 결과 ○ 감시제어반과 자동화재탐지설비 수신기의 별도장소 설치 시 상호통화장치 기능 ○ 다른 설비와 제어반을 겸용하는 경우 스프링클러설비의 사용 시 장애 발생여부 ○ 각 배선의 절연저항 [동력제어반] ○ 소방용으로의 표시 ○ 외함의 재료, 두께 및 강도 등 ○ 설치장소 및 위치 ○ 각 펌프의 작동표시등 및 음향경보 기능 ○ 각 펌프의 자동 또는 수동의 작동 및 중단기능 ○ 각 배선의 절연저항				

번호	점 검 항 목	결 과			
		결과	불량 내용	조치 내용	법적 근거
11	배선 ○ 비상전원으로부터 동력제어반 및 가압송수장치에 이르는 전원회로의 내화배선 공사의 종류 및 상태 ○ 그 밖의 전기회로의 배선공사의 종류 및 상태 ○ 사용전선의 종류별 규격 ○ 과전류차단기 및 접속단자의 표지 ○ 배선의 전기설비기술기준규칙에 관한 규칙에 적합 여부				
12	전동기 ○ 베이스에 고정 및 커플링 결합상태 ○ 원활한 회전 여부(진동 및 소음 상태) ○ 운전 시 과열 발생여부 ○ 베어링부의 윤활유 충진상태 및 변질여부 ○ 본체의 방청의 보존상태				
13	스프링클러 헤드 설치제외 등 ○ 스프링클러 헤드 설치제외 장소 ○ 드렌처설비 설치상태				
14	수압시험 ○ 가압송수장치 및 부속장치(밸브류, 배관, 배관부속류, 압력챔버)의 수압시험(접속상태에서 실시)결과 ○ 옥외연결송수구 및 연결배관의 수압시험 결과 ○ 입상배관 및 가지배관의 수압시험 결과(수압시험은 1.4 MPa의 압력으로 2시간 이상 시험하고자 하는 장치의 가장 낮은 부분에서 가압하되, 배관과 배관, 배관 부속류, 밸브류, 각종 장치 및 기구의 접속부분에서 누수현상이 없을 것. 이 경우 상용수압이 1.05 MPa 이상인 부분에 있어서의 압력은 그 상용수압에 0.35 MPa을 더한 값)				
15	펌프성능시험결과표 (아래 표 참조) 설정압력 ○ 주펌프 기동 : MPa 정지 : MPa ○ 충압펌프 기동 : MPa 정지 : MPa 릴리프 밸브 작동압력 : MPa				
16	비고 : 14번 항목 수압시험은 소방시설성능시험표 작성시 해당				

펌프성능시험결과표

구 분	체절운전	정격운전 (100%)	정격유량의 150% 운전	적 정 여 부
토출량 (ℓ/min)	0			1. 체절운전 시 토출압은 정격토출압의 140% 이하일 것( ) 2. 정격운전 시 토출량과 토출압이 규정치 이상일 것 ( ) (펌프 명판 및 설계치 참조) 3. 정격토출량 150%에서 토출압이 정격토출압의 65% 이상일 것( )
토출압 (MPa)				

(비고) 1. 스프링클러설비 단위별로 작성한다.

2. 방수압력의 측정은 스프링클러설비의 오리피스 선단에서의 피토게이지압력으로 한다.

연 습 문 제

3.1 스프링클러설비의 설치대상에 대하여 조사하라.

3.2 습식 폐쇄형 스프링클러설비의 계통도를 그리고 각 부분의 명칭을 써라.

3.3 준비작동식 폐쇄형 스프링클러설비의 계통도를 그리고 각 부분의 명칭을 써라.

3.4 개방형 스프링클러설비의 계통도를 그리고 각 부분의 명칭을 써라. 개방형 스프링클러설비의 설치하는 장소에는 어떤 곳이 있는가?

3.5 습식 폐쇄형 스프링클러설비의 작동원리를 설명하라.

3.6 스프링클러설비를 분류하고 비교하여 설명하라.

3.7 물올림장치의 계통도를 그리고, 설치목적과 설치기준에 대하여 설명하라.

3.8 스프링클러설비를 설치해야 하는 장소 중에서 헤드를 설치하지 않아도 되는 장소에는 어떤 곳이 있는가?

3.9 습식 유수검지장치에서 화재경보용 압력스위치의 작동원리를 기술하라.

3.10 수압개폐장치의 계통도를 그리고 작동원리를 기술하라.

3.11 성능시험배관과 순환배관의 계통도를 그리고 설명하라.

3.12 성능시험 방법을 설명하라.

3.13 스프링클러설비를 설치해야 하는 장소 중에서 헤드를 설치하지 않아도 되는 장소에는 어떤 곳이 있는가?

3.14 고가수조방식과 압력수조방식을 거의 사용하지 않는 이유가 무엇인가?

3.15 폐쇄형 스프링클러 헤드에 무엇이 표시되어 있는지 확인하라.

3.16 베르누이방정식을 적용하여 식 (3.3)을 유도하라.

3.17 긴급개방장치(quick opening device, QOD)는 왜 필요한가?

3.18 20개의 헤드가 설치된 스프링클러설비가 있다. 입상주배관의 지름은 얼마인가?

3.19 30개의 헤드가 설치된 스프링클러설비에서 지름 150 mm, 길이 20 m인 구간의 손실수두를 계산하라. 90°엘보 3개와 OS&Y 밸브 1개, 풋밸브 1개, 체크밸브 1개가 연결되어있고, 구경은 관의 구경과 같다. 또 나머지 구간의 배관손실수두가 10 m이고, 수원에서 헤드까지의 수직거리가 15 m일 때, 소화펌프용 전동기의 동력을 계산하라.

CHAPTER 4

소화전 설비

4.1 용어의 정의

개폐표시형 밸브

밸브의 개폐여부를 외부에서 식별이 가능한 밸브

고가수조(gravity tank)

구조물 또는 지형지물 등에 설치하여 자연낙차의 압력으로 급수하는 수조

고정식 소화설비

펌프, 배관과 소화수 또는 소화약제를 최종 방출하는 방출구가 고정된 설비

급수배관

수원 및 옥외송수구로부터 옥내소화전방수구에 급수하는 배관

기동용 수압개폐장치

소화설비의 배관내 압력변동을 검지하여 자동적으로 펌프를 기동 및 정지시키는 것으로서 압력챔버, 기동용 압력스위치 등으로 구성

압력수조(pressure tank)

소화용수와 공기를 채우고 일정압력 이상으로 가압하여 그 압력으로 급수하는 수조

연성계(compound gage)

대기압 이상의 압력과 대기압 이하의 압력을 측정할 수 있는 계측기

정격토출량

정격토출압력에서의 펌프의 토출량

정격토출압력

정격토출량에서의 펌프의 토출측 압력

진공계(vacuum gage)

대기압 이하의 압력을 측정하는 계측기

체절운전(shut-off operation)
펌프의 성능시험을 목적으로 펌프 토출측의 개폐밸브를 닫은 상태에서의 펌프 운전

충압펌프(priming pump, jockey pump)
배관 내 압력손실에 따른 주펌프의 빈번한 기동을 방지하기 위하여 충압역할을 하는 펌프

4.2 옥내소화전설비

4.2.1 옥내소화전설비의 개요

옥내소화전(indoor fire hydrant)은 화재 초기에 소방대상물의 거주자 또는 근무자가 소화전함에 비치되어 있는 호스와 노즐을 이용 소화작업을 행하는 설비이다. 옥내소화설비는 일반적으로 수원, 가압송수장치, 배관과 개폐밸브, 호스, 노즐 등을 격납하는 상자로 구성되어 있으며, 소화펌프 기동방식에는 개폐밸브를 작동함으로써 자동적으로 기동하는 방식과 펌프의 기동스위치를 눌러줌으로써 P형 1급 발신기를 작동시켜 수동으로 기동하는 방식이 있다. 소화펌프를 기동하면 표시등이 점멸하고 경보가 울리는 것과 압력수조를 이용하는 방법이 있다. 그리고 소화펌프는 다른 설비, 즉 스프링클러설비, 포소화설비 등과 겸용하는 경우도 있다.

초기화재의 단계에서는 소화기로 소화가 가능하지만, 그 화염이 천정까지 도달한 상태, 즉 중기화재의 단계로 번지게 되면 소화기로는 화세를 억제할 수 없으며 대량의 물을 주수하지 않으면 소화가 불가능하게 된다. 중기화재 이상에서 플래시오버(flashover)로 진행되면 소방서의 소방대가 아니면 소화가 이루어질 수 없다. 옥내소화전설비는 소화기 등으로 소화가 가능한 단계를 넘어 연소범위가 넓은 화재에 대하여 소방대가 도착할 때까지 건물 내의 거주자가 소방호스와 노즐을 이용, 대량 주수하기 위한 소화설비이다. 옥내소화전설비 관련 기준은 국가화재안전기준(NFSC 102)에 규정되어 있다.

<그림 4-1>은 옥내소화전설비의 계통도로서, 지하수조로부터 물을 펌프로 가압송수하여 1~4층에 각각 1개씩 설치된 소화전에 물을 공급하는 설비이다. 소화펌프 주위의 배관은 스프링클러설비와 거의 같다. 압력챔버 등으로 구성된 기동용 수압개폐장치가 없어 펌프를 수동으로 기동한다.

이에 비해 <그림 4-2>는 수압개폐장치를 갖추어 소화전함의 밸브를 열면 배관내 수압이 떨어지고 압력탱크에 부착된 압력스위치가 수압강하로 작동하여 펌프를 자동으로 기동한다.

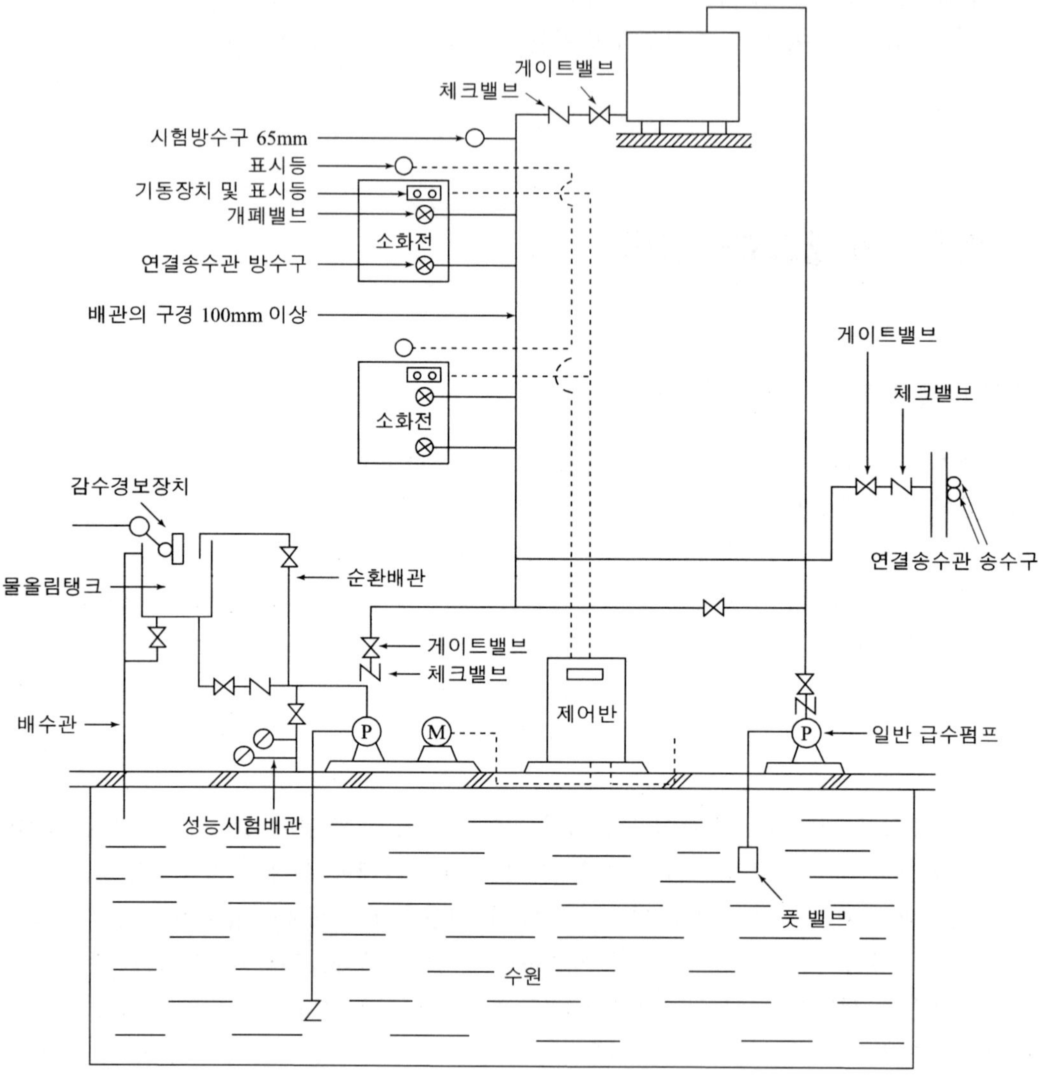

〈그림 4-1〉 옥내소화전설비의 계통도(펌프 수동기동)

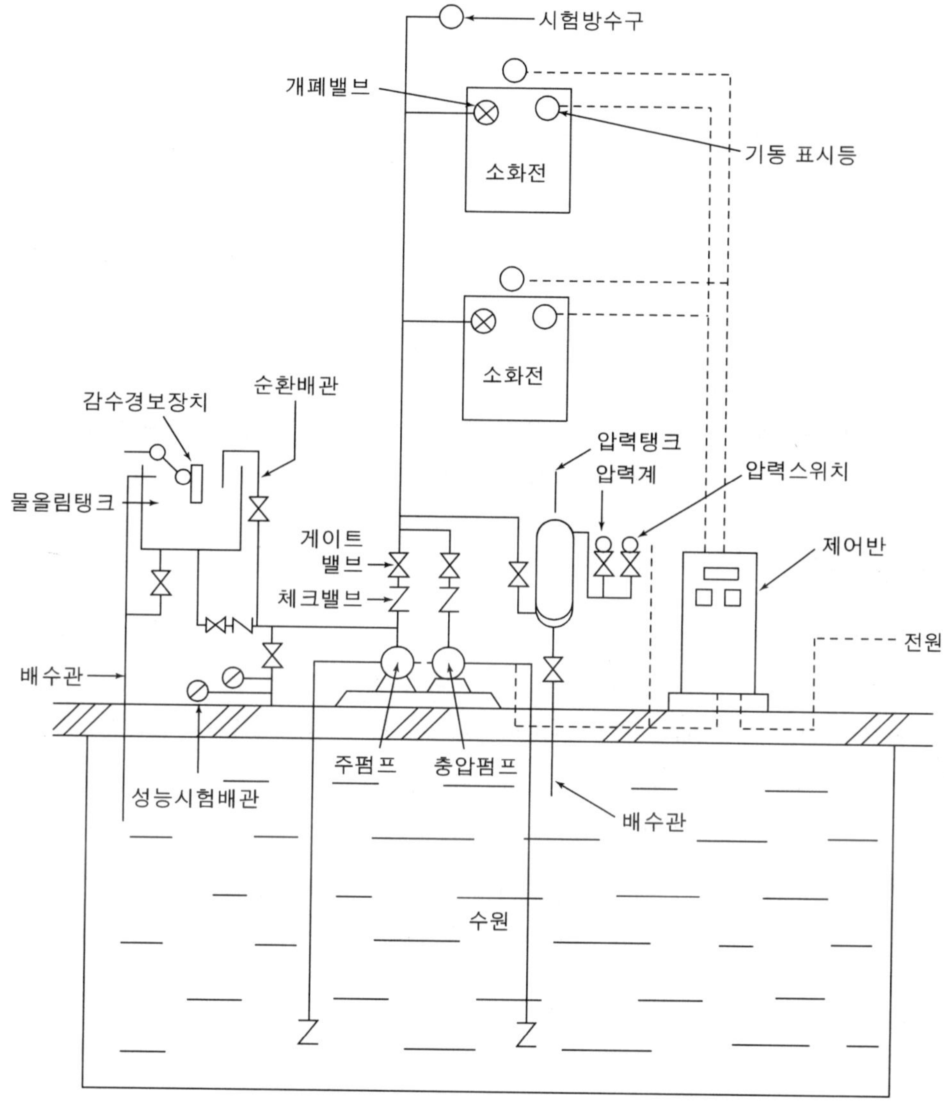

〈그림 4-2〉 옥내소화전설비의 계통도(펌프 자동기동)

4.2.2 옥내소화전설비의 설치대상

옥내소화전설비를 설치하여야 하는 특정소방대상물(가스시설 및 지하구 제외)은 다음과 같다. 다만, 아파트, 업무시설 또는 노유자시설에는 호스릴(hose reel) 옥내소화전설비를 설치할 수 있다.

(1) 연면적 3,000 m^2 이상(지하가 중 터널 제외)이거나 지하층, 무창층 또는 층수가 4층 이상인 것 중 바닥면적이 600 m^2 이상인 층이 있는 것은 전층
(2) 지하가 중 터널로서 길이가 1,000 m 이상인 터널
(3) 위 (1)에 해당하지 아니하는 근린생활시설, 위락시설, 판매시설 및 영업시설, 숙박시설, 노유자시설, 의료시설, 업무시설, 통신촬영시설, 공장, 창고시설, 운수자동차관련시설 또는 복합건축물로서 연면적 1,500 m^2 이상이거나 지하층, 무창층 또는 층수가 4층 이상인 층 중 바닥면적이 300 m^2 이상인 층이 있는 것은 전층
(4) 건축물의 옥상에 설치된 차고 또는 주차장으로서 차고 또는 주차의 용도로 사용되는 부분의 면적이 200 m^2 이상인 것
(5) 위 (1)과 (3)에 해당하지 않는 공장 또는 창고로서 소방기본법시행령에서 정하는 수량의 750배 이상의 특수가연물을 저장, 취급하는 것

4.2.3 수 원

(1) 유효수량

옥내소화전설비의 수원은 그 저수량이 옥내소화전의 설치개수가 가장 많은 층의 설치개수(5개 이상 설치된 경우에는 5개)에 2.6 m^3(호스릴 옥내소화전설비의 경우에는 1.2 m^3)를 곱한 양 이상이어야 한다. 즉,

$$V \geq 2.6\,N(m^3)(N \leq 5) \tag{4.1}$$

이다. 여기서 V는 수원의 유효수량, N은 가장 많이 설치된 층의 소화전 개수로, 최대 5개이고, 2.6은 소화전 1개의 방수량 130 ℓ/min으로 20분간 방수량인 2.6 m^3을 나타낸다.

(2) 옥상수조

옥내소화전설비의 수원은 위 규정에 따라 산출된 유효수량의 3분의 1 이상을 옥상(옥내소화전설비가 설치된 건축물의 주된 옥상)에 설치하여야 한다. 다만, 다음에 해당하는 경우에는 그러하지 아니하다.

1) 옥상이 없는 건축물 또는 공작물
2) 지하층만 있는 건축물
3) 고가수조를 가압송수장치로 설치한 옥내소화전설비
4) 수원이 건축물의 지붕보다 높은 위치에 설치된 경우
5) 지표면으로부터 당해 건축물의 상단까지의 높이가 10 m 이하인 경우

6) 내연기관의 기동에 따른 펌프 또는 주펌프와 동등 이상의 성능이 있는 별도의 펌프에 비상전원을 연결하여 설치한 경우

(3) 옥상수조(유효수량의 3분의 1 이상을 옥상에 설치한 설비를 말한다. 이하 같다)는 이와 연결된 배관을 통하여 상시 소화수를 공급할 수 있는 구조인 소방대상물인 경우에는 둘 이상의 소방대상물이 있더라도 하나의 소방대상물에만 이를 설치할 수 있다.

(4) 옥내소화전설비의 수원을 수조로 설치하는 경우에는 소방설비의 전용수조로 하여야 한다. 다만, 다음에 해당하는 경우에는 그러하지 아니하다.

1) 옥내소화전펌프의 풋밸브(foot valve) 또는 흡수배관의 흡수구(수직회전축펌프의 흡수구 포함)를 소방용설비 외의 설비의 풋밸브 또는 흡수구보다 낮은 위치에 설치한 때

2) 고가수조로부터 옥내소화전설비의 수직배관에 물을 공급하는 급수구를 다른 설비의 급수구보다 낮은 위치에 설치한 때

(5) 유효수량을 산정함에 있어서 다른 설비와 겸용하여 옥내소화전설비용 수조를 설치하는 경우에는 옥내소화전설비의 풋밸브, 흡수구 또는 수직배관의 급수구와 다른 설비의 풋밸브, 흡수구 또는 수직배관의 급수구와의 사이의 수량을 그 유효수량으로 한다.

(6) 옥내소화전설비용 수조의 설치기준

1) 점검에 편리한 곳에 설치할 것

2) 동결방지조치를 하거나 동결의 우려가 없는 장소에 설치할 것

3) 수조의 외측에 수위계를 설치할 것. 다만, 구조상 불가피한 경우에는 수조의 맨홀 등을 통하여 수조 안의 물의 양을 쉽게 확인할 수 있도록 하여야 한다.

4) 수조의 상단이 바닥보다 높은 때에는 수조의 외측에 고정식 사다리를 설치할 것

5) 수조가 실내에 설치된 때에는 그 실내에 조명설비를 설치할 것

6) 수조의 밑부분에는 청소용 배수밸브 또는 배수관을 설치할 것

7) 수조의 외측의 보기 쉬운 곳에 "옥내소화전설비용 수조"라고 표시한 표지를 할 것. 이 경우 그 수조를 다른 설비와 겸용하는 때에는 그 겸용되는 설비의 이름을 표시한 표지를 함께 하여야 한다.

8) 옥내소화전펌프의 흡수배관 또는 옥내소화전설비의 수직배관과 수조의 접속부분에는 "옥내소화전설비용 배관"이라고 표시한 표지를 할 것

4.2.4 옥내소화전설비의 가압송수장치

옥내소화전설비의 가압송수장치는 쉽게 접근할 수 있고 점검하기에 충분한 공간이 있는 장소로서 화재 및 침수 등의 재해로 인한 피해를 받을 우려가 없는 곳에 설치하여야 한다. 또 동결방지조치를 하거나 동결의 우려가 없는 장소에 설치하여야 한다.

소방대상물의 모든 층에서 각 층의 옥내소화전(5개 이상 설치된 경우에는 5개의 옥내소화전)을 동시에 개방할 경우, 각 소화전의 노즐선단에서의 방수압력이 0.17 MPa(호스릴 옥내소화전설비의 경우에는 0.25 MPa) 이상이고, 방수량이 130 ℓ/min(호스릴 옥내소화전설비의 경우에는 60 ℓ/min) 이상이 되는 성능이어야 한다. 다만, 하나의 옥내소화전을 사용하는 노즐선단에서의 방수압력이 0.7 MPa을 초과할 경우에는 호스 접결구의 인입측에 감압장치를 설치하여야 한다.

<그림 4-3>은 옥내소화전 앵글밸브(angle valve)이고, 오른쪽 나사가 있는 부분이 호스 접결구(또는 방수구)이다.

〈그림 4-3〉 옥내소화전 앵글밸브 (angle valve)

옥내소화전설비의 노즐은 사람이 직접 조작하여야 하므로 노즐에서의 압력이 문제가 된다. 즉, 지나치게 높은 압력은 노즐 조작 시 반동력에 의해 노즐을 놓쳐 부상을 입을 수 있고 소방호스가 파손될 우려가 있기 때문에 방수압력을 0.7 MPa 이하로 제한하고 있다. 특히 고층건물의 경우 낮은 층의 압력이 높기 때문에 압력이 0.7 MPa을 초과하게 되면 적절한 감압이 필요하다. 감압 방법으로 옥내소화전 방수구 호스 접결구의 인입구측에 감압용 밸브 또는 오리피스(그림 4-4 참조)를 설치하여 방수압력을 낮추는 방식이 가장 많이 사용된다.

감압 오리피스

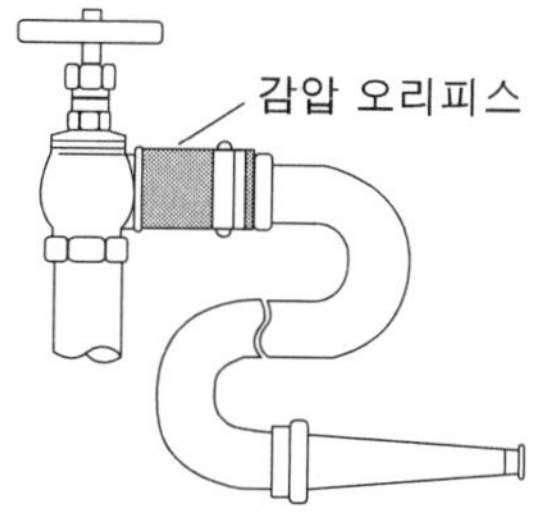

감압 오리피스가 설치된 모습

〈그림 4-4〉 오리피스에 의한 감압

가압송수방식에는 펌프방식과 고가수조방식, 압력수조방식이 있으나, 고가수조방식과 압력수조방식은 거의 사용하지 않는다.

(1) 펌프방식

1) 펌프의 동력

펌프의 전양정 H는

$$H = h_1 + h_2 + h_3 + h_4 \tag{4.2}$$

으로 쓸 수 있다. 여기서

h_1 = 실양정

h_2 = 배관의 손실수두

h_3 = 소방호스의 마찰손실수두

h_4 = 소화전 노즐선단 방수압력의 환산수두

이다. 실양정 h_1은 풋밸브(foot valve)에서 최고위치 소화전까지의 높이를 말한다. 배관의 손실수두 h_2는 관의 마찰손실과 관이음쇠 및 밸브 등의 부차적 손실수두를 합한 값이다. 한편, 소화전 노즐선단 방수압의 환산수두 h_4는 방수압이 0.17 MPa, 물의 비중량 9,810 N/m^{3}이므로 17 m가 된다.

펌프의 정격토출량은 옥내소화전 1개당 방수량 130 ℓ/min에 소화전이 가장 많이 설치된 층의 설치개수(최대 5개) N을 곱한 양,

$$Q = 130\,N(\ell/\text{min}) \quad (N \leq 5) \tag{4.3}$$

이상 되어야 한다.

펌프용 전동기 또는 내연기관의 소요동력 L은 앞의 식 (3.7)과 같이

$$L = \gamma QHk/\eta \qquad (4.4)$$

여기서,

Q = 펌프의 토출량

H = 전양정

γ = 물의 비중량

η = 펌프 효율(펌프 구경에 따라 0.40～0.70, 표 2-1 참조)

k = 전달계수(전동기 1.1, 내연기관 1.15～1.20)

이다. Q와 H의 단위가 각각 m^3/s, m일 때 $\gamma = 9{,}810\ N/m^3$를 대입하면 L의 단위는 W가 된다.

전동기의 소요동력 계산방법은 3장의 스프링클러설비와 거의 같다. 식 (4.2)의 배관의 손실수두 h_2는 <표 4-2>의 관 이음쇠 및 밸브의 상당 관 길이를 계산한 다음, 관의 길이와 합한 값으로 <표 4-1>의 마찰손실수두를 구하면 된다. <표 4-1>은 유량이 옥내소화전 개수가 1～5개인 경우이므로 옥내소화전에만 사용할 수 있는데 비해 <표 4-2>는 다른 수계 소화설비와 그 밖의 물이 흐르는 배관에도 이용할 수 있다. 스프링클러설비의 경우와 마찬가지로 배관의 손실수두는 관의 지름과 유량이 동일한 구간별로 나누어 계산한다. 한편, 소방호스의 마찰손실수두 h_3는 <표 4-3>에서 구한다.

〈표 4-1〉 옥내소화전설비용 관의 마찰손실수두(관 길이 100 m당)

소화전 개수	유량 (ℓ/min)	관 호칭경, mm(in)						
		40(1½)	50(2)	65(2½)	80(3)	100(4)	125(5)	150(6)
		마찰손실수두 (m)						
1	130	13.32	4.15	1.23	0.53	0.14	0.05	0.02
2	260	47.84	14.90	4.40	1.90	0.52	0.18	0.08
3	390	–	31.60	9.34	4.02	1.10	0.38	0.17
4	520	–	–	15.65	6.76	1.86	0.66	0.28
5	650	–	–	–	10.37	2.84	0.99	0.43

〈표 4-2〉 관이음쇠와 밸브의 손실수두 상당 관 길이

호칭경 mm(in)	90° elbow	45° elbow	90° T		gate valve	globe valve	angle valve
			분류	직류			
	상당 관 길이 (m)						
12(½)	0.60	0.36	0.90	0.18	0.12	4.50	2.40
20(¾)	0.75	0.45	1.20	0.24	0.15	6.00	3.60
25(¼)	0.90	0.54	1.50	0.27	0.18	7.50	4.50
32(1¼)	1.20	0.72	1.80	0.36	0.24	10.50	5.40
40(1½)	1.50	0.90	2.10	0.45	0.30	13.8	6.50
50(2)	2.10	1.20	3.00	0.60	0.39	16.5	8.40
65(2½)	2.40	1.30	3.60	0.75	0.48	19.5	10.2
80(3)	3.00	1.80	4.50	0.90	0.60	24.0	12.0
100(4)	4.20	2.40	6.30	1.20	0.81	37.5	16.5
125(5)	5.10	3.00	7.50	1.50	0.99	42.0	21.0
150(6)	6.00	3.60	9.00	1.80	1.20	49.5	24.0

(주) 1. 나사이음 기준
2. 이경 socket, bushing, reducer는 직경이 작은 쪽의 45° elbow에 해당
3. swing check valve, foot valve는 angle valve에 해당
4. bend, coupling은 직류 90° T에 해당
5. 자동경보밸브는 angle valve에 해당
6. ball valve와 포 소화설비의 자동밸브는 globe valve에 해당
7. union, flange, socket의 손실수두 무시
8. 소화전은 구조와 형상에 따라 위의 밸브 중 유사한 것 선택

〈표 4-3〉 옥내소화전용 소방호스의 마찰손실(길이 100m당)

구 경	40 mm		50 mm	
재 질	마	고무내장	마	고무내장
마찰손실수두	26 m	12 m	7 m	3 m

예제 4-1 지상 5층인 건물의 각 층에 2개의 옥내소화전이 설치되어있다. 최고위치의 소화전은 수원에서부터 20 m이고, 지름 80 mm인 주배관 구간의 길이가 10 m, 90°엘보(elbow) 2개, 게이트 밸브(gate valve) 1개, 체크밸브(check valve) 1개, 직류T 1가 설치되어 있다. 소방호스는 고무내장, 호칭경 40 mm, 길이 15 m짜리 2개이다. 전동계수 k는 1.1, 펌프의 효율 h는 0.6, 전체 배관의 손실수두를 15 m로 가정하고 다음을 구하라.
(1) 수원의 유효수량, (2) 펌프의 정격토출량, (3) 지름 80 mm 구간 배관의 손실수두, (4) 소방호스의 마찰손실수두, (5) 전동기의 동력

풀이

(1) 수원의 유효수량

식 (4.1)에서

$$V \geq 2.6\ N(m^3) = 2.6 \times 2 = \underline{5.2 m^3}$$

(2) 펌프의 정격토출량

식 (4.3)에서

$$Q = 130\ N(\ell/min) = 130 \times 2 = 260\ \ell/min = \underline{0.00433 m^3/s}$$

(3) 배관의 손실수두

구경 80 mm, 유량 260 ℓ/min인 구간의 관이음쇠와 밸브의 상당길이를 <표 4-2>에서 구해 관 길이 10 m를 더한 다음, <표 4-1>로 마찰손실수두를 계산하면 된다. 엘보 2개, 게이트 밸브 1개, 체크밸브(표 4-3의 주에서 앵글밸브에 해당) 1개, 직류T 1개이므로 상당길이는

$$3.0\ m \times 2개 + 0.6\ m \times 1개 + 12.0\ m \times 1개 + 0.9\ m \times 1개 = 19.5\ m$$

이다. 이 구간의 유량은 130 ℓ/min×2개, 즉 260 ℓ/min이므로 <표 4-1>에서 관 100 m당 마찰손실수두는 1.9 m이다. 따라서 이 구간의 손실수두는

$$h_2 = (10\ m + 19.5\ m) \times (1.9/100) = \underline{0.56\ m}$$

(4) 소방호스의 마찰손실수두

<표 4-3>에서 소방호스의 마찰손실수두는 길이 100 m당 12 m이므로

$$h_3 = (15\ m \times 2) \times (12/100) = \underline{3.6 m}$$

(5) 전동기의 소요동력

실양정 h_1은 20 m, 전체 배관의 손실수두 h_2는 15 m이므로 식 (4.2)에서

$$H = h_1 + h_2 + h_3 + h_4 = 20 + 15 + 3.6 + 17 = 55.6\ m$$

이다. 식 (4.4)를 이용하여 전동기의 소요동력 L은

$$L = \gamma QHk/\eta = 9{,}810\ N/m^3 \times 0.00433\ m^3/s \times 55.6\ m \times 1.1/0.6 = 4{,}330\ W = \underline{4.33\ kW}$$

그러므로 4.33 kW 이상의 전동기가 필요하며, 1 ps = 0.736 kW이므로 이를 마력으로 환산하면 5.96 ps이다.

예제4-2 한 층에 옥내소화전이 4개씩 설치되어있다. 수원의 바닥에서 최고위치의 소화전까지 높이는 10 m, 배관의 손실수두는 15 m, 구경 40 mm, 길이 15 m의 고무내장 호수 2개일 때, 다음을 구하라. 펌프의 효율은 55%이다.
(1) 주배관용 입상관의 구경, (2) 수조의 유효수량, (3) 펌프의 정격토출량, (4) 펌프의 양정, (5) 전동기의 동력, (6) 소화펌프의 최대체절압력

풀이

(1) $Q = V\pi d^2/4$에서 $d = (4Q/\pi V)^{0.5}$이고, $Q = 130\ \ell/\text{min}\times 4 = 520\ \ell/\text{min} = 0.52/60 = 0.00867\ \text{m}^3/\text{s}$, 유속 V는 4 m/s 이하(p.169 참조)이다. 따라서

$$d = (4Q/\pi V)^{0.5}$$
$$= [4\times 0.00867/(\pi\times 4)]^{0.5} = 0.0525\ \text{m} = 52.5\ \text{mm}$$

이므로 구경은 65 mm 이상

(2) 수조의 유효수량은 $130\ \ell/\text{min}\times 20\ \text{min}\times N$ 이상, 즉 $2.6\ N\text{m}^3 = 2.6\times 4 = 10.4\ \text{m}^3$ 이상이어야 한다.

(3) 펌프의 정격토출량은 $130\ \ell/\text{min}\times N = 130\times 4 = 520\ \ell/\text{min} = 0.00867\ \text{m}^3/\text{s}$ 이상

(4) 펌프의 양정

$$H = h_1+h_2+h_3+17\ \text{m}$$

에서 $h_1 = 10$ m, $h_2 = 15$ m, $h_3 = (15\times 2)\times 12/100 = 3.6$ m이다.

그러므로

$$H = 10+15+3.6+17 = 45.6\ \text{m}$$

(5) $L = \gamma QHk/\eta$

$$= (9{,}810\ \text{N/m}^3)(0.00867\ \text{m}^3/\text{s})(45.6\ \text{m})(1.1)/0.55$$
$$= 7{,}757\ \text{W} = 8\ \text{kW}$$

(6) 소화펌프의 최대체절압력 p는 정격토출압력의 1.4배이므로

$$p = 1.4\gamma H = 1.4\times 9{,}810\ \text{N/m}^3\times 45.6\ \text{m}$$
$$= 626{,}300\ \text{Pa} = 0.626\ \text{MPa,gage}$$

2) 기동장치 및 충압펌프

기동장치로는 각 소화전함에 펌프 기동스위치를 설치하여 펌프를 수동으로 기동, 정지시키는 수동식과 용적 100 ℓ 이상의 압력챔버(pressure chamber)를 설치하여 방수구의 개방시 압력저하에 의하여 펌프 기동용 압력스위치가 작동, 펌프를 기동하는 자동식이 있다. 동결의 우려가 있는 장소에 있어서는 기동스위치를 옥내소화전함 내에 설치하여 수동으로 기동한다.

자동식에는 기동용 수압개폐장치를 설치해야 한다. 기동용 수압개폐장치를 기동장치로 사용할 경우에는 충압펌프(priming pump)를 설치해야 한다. 다만, 옥내소화전이 각층에 한 개씩 설치된 경우로서 소화용 급수펌프로도 상시 충압이 가능한 경우에는 충압펌프를 별도로 설치하지 않아도 된다. 충압펌프의 정격토출압력은 그 설비의 최고위 호스 접결구의 자연압보다 적어도 0.2 MPa이 더 높아야 한다. 또 충압펌프의 정격토출량은 정상적인 누설량 이상이어야 하며 옥내소화전설비가 자동으로 작동할 수 있도록 충분한 토출량을 유

지하여야 한다.

기타 스프링클러설비 참조.

3) **기타 가압송수장치의 기준**

스프링클러설비 참조

4) **물올림장치, 내연기관, 기타**

가압송수장치에는 "옥내소화전펌프"라고 표시한 표지를 부착해야 한다. 가압송수장치를 다른 설비와 겸용하는 때에는 그 겸용되는 설비의 이름을 표시한 표지를 함께 하여야 한다. <그림 4-5>는 전동기 대신에 내연기관으로 펌프를 구동하는 모습을 나타낸 그림이다. 기타 설치기준은 스프링클러의 경우와 같다.

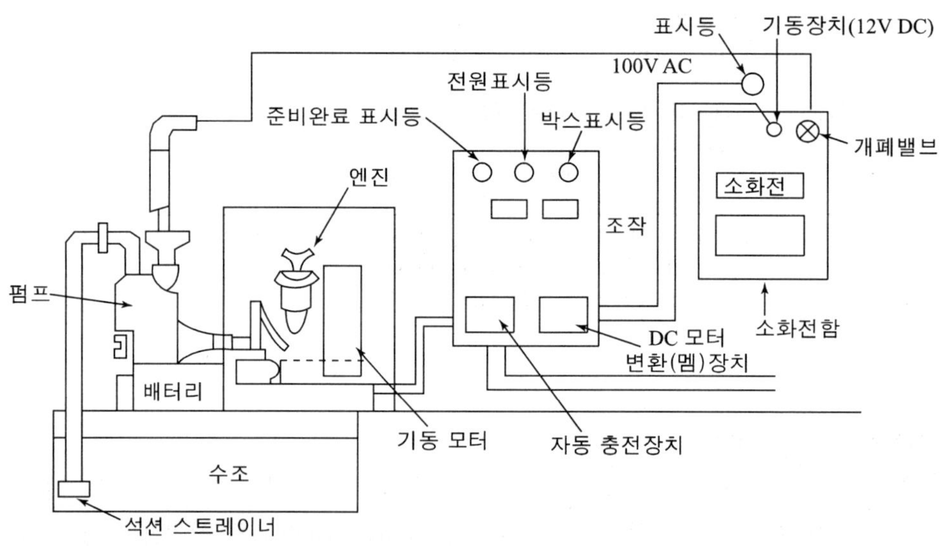

〈그림 4-5〉 전동기 대신 내연기관을 사용하는 가압송수장치

5) **소화펌프의 특성**

소화펌프는 일반 펌프와 달리 펌프의 토출량이 항상 동일한 것이 아니고 개방된 소화전이 1개에서 5개까지 수량이 변화하여도 각각 규정압 0.17 MPa과 규정방사량(130 ℓ/min)이 발생하여야 하는 특징이 있다. 따라서 소화설비용 펌프는 토출량의 큰 변화가 발생되며 이로 인하여 펌프의 방수량이 설계치 이상이 될 경우 펌프의 선정에 따라서는 과부하를 일으켜 펌프가 정지할 수 있다. 이를 방지하기 위하여 소화설비용 펌프는 다음과 같은 조건이

필요하다.

- 정격토출량(설계유량)의 150%를 방사하여도 전양정은 정격양정의 65% 이상이 되어야 한다.
- 체절양정(shut-off head)은 정격양정의 140%를 초과하지 않아야 한다.

6) 방수압 측정

옥내소화전이 가장 많이 설치되어 있는 층에서 5개 이상 설치되었을 때는 5개를, 5개 미만 설치되었을 때는 실제 설치된 개수를 동시에 개방시켜 놓고 호스를 통과한 노즐선단에서 압력측정을 하고, 최상층부분의 소화전설치 개수를 동시에 개방하여 같은 방법으로 방수압을 측정하였을 때 각각의 소화전에서 0.17 MPa의 압력으로 130 ℓ/min의 토출량 이상이 계측되어야 한다.

수압측정은 피토게이지(pitot gage)를 사용하는데 앞의 <그림 3-28>과 같이 노즐선단에서 노즐구경의 0.5배 떨어진 부분에 피토관 입구를 수류의 중심선과 일치하도록 대면, 실제 방출압이 게이지 상에 나타나게 된다. 방출구의 구경과 방수압을 알면 유량산출식(식 3.11)으로 유량을 계산할 수 있다.

(2) 고가수조방식

고가수조의 자연낙차 압력을 이용한 가압송수장치는 고가수조의 자연낙차수두(수조의 하단으로부터 최고층에 설치된 소화전 호스 접결구까지의 수직거리)는 다음 식에 따라 산출한 수치 이상이 되도록 해야 한다.

$$H = h_1 + h_2 + 17 \text{ (호스릴 옥내소화전설비의 경우 25)} \quad (4.5)$$

여기서

H = 필요한 낙차(m)
h_1 = 배관의 손실수두(m)
h_2 = 소방호스의 마찰손실수두(m)

이고, 17 m는 소화전 노즐선단 방수압 0.17 MPa의 환산수두이다. 배관의 손실수두는 앞의 펌프방식과 같이 <표 4-1>과 <표 4-2>를, 소방호스의 마찰손실수두는 <표 4-3>을 이용해 계산한다. 고가수조에는 수위계, 배수관, 급수관, 오버플로우관(overflow pipe) 및 맨홀(manhole)을 설치해야 한다.

(3) 압력수조방식

펌프방식 대신에 압력수조방식를 설치하는 경우에 압력수조의 압력은 다음의 식에 따라 산출한 수치 이상이어야 한다.

$$P = p_1 + p_2 + 0.17 \tag{4.6}$$

여기서,

P = 필요한 압력(MPa)
p_1 = 배관의 손실 수두압(MPa)
p_2 = 소방호스의 마찰손실수두압(MPa)

이고 0.17 MPa은 소화전 노즐선단 방수압이고, 호스릴 옥내소화전설비의 경우에는 0.25 MPa이다. 배관의 손실수두압 p_1과 소방호스의 마찰손실수두압 p_2는 예제 4-1과 같은 방법으로 배관의 손실수두와 소방호스의 마찰손실수두를 구한 다음, 각각에 물의 비중량 9,810 N/m^3을 곱해 단위를 MPa로 환산하면 구해진다. 압력수조에는 수위계와 급수관, 배수관, 급기관, 맨홀, 압력계, 안전장치, 압력저하 방지를 위한 자동식 공기압축기를 설치해야 한다.

4.2.5 배 관

(1) 배관은 배관용 탄소강관(KSD 3507) 또는 배관 내 사용압력이 1.2 MPa 이상일 경우에는 압력배관용 탄소강관(KSD 3562)이나 이와 동등 이상의 강도, 내식성 및 내열성을 가진 것으로 하여야 한다.
(2) 다음에 해당하는 장소에는 성능시험기술기준에 적합한 소방용 합성수지배관으로 설치할 수 있다.
  1) 배관을 지하에 매설하는 경우
  2) 다른 부분과 내화구조로 구획된 덕트(duct) 또는 피트(pit)의 내부에 설치하는 경우
  3) 천장(상층이 있는 경우 상층바닥의 하단 포함)과 반자를 불연재료로 설치하고 그 내부에 습식으로 배관을 설치하는 경우
(3) 급수배관은 전용으로 하여야 한다. 다만, 옥내소화전의 기동장치의 조작과 동시에 다른 설비의 용도에 사용하는 배관의 송수를 차단할 수 있거나, 옥내소화전설비의 성능에 지장이 없는 경우에는 다른 설비와 겸용할 수 있다.
(4) 펌프의 흡입측 배관 설치기준
  1) 공기고임이 생기지 아니하는 구조로 하고 여과장치를 설치할 것

2) 수조가 펌프보다 낮게 설치된 경우에는 각 펌프(충압펌프 포함)마다 수조로부터 별도로 설치할 것

(5) 펌프의 토출측 주배관의 구경은 유속이 4 m/s 이하가 될 수 있는 크기 이상으로 하여야 하고, 옥내소화전방수구와 연결되는 가지배관의 구경은 40 mm(호스릴 옥내소화전설비의 경우에는 25 mm) 이상으로 하여야 하며, 주배관중 수직배관의 구경은 50 mm(호스릴 옥내소화전설비의 경우에는 32 mm) 이상으로 하여야 한다.

(6) 연결송수관설비의 배관과 겸용할 경우의 주배관은 구경 100 mm 이상, 방수구로 연결되는 배관의 구경은 65 mm 이상의 것으로 하여야 한다.

(7) 펌프의 성능은 체절운전 시 정격토출압력의 140%를 초과하지 아니하고, 정격토출량의 150%로 운전 시 정격토출압력의 65% 이상이 되어야 하며, 펌프의 성능시험배관은 다음 기준에 적합하여야 한다.

1) 성능시험배관은 펌프의 토출측에 설치된 개폐밸브 이전에서 분기하여 설치하고, 유량측정장치를 기준으로 전단 직관부에 개폐밸브를 후단 직관부에는 유량조절밸브를 설치할 것

2) 유량측정장치는 성능시험배관의 직관부에 설치하되, 펌프의 정격토출량의 175%까지 측정할 수 있는 성능이 있을 것

(8) 가압송수장치의 체절운전 시 수온의 상승을 방지하기 위하여 체크밸브와 펌프사이에서 분기한 구경 20 mm 이상의 배관에 체절압력 미만에서 개방되는 릴리프 밸브(relief valve)를 설치하여야 한다.

(9) 동결방지조치를 하거나 동결의 우려가 없는 장소에 설치하여야 한다.

(10) 급수배관에 설치되어 급수를 차단할 수 있는 개폐밸브(옥내소화전방수구 제외)는 개폐표시형으로 하여야 한다. 이 경우 펌프의 흡입측 배관에는 버터플라이 밸브(butterfly valve) 외의 개폐표시형 밸브를 설치하여야 한다.

(11) 기계실, 공동구 또는 덕트(duct)에 설치되는 배관은 다른 설비의 배관과 쉽게 구분이 될 수 있는 위치에 설치하거나, 그 배관표면 또는 배관 보온재표면의 색상은 적색으로 소방용설비의 배관임을 표시하여야 한다.

(12) 옥내소화전설비의 송수구 설치기준

1) 소방차가 쉽게 접근할 수 있고 노출된 장소에 설치할 것

2) 송수구로부터 주배관에 이르는 연결배관에는 개폐밸브를 설치하지 아니할 것. 다만, 스프링클러설비, 물분무소화설비, 포소화설비 또는 연결송수관 설비의 배관과 겸용하는 경우에는 그러하지 아니하다.

3) 지면으로부터 높이가 0.5 m 이상 1 m 이하의 위치에 설치할 것

4) 구경 65 mm의 쌍구형 또는 단구형으로 할 것
5) 송수구의 가까운 부분에 자동배수밸브(또는 직경 5 mm의 배수공) 및 체크밸브를 설치할 것. 이 경우 자동배수밸브는 배관안의 물이 잘 빠질 수 있는 위치에 설치하되, 배수로 인하여 다른 물건 또는 장소에 피해를 주지 아니하여야 한다.

4.2.6 옥내소화전설비의 함 및 방수구 등

(1) 옥내소화전설비의 함의 설치기준(그림 4-6 참조)

1) 함의 재질은 두께 1.5 mm 이상의 강판 또는 두께 4 mm 이상의 합성수지재로 하고, 문짝의 면적은 0.5 m^2 이상으로 하여 밸브의 조작, 호스의 수납 등에 충분한 여유를 가질 수 있도록 할 것. 연결송수관의 방수구를 같이 설치하는 경우에도 또한 같다.
2) 함의 재질이 강판인 경우에는 염수분무시험방법(KSD 9502)에 따라 시험한 경우 변색 또는 부식되지 아니하여야 하고, 합성수지재인 경우에는 내열성 및 난연성의 것으로서 80 ℃의 온도에서 24시간 이내에 열로 인한 변형이 생기지 아니하는 것으로 할 것

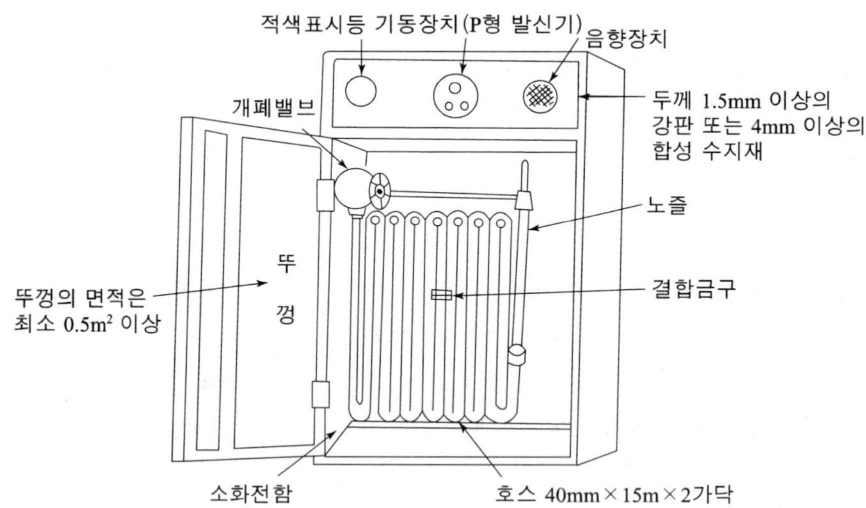

〈그림 4-6〉 소화전함

(2) 옥내소화전 방수구의 설치기준

1) 소방대상물의 층마다 설치하되, 당해 소방대상물의 각 부분으로부터 하나의 옥내소화전 방수구까지의 수평거리가 25 m(호스릴 옥내소화전설비의 경우에는 15 m) 이하가

되도록 할 것. 다만, 지하가중 터널의 경우에는 옥내소화전 방수구를 주행방향의 측벽길이 50 m 이내마다 설치할 수 있다.

2) 바닥으로부터의 높이가 1.5 m 이하가 되도록 할 것(그림 4-7 참조)

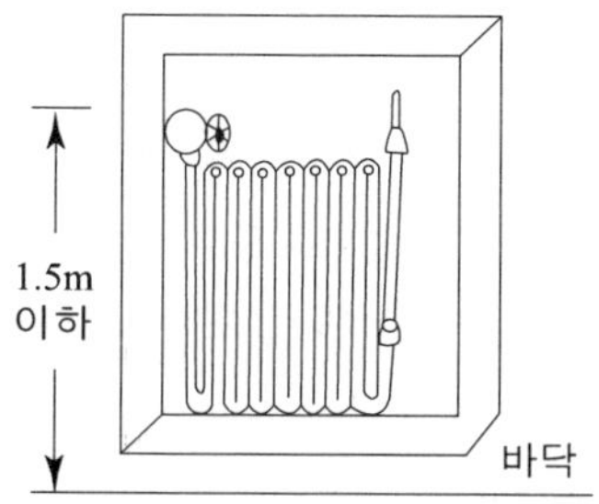

〈그림 4-7〉 소화전함의 바닥으로부터의 높이

3) 호스는 구경 40 mm(호스릴 옥내소화전설비의 경우에는 25 mm) 이상의 것으로서 소방대상물의 각 부분에 물이 유효하게 뿌려질 수 있는 길이로 설치할 것

4) 호스릴 옥내소화전설비의 경우 그 노즐에는 노즐을 쉽게 개폐할 수 있는 장치를 부착할 것

(3) 표시등의 설치기준(그림 4-8 참조)

1) 옥내소화전설비의 위치를 표시하는 표시등은 함의 상부에 설치하되, 그 불빛은 부착면으로부터 15° 이상의 범위 안에서 부착지점으로부터 10 m 이내의 어느 곳에서도 쉽게 식별할 수 있는 적색등으로 할 것

2) 가압송수장치의 시동을 표시하는 표시등은 옥내소화전함의 상부 또는 그 직근에 설치하되 적색등으로 할 것

3) 위 1)의 규정에 따른 적색등은 사용전압의 130%인 전압을 24시간 연속하여 가하는 경우에도 단선, 현저한 광속변화, 전류변화 등의 현상이 발생되지 아니할 것

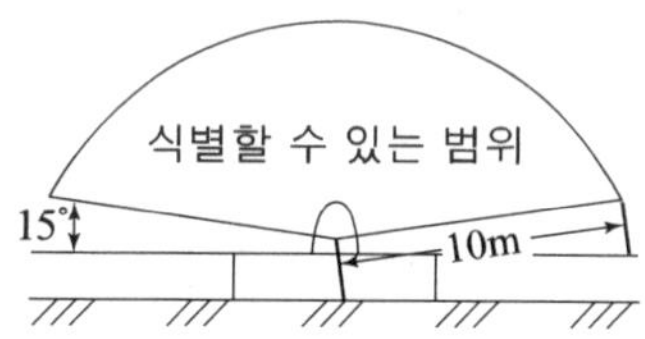

〈그림 4-8〉 표시등의 식별범위

(4) 옥내소화전설비의 함에는 그 표면에 "소화전"이라는 표시와 그 사용요령을 기재한 표지판을 붙여야 한다.

4.2.7 옥내소화전설비의 전원

(1) 상용전원

1) 저압수전인 경우에는 인입개폐기의 직후에서 분기하여 전용배선으로 하여야 하며, 전용의 전선관에 보호 되도록 할 것

2) 특별고압수전 또는 고압수전일 경우에는 전력용 변압기 2차측의 주차단기 1차측에서 분기하여 전용배선으로 하되, 상용전원의 상시공급에 지장이 없을 경우에는 주차단기 2차측에서 분기하여 전용배선으로 할 것. 다만, 가압송수장치의 정격입력전압이 수전전압과 같은 경우에는 1)의 기준에 따른다.

(2) 비상전원

다음에 해당하는 소방대상물의 옥내소화전설비에는 비상전원을 설치하여야 한다. 다만, 2 이상의 변전소에서 전력을 동시에 공급받을 수 있거나 하나의 변전소로부터 전력의 공급이 중단되는 때에는 자동으로 다른 변전소로부터 전원을 공급받을 수 있도록 상용전원을 설치한 경우에는 그러하지 아니하다.

1) 지하층을 제외한 층수가 7층 이상으로서 연면적이 2,000 m^2 이상인 것

2) 위 1)에 해당하지 아니하는 소방대상물로서 지하층의 바닥면적의 합계가 3,000 m^2 이상인 것. 다만, 차고, 주차장, 보일러실, 기계실, 전기실 및 이와 유사한 장소의 바닥면적은 기준면적에서 제외한다.

(3) 비상전원은 자가발전설비 또는 축전지설비(내연기관에 따른 펌프를 사용하는 경우 내연기관의 기동 및 제어용 축전지)로서 다음 기준에 따라 설치하여야 한다.

1) 점검에 편리하고 화재 및 침수 등의 재해로 인한 피해를 받을 우려가 없는 곳에 설치할 것

2) 옥내소화전설비를 유효하게 20분 이상 작동할 수 있어야 할 것

3) 상용전원으로부터 전력의 공급이 중단된 때에는 자동으로 비상전원으로부터 전력을 공급받을 수 있도록 할 것

4) 비상전원의 설치장소는 다른 장소와 방화구획 할 것. 이 경우 그 장소에는 비상전원의 공급에 필요한 기구나 설비외의 것(열병합발전설비에 필요한 기구나 설비 제외)을 두어서는 안 된다.

5) 비상전원을 실내에 설치하는 때에는 그 실내에 비상조명등을 설치할 것

4.2.8 옥내소화전설비의 제어반

동력제어반의 앞면은 적색으로 하고 "옥내소화전설비용 동력제어반"이라고 표시한 표지를 설치하고, 외함은 두께 1.5 mm 이상의 강판 또는 이와 동등 이상의 강도 및 내열성능이 있는 것으로 해야 한다. 기타 옥내소화전설비의 제어반 관련 규정은 스프링클러설비와 동일하다.

4.2.9 옥내소화전설비의 배선 등

옥내소화전설비의 과전류차단기 및 개폐기에는 "옥내소화전설비용"이라고 표시한 표지를 하고, 옥내소화전설비용 전기배선의 양단 및 접속단자에는 "옥내소화전단자"라고 표시한 표지를 부착한다.

기타 스프링클러설비 참조

4.2.10 방수구의 설치제외

불연재료로 된 소방대상물 또는 그 부분으로서 다음의 하나에 해당하는 곳에는 옥내소화전 방수구를 설치하지 않아도 된다.

(1) 냉장창고의 냉장실 또는 냉동창고의 냉동실
(2) 고온의 노가 설치된 장소 또는 물과 격렬하게 반응하는 물품의 저장 또는 취급 장소
(3) 발전소, 변전소 등으로서 전기시설이 설치된 장소
(4) 식물원, 수족관, 목욕실, 수영장(관람석 부분 제외) 또는 그 밖의 이와 비슷한 장소
(5) 야외음악당, 야외극장 또는 그 밖의 이와 비슷한 장소

4.2.11 수원 및 가압송수장치의 펌프 등의 겸용

(1) 옥내소화전설비의 수원을 스프링클러설비, 간이스프링클러설비, 화재조기진압용 스프링클러설비, 물분무소화설비, 포소화전설비 및 옥외소화전설비의 수원과 겸용하여 설치하는 경우의 저수량은 각 소화설비에 필요한 저수량을 합한 양 이상이 되도록 하여야 한다. 다만, 이들 소화설비중 고정식 소화설비가 2 이상 설치되어 있고, 그 소화설비가 설치된 부분이 방화벽과 방화문으로 구획되어 있는 경우에는 각 고정식 소화설비에 필요한 저수량 중 최대의 것 이상으로 할 수 있다.

(2) 옥내소화전설비의 가압송수장치로 사용하는 펌프를 스프링클러설비, 간이스프링클러설비, 화재조기진압용 스프링클러설비, 물분무소화설비, 포소화설비 및 옥외소화전설비의 가압송수장치와 겸용하여 설치하는 경우의 펌프의 토출량은 각 소화설비에 해당하는 토출량을 합한 양 이상이 되도록 하여야 한다. 다만, 이들 소화설비 중 고정식 소화설비가 2 이상 설치되어 있고, 그 소화설비가 설치된 부분이 방화벽과 방화문으로 구획되어 있으며 각 소화설비에 지장이 없는 경우에는 펌프의 토출량 중 최대의 것 이상으로 할 수 있다.

(3) 옥내소화전설비, 스프링클러설비, 간이스프링클러설비, 화재조기진압용 스프링클러설비, 물분무소화설비, 포소화설비 및 옥외소화전설비의 가압송수장치에 있어서 각 토출측 배관과 일반급수용의 가압송수장치의 토출측 배관을 상호 연결하여 화재시 사용할 수 있다. 이 경우 연결배관에는 개폐표시형 밸브를 설치하여야 하며, 각 소화설비의 성능에 지장이 없도록 하여야 한다.

(4) 옥내소화전설비의 송수구를 스프링클러설비, 간이스프링클러설비, 화재조기진압용 스프링클러설비, 물분무소화설비, 포소화설비 또는 연결송수관설비의 송수구와 겸용으로 설치하는 경우에는 스프링클러설비의 송수구의 설치기준에 따르고, 연결살수설비의 송수구와 겸용으로 설치하는 경우에는 옥내소화전설비의 송수구의 설치기준에 따르되 각각의 소화설비의 기능에 지장이 없도록 하여야 한다.

4.2.12 옥내소화전설비의 점검

(1) 소화전함

1) 소화전함은 변형, 손상된 부분은 없는지의 여부
2) 주위에는 유사시 장애가 되는 물건이 방치되어 있지 않은가의 여부
3) 함의 문짝이 변형, 파손 또는 부식 등으로 개폐에 지장이 없는지의 여부
4) 호스는 건조한 상태에서 연결되어 있으며, 노즐은 결합되어 있는지의 여부
5) 방수구로부터 그 층 각 부분까지 수평거리 25 m 이내에 포용이 되어 있는지의 여부
6) 소화전 표시등은 점등되어 있는지의 여부
7) 방수구는 바닥으로부터 1.5 m 이하인가의 여부

(2) 기동장치

1) 개폐밸브 또는 성능시험 배관밸브를 개방 방수하면 가압송수장치가 가동되는지의 여부
2) 소화전함 직근에 기동장치는 설치되어 있으며, 기동장치를 조작하면 가압송수장치가 가동되는지의 여부
3) 기동장치의 누름단추는 손상되어 있지 않은지의 여부
4) 기동장치의 표시등은 설치되어 있으며, 점등되는지의 여부

수원, 제어반, 가압송수장치, 배관, 비상전원, 고가수조의 점검요령은 스프링클러설비와 같고, <표 4-4>의 옥내소화전설비 종합 정밀점검표에 따라 점검한다.

〈표 4-4〉 옥내소화전설비 종합정밀점검표

(1) 설치상태 개요

항 목				
주된 수원	구 분		1차	2차 (옥상수조)
	종 별		□ 고가수조 □ 압력수조 □ 그 밖의 것 :	
	위 치		○설치장소 □ 지하 □ 지상 □ 옥상 □ 그 밖의 것 : ○펌프흡입방식에 의한 분류 □ 부압흡입방식의 저수조 □ 정압흡입방식의 저수조	
	수 량		○총보유량 : m^3 ○소화전유효수량 : m^3 □ 전용 □ 겸용	
가압수송장치	설치위치	층 실	압력조정장치 □ 유 □ 무	
	펌프방식	펌 프 전동기	□ 전용 □ 겸용 ○토출량 : ℓ/min ○전 양 정 : m ○직 경 : mm ○전 압 : V ○출 력 : kW	
		물올림장치	○유효수량 : ℓ ○급수배관구경 : mm ○감수경보의 종별 및 표시장소 :	
		기동용 수압개폐장치	○용 량 : ℓ ○사용압력 : MPa	
	고가수조방식		○유 효 낙 차 : m	
	압력탱크방식		○탱크가압압력 : MPa ○용 량 : ℓ ○공기압축기 용량 : m^3/min ○동 력 : kW	
보조용고가(또는 옥상)수조			○유 효 수 량 : m^3	
소 화 전	○총설치수 : 개		○가장 많이 설치된 층의 소화전수 : 개	
기동장치	□ on/off 방식 □ 기동용수압개폐장치 □ 그 밖의 것 : 주펌프기동 기동 MPa 정지 MPa 보조펌프기동 기동 MPa 정지 MPa			
표 시 등	□ 전용 □ 자동화재탐지설비와 겸용(점멸)			
배 관	배 관	입 상 관	□ 직경 : mm □ 전용 □ 겸용	
		재 질	□ KSD 3562 □ KSD 3507 □ 그 밖의 것 :	
	이 음		□ 플랜지 □ 그 밖의 것 :	
	밸 브	개폐밸브	□ KS : K □ 그 밖의 것 :	
		체크밸브	□ KS : K □ 그 밖의 것 :	
	방식조치		□ 방식테이프감기 □ 라이닝관 □ 그 밖의 것 :	
송 수 구	□ 단구형 : 개 □ 쌍구형 : 개 □ 설치위치 :			
배 선	비상전원회로		□ 내화전선 □ 전선관매설 □ 그 밖의 것 :	
	조 작 회 로		□ 내열전선 □ 전선관노출 □ 전선관매설 □ 그 밖의 것 :	
비상전원	□ 자가발전설비 □ 축전지설비 □ 그 밖의 것 :			
비 고	배관의 재질 항목은 소방시설성능시험표 해당			

(비고) □란에는 해당 시설(요소)에 "∨"표를, :의 다음에는 정밀점검실시 후 그 결과를 기재한다.

(2) 성능 및 종합정밀점검

(결과 : 양호○, 요정비△, 불량×)

번호	점 검 항 목	결과	불량내용	조치내용	법적근거
1	수 원 ○ 주된 수원의 저수량 ○ 다른 설비와 겸용의 경우 풋밸브 또는 흡수구의 위치 ○ 수원의 수질				
2	수 조 ○ 점검의 편의성 ○ 동결방지조치(또는 동결 우려가 없는 장소의 환경)상태 ○ 수위계(또는 수위확인 조치) ○ 수조 외측사다리(바닥보다 낮은 경우 제외) ○ 조명설비(또는 채광상태) ○ 배수밸브 또는 배수관 ○ "옥내소화전용 수조"의 표지 설치상태 ○ 수조내부 청소상태 및 방청조치				
3	가압송수장치 ○ 펌프설치장소의 점검편의성 및 화재·침수등 재해방지환경 ○ 동결방지조치(또는 동결의 우려가 없는 장소의 환경)상태 ○ 옥내소화전 동시상용시 방수압 및 방수량 ○ 다른 설비와 펌프를 겸용하는 경우 소화용으로 사용시 장애 발생여부 ○ 기동스위치 또는 수압개폐장치의 기능 ○ 펌프성능시험배관 상태 ○ 수온상승방지 밸브 설치위치·배관규격, 그 밖의 설치상태 및 릴리프 밸브 개방압력 ○ 충압펌프 용량·양정 및 "옥내소화전용 충압펌프"의 표지 설치상태 ○ 물올림장치 용량·배관 및 보급수 보급상태 ○ 물올림장치의 감수 시 자동급수 및 저수위 경보작동상태 ○ 내연기관의 경우 기동장치 및 축전지 상태 ○ 가압송수장치의 "옥내소화전펌프"의 표지 설치상태 ○ 고가수조의 경우 낙차·급수관 및 오버플로우관의 상태 ○ 압력수조의 경우 수조의 내용적·내용적과 저수량의 비율·가압가스의 평상시 압력·수위계·급수관·급기관·맨홀·압력계·연성계·안전장치 및 압력저하방지장치 설치상태				
4	배관 및 밸브류 ○ 배관의 재질 ○ 다른 설비와 급수배관을 겸용하는 경우 소화용으로의 사용 시 장애 발생여부 ○ 흡입측 배관의 공기고임방지조치 및 여과장치 상태 ○ 토출측 배관의 유속 ○ 주배관 및 가지배관의 구경 ○ 펌프성능시험배관의 구경 및 설치상태 ○ 유량측정장치의 용량 및 설치(또는 유량측정장치 설치 생략시 펌프토출량의 적합 여부) 상태				

번호	점 검 항 목	결 과			
		결과	불량 내용	조치 내용	법적 근거
	○ 동결장치조치(또는 동결우려가 없는 장소의 환경)상태 ○ 개폐표시형 밸브의 종류 · 설치위치 및 기능 ○ 다른 설비의 배관과의 구분방식 및 상태 ○ 입상배관의 지지 및 수평배관의 행가의 배치간격 · 설치상태 및 지지하중 ○ 배관내부의 청소상태 ○ 풋밸브의 규격 및 누수량 ○ 체크밸브의 종류 · 규격 · 설치위치 및 상태				
5	옥내소화전 옥외송수구 ○ 설치장소 및 위치(높이 포함) ○ 개폐밸브 설치금지 여부 ○ 송수구의 규격 및 접결나사의 보호상태 ○ 자동배수밸브 · 체크밸브의 설치위치 및 상태				
6	옥내소화전설비의 함 등 ○ 함의 재질 · 두께 ○ 문의 크기 · 표지 및 개방의 용이성 및 장애물 설치여부 등 사용상의 편의상태 ○ 기동스위치 방식의 경우 그 위치 및 기능 ○ 방수구의 규격 · 수평거리 · 높이 및 밸브조작의 부드러움 등 사용상의 편의성 ○ 방수압력이 0.7 MPa을 초과하는 경우 감압조치 - 감압조치한 방수구의 위치: - 감압조치 후 방수압력: ○ 방수구와 호스의 접결상태, 호스의 구경 · 적재상태(긴급사용 편의) 및 설치개수 ○ 호스와 관창의 접결상태 및 관창의 설치개수 (직사형 : 개, 방사형 : 개) ○ 표시등의 설치상태				
7	전 원 ○ 수전전압에 따른 배선방식 ○ 비상전원 설치장소의 점검편의성 및 화재 · 침수 등 재해방지환경 ○ 비상전원의 종류 및 용량 ○ 상용전원의 전력공급중단 시 비상전원의 전력공급으로의 자동 및 수동전환상태 ○ 비상전원의 설치장소 · 조명 · 방화구획 및 비상전원설비 외 다른 설비 · 물품의 설치 또는 비치여부 ○ 각 배선의 절연저항				
8	제어반 ○ 각 펌프의 작동표시등 및 음향경보기능 상태 ○ 각 펌프의 자동 및 수동으로의 작동 및 중단기능 ○ 비상전원이 있는 경우 상용 또는 비상전원 전환기능 ○ 수조 또는 물올림탱크의 저수위 표시 및 경보기능 ○ 예비전원 확보상태 및 전환기능 ○ 모든 확인회로의 도통 · 작동시험기능 및 결과 ○ 설치장소의 점검의 편의성 및 화재 · 침수 등 재해방지환경				

<table>
<tr><th rowspan="2">번호</th><th rowspan="2">점 검 항 목</th><th colspan="4">결 과</th></tr>
<tr><th>결과</th><th>불량
내용</th><th>조치
내용</th><th>법적
근거</th></tr>
<tr><td></td><td>○ 감시제어반 전용실을 설치하는 경우 방화구획 · 설치장소 · 조명 · 급배기설비 · 무선기기접속단자 · 최소면적 및 정리상태
○ 다른 설비와 제어반을 겸용하는 경우 소화용으로의 사용 시 장애 발생 여부
○ 동력제어반의 설치장소 · 용도표지 · 재질 및 두께
○ 각 배선의 절연저항</td><td></td><td></td><td></td><td></td></tr>
<tr><td>9</td><td>배선
○ 비상전원으로부터 동력제어반 및 가압송수장치에 이르는 전원회로의 내화배선 공사의 종류 및 상태
○ 그 밖의 전기회로의 배선공사의 종류 및 상태
○ 사용전선의 종류별 규격
○ 각 배선의 전기설비기술기준에 관한 규칙에의 적합여부</td><td></td><td></td><td></td><td></td></tr>
<tr><td>10</td><td>전동기
○ 베이스에 고정 및 커플링 결합상태
○ 원활한 회전 여부(진동 및 소음 상태)
○ 운전 시 과열 발생여부
○ 베어링부의 윤활유 충진상태 및 변질여부
○ 본체의 방청의 보존상태</td><td></td><td></td><td></td><td></td></tr>
<tr><td>11</td><td>수압시험
○ 가압송수장치 및 부속장치(밸브류, 배관, 배관 부속류, 압력챔버)의 수압시험(접속상태에서 실시) 결과
○ 옥외연결송수구 및 연결배관의 수압시험 결과
○ 입상배관 및 가지배관의 수압시험 결과(수압시험은 1.4 MPa의 압력으로 2시간 이상 시험하고자 하는 장치의 가장 낮은 부분에서 가압하되, 배관과 배관, 배관 부속류, 밸브류, 각종 장치 및 기구의 접속부분에서 누수현상이 없을 것. 이 경우 상용수압이 1.05 MPa 이상인 부분에 있어서의 압력은 그 상용수압에 0.35 MPa을 더한 값)</td><td></td><td></td><td></td><td></td></tr>
<tr><td>12</td><td colspan="5">펌프성능시험결과표
<table>
<tr><th>구 분</th><th>체절운전</th><th>정격운전
(100%)</th><th>정격유량의
150% 운전</th><th>적 정 여 부</th></tr>
<tr><td>토출량
(ℓ/min)</td><td>0</td><td></td><td></td><td rowspan="2">1.체절운전 시 토출압은 정격토출압의 140% 이하일 것(　)
2.정격운전 시 토출량과 토출압이 규정치 이상일 것(　)
(펌프 명판 및 설계치 참조)
3.정격토출량 150 %에서 토출압이 정격토출압의 65 % 이상일 것(　)</td></tr>
<tr><td>토출압
(MPa)</td><td></td><td></td><td></td></tr>
</table>
설정압력 :
○주펌프
기동 : 　MPa
정지 : 　MPa
○충압펌프
기동 : 　MPa
릴리프밸브 작동압력: 　MPa 미만</td></tr>
<tr><td>13</td><td colspan="5">비고 : 11번 항목의 수압시험은 소방시설성능시험표에만 해당</td></tr>
</table>

(비고) 1. 옥내소화전설비 단위별로 작성한다.
2. 방수압력의 특정은 소방용 기계 · 기구 등의 검정기술기준(KOFEIS 0702)의 직사형 관창(호칭 25 mm)을 사용하여 방수 시 그 관창 선단에서의 피토 게이지압력으로 한다.

4.2.13 옥내소화전설비의 설치기준 비교

<표 4-5>는 한국, 일본, 미국의 옥내소화전설비 설치기준의 주요항목을 비교한 것이다.

〈표 4-5〉 옥내소화전설비의 설치기준 비교

구 분	한 국 (NFSC 102)	일 본 (소방법시행령)	미 국 (NFPA)	비 고
방수압(MPa)	0.17～0.7 (노즐선단)	0.17～0.7 (노즐선단)	0.7 @1.5"호스접결구	
수원의 유효수량(m^3)	2.6N (N≤5)	2.6N (N≤2)	11.4 (100 GPM×30 min)	동시개방 소화전 5개(N=5)는 비현실적임
최대 수평거리(m)	25	25	40(1.5"호스접결구)	호스접결구에서 건물의 각 부분까지의 거리
펌프의 토출량 (m^3/min)	0.13N (N≤5)	0.15N (N≤2)	없음	한국은 노즐 방수량과 같지만, 노즐 방수량보다 큰 일본이 타당함
펌프 자동작동-정지압력 (MPa)	규정 없음 (수동정지)	없음	(1) 충압펌프 정지압력 = 주펌프의 체절압력 + 최소정수압 (2) 충압펌프 작동압력 = (1) − 0.07 (3) 주펌프 작동압력 = (2) − 0.035 (4) 주펌프 정지압력 = 규정없음(수동정지)	소화완료시까지 물 공급
최소비상전원 작동시간(분)	20	30	없음(수원의 유효 수량 계산에 30분)	여유를 고려, 30분이 타당함
배관의 내압시험	규정 없음	체절압력의 1.5배	1.4 MPa에서 2시간 또는 최대압력이 1 MPa를 초과하는 경우 최대압력 + 0.35 MPa	규정 필요

4.3 옥외소화전설비

4.3.1 옥외소화전설비의 개요

옥외소화전(outdoor fire hydrant) 설비는 건물의 1, 2층의 초기화재는 물론 중기화재 이후의 대화재에도 대처하며, 아울러 인근 건물로 화재가 확산되는 것을 방지하기 위해 건물 외부로부터의 소화작업을 행하는 설비이다. 소방대가 도착하기 이전에 자체소방대가 사용할 뿐만 아니라 소방대도 이용할 수 있다.

옥내소화전이 화재의 초기 진압에 사용되는데 비해 옥외소화전은 인접 건물에 대한 연소확대의 방지 목적으로 사용된다. 사용상의 주체는 소방대상물의 관계인이나 소방대가 도착한 이후에는 소방대의 연소방지용으로도 사용한다. 옥외소화전의 주요 구성은 수원, 가압송수장치, 배관, 제어반 등으로 옥내소화전설비의 구조, 원리와 유사하며, 다만 옥외소화전과 소화전함, 방수구의 규격 등이 다를 뿐이다. 옥외소화전설비는 옥내소화전설비와 대동소이하고 소화작업의 순서도 같지만, 대형화재 또는 주위건물까지 소화활동에 대처하여야 하기 때문에 옥내소화전설비에 비해 방수압이 높고 방수량도 커서 소화능력이 높고, 옥내소화전설비의 소화전은 건물 내에 설치되어있는데 비해 옥외소화전설비에서는 소화전이 건물외부에 설치되어 있다. 그러나 옥외소화전설비는 높은 층과 지하층에 대하여는 소화활동의 효과가 낮으므로, 건축물의 1층과 2층에 한하여 유효하도록 규정하고 있다. 옥외소화전설비 관련 기준은 국가화재안전기준(NFSC 109)에 규정되어 있다.

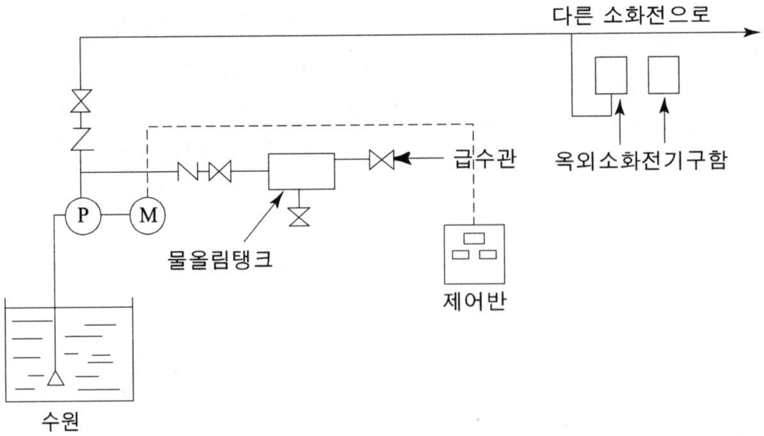

〈그림 4-9〉 옥외소회전설비의 계통도

<그림 4-9>는 옥외소화전설비로서 지하수조의 물을 소화펌프로 옥외소화전에 공급하는 설비이다.

옥외소화전의 종류는 지상식과 지하식으로 구별되며, 방수구에 따라 쌍구형과 단구형으로 구분된다. <그림 4-10>은 단구형 지하식 옥외소화전으로, 소화전함의 소방호스를 접결구에 연결하고 밸브를 열면 방수되는 구조로 되어 있다.

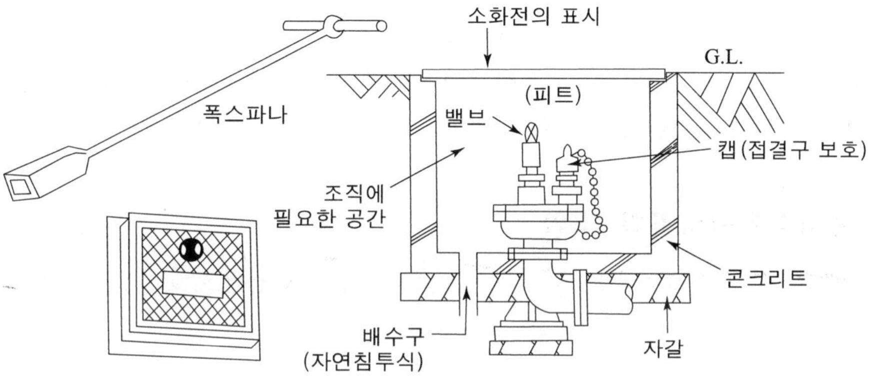

〈그림 4-10〉 지하식 단구형 소화전

<그림 4-11>은 호스 접결구가 두 개인 지상식 쌍구형 옥외소화전이다.

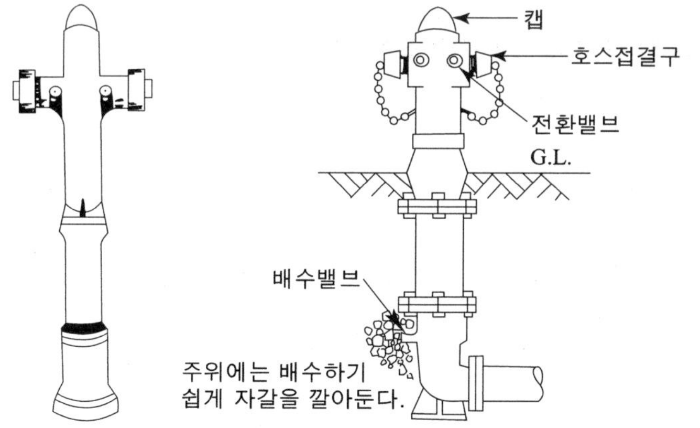

〈그림 4-11〉 지상식 쌍구형 소화전

4.3.2 옥외소화전설비의 설치대상

옥외소화전설비를 설치하여야 하는 특정소방대상물(가스시설, 지하구 또는 지하가 중 터널 제외)은 다음과 같다.

(1) 지상 1층 및 2층의 바닥면적이 합계가 9,000 m^2 이상인 것. 이 경우 동일구내에 둘 이상의 특정소방대상물이 행정자치부령이 정하는 연소우려가 있는 구조인 경우에는 이를 하나의 특정소방대상물로 본다.

(2) 지정문화재로서 연면적 1,000 m^2 이상인 것

(3) 위 (1)에 해당하지 아니하는 공장 또는 창고로서 소방기본법시행령에서 정하는 수량의 750배 이상의 특수가연물을 저장, 취급하는 것

4.3.3 옥외소화전설비의 수원

옥외소화전설비의 수원은 그 저수량이 옥외소화전의 설치개수(옥외소화전이 2개 이상 설치된 경우에는 2개)에 7 m^3를 곱한 양 이상이 되도록 하여야 한다. 즉,

$$V \geq 7\,N(m^3)\ \ (N \leq 2) \tag{4.7}$$

이다. V는 수원의 유효수량, N은 가장 많이 설치된 층의 소화전 개수로, 최대 2개이고, 7은 소화전 1개의 방수량 350 ℓ/min으로 20분간 방수한 양 7 m^3을 나타낸다. 기타 수원 관련기준은 옥내소화전설비와 같다.

4.3.4 옥외소화전설비의 가압송수장치

(1) 펌프방식

전동기 또는 내연기관에 따른 펌프를 이용하는 가압송수장치는 다음 기준에 따라 설치하여야 한다.

1) 쉽게 접근할 수 있고 점검하기에 충분한 공간이 있는 장소로서 화재 및 침수 등의 재해로 인한 피해를 받을 우려가 없는 곳에 설치할 것
2) 동결방지조치를 하거나 동결의 우려가 없는 장소에 설치할 것
3) 당해 소방대상물에 설치된 옥외소화전(2개 이상 설치된 경우에는 2개의 옥외소화전)을 동시에 사용할 경우 각 옥외소화전의 노즐선단에서의 방수압력이 0.25 MPa 이상이고, 방수량이 350 ℓ/min 이상이 되는 성능의 것으로 할 것. 이 경우 하나의 옥외소화전을 사용하는 노즐선단에서의 방수압력이 0.7 MPa을 초과할 경우에는 호스 접결구의 인입측에 감압장치를 설치하여야 한다.

기준 방수압과 방수량을 충족하기 위한 펌프 구동용 전동기의 소요동력은 다음의 절차에 따라 계산한다. 펌프의 전양정 H는

$$H = h_1 + h_2 + h_3 + h_4 \qquad (4.8)$$

이고 옥내소화전의 식 (4.2)와 같다. 여기서

h_1 = 실양정
h_2 = 배관의 손실수두
h_3 = 소방호스의 마찰손실수두
h_4 = 소화전 노즐선단 방수압력의 환산수두

이다. 옥외소화전 노즐선단 방수압이 0.25 MPa 이상이므로, 환산수두 h_4는 25 m이다.

펌프의 정격토출량은 옥외소화전 1개당 방수량 350 ℓ/min에 소화전이 가장 많이 설치된 층의 설치개수(최대 2개) N을 곱한 양,

$$Q = 350\,N(\ell/\text{min}) \quad (N \le 2) \qquad (4.9)$$

이상이어야 한다.

펌프용 전동기 또는 내연기관의 소요동력 L은

$$L = \gamma Q H k / \eta \qquad (4.10)$$

여기서,

Q = 펌프의 토출량
H = 전양정
γ = 물의 비중량, 9,810 N/m^3
η = 펌프 효율(펌프 구경에 따라 0.40 ~ 0.70 <표 2-1> 참조)
k = 전달계수(전동기 1.1, 내연기관 1.15 ~ 1.20)

이다.

전동기의 소요동력 계산절차는 옥내소화전설비와 같다. 다만 관의 마찰손실수두는 <표 4-6>을 사용하여 계산한다. <표 4-7>을 사용하여 관이음쇠와 밸브의 상당 관 길이를 구하고 같은 구경의 직관 길이를 합산한 다음 <표 4-6>에서 구한다. 소방호스의 마찰손실수두 h_3는 <표 4-8>에 주어져 있다.

기타 펌프방식 관련 기준은 옥내소화전과 같다.

〈표 4-6〉 옥외소화전설비용 관의 마찰손실수두(관 길이 100 m당)

소화전 개수	유량 (ℓ/min)	관 호칭경, mm(in)				
		65(2½)	80(3)	100(4)	125(5)	150(6)
		마찰손실수두 (m)				
1	350	7.65	3.30	1.64	0.90	0.31
2	700	–	–	–	3.26	1.13

〈표 4-7〉 관이음쇠와 밸브의 손실수두 상당 관 길이

호칭경 mm(in)	90° elbow	45° elbow	90° T		gate valve	globe valve	angle valve
			분류	직류			
	상당 관 길이 (m)						
12(½)	0.60	0.36	0.90	0.18	0.12	4.50	2.40
20(¾)	0.75	0.45	1.20	0.24	0.15	6.00	3.60
25(¼)	0.90	0.54	1.50	0.27	0.18	7.50	4.50
32(1¼)	1.20	0.72	1.80	0.36	0.24	10.50	5.40
40(1½)	1.50	0.90	2.10	0.45	0.30	13.8	6.50
50(2)	2.10	1.20	3.00	0.60	0.39	16.5	8.40
65(2½)	2.40	1.30	3.60	0.75	0.48	19.5	10.2
80(3)	3.00	1.80	4.50	0.90	0.60	24.0	12.0
100(4)	4.20	2.40	6.30	1.20	0.81	37.5	16.5
125(5)	5.10	3.00	7.50	1.50	0.99	42.0	21.0
150(6)	6.00	3.60	9.00	1.80	1.20	49.5	24.0

(주) 1. 나사이음 기준
2. 이경 socket, bushing, reducer는 직경이 작은 쪽의 45° elbow에 해당
3. swing check valve, foot valve, 여과기(strainer)는 angle valve에 해당
4. bend, coupling은 직류 90° T에 해당
5. 자동경보밸브는 angle valve에 해당
6. ball valve와 포 소화설비의 자동밸브는 globe valve에 해당
7. union, flange, socket의 손실수두 무시
8. 소화전은 구조와 형상에 따라 위의 밸브 중 유사한 것 선택

〈표 4-8〉 옥외소화전용 소방호스의 마찰손실(길이 100 m당)

구 경	65 mm	
재 질	마	고무내장
마찰손실수두	10 m	4 m

예제 4-3 1층과 2층에 각각 옥외소화전이 2개씩 설치되어있는 건물이 있다. 실양정(수원의 바닥에서 최고위치의 소화전까지 높이)이 6 m이고, 배관의 손실수두는 실양정의 30 %, 소방호스는 길이 20 m, 구경 65 mm의 고무내장 호스 2개이고, 펌프의 효율을 60 %이다. 다음을 구하라.
(1) 수조의 유효수량, (2) 소화펌프의 정격토출량, (3) 소화펌프의 양정, (4) 전동기의 동력

풀이

(1) 수조의 유효수량은 350 ℓ/min×20 min×N 이상, 즉 $7\ Nm^3 = 7\times2 = \underline{14\ m^3}$ 이상
(2) 소화펌프의 정격토출량은 350 ℓ/min×N = 350×2 = 700 ℓ/min = $\underline{0.0117\ m^3/s}$ 이상
(3) 소화펌프의 양정

$$H = h_1+h_2+h_3+25\ m$$

에서 $h_1 = 6\ m$, $h_2 = 6\times0.3 = 1.8\ m$, $h_3 = (20\times2)\times4/100 = 1.6\ m$이므로

$$H = 6+1.8+1.6+25 = \underline{34.4\ m}$$

(4) $L = \gamma QHk/\eta = (9{,}810\ N/m^3)(0.0117\ m^3/s)(34.4\ m)(1.1)/0.6 = 7{,}240\ W = \underline{7.5\ kW}$

(2) 고가수조방식

고가수조의 자연낙차를 이용한 가압송수장치는 다음 기준에 따라 설치하여야 한다.

고가수조의 자연낙차수두(수조의 하단으로부터 최고층에 설치된 소화전 호스 접결구까지의 수직거리)는 다음의 식에 따라 산출한 수치 이상이 되어야 한다.

$$H = h_1 + h_2 + 25 \tag{4.11}$$

여기서

H = 필요한 낙차(m)
h_1 = 배관의 손실수두(m)
h_2 = 소방호스의 마찰손실수두(m)

이다.

25 m는 옥외소화전 노즐선단 방수압 0.25 MPa의 환산수두이다. 배관의 손실수두는 펌프방식과 같이 <표 4-5>와 <표 4-6>를, 소방호스의 마찰손실수두는 <표 4-7>을 이용해 계산한다. 고가수조에는 수위계, 배수관, 급수관, 오버플로우관(overflow pipe) 및 맨홀(manhole)을 설치해야한다.

(3) 압력수조방식

압력수조를 이용한 가압송수장치를 설치하는 경우에는 압력수조의 압력은 다음의 식에 따라 산출한 수치 이상으로 해야 한다.

$$P = p_1 + p_2 + 0.25 \tag{4.12}$$

여기서,

P = 필요한 압력(MPa)
p_1 = 배관의 손실 수두압(MPa)
p_2 = 소방호스의 마찰손실수두압(MPa)

이고 0.25 MPa은 옥외소화전 노즐선단의 방수압이다. 배관의 손실수두압 p_1과 소방호스의 마찰손실수두압 p_2는 배관의 손실수두와 소방호스의 마찰손실수두를 구한 다음, 각각에 물의 비중량을 곱한 값이다. 압력수조에는 수위계와 급수관, 배수관, 급기관, 맨홀, 압력계, 안전장치, 압력저하 방지를 위한 자동식 공기압축기를 설치해야 한다.

4.3.5 옥외소화전설비의 배관 등

(1) 호스접결구는 소방대상물의 각 부분으로부터 하나의 호스접결구까지의 수평거리가 40 m 이하가 되도록 설치하여야 한다. 이 경우 수평거리가 40 m 이상인 옥내부분에는 지름 65 mm 이상의 방수구를 40 m 이하마다 설치하여야 한다.
(2) 호스는 구경 65 mm의 것으로 하여야 한다.
(3) 기타 배관 등 관련기준은 옥내소화전설비와 같다.

4.3.6 옥외소화전설비의 소화전함 등

(1) 옥외소화전설비 소화전함

옥외소화전마다 그로부터 5 m 이내의 장소에 소화전함을 설치하여야 한다.

1) 옥외소화전이 10개 이하 설치된 때에는 옥외소화전마다 5 m 이내의 장소에 1개 이상의 소화전함을 설치하여야 한다.
2) 옥외소화전이 11개 이상 30개 이하 설치된 때에는 11개 이상의 소화전함을 각각 분산하여 설치하여야 한다.
3) 옥외소화전이 31개 이상 설치된 때에는 옥외소화전 3개마다 1개 이상의 소화전함을 설치하여야 한다.

(2) 옥외소화전설비의 함의 설치기준

1) 함의 재질은 두께 1.5 mm 이상의 강판 또는 두께 4 mm 이상의 합성수지재로 하고, 문짝의 면적은 0.5 m^2 이상으로 하여 밸브의 조작, 호스의 수납 등에 충분한 여유를 가질 수 있도록 할 것. 연결송수관의 방수구를 같이 설치하는 경우에도 또한 같다.

2) 함의 재질이 강판인 경우에는 염수분무시험방법(KSD 9502)에 따라 시험한 경우 변색 또는 부식되지 아니하여야 하고, 합성수지재인 경우에는 내열성 및 난연성의 것으로서 8℃의 온도에서 24시간 이내에 열로 인한 변형이 생기지 아니하는 것으로 할 것

(3) 옥외소화전설비의 소화전함 표면에는 "옥외소화전"이라고 표시한 표지를 하고, 가압송수장치의 조작부 또는 그 부근에는 가압송수장치의 기동을 명시하는 적색등을 설치하여야 한다.

(4) 표시등의 설치기준

1) 옥외소화전설비의 위치를 표시하는 표시등은 함의 상부에 설치하되, 그 불빛은 부착면으로부터 15° 이상의 범위 안에서 부착지점으로부터 10 m 이내의 어느 곳에서도 쉽게 식별할 수 있는 적색등으로 할 것

2) 가압송수장치의 시동을 표시하는 표시등은 옥외소화전함의 상부 또는 그 직근에 설치하되 적색등으로 할 것

3) 적색등은 사용전압의 130%인 전압을 24시간 연속하여 가하는 경우에도 단선, 현저한 광속변화, 전류변화 등의 현상이 발생되지 아니 할 것

4.3.7 옥외소화전설비의 전원 등

옥외소화전설비에는 그 소방대상물의 수전방식에 따라 다음 기준에 따른 상용전원회로의 배선을 설치하여야 한다.

(1) 저압수전인 경우에는 인입개폐기의 직후에서 분기하여 전용배선으로 하여야 하며, 전용의 전선관에 보호 되도록 할 것

(2) 특별고압수전 또는 고압수전일 경우에는 전력용 변압기 2차측의 주차단기 1차측에서 분기하여 전용배선으로 하되, 상용전원의 상시공급에 지장이 없을 경우에는 주차단기 2차측에서 분기하여 전용배선으로 할 것. 다만, 가압송수장치의 정격입력전압이 수전전압과 같은 경우에는 (1)의 기준에 따른다.

옥외소화전설비의 제어반, 배선 등은 옥내소화전설비와 같다.

4.3.8 수원 및 가압송수장치의 펌프 등의 겸용

(1) 옥외소화전설비의 수원을 옥내소화전설비, 스프링클러설비, 간이스프링클러설비, 화재조기진압용 스프링클러설비, 물분무소화설비 및 포소화전설비의 수원과 겸용하여 설치하는 경우의 저수량은 각 소화설비에 필요한 저수량을 합한 양 이상이 되도록 하여야 한다. 다만, 이들 소화설비 중 고정식 소화설비가 둘 이상 설치되어 있고, 그 소화설비가 설치된 부분이 방화벽과 방화문으로 구획되어 있는 경우에는 각 고정식 소화설비에 필요한 저수량 중 최대의 것 이상으로 할 수 있다.

(2) 옥외소화전설비의 가압송수장치로 사용하는 펌프를 옥내소화전설비, 스프링클러설비, 간이스프링클러설비, 화재조기진압용 스프링클러설비, 물분무소화설비 및 포소화설비의 가압송수장치와 겸용하여 설치하는 경우의 펌프의 토출량은 각 소화설비에 해당하는 토출량을 합한 양 이상이 되도록 하여야 한다. 다만, 이들 소화설비 중 고정식 소화설비가 둘 이상 설치되어 있고, 그 소화설비가 설치된 부분이 방화벽과 방화문으로 구획되어 있으며 각 소화설비에 지장이 없는 경우에는 펌프의 토출량 중 최대의 것 이상으로 할 수 있다.

(3) 옥내소화전설비, 스프링클러설비, 간이스프링클러설비, 화재조기진압용 스프링클러설비, 물분무소화설비, 포소화설비 및 옥외소화전설비의 가압송수장치에 있어서 각 토출측 배관과 일반급수용의 가압송수장치의 토출측 배관을 상호 연결하여 화재 시 사용할 수 있다. 이 경우 연결배관에는 개폐표시형 밸브를 설치하여야 하며, 각 소화설비의 성능에 지장이 없도록 하여야 한다.

4.3.9 옥외소화전설비의 점검

옥외소화전설비의의 점검은 옥내소화전 참조하고, <표 4-9>에 따라 실시한다.

〈표 4-9〉 옥외소화전설비 종합정밀점검표

(1) 설치상태 개요

항목			
주된 수원	구 분		1차 수원
	종 별		□ 고가수조 □ 압력수조 □ 그 밖의 것 :
	위 치		설치장소 : □ 지하 □ 지상 □ 옥상 □ 그 밖의 것 : 펌프흡입방식에 의한 분류 □ 부압흡입방식의 저수조 □ 정압흡입방식의 저수조
	수 량		보유량 : m^3 유효수량 : m^3 □ 전용 □ 겸용
가압송수장치	설치위치	층 호실	압력조정장치 □ 유 □ 무
	펌프방식	펌프 전동기	□ 전용 □ 겸용 토출량 : ℓ/min
			전양정 : m 직 경 : mm
			전 압 : V 출 력 : kW
		물올림장치	유효수량 : 급수관경 : mm
			감수경보의 종별 및 표시장소 :
		기동용수압폐장치	용 량 : ℓ 사용압력 : MPa
	고가수조방식	유효낙차 : m	
	압력탱크방식	가압압력 : MPa 용 량 : ℓ	
		공기압축기 용량 : m^3/min 동 력 : kW	
보조용고가(또는 옥상)수조		유효수량 : m^3	
소 화 전	설치개수 합계 : 개	소화전함 설치수 : 개	
기동장치	□ 전용스위치 □ 기동용 수압개폐장치 □ 그 밖의 것 :		
표 시 등	□ 겸 용 □ 자동화재탐지설비와 겸용(점멸)		
배 관	배 관	입 상 관	□ 직경 : □ 전용 □ 겸용
		재 질	□ KSD 3562 □ KSD 3507 □ 그 밖의 것 :
	이 음		□ 플랜지 □ 그 밖의 것 :
	밸 브	개폐밸브	□ KS : K □ 그 밖의 것 :
		체크밸브	□ KS : K □ 그 밖의 것 :
	방식조치		□ 방식 테이프감기 □ 라이닝 관 □ 그 밖의 것 :
배 선	비상전원회로		□ 내화전선 □ 전선관매설 □ 그 밖의 것 :
	조작회로		□ 내열전선 □ 전선관노출 □ 전선관매설 □ 그 밖의 것 :
비상전원	□ 비상전원수전설비 □ 자가발전설비 □ 축전지설비 □ 그 밖의 것 :		
비 고	배관의 재질 항목은 소방시설성능시험표 해당		

(비고) □란에는 해당 시설(요소)에 "∨"표를, :의 다음에는 정밀점검실시 후 그 결과를 기재한다.

(2) 성능 및 종합정밀점검

(결과 : 양호○, 요정비△, 불량×)

번호	점 검 항 목	결과			
		결과	불량내용	조치내용	법적근거
1	수 원 ○ 주된 수원의 저수량 ○ 다른 설비와 겸용의 경우 풋밸브 또는 흡수구의 위치 ○ 수원의 수질				
2	수 조 ○ 점검의 편의성 ○ 동결방지조치(또는 동결 우려가 없는 장소의 환경)상태 ○ 수위계(또는 수위확인 조치) ○ 수조 외측사다리(바닥보다 낮은 경우 제외) ○ 조명설비(또는 채광상태) ○ 배수밸브 또는 배수관 ○ "옥외소화전용 수조"의 표지 설치상태 ○ 수조내부 청소상태 및 방청조치				
3	가압송수장치 ○ 펌프설치장소의 점검편의성 및 화재, 침수 등 재해방지환경 ○ 동결방지조치(또는 동결의 우려가 없는 장소의 환경)상태 ○ 옥외소화전 동시상용시 방수압 및 방수량 ○ 다른 설비와 펌프를 겸용하는 경우 소화용으로 사용 시 장애 발생 여부 ○ 기동스위치 또는 수압개폐장치의 기능 ○ 펌프성능시험배관 상태 ○ 펌프 흡입측 연성계, 진공계 및 토출측 압력계 설치상태 ○ 수온상승방지 밸브 설치위치, 배관규격, 그 밖의 설치상태 및 릴리프밸브 개방압력 ○ 충압펌프 용량, 양정 및 "옥외소화전용 충압펌프"의 표지 설치상태 ○ 물올림장치 용량, 배관 및 보급수 보급상태 ○ 물올림장치의 감수 시 자동급수 및 저수위 경보작동상태 ○ 내연기관의 경우 기동장치 및 축전지 상태 ○ 가압송수장치의 "옥외소화전펌프"의 표지 설치상태 ○ 고가수조의 경우 낙차, 급수관 및 오버플로우관의 상태 ○ 입력수조의 경우 수조의 내용적, 내용적과 저수량의 비율, 가압가스의 평상시 압력, 수위계, 급수관, 급기관, 맨홀, 압력계, 연성계, 안전장치 및 압력저하방지장치 설치상태				
4	배관 및 밸브류 ○ 배관의 재질 ○ 다른 설비와 급수배관을 겸용하는 경우 소화용으로 사용 시 장애 발생여부 ○ 흡입측 배관의 공기고임방지조치 및 여과장치 상태 ○ 토출측 배관의 유속 ○ 주배관 및 가지배관의 구경 ○ 펌프성능시험배관의 구경 및 설치상태				

<table>
<tr><th rowspan="2">번호</th><th rowspan="2">점 검 항 목</th><th colspan="4">결 과</th></tr>
<tr><th>결과</th><th>불량 내용</th><th>조치 내용</th><th>법적 근거</th></tr>
<tr><td></td><td>○ 유량측정장치의 용량 및 설치(또는 유량측정장치 설치 생략 시 펌프 토출량의 적합 여부) 상태
○ 동결장치조치(또는 동결우려가 없는 장소의 환경)상태
○ 개폐표시형 밸브의 종류, 설치위치 및 기능
○ 다른 설비의 배관과의 구분방식 및 상태
○ 입상배관의 지지 및 수평배관의 행가의 배치간격, 설치상태 및 지지하중
○ 배관내부의 청소상태
○ 풋밸브의 규격 및 누수량
○ 체크밸브의 종류, 규격, 설치위치 및 상태</td><td></td><td></td><td></td><td></td></tr>
<tr><td>5</td><td>옥외소화전설비의 함 등
○ 함의 재질, 두께
○ 문의 크기, 표지 및 개방의 용이성 및 장애물 설치여부 등 사용상의 편의상태
○ 기동스위치 방식의 경우 그 위치 및 기능
○ 방수구의 규격, 수평거리, 높이 및 밸브조작의 부드러움 등 사용상의 편의성
○ 방수압력이 0.7 MPa 초과하는 경우 감압조치
- 감압조치한 방수구의 위치:
- 감압조치후 방수압력:
○ 방수구와 호스의 접결상태, 호스의 구경, 적재상태(긴급사용 편의) 및 설치개수
○ 호스와 관창의 접결상태 및 관창의 설치개수
(직사형 : 개, 방사형 : 개)
○ 표시등의 설치상태</td><td></td><td></td><td></td><td></td></tr>
<tr><td>6</td><td>전원
○ 수전전압에 따른 배선방식
○ 비상전원 설치장소의 점검편의성 및 화재, 침수 등 재해방지환경
○ 비상전원의 종류 및 용량
○ 상용전원의 전력공급중단 시 비상전원의 전력공급으로의 자동 및 수동전환상태
○ 비상전원의 설치장소, 조명, 방화구획 및 비상전원설비 외 다른 설비나 물품의 설치 또는 비치여부
○ 각 배선의 절연저항</td><td></td><td></td><td></td><td></td></tr>
<tr><td>7</td><td>제어반
○ 각 펌프의 작동표시등 및 음향경보기능 상태
○ 각 펌프의 자동 및 수동으로의 작동 및 중단기능
○ 비상전원이 있는 경우 상용 또는 비상전원 전환기능
○ 수조 또는 물올림탱크의 저수위 표시 및 경보기능
○ 예비전원 확보상태 및 전환기능
○ 모든 확인회로의 도통, 작동시험기능 및 결과
○ 설치장소의 점검 편의성 및 화재, 침수 등 재해방지환경</td><td></td><td></td><td></td><td></td></tr>
</table>

<table>
<tr><th rowspan="2">번호</th><th rowspan="2">점 검 항 목</th><th colspan="4">결 과</th></tr>
<tr><th>결과</th><th>불량 내용</th><th>조치 내용</th><th>법적 근거</th></tr>
<tr><td></td><td>○ 감시제어반 전용실을 설치하는 경우 방화구획, 설치장소, 조명, 급배기설비, 무선기기접속단자, 최소면적 및 정리상태
○ 다른 설비와 제어반을 겸용하는 경우 소화용으로의 사용 시 장애 발생여부
○ 동력제어반의 설치장소, 용도표지, 재질 및 두께
○ 각 배선의 절연저항</td><td></td><td></td><td></td><td></td></tr>
<tr><td>8</td><td>배선
○ 비상전원으로부터 동력제어반 및 가압송수장치에 이르는 전원회로의 내화배선 공사의 종류 및 상태
○ 그 밖의 전기회로의 배선공사의 종류 및 상태
○ 사용전선의 종류별 규격
○ 배선의 전기설비기술기준에 관한 규칙의 적합여부</td><td></td><td></td><td></td><td></td></tr>
<tr><td>9</td><td>전동기
○ 베이스에 고정 및 커플링 결합상태
○ 원활한 회전 여부(진동 및 소음 상태)
○ 운전 시 과열 발생여부
○ 베어링부의 윤활유 충진상태 및 변질여부
○ 본체의 방청의 보존상태</td><td></td><td></td><td></td><td></td></tr>
<tr><td>12</td><td colspan="5">펌프성능시험결과표
<table>
<tr><th>구 분</th><th>체절운전</th><th>정격운전 (100%)</th><th>정격유량의 150% 운전</th><th>적 정 여 부</th></tr>
<tr><td>토출량 (ℓ/min)</td><td>0</td><td></td><td></td><td rowspan="2">1. 체절운전 시 토출압은 정격토출압의 140 % 이하일 것(　)
2. 정격운전 시 토출량과 토출압이 규정치 이상일 것(　)
(펌프 명판 및 설계치 참조)
3. 정격토출량 150 %에서 토출압이 정격토출압의 65 % 이상일 것
(　)</td></tr>
<tr><td>토출압 (MPa)</td><td></td><td></td><td></td></tr>
</table>
설정압력
○주펌프
기동 : MPa
정지 : MPa
○충압펌프
기동 : MPa
정지 : MPa

릴리프 밸브 작동압력 : MPa 미만</td></tr>
</table>

(비고) 1. 옥외소화전설비 단위별로 작성한다.
2. 방수압력의 특정은 소방용기계 · 기구 등의 검정기술기준(KOFEIS)의 직사형 관창(호칭 25 mm)을 사용하여 방수 시 그 관창 선단에서의 피토게이지압력으로 한다.

연 습 문 제

4.1 옥내소화전설비의 설치대상을 확인하라.

4.2 옥내소화전설비의 계통도를 그리고 설명하라.

4.3 다음 항목에 대하여 옥내소화전설비와 옥내소화전설비의 차이를 설명하라.

(a) 설치대상　(b) 방수압　(c) 방수량
(d) 유효수량　(e) 펌프의 토출량　(f) 소화전 설치간격

4.4 감압장치는 왜 필요한가?

4.5 OS&Y valve(outside screw and yoke valve)와 PIV(position indicating valve)는 왜 필요한가? 탬퍼 스위치(tamper switch)는 무엇인가?

4.6 노즐(관)의 방수량을 구하는 식 (3.11)

$$Q = 0.653D^2p^{0.5}$$

에서 Q와 D, p는 각각 방수량(ℓ/min), 노즐(관) 구경(mm), 방수압, 즉 피토게이지로 측정한 정체압(kgf/cm^2)이다. Q와 D, p의 단위가 각각 m^3/s, mm, MPa일 때 이 식은 어떻게 되는가?

4.7 방수량 130 ℓ/min, 피토게이지의 방수압(정체압)이 0.17 MPa인 옥내소화전 노즐의 지름이 13 mm임을 확인하라. 또 이 노즐의 방수압이 0.35 MPa일 때 방수량은 얼마인가?

4.8 규정 방수량과 방수압에서 옥외소화전 노즐의 지름은 몇 mm인가?

4.9 옥외소화전설비의 설치대상이 교과서의 내용과 일치하는지 확인하라.

4.10 옥외소화전설비의 계통도를 그리고 설명하라. 옥내 소화전설비와 다른 점이 무엇인가?

4.11 1층에 2개, 2층에 1개의 소화전이 설치되어 있는 옥외소화전설비가 있다. 지름이 125 mm, 유량 700 ℓ/min의 구간이 관 길이 20 m, 90°엘보 3개, 2개의 직류 T, 1개의 125-65 리듀서(reducer)로 구성되어 있다면, 이 구간의 손실수두는 얼마인가?

4.12 위 문제에서 수원의 바닥에서 2층 소화전까지의 높이가 6 m, 배관손실수두가 30 m이고, 구경 65 mm, 길이 20 m의 고무내장 호스 2개로 연결할 때, 수원의 유효수량과 소화펌프용 전동기의 소요동력을 구하라. 펌프의 효율은 60%이다.

CHAPTER 5

물분무소화설비

5.1 용어의 정의

고가수조(gravity tank)
구조물 또는 지형지물 등에 설치하여 자연낙차 압력으로 급수하는 수조

급수배관
수원 및 옥외송수구로부터 물분무 헤드에 급수하는 배관

기동용 수압개폐장치
소화설비의 배관내 압력변동을 검지하여 자동적으로 펌프를 기동 및 정지시키는 것으로서 압력챔버, 기동용 압력스위치 등으로 구성

물분무헤드(water spray head)
화재 시 직선류 또는 나선류의 물을 충돌·확산시켜 미립상태로 분무함으로서 소화하는 헤드

압력수조(pressure tank)
소화용수와 공기를 채우고 일정압력 이상으로 가압하여 그 압력으로 급수하는 수조

연성계(compound gage)
대기압 이상의 압력과 대기압 이하의 압력을 측정할 수 있는 계측기

일제개방밸브(deluge valve)
화재발생 시 자동 또는 수동식 기동장치에 따라 열리는 밸브

진공계(vacuum gage)
대기압 이하의 압력을 측정하는 계측기

5.2 물분무소화설비의 개요

물분무소화설비(water spray system)는 스프링클러설비와 마찬가지로 물을 소화약제로 사용하는 설비이며, 그 구성이 스프링클러설비와 크게 다르지 않다. 스프링클러설비와 다른 점은 스프링클러설비는 스프링클러 헤드에서 물을 빗방울 모양의 형상으로 살수하지만, 물분무소화설비는 물분무 헤드를 사용하여 0.02～2.5 mm의 미립자를 안개의 형태로 방수한다. 따라서 소화전의 방수를 봉상주수, 스프링클러의 살수를 적상주수라고 하는데 비해 물분무소화설비의 방수를 무상주수라고 부른다.

물분무소화설비의 장점은

(1) 물입자의 표면적이 크기 때문에 열을 흡수하기 쉽고, 물이 증발할 때의 증발잠열이 크므로 냉각효과가 우수하게 된다.
(2) 물이 수증기로 되면 체적이 약 1,650배로 팽창하여 산소공급을 차단하여 질식효과가 우수하다.
(3) 전기 절연성이 양호하여 일정한 간격을 확보하면 전기화재에 적용할 수 있다.
(4) 유류표면에 불연성 유화층(emulsion)을 형성하므로 유류화재에도 소화효과가 있다.
(5) 적은 양의 물로 소화가 가능하고, 스프링클러설비에 비해 물에 의한 피해가 적다.
(6) 보통(A급)화재 뿐만 아니라 유류(B급)화재와 전기(C급)화재에도 적응성이 있다.

한편, 물분무소화설비의 단점은 다음과 같다.

(1) 물입자의 크기가 작아 부력을 이기고 화염속에 침투하는 비율이 떨어지므로 스프링클러설비에 비해 냉각효과가 떨어진다.
(2) 열기류와 바람의 영향을 받으며, 물입자의 도달거리가 짧다.
(3) 차고, 주차장 등에 배수설비가 필요하다.

물분무소화설비의 소화효과는 다음과 같다.

(1) 냉각(surface cooling)

미세한 물입자가 대량의 기화열(증발열)을 흡수함으로써 화염의 온도를 발화점 이하로 낮춘다. 그러나 인화성 액체나 가스에는 냉각효과가 없다.

(2) 질식(smothering)

대량의 수증기가 발생하여 연소면의 공기 중 산소의 농도를 21vol%에서 15vol% 이하로 낮춘다. 그러나 화재 발생구역 전체에 물분수설비가 설치되지 않았거나 화재강도가 수증기를 충분히 발생시키지 못하는 경우에는 질식효과가 거의 없다.

(3) 희석(dilution)
알코올, 에테르와 같은 가연성 수용성 액체의 농도를 희석시킨다. 이 경우 희석 후의 농도가 비인화성으로 되는 농도 이하로 떨어져야 희석효과가 있다.

(4) 유화(emulsification)
물분무입자가 속도에너지를 가지고 방사되면 가연성 비수용성 액체의 표면에 불연성 막인 유화층을 형성한다. 유류화재에 물을 분무하는 경우 유화작용으로 가연성 가스가 표면에서 발생되지 않아 소화된다.

물분무소화설비의 적응성은 다음과 같다.

(1) 인화성 가스 및 인화성 액체
(2) 변압기, 유압스위치, 전동기, 케이블트레이(cable tray) 등 전기위험물
(3) 종이, 목재, 직물과 같은 일반 가연물
(4) 고체 위험물

그러나 다음의 장소에는 적응성이 없다.

(1) 물과 반응하는 물질 또는 반응하여 위험물질을 생성하는 물질의 저장, 취급하는 장소
(2) 고온의 물질 및 증류 범위가 넓어 끓어 넘칠 위험이 있는 물질을 저장, 취급하는 장소
(3) 표면의 온도가 260℃ 이상이어서 물을 직접 분무하는 경우 그 부분에 손상을 입힐 우려가 있는 기계장치 등이 있는 장소

물분무소화설비는 수원, 가압송수장치, 배관, 헤드, 자동화재감지기, 유수검지장치 등으로 구성되어 있다. 물분무소화설비 관련기준은 국가화재안전기준(NFSC 104)에 규정되어 있다.

물분무소화설비는 개방형 스프링클러설비와 유사하다. 화재감지방법에 따라 폐쇄형 스프링클러 헤드를 사용하는 설비와 화재감지기를 사용하는 설비로 구분된다. <그림 5-1>은 폐쇄형 스프링클러 헤드를 사용하여 화재를 감지하는 물분무소화설비의 계통도이다. 유수검지장치에 의해 화재경보를 보내며 펌프는 압력챔버의 압력강하로 압력스위치가 작동하여 자동으로 기동하거나 수동기동장치를 이용하여 수동으로 기동한다. 화재감지에서 소화까지의 과정은 다음과 같다.

(1) 화재발생
(2) 폐쇄형 스프링클러 헤드 개방
(3) 일제개방밸브 개방
(4) 유수검지
(5) 수신반 통보
(6) 음향경보 및 화재표시
(7) 가압송수장치 기동
(8) 물분무
(9) 소화

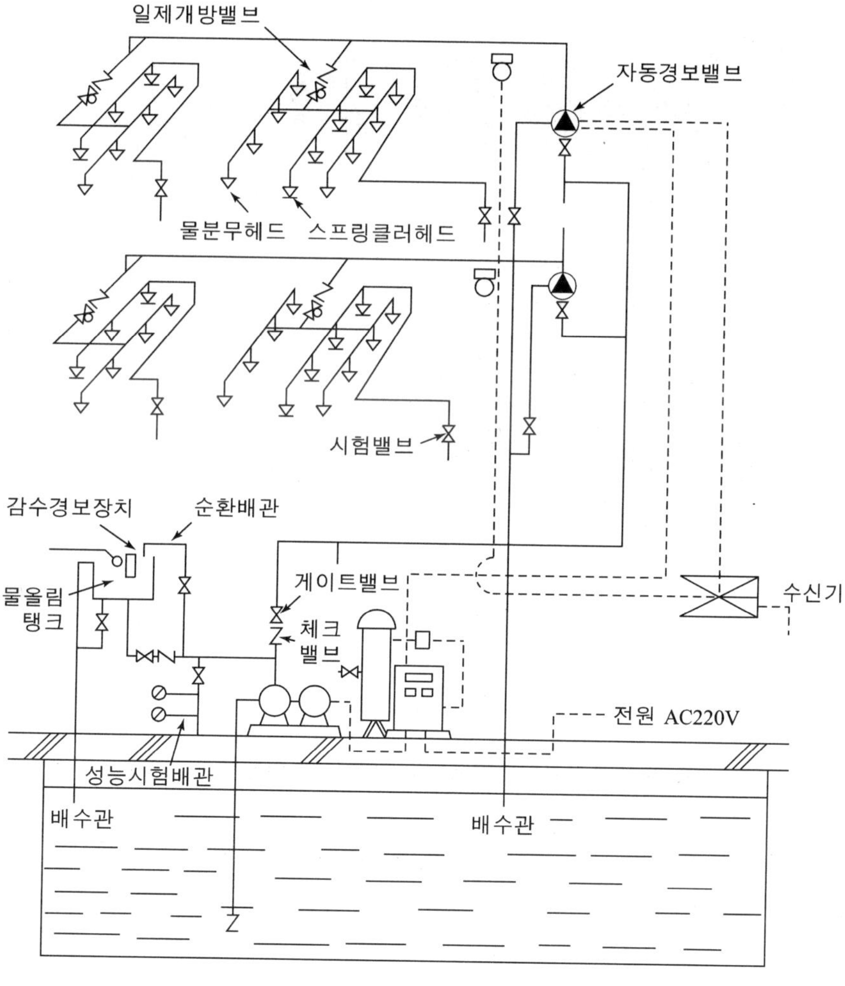

〈그림 5-1〉 물분무소화설비의 계통도(폐쇄형 스프링클러헤드 사용)

한편, <그림 5-2>는 화재감지기를 사용하여 화재를 감지하는 설비로, 폐쇄형 스프링클러 헤드 대신 화재감지기가 설치되어 있는 것 외에는 <그림 5-1>과 같다. 소화과정도 폐쇄형 스프링클러 헤드 개방 대신에 화재감지기(열감지기, 연기감지기) 작동만 다르고 나머지는 같다.

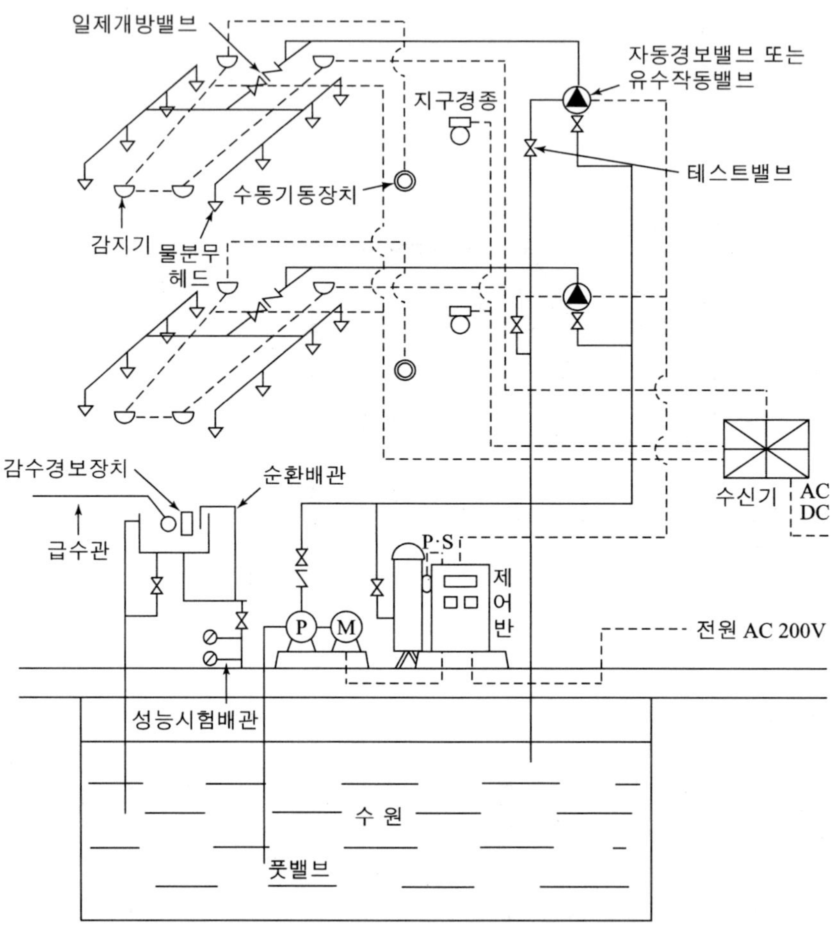

〈그림 5-2〉 물분무소화설비의 계통도(화재감지기 사용)

물분무소화설비에 사용되는 일제개방밸브(deluge valve)의 종류와 설치장소, 화재감지방법은 <표 5-1>과 같다.

〈표 5-1〉 일제개방밸브(deluge valve)의 종류

종 류	설치장소	화재감지
기계식	차고, 주차장	스프링클러 헤드
공기식	차고, 주차장	스프링클러 헤드
전기식	전기실, 변전소 특수가연물	화재감지기

미분무소화설비(water mist system)는 국제해사기구(International marine organization, IMO)의 상용선박소화설비로, 또 할론(halon) 대체용으로 개발되기 시작하였다.

미분무소화설비는 물분무소화설비와 유사하지만 물 입자의 크기가 물분무소화설비에 비해 훨씬 작다. 미국소방협회(NFPA)는 미분무의 물입자 크기를 1,000 μm(1 mm) 이하, 물분무는 2,500 μm(2.5 mm) 내외로 정의하고 있다. 물의 입자가 작다는 것은 열을 더 신속하게 흡수한다는 것을 의미한다. 그러므로 미분무소화설비는 물분무소화설비보다 적은 양의 물로 화재진압이 가능하다. 또한 미분무소화설비는 물분무 압력에 따라 고압, 중압, 저압으로 분류된다. 미분무소화설비에 관한 기준은 NFPA 750에 규정되어 있다.

미분무소화설비의 장단점은 다음과 같다.

(1) 장점

1) 독성이 없고 친환경적이다.
2) A, B, C급 화재에 적응성이 있다.
3) 스프링클러설비에 비해 물의 피해가 적다.
4) 가스계 설비에 비해 공사비가 적다.
5) 폭발억제설비로도 이용할 수 있다.

(2) 단점

1) A급 화재 중 심부화재는 소화할 수 없다.
2) 차폐되거나 장애물이 있는 장소에는 소화할 수 없다.
3) 물의 입자가 작아 화원에 도달하기 어렵다.

미분무소화설비는 전기설비, 선박의 가스 및 증기터빈 등 공간, 항공기 화물칸과 엔진실 등에 사용된다.

5.3 물분무소화설비의 설치대상

물분무 등 소화설비(물분무, 이산화탄소, 청정소화약제, 분말, 포를 사용하는 소화설비 포함)를 설치하여야 하는 특정소방대상물(가스시설 또는 지하구 제외)은 다음과 같다.

(1) 항공기격납고

(2) 주차용 건축물(주차장법의 규정에 따른 기계식 주차장 포함)로서 연면적 800 m^2 이상인 것

(3) 건축물내부에 설치된 차고 또는 주차장으로서 차고 또는 주차의 용도로 사용되는 부분(건축법시행령 규정의 필로티를 주차용도로 사용하는 경우 포함)의 바닥면적의 합계가 200 m^2 이상인 것

(4) 주차장법 규정에 의한 기계식 주차장으로서 20대 이상의 차량을 주차할 수 있는 것

(5) 전기실, 발전실, 변전실(가연성 절연유를 사용하지 않는 변압기, 전류차단기 등의 전기기기와 가연성 피복을 사용하지 않은 전선 및 케이블만을 설치한 전기실, 발전실 및 변전실 제외), 축전지실, 통신기기실 또는 전산실로서 바닥면적이 300 m^2 이상인 것(동일한 방화구획 내에 둘 이상의 실이 설치되어 있는 경우에는 이를 한 개의 실로 보아 바닥면적 산정). 다만, 내화구조로 된 공정제어실내에 설치된 주조정실로서 양압시설이 설치되고 전기기기에 220 V 이상인 저전압이 사용되며 종업원이 24시간 상주하는 것은 제외한다.

5.4 물분무소화설비의 수원

5.4.1 수원의 저수량

물분무소화설비의 수원은 그 저수량이 다음 기준에 적합하도록 하여야 한다.

(1) 특수가연물을 저장 또는 취급하는 소방대상물 또는 그 부분에 있어서 그 바닥면적(50 m^2 이하인 경우에는 50 m^2) 1 m^2에 대하여 10 ℓ/min으로 20분간 방수할 수 있는 양 이상으로 할 것

(2) 차고 또는 주차장에 있어서는 그 바닥면적(50 m^2 이하인 경우에는 50 m^2) 1m^2에 대하여 20 ℓ/min으로 20분간 방수할 수 있는 양 이상으로 할 것
(3) 절연유 봉입 변압기에 있어서는 바닥부분을 제외한 표면적을 합한 면적 1 m^2에 대하여 10 ℓ/min으로 20분간 방수할 수 있는 양 이상으로 할 것
(4) 케이블 트레이(cable tray), 케이블 덕트(cable duct) 등에 있어서는 투영된 바닥면적 1 m^2에 대하여 12 ℓ/min으로 20분간 방수할 수 있는 양 이상으로 할 것
(5) 컨베이어 벨트(conveyer belt) 등에 있어서는 벨트부분의 바닥면적 1 m^2에 대하여 10 ℓ/min으로 20분간 방수할 수 있는 양 이상으로 할 것
(6) 다른 설비와 겸용하여 물분무소화설비용 수조를 설치하는 경우에는 물분무소화설비의 풋밸브, 흡수구 또는 수직배관의 급수구와 다른 설비의 풋밸브, 흡수구 또는 수직배관의 급수구와의 사이의 수량을 그 유효수량으로 한다.

위 물분무소화설비의 소방대상물별 수원의 저수량을 요약하면 <표 5-2>와 같다.

〈표 5-2〉 물분무소화설비 수원의 저수량(유효수량)

소방대상물 (면적기준)	저수량 (ℓ/m^2)
특수가연물을 저장, 취급하는 장소 (바닥면적*)	200
차고 또는 주차장 (바닥면적*)	400
절연유 봉입 변압기 (바닥부분 제외 표면적)	200
cable tray, cable duct (투영바닥면적)	240
conveyer belt (벨트부분의 바닥면적)	200

* 최소 50 m^2

5.4.2 수 조

(1) 전용수조

물분무소화설비의 수원을 수조로 설치하는 경우에는 소방설비의 전용수조로 하여야 한다. 다만, 다음의 하나에 해당하는 경우에는 그러하지 아니하다.

1) 물분무소화설비 펌프의 풋밸브(foot valve) 또는 흡수배관의 흡수구(수직회전축펌프의 흡수구 포함)를 소방용 설비 외의 설비의 풋밸브 또는 흡수구보다 낮은 위치에 설치한 때

2) 고가수조로부터 물분무소화설비의 수직배관에 물을 공급하는 급수구를 다른 설비의 급수구보다 낮은 위치에 설치한 때

(2) 물분무소화설비용 수조의 설치기준

1) 점검에 편리한 곳에 설치할 것
2) 동결방지조치를 하거나 동결의 우려가 없는 장소에 설치할 것
3) 수조의 외측에 수위계를 설치할 것. 다만, 구조상 불가피한 경우에는 수조의 맨홀 등을 통하여 수조 안의 물의 양을 쉽게 확인할 수 있도록 하여야 한다.
4) 수조의 상단이 바닥보다 높은 때에는 수조의 외측에 고정식 사다리를 설치할 것
5) 수조가 실내에 설치된 때에는 그 실내에 조명설비를 설치할 것
6) 수조의 밑 부분에는 청소용 배수밸브 또는 배수관을 설치할 것
7) 수조의 외측의 보기 쉬운 곳에 "물분무소화설비용 수조"라고 표시한 표지를 할 것. 이 경우 그 수조를 다른 설비와 겸용하는 때에는 그 겸용되는 설비의 이름을 표시한 표지를 함께 하여야 한다.
8) 물분무소화설비의 흡수배관 또는 물분무소화설비의 수직배관과 수조의 접속 부분에는 "물분무소화설비용 배관"이라고 표시한 표지를 할 것

5.5 물분무소화설비의 가압송수장치

5.5.1 펌프방식

전동기 또는 내연기관으로 회전하는 펌프를 이용한 가압송수장치는 다음 기준에 따라 설치하여야 한다.

(1) 점검에 편리하고 화재 등의 재해로 인한 피해를 받을 우려가 없는 곳에 설치할 것
(2) 펌프의 토출량은 다음의 기준에 따라 설치할 것

1) 소방기본법 시행령의 특수가연물을 저장, 취급하는 소방대상물 또는 그 부분에 있어서는 그 바닥면적 $1\,m^2$당 $10\,\ell/min$을 곱한 양 이상이 되도록 할 것

2) 차고 또는 주차장에 있어서는 그 바닥면적 1 m^2당 20 ℓ/min을 곱한 양 이상이 되도록 할 것
3) 절연유 봉입 변압기에 있어서는 바닥면적을 제외한 표면적을 합한 면적 1 m^2당 10 ℓ/min을 곱한 양 이상이 되도록 할 것
4) 케이블 트레이(cable tray), 케이블 덕트(cable duct) 등에 있어서는 투영된 바닥면적 1 m^2당 12 ℓ/min을 곱한 양 이상이 되도록 할 것
5) 컨베이어 벨트(conveyer belt) 등에 있어서는 벨트부분의 바닥면적 1 m^2당 10 ℓ/min을 곱한 양 이상이 되도록 할 것

물분무소화설비 펌프의 소방대상물별 토출량을 요약하면 <표 5-3>과 같다.

〈표 5-3〉 물분무소화설비 펌프의 토출량

소방대상물(면적기준)	토출량(ℓ/min-m^2)
특수가연물을 저장, 취급하는 장소 (바닥면적*)	10
차고 또는 주차장 (바닥면적*)	20
절연유 봉입 변압기 (바닥부분 제외 표면적)	10
cable tray, cable duct (투영바닥면적)	12
conveyer belt (벨트부분의 바닥면적)	10

* 최소 50 m^2

(3) 펌프의 양정은 다음 식에 따라 산출한 수치 이상이 되어야 한다.

$$H = h_1 + h_2 + h_3 \tag{5.1}$$

여기서

H = 펌프의 양정
h_1 = 풋밸브(foot valve)에서 최고층 물분무 헤드까지의 수직거리
h_2 = 배관의 손실수두
h_3 = 물분무 헤드의 방수압력 0.35 MPa의 환산수두, 35 m

이다.

(4) 동결방지조치를 하거나 동결의 우려가 없는 장소에 설치할 것
(5) 펌프는 전용으로 할 것. 다만, 다른 소화설비와 겸용하는 경우 각각의 소화설비의 성능에 지장이 없을 때에는 그러하지 아니하다.

(6) 펌프의 토출측에는 압력계를 체크밸브 이전에 펌프 토출측 플랜지에서 가까운 곳에 설치하고, 흡입측에는 연성계 또는 진공계를 설치할 것. 다만, 수원의 수위가 펌프의 위치보다 높거나 수직회전축 펌프의 경우에는 연성계 또는 진공계를 설치하지 않아도 된다.

(7) 가압송수장치에는 정격부하운전 시 펌프의 성능을 시험하기 위한 배관을 설치할 것 다만, 충압펌프의 경우에는 그러하지 아니하다.

(8) 가압송수장치에는 체절운전 시 수온의 상승을 방지하기 위한 순환배관을 설치할 것. 다만, 충압펌프의 경우에는 그러하지 아니하다.

(9) 기동용 수압개폐장치(압력챔버)를 사용할 경우 그 용적은 100 ℓ 이상의 것으로 할 것

(10) 수원의 수위가 펌프보다 낮은 위치에 있는 가압송수장치에는 다음의 기준에 따른 물올림장치를 설치할 것

1) 물올림장치에는 전용의 수조를 설치할 것

2) 수조의 유효수량은 100 ℓ 이상으로 하되, 구경 15 mm 이상의 급수배관에 따라 당해 수조에 물이 계속 보급되도록 할 것

(11) 기동용 수압개폐장치를 기동장치로 사용할 경우에는 다음의 각목의 기준에 따른 충압펌프를 설치할 것

1) 펌프의 토출압력은 그 설비의 최고위 호스 접결구의 자연압보다 적어도 0.2 MPa가 더 크도록 하거나 가압송수장치의 정격토출압력과 같게 할 것

2) 펌프의 정격토출량은 정상적인 누설량보다 적어서는 안 되며, 물분무소화설비가 자동적으로 작동할 수 있도록 충분한 토출량을 유지할 것

(12) 내연기관을 사용하는 경우에는 제어반에 따라 내연기관의 자동기동 및 수동기동이 가능하고, 상시 충전되어 있는 축전지설비를 갖출 것

(13) 가압송수장치에는 "물분무소화설비 펌프"라고 표시한 표지를 할 것. 이 경우 그 가압송수장치를 다른 설비와 겸용하는 때에는 그 겸용되는 설비의 이름을 표시한 표지를 함께하여야 한다.

5.5.2 고가수조방식

고가수조의 자연낙차를 이용한 가압송수장치는 다음 기준에 따라 설치한다.

(1) 고가수조의 자연낙차수두(수조의 하단으로부터 최고층에 설치된 물분무 헤드까지의 수직거리)는 다음의 식에 따라 산출한 수치 이상이 되도록 해야 한다.

$$H = h_1 + h_2 \tag{5.2}$$

여기서

H = 필요한 낙차

h_1 = 배관의 손실수두

h_2 = 물분무 헤드의 방수압력 0.35 MPa의 환산수두, 35 m

이다. 배관의 손실수두는 관이음쇠와 밸브의 상당 관 길이를 구하여 직관의 길이를 합산한 다음, 달시-바이스바하(Darcy-Weisbach)의 식(식 2.2) 또는 하젠-윌리엄스(Hazen-Williams)의 공식(연습문제 5.9 참조)으로 계산한다.

(2) 고가수조에는 수위계, 배수관, 급수관, 오버플로우관 및 맨홀을 설치한다.

(3) 기타 상세한 내용은 스프링클러설비 참조

5.5.3 압력수조방식

압력수조를 이용한 가압송수장치는 다음 기준에 따라 설치한다.

(1) 압력수조의 압력은 다음 식에 따라 산출한 수치 이상이 되어야 한다.

$$P = p_1 + p_2 + p_3 \tag{5.3}$$

여기서

P = 필요한 압력

p_1 = 낙차(풋밸브(foot valve)에서 최고위 물분무 헤드까지의 수직거리)의 환산압

p_2 = 배관의 손실압

p_3 = 물분무 헤드의 방수압력, 0.35 MPa

이다.

(2) 압력수조에는 수위계, 급수관, 배수관, 급기관, 맨홀, 압력계, 안전장치 및 압력저하방지를 위한 자동식 공기압축기를 설치한다.

(3) 기타 상세한 내용은 스프링클러설비 참조

예제5-1 주차장에 물분무소화설비를 설치할 때 다음을 계산하라.
바닥면적이 75 m²이고, 풋밸브에서 헤드까지의 수직거리가 5 m, 배관의 손실수두가 10 m, 펌프의 효율이 60%이다.
(1) 수원의 저수량, (2) 펌프의 토출량, (3) 전동기의 동력

풀이 (1) $V \geq qAt$에서

V = 수원의 저수량

q = 단위면적당 방수량, 20 $\ell/\text{m}^2 \cdot \text{min}$

A = 바닥면적, 최소 50 m^2

t = 방수시간, 20 min

이므로

$V \geq (20\ \ell/m^2 \cdot min)(75\ m^2)(20\ min)$
$= 30{,}000\ \ell$
$= \underline{30\ m^3}$

(2) $Q = qA$
$= (20\ \ell/m^2 \cdot min)(75\ m^2)$
$= 1{,}500\ \ell/min$
$= 1{,}500\ \ell/min \times m^3/1{,}000\ \ell \times min/60s$
$= \underline{0.025\ m^3/s}$

(3) 전양정
H = 5 m+10 m+35 m(0.35 MPa의 환산수도)
= 50 m
이고, 전동기의 동력은
$L = \gamma QHk/\eta$
$= (9{,}810\ N/m^3)(0.025\ m^3/s)(50\ m)(1.1)/0.6$
$= 22{,}480\ W$
$= \underline{22.5\ kW}$

예제 5-2 특수가연물을 저장하는 장소에 설치한 물분무소화설비의 저수량과 펌프의 토출량을 계산하라. 바닥면적은 45 m^2이다.

풀이 바닥면적이 50 m^2보다 작으면 50 m^2로 한다.

(1) $V \geq qAT$
$= (10\ \ell/m^2 \cdot min)(50\ m^2)(20min)$
$= 10{,}000\ \ell$
$= \underline{10\ m^3}$

(2) $Q = qA$
$= (10\ \ell/m^2 \cdot min)(50\ m^2)$
$= 500\ \ell/min$
$= \underline{0.0083\ m^3/s}$

5.6 물분무소화설비의 배관 등

(1) 배관은 배관용 탄소강관(KSD 3507) 또는 배관 내 사용압력이 1.2 MPa 이상일 경우에는 압력배관용 탄소강관(KSD 3562)이나 이와 동등 이상의 강도, 내식성 및 내열성을 가진 것으로 하여야 한다. 다만, 다음의 하나에 해당하는 장소에는 성능시험기술기준에

적합한 소방용 합성수지배관으로 설치할 수 있다.

1) 배관을 지하에 매설하는 경우
2) 다른 부분과 내화구조로 구획된 덕트(duct) 또는 피트(pit)의 내부에 설치하는 경우
3) 천장(상층이 있는 경우에는 상층바닥의 하단 포함)과 반자를 불연재료로 설치하고 그 내부에 습식으로 배관을 설치하는 경우

(2) 급수배관은 전용으로 하여야 한다. 다만, 물분무소화설비의 기동장치의 조작과 동시에 다른 설비의 용도에 사용하는 배관의 송수를 차단할 수 있거나, 물분무소화설비의 성능에 지장이 없는 경우에는 다른 설비와 겸용할 수 있다.

(3) 펌프의 흡입측 배관은 다음 기준에 따라 설치하여야 한다.

1) 공기고임이 생기지 아니하는 구조로 하고 여과장치를 설치할 것
2) 수조가 펌프보다 낮게 설치된 경우에는 각 펌프(충압펌프 포함)마다 수조로부터 별도로 설치할 것

(4) 연결송수관설비의 배관과 겸용할 경우의 주배관은 구경 100 mm 이상, 방수구로 연결되는 배관의 구경은 65 mm 이상의 것으로 하여야 한다.

(5) 한 개의 일제개방밸브가 담당하는 유량은 8,300 ℓ/min 이하로 하여야 한다.

(6) 펌프의 성능은 체절운전 시 정격토출압력의 140%를 초과하지 아니하고, 정격토출량의 150%로 운전시 정격토출압력의 65% 이상이 되어야 하며, 펌프의 성능시험배관은 다음 기준에 적합하여야 한다.

1) 성능시험배관은 펌프의 토출측에 설치된 개폐밸브 이전에서 분기하여 설치하고, 유량측정장치를 기준으로 전단 직관부에 개폐밸브를 후단 직관부에는 유량조절밸브를 설치할 것
2) 유량측정장치는 성능시험배관의 직관부에 설치하되, 펌프의 정격토출량의 175%까지 측정할 수 있는 성능이 있을 것

(7) 가압송수장치의 체절운전 시 수온의 상승을 방지하기 위하여 체크밸브와 펌프사이에서 분기한 구경 20 mm 이상의 배관에 체절압력 미만에서 개방되는 릴리프 밸브를 설치하여야 한다.

(8) 동결방지조치를 하거나 동결의 우려가 없는 장소에 설치하여야 한다.

(9) 급수배관에 설치되어 급수를 차단할 수 있는 개폐밸브는 개폐표시형으로 하여야 한다. 이 경우 펌프의 흡입측 배관에는 버터플라이 밸브(butterfly valve) 외의 개폐표시형 밸브를 설치하여야 한다.

(10) 급수배관에 설치되어 급수를 차단할 수 있는 개폐밸브에는 그 밸브의 개폐상태를 감시제어반에서 확인할 수 있도록 급수개폐밸브 작동표시 스위치를 다음 기준에 따라

설치하여야 한다.

1) 급수개폐밸브가 잠길 경우 탬퍼 스위치의 동작으로 인하여 감시제어반 또는 수신기에 표시되어야 하며 경보음을 발할 것
2) 탬퍼 스위치는 감시제어반에서 동작의 유무확인과 동작시험, 도통시험을 할 수 있을 것
3) 급수개폐밸브의 작동표시 스위치에 사용되는 전기배선은 내화전선 또는 내열전선으로 설치할 것

(11) 기계실, 공동구 또는 덕트(duct)에 설치되는 배관은 다른 설비의 배관과 쉽게 구분이 될 수 있는 위치에 설치하거나 그 배관표면 또는 배관 보온재 표면의 색상을 달리하는 방법 등으로 소방용 설비의 배관임을 표시하여야 한다.

5.7 물분무소화설비의 송수구

물분무소화설비에는 소방펌프 자동차로부터 그 설비에 송수할 수 있는 송수구를 다음 기준에 따라 설치하여야 한다.

(1) 송수구는 화재층으로부터 지면으로 떨어지는 유리창 등이 송수 및 그 밖의 소화작업에 지장을 주지 아니하는 장소에 설치할 것
(2) 송수구로부터 물분무소화설비의 주배관에 이르는 연결배관에 개폐밸브를 설치한 때에는 그 개폐상태를 쉽게 확인 및 조작할 수 있는 옥외 또는 기계실 등의 장소에 설치할 것
(3) 구경 65 mm의 쌍구형으로 할 것
(4) 송수구에는 그 가까운 곳의 보기 쉬운 곳에 송수압력범위를 표시한 표지를 할 것
(5) 송수구는 하나의 층의 바닥면적이 3,000 m^2를 넘을 때마다 1개(5개를 넘으면 5개) 이상을 설치할 것
(6) 지면으로부터 높이가 0.5 m 이상 1 m 이하의 위치에 설치할 것
(7) 송수구의 가까운 부분에 자동배수밸브(또는 직경 5 mm의 배수공) 및 체크밸브를 설치할 것. 이 경우 자동배수밸브는 배관안의 물이 잘 빠질 수 있는 위치에 설치하되, 배수로 인하여 다른 물건 또는 장소에 피해를 주지 아니하여야 한다.

5.8 물분무소화설비의 기동장치

(1) 수동식 기동장치

물분무소화설비의 수동식 기동장치는 다음 기준에 따라 설치하여야 한다.

1) 직접조작 또는 원격조작에 따라 각각의 가압송수장치 및 수동식 개방밸브 또는 가압송수장치 및 자동개방밸브를 개방할 수 있도록 설치할 것
2) 기동장치의 가까운 곳의 보기 쉬운 곳에 "기동장치"라고 표시한 표지를 할 것

(2) 자동식 기동장치

자동식 기동장치는 자동화재탐지설비의 감지기의 작동 또는 폐쇄형 스프링클러 헤드의 개방과 연동하여 경보를 발하고, 가압송수장치 및 자동개방밸브를 기동할 수 있는 것으로 하여야 한다. 다만, 자동화재탐지설비의 수신기가 설치되어 있는 장소에 상시 사람이 근무하고 있고, 화재 시 물분무소화설비를 즉시 작동시킬 수 있는 경우에는 그러하지 아니하다.

5.9 물분무소화설비의 제어밸브 등

(1) 제어밸브

물분무소화설비의 제어밸브(보통 OS&Y valve)는 다음 기준에 따라 설치하여야 한다.

1) 제어밸브는 바닥으로부터 0.8 m 이상 1.5 m 이하의 위치에 설치할 것
2) 제어밸브의 가까운 곳의 보기 쉬운 곳에 "제어밸브"라고 표시한 표지를 할 것

(2) 개방밸브

자동개방밸브 및 수동개방밸브는 다음 기준에 따라 설치하여야 한다.

1) 자동개방밸브의 기동조작부 및 수동개방밸브는 화재 시 용이하게 접근할 수 있는 곳의 바닥으로부터 0.8 m 이상 1.5 m 이하의 위치에 설치할 것

2) 자동개방밸브 및 수동개방밸브의 2차측 배관부분에는 당해 방수구역 외에 밸브의 작동을 시험할 수 있는 장치를 설치할 것. 다만, 방수구역에서 직접 방사시험을 할 수 있는 경우에는 그러하지 아니하다.

5.10 물분무 헤드

물분무 헤드에는 <그림 5-3>과 같이 4가지가 있다.

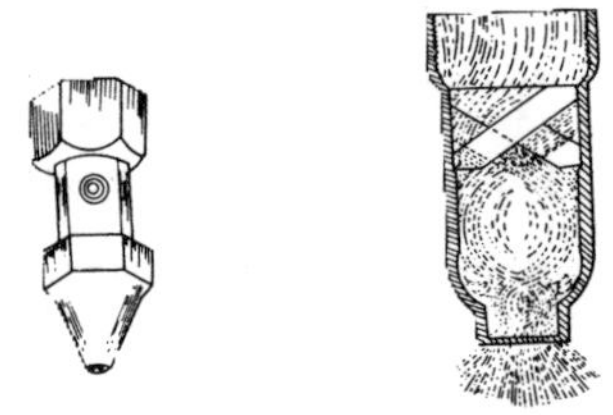

(a) **회전하는 흐름을 여러 개의 흐름으로 분산**

(b) **직류흐름을 나선형 축으로 회전**

(c) **반사판(deflector)으로 확산**

(d) **챔버(chamber)에 축압하여 오리피스에서 분출**

〈그림 5-3〉 물분무 헤드의 종류

현재 사용되고 있는 물분무 헤드는

- 방사압력 : 소화용 0.25～1 MPa, 방화용 0.15～0.7 MPa
- 방사량 : 20～200 ℓ/min
- 방사각도 : 소화용 15～120°, 방화용 50～180°
- 유효방사거리(도달거리) : 0.3～6 m
- 물입자 크기 : 10～3,000 μm

이다.

물분무 헤드는 표준 방사량으로 당해 방호대상물의 화재를 유효하게 소화하는데 필요한 수를 적정한 위치에 설치하여야 하고, 고압의 전기기기가 있는 장소에는 감전의 위험을 피하기 위해 전기기기와 물분무 헤드 사이에 <표 5-4>의 거리 이상을 두어야 한다.

〈표 5-4〉 물분무 헤드의 최소이격거리

전압(kV)	거리(cm)	전압(kV)	거리(cm)
66 이하	70	154～181	180
66～77	80	181～220	210
77～110	110	220～275	260
110～154	150		

5.11 물분무소화설비의 배수설비

물분무소화설비를 설치하는 차고 또는 주차장에는 다음 기준에 따라 배수설비를 하여야 한다.

(1) 차량이 주차하는 장소의 적당한 곳에 높이 10 cm 이상의 경계턱으로 배수구를 설치할 것

(2) 배수구에는 새어나온 기름을 모아 소화할 수 있도록 길이 40 m 이하마다 집수관, 소화피트(pit) 등 기름분리장치를 설치할 것

(3) 차량이 주차하는 바닥은 배수구를 향하여 100분의 2 이상의 기울기를 유지할 것

(4) 배수설비는 가압송수장치의 최대송수능력의 수량을 유효하게 배수할 수 있는 크기 및 기울기로 할 것

<그림 5-4>는 물분무소화설비를 설치하는 차고 또는 주차장의 배수설비이고, <그림

5-5>와 <그림 5-6>은 각각 그 평면도와 입면도이다.

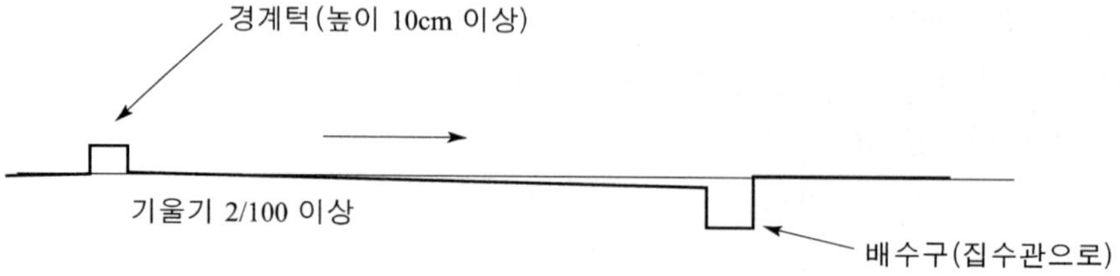

〈그림 5-4〉 차고(주차장)의 배수설비

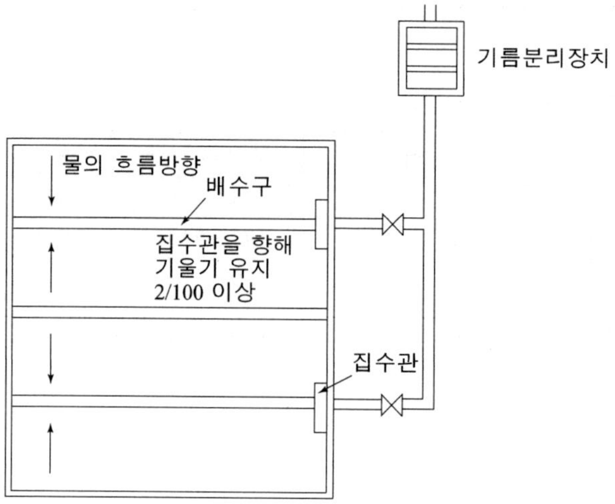

〈그림 5-5〉 차고(주차장) 배수설비의 평면도

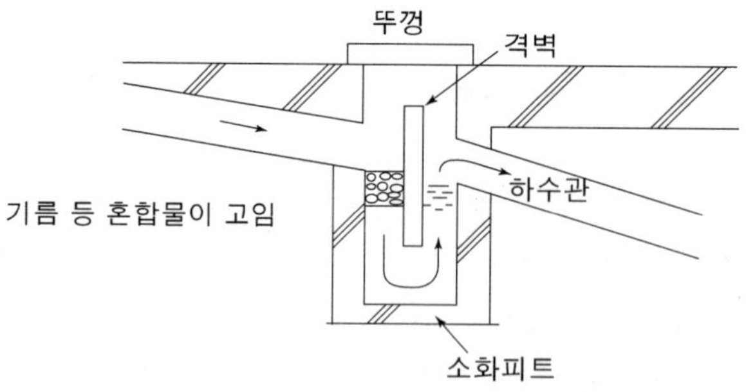

〈그림 5-6〉 차고(주차장) 배수설비의 입면도

5.12 물분무소화설비의 전원

5.12.1 상용전원회로

물분무소화설비에는 그 소방대상물의 수전방식에 따라 다음 기준에 따른 상용전원회로의 배선을 설치하여야 한다.

(1) 저압수전인 경우에는 인입개폐기의 직후에서 분기하여 전용배선으로 하여야 하며, 전용의 전선관에 보호되도록 할 것

(2) 특별고압수전 또는 고압수전일 경우에는 전력용 변압기 2차측의 주차단기 1차측에서 분기하여 전용배선으로 하되, 상용전원의 상시공급에 지장이 없을 경우에는 주차단기 2차측에서 분기하여 전용배선으로 할 것. 다만, 가압송수장치의 정격입력전압이 수전전압과 같은 경우에는 (1)의 기준에 따른다.

5.12.2 비상전원

물분무소화설비의 비상전원은 자가발전설비 또는 축전지설비(내연기관으로 구동하는 펌프를 사용하는 경우에는 내연기관의 기동 및 제어용 축전지)로서 다음 기준에 따라 설치하여야 한다. 다만, 둘 이상의 변전소에서 전력을 동시에 공급받을 수 있거나 하나의 변전소로부터 전력의 공급이 중단되는 때에는 자동으로 다른 변전소로부터 전원을 공급받을 수 있도록 상용전원을 설치한 경우에는 그러하지 아니하다.

(1) 점검에 편리하고 화재 및 침수 등의 재해로 인한 피해를 받을 우려가 없는 곳에 설치할 것

(2) 물분무소화설비를 유효하게 20분 이상 작동할 수 있도록 할 것

(3) 상용전원으로부터 전력의 공급이 중단된 때에는 자동으로 비상전원으로부터 전력을 공급받을 수 있도록 할 것

(4) 비상전원의 설치장소는 다른 장소와 방화구획 할 것. 이 경우 그 장소에는 비상전원의 공급에 필요한 기구나 설비외의 것(열병합발전설비에 필요한 기구나 설비 제외)을 두어서는 안 된다.

(5) 비상전원을 실내에 설치하는 때에는 그 실내에 비상조명등을 설치할 것

5.13 물분무소화설비의 제어반

5.13.1 제어반

물분무소화설비에는 제어반을 설치하되, 감시제어반과 동력제어반으로 구분하여 설치하여야 한다. 다만, 다음의 하나에 해당하는 경우에는 감시제어반과 동력제어반으로 구분하여 설치하지 아니할 수 있다.

(1) 다음의 하나에 해당하지 아니하는 소방대상물에 설치되는 물분무소화설비

1) 지하층을 제외한 층수가 7층 이상으로서 연면적이 2,000 m^2 이상인 것

2) 1)에 해당하지 아니하는 소방대상물로서 지하층의 바닥면적의 합계가 3,000 m^2 이상인 것. 다만, 차고, 주차장 또는 보일러실, 기계실, 전기실 등 이와 유사한 장소의 면적은 제외한다.

(2) 내연기관에 따른 가압송수장치를 사용하는 물분무소화설비

(3) 고가수조에 따른 가압송수장치를 사용하는 물분무소화설비

5.13.2 감시제어반의 기능

감시제어반의 기능은 다음 기준에 적합하여야 한다.

(1) 각 펌프의 작동여부를 확인할 수 있는 표시등 및 음향경보기능이 있어야 할 것

(2) 각 펌프를 자동 및 수동으로 작동시키거나 작동을 중단시킬 수 있어야 할 것

(3) 비상전원을 설치한 경우에는 상용전원 및 비상전원의 공급여부를 확인할 수 있어야 하고, 자동 또는 수동으로 상용전원 또는 비상전원으로의 전환이 가능할 것

(4) 수조 또는 물올림탱크가 저수위로 될 때 표시등 및 음향으로 경보할 것

(5) 각 확인회로(기동용 수압개폐장치의 압력스위치회로·수조 또는 물올림탱크의 감시회로를 말한다)마다 도통시험 및 작동시험을 할 수 있어야 할 것

(6) 예비전원이 확보되고 예비전원의 적합여부를 시험할 수 있어야 할 것

5.13.3 감시제어반의 설치기준

감시제어반은 다음 기준에 따라 설치하여야 한다.

(1) 화재 및 침수 등의 재해로 인한 피해를 받을 우려가 없는 곳에 설치할 것

(2) 감시제어반은 물분무소화설비의 전용으로 할 것. 다만, 물분무소화설비의 제어에 지장이 없는 경우에는 다른 설비와 겸용할 수 있다.

(3) 감시제어반은 다음 각목의 기준에 따른 전용실 안에 설치할 것

1) 다른 부분과 방화구획을 할 것. 이 경우 전용실의 벽에는 기계실 또는 전기실 등의 감시를 위하여 두께 7 mm 이상의 망입유리(두께 16.3 mm 이상의 접합유리 또는 두께 28 mm 이상의 복층유리 포함)로 된 4 m^2 미만의 붙박이창을 설치할 수 있다.

2) 피난층 또는 지하 1층에 설치할 것. 다만, 다음의 1에 해당하는 경우에는 지상 2층에 설치하거나 지하 1층 외의 지하층에 설치할 수 있다.

- 건축법시행령의 규정에 따라 특별피난계단이 설치되고 그 계단(부속실 포함)출입구로부터 보행거리 5 m 이내에 전용실의 출입구가 있는 경우
- 아파트의 관리동(관리동이 없는 경우에는 경비실)에 설치하는 경우

3) 비상조명등 및 급배기설비를 설치할 것

4) 무선통신보조설비의 화재안전기준(NFSC 505)의 규정에 따른 무선기기 접속단자를 설치할 것

5) 바닥면적은 감시제어반의 설치에 필요한 면적 외에 화재 시 소방대원이 그 감시제어반의 조작에 필요한 최소면적 이상으로 할 것

(4) 위 (3)의 규정에 따른 전용실에는 소방대상물의 기계ㆍ기구 또는 시설 등의 제어 및 감시설비외의 것을 두지 아니할 것

5.13.4 동력제어반의 설치기준

(1) 앞면은 적색으로 하고 "물분무소화설비용 동력제어반"이라고 표시한 표지를 설치할 것

(2) 외함은 두께 1.5 mm 이상의 강판 또는 이와 동등 이상의 강도 및 내열성능이 있는 것으로 할 것

(3) 그 밖의 동력제어반의 설치에 관하여는 위 감시제어반 설치기준 1)과 2)의 기준을 준용할 것

5.14 물분무소화설비의 배선 등

(1) 물분무소화설비의 배선은 전기사업법 규정에 따른 기술기준에서 정한 것 외에 다음 기준에 따라 설치하여야 한다.

1) 비상전원으로부터 동력제어반 및 가압송수장치에 이르는 전원회로배선은 내화배선으로 할 것. 다만, 자가발전설비와 동력제어반이 동일한 실에 설치된 경우에는 자가발전기로부터 그 제어반에 이르는 전원회로배선은 그러하지 아니하다.

2) 상용전원으로부터 동력제어반에 이르는 배선, 그 밖의 물분무소화설비의 감시·조작 또는 표시등회로의 배선은 내화배선 또는 내열배선으로 할 것. 다만, 감시제어반 또는 동력제어반 안의 감시·조작 또는 표시등회로의 배선은 그러하지 아니하다.

(2) 내화배선 및 내열배선에 사용되는 전선 및 설치방법은 옥내소화전설비의 화재안전기준(NFSC 102)의 기준에 따른다.

(3) 물분무소화설비의 과전류차단기 및 개폐기에는 "물분무소화설비용"이라고 표시한 표지를 하여야 한다.

(4) 물분무소화설비용 전기배선의 양단 및 접속단자에는 다음 각호의 기준에 따라 표지하여야 한다.

1) 단자에는 "물분무소화설비 단자"라고 표시한 표지를 부착할 것

2) 물분무소화설비용 전기배선의 양단에는 다른 배선과 식별이 용이하도록 표시할 것

5.15 물분무헤드의 설치제외

다음의 장소에는 물분무 헤드를 설치하지 않아도 된다.

(1) 물에 심하게 반응하는 물질 또는 물과 반응하여 위험한 물질을 생성하는 물질을 저장 또는 취급하는 장소

(2) 고온의 물질 및 증류범위가 넓어 끓어 넘치는 위험이 있는 물질을 저장 또는 취급하는 장소

(3) 운전시에 표면의 온도가 260℃ 이상으로 되는 등 직접 분무를 하는 경우 그 부분에 손상을 입힐 우려가 있는 기계장치 등이 있는 장소

5.16 수원 및 가압송수장치의 펌프 등의 겸용

(1) 물분무소화설비의 수원을 옥내소화전설비, 스프링클러설비, 간이스프링클러설비, 화재조기진압용 스프링클러설비, 포소화설비 및 옥외소화전설비의 수원과 겸용하여 설치하는 경우의 저수량은 각 소화설비에 필요한 저수량을 합한 양 이상이 되도록 하여야 한다. 다만, 이들 소화설비 중 고정식 소화설비(펌프, 배관과 소화수 또는 소화약제를 최종 방출하는 방출구가 고정된 설비)가 둘 이상 설치되어 있고, 그 소화설비가 설치된 부분이 방화벽과 방화문으로 구획되어 있는 경우에는 각 고정식 소화설비에 필요한 저수량 중 최대의 것 이상으로 할 수 있다.

(2) 물분무소화설비의 가압송수장치로 사용하는 펌프를 옥내소화전설비, 스프링클러설비, 간이스프링클러설비, 화재조기진압용 스프링클러설비, 포소화설비 및 옥외소화전설비의 가압송수장치와 겸용하여 설치하는 경우의 펌프의 토출량은 각 소화설비에 해당하는 토출량을 합한 양 이상이 되도록 하여야 한다. 다만, 이들 소화설비 중 고정식 소화설비가 둘 이상 설치되어 있고, 그 소화설비가 설치된 부분이 방화벽과 방화문으로 구획되어 있으며 각 소화설비에 지장이 없는 경우에는 펌프의 토출량 중 최대의 것 이상으로 할 수 있다.

(3) 옥내소화전설비, 스프링클러설비, 간이스프링클러설비, 화재조기진압용 스프링클러설비, 포소화설비 및 옥외소화전설비의 가압송수장치에 있어서 각 토출측 배관과 일반급수용의 가압송수장치의 토출측배관을 상호 연결하여 화재 시 사용할 수 있다. 이 경우 연결배관에는 개폐표시형 밸브를 설치하여야 하며, 각 소화설비의 성능에 지장이 없도록 하여야 한다.

(4) 옥내소화전설비, 스프링클러설비, 간이스프링클러설비, 화재조기진압용 스프링클러설비, 포소화설비, 연결송수관설비 또는 연결살수설비의 송수구와 겸용으로 설치하는 경우에는 스프링클러설비의 송수구의 설치기준에 따르되 각각의 소화설비의 기능에 지장이 없도록 하여야 한다.

5.17 물분무소화설비의 안전점검

(1) 배수설비의 점검

1) 구역 경계턱, 배수구 및 소화피트의 손상은 없는가

2) 배수관, 집수관에는 토사 등으로 메워져 있지 않은가

3) 소화피트는 분리한 기름을 유효하게 처분될 수 있는 구조로 되어 있는가

4) 바닥은 배수구를 향해 2/100 이상의 기울기로 되어 있는가

(2) 기타 스프링클러설비를 참조한다.

(3) 물분무소화설비의 점검은 <표 5-5>에 따라 수행한다.

<표 5-5>는 물분무소화설비의 종합정밀점검표이다.

〈표 5-5〉 물분무소화설비 종합정밀점검표

(1) 설치상태 개요

항 목		
주된 수원	종 별	□ 고가수조 □ 압력수조 □ 그 밖의 것 :
	위 치	설치장소 : □ 지하 □ 지상 □ 옥상 □ 그 밖의 것 : 펌프흡입방식에 의한 분류 □ 부압흡입방식의 저수조 □ 정압흡입방식의 저수조
	수 량	총보유량 : m^3 소화전유효수량 : m^3 □ 전용 □ 겸용
가압수송장치	설치위치	층 실 / 압력조정장치 □ 유 □ 무
	펌프방식 – 펌프 전동기	□ 전용 □ 겸용 토출량 : ℓ/min 전양정 : m 직 경 : mm 전 압 : V 출 력 : kW
	펌프방식 – 물올림장치	유효수량 : ℓ 급수배관구경 : mm 감수경보의 종별 및 표시장소 :
	펌프방식 – 기동용수압개폐장치	용 량 : ℓ 사용압력 : MPa
	고가수조방식	유 효 낙 차 : m
	압력탱크방식	탱크가압압력 : MPa 용 량 : ℓ 공기압축기 용량 : m^3/min 동 력 : kW
분무노즐		형식승인번호 제 호 표준방사량 : ℓ/min 표준방사압력 : MPa
일제개방밸브		□ 감압개방 □ 가압개방 형식승인번호 제 호 □ 직경 : mm 설치개수 : 개 □ 감압개방 □ 가압개방 형식승인번호 제 호 □ 직경 : mm 설치개수 : 개
방수구역		방수구역수 : 구역 최대방수구역 : m^2 방사량 : ℓ/min 최소방수구역 : m^2 방사량 : ℓ/min
기동장치	펌프기동	□ 기동용 수압개폐장치 □ 유수검지장치 □ 그 밖의 것 □ 스프링클러 헤드 □ 감지기 □ 수동기동밸브
자동경보장치	□ 유수검지장치	형식승인번호 제 호 □ 직경 : mm 설치개수 : 개
	□ 압력검지장치	형식승인번호 제 호 □ 직경 : mm 설치개수 : 개
	경 보	□ 자동화재탐지설비 □ 전기식 □ 기계식
배 관	배 관 – 입상관	□ 직경: mm □ 전용 □ 겸용
	배 관 – 재 질	□ KSD 3562 □ KSD 3507 □ 그 밖의 것 :
	이 음	□ 플랜지 □ 그 밖의 것 :
	밸 브 – 개폐밸브	□ KS : K □ 그 밖의 것 :
	밸 브 – 체크밸브	□ KS : K □ 그 밖의 것 :
	방식조치	□ 방식테이프감기 □ 라이닝관 □ 그 밖의 것 :
송 수 구		□ 단구형 : 개 □ 쌍구형 : 개 □ 설치위치 :
배수조치	바닥기울기	□ 유 □ 무 / 구획경계턱 □ 유 □ 무
	배 수 구	폭 : m 깊이 : m 길이 : m
		집수관수 : 개 소화피트·유수분리장치수 : 개 배수저유조용량 : ℓ
배 선	비상전원회로	□ 내화전선 □ 전선관매설 □ 그 밖의 것 :
	조 작 회 로	□ 내열전선 □ 전선관노출 □ 전선관매설 □ 그 밖의 것 :
비상전원		□ 비상전원수전설비 □ 자가발전설비 □ 축전지설비 □ 그 밖의 것 :
비 고		형식번호는 소방시설성능시험표에만 해당

(비고) □란에는 해당 시설(요소)에 "∨"표를, : 의 다음에는 정밀점검실시 후 그 결과를 기재한다.

(2) 성능 및 종합정밀점검

(결과 : 양호○, 요정비△, 불량×)

번호	점 검 항 목	결 과			
		결과	불량 내용	조치 내용	법적 근거
1	수 원 ○ 주된 수원의 저수량 ○ 다른 설비와 겸용의 경우 후드밸브 또는 흡수구의 위치 ○ 수원의 수질				
2	수 조 ○ 점검의 편의성 ○ 동결방지조치(또는 동결 우려없는 장소의 환경)상태 ○ 수위계(또는 수위확인 조치) ○ 수조 외측사다리(바닥보다 낮은 경우 제외) ○ 조명설비(또는 채광상태) ○ 배수밸브 또는 배수관 ○ "물분무소화설비용 수조"의 표지 설치상태 ○ 수조내부 청소상태 및 방청조치				
3	가압송수장치 ○ 펌프설치장소의 점검편의성 및 화재, 침수 등 재해방지 환경 ○ 동결방지조치(또는 동결의 우려가 없는 장소의 환경) 상태 ○ 옥내소화전 동시상용시 방수압 및 방수량 ○ 다른 설비와 펌프를 겸용하는 경우 소화용으로 사용 시 장애 발생여부 ○ 기동스위치 또는 수압개폐장치의 기능 ○ 펌프성능시험배관 상태 ○ 수온상승방지 밸브 설치위치 · 배관규격, 그 밖의 설치상태 및 릴리프 밸브 개방압력 ○ 충압펌프용량 · 양정 및 "물분무소화설비용 충압펌프"의 표지 설치상태 ○ 물올림장치 용량 · 배관 및 보급수 보급상태 ○ 물올림장치의 감수 시 자동급수 및 저수위 경보작동 상태 ○ 내연기관의 경우 기동장치 및 축전지 상태 ○ 가압송수장치의 "물분무소화설비 펌프"의 표지 설치상태 ○ 고가수조의 경우 낙차 · 급수관 및 오버플로우관의 상태 ○ 압력수조의 경우 수조의 내용적 · 내용적과 저수량의 비율 · 가압가스의 평상시 압력 · 수위계 · 급수관 · 급기관 · 맨홀 · 압력계 · 연성계 · 안전장치 및 압력저하 방지장치 설치상태				
4	제어밸브 ○ 제어밸브 등의 설치장소 및 적정여부 ○ "제어밸브" 표지 설치상태 ○ 자동개방밸브의 기동조작부 및 수동식 개방밸브의 설치상태				

번호	점 검 항 목	결 과			
		결과	불량 내용	조치 내용	법적 근거
5	배관 및 밸브류 ○ 배관의 재질 ○ 다른 설비와 급수배관을 겸용하는 경우 소화용으로의 사용 시 장애 발생여부 ○ 흡입측 배관의 공기고임방지조치 및 여과장치 상태 ○ 유량측정장치의 용량 및 설치상태 ○ 동결장치조치(또는 동결우려가 없는 장소의 환경)상태 ○ 개폐표시형 밸브의 종류 · 설치위치 및 기능 ○ 개폐밸브의 탬퍼 스위치 설치상태 ○ 다른 설비의 배관과의 구분방식 및 상태 ○ 배관내부의 청소상태 ○ 다른 설비와 겸용의 경우 풋밸브 또는 흡수구의 위치				
6	기동장치 및 음향장치 ○ 기동장치의 성능 및 표지 설치상태 ○ 자동식 기동장치의 경우 자동화재탐지설비의 감지기 작동과 음향장치의 연동 ○ 자동식 기동장치의 경우 폐쇄형 스프링클러 헤드의 개방과 음향장치의 연동				
7	제어반 ○ 각 펌프의 작동표시등 및 음향경보기능 상태 ○ 각 펌프의 자동 및 수동으로의 작동 및 중단기능 ○ 비상전원이 있는 경우 상용 또는 비상전원 전환기능 ○ 수조 또는 물올림탱크의 저수위 표시 및 경보기능 ○ 예비전원 확보상태 및 전환기능 ○ 모든 확인회로의 도통 · 작동시험기능 및 결과 ○ 설치장소의 점검의 편의성 및 화재 · 침수 등 재해방지환경 ○ 감시제어반 전용실을 설치하는 경우 방화구획 · 설치장소 · 조명 · 급배기설비 · 무선기기접속단자 · 최소면적 및 정리상태 ○ 다른 설비와 제어반을 겸용하는 경우 소화용으로의 사용 시 장애 발생여부 ○ 동력제어반의 설치장소 · 용도표지 · 재질 및 두께 ○ 각 배선의 절연저항				
8	전원 ○ 수전전압에 따른 배선방식 ○ 비상전원 설치장소의 점검편의성 및 화재 · 침수 등 재해방지환경 ○ 비상전원의 종류 및 용량 ○ 상용전원의 전력공급중단 시 비상전원의 전력공급으로의 자동 및 수동전환상태 ○ 비상전원의 설치장소 · 조명 · 방화구획 및 비상전원설비 외 다른 설비 · 물품의 설치 또는 비치여부 ○ 각 배선의 절연저항				

<table>
<tr><th rowspan="2">번호</th><th rowspan="2">점 검 항 목</th><th colspan="4">결 과</th></tr>
<tr><th>결과</th><th>불량
내용</th><th>조치
내용</th><th>법적
근거</th></tr>
<tr><td>9</td><td>물분무소화설비 옥외송수구
○ 설치장소 및 위치(높이 포함)
○ 개폐밸브 설치장소 및 조작 편의성 상태
○ 송수구의 규격 및 접결나사의 보호상태
○ 송수구의 송수담당 면적 및 송수구의 개수
○ 자동배수밸브, 체크밸브의 설치위치 및 상태</td><td></td><td></td><td></td><td></td></tr>
<tr><td>10</td><td>헤드 및 배수밸브
○ 헤드 설치개수 및 설치위치
○ 고압의 전기기기 설치장소의 경우 이격거리 적정여부
○ 차고, 주차장의 경우 배수설비(배수구, 기름분리장치 등) 설치 및 기울기 적정여부</td><td></td><td></td><td></td><td></td></tr>
<tr><td>11</td><td>전동기
○ 베이스에 고정 및 커플링 결합상태
○ 원활한 회전 여부(진동 및 소음 상태)
○ 운전시 과열 발생여부
○ 베어링부의 윤활유 충진상태 및 변질여부
○ 본체의 방청의 보존상태</td><td></td><td></td><td></td><td></td></tr>
<tr><td>12</td><td colspan="5">펌프성능시험결과표
<table>
<tr><th>구 분</th><th>체절
운전</th><th>정격운전
(100%)</th><th>정격유량의
150% 운전</th><th>적정여부</th></tr>
<tr><td>토출량
(ℓ/min)</td><td>0</td><td></td><td></td><td rowspan="2">1. 체절운전시 토출압은 정격토출압의 140% 이하일 것(　)
2. 정격운전 시 토출량과 토출압이 규정치 이상일 것(　)
(펌프 명판 및 설계치 참조)
3. 정격토출량 150%에서 토출압이 정격토출압의 65% 이상일 것(　)</td></tr>
<tr><td>토출압
(MPa)</td><td></td><td></td><td></td></tr>
</table>
설정압력
○ 주펌프
기동 :　MPa
정지 :　MPa

○ 보조펌프
기동 :　MPa
정지 :　MPa

릴리프밸브 작동압력 :　　MPa 미만</td></tr>
<tr><td>13</td><td colspan="5">비 고</td></tr>
</table>

연 습 문 제

5.1 물분무소화설비의 설치대상을 확인하라.

5.2 물분무소화설비와 스프링클러설비의 차이점은 무엇인가?

5.3 물분무소화설비의 장단점을 설명하라.

5.4 물분무소화설비의 소화원리에 대하여 설명하라.

5.5 스프링클러설비나 물분무소화설비에 비해 미분무소화설비의 유리한 점과 불리한 점은 무엇인가?

5.6 물분무소화설비의 소방대상물별 펌프의 토출량을 비교하라.

5.7 주차장에 물분무소화설비를 설치할 때 필요한 배수설비에 대하여 설명하라.

5.8 물분무소화설비의 적응성과 비적응성(사용할 수 없는 장소)에 대하여 기술하라.

5.9 배관의 손실수두를 계산할 때, 관의 단위길이당 마찰손실수두표나 Darcy-Weisbach의 식을 사용하는 외에 다음의 하젠-윌리엄스(Hazen-Williams)의 공식을 사용하기도 한다(하젠-윌리엄스의 공식은 물에만 적용). 지름이 100 mm인 관에 600 ℓ/min으로 물이 흐른다면 관 길이 50 m, 직류T 3개, 분류T 2개, 체크밸브 1개, OS&Y 밸브 1개에 발생하는 손실수두를 계산하라. C는 120으로 한다.

$$\triangle p = 6.053 \times 10^4 \times Q^{1.85} \ell / (C^{1.85} \times D^{4.87})$$

여기서 $\triangle p$ = 손실압력(MPa)

Q = 유량(ℓ/min)

ℓ = 관 길이(m)

C = 상수(C-factor)

D = 관의 지름(내경, mm)

이다. 손실수두는 $\triangle p$를 물의 비중량 γ로 나누면 된다.

CHAPTER 6

포 소화설비

6.1 용어의 정의

개폐표시형 밸브
밸브의 개폐여부를 외부에서 식별이 가능한 밸브

고가수조(gravity tank)
구조물 또는 지형지물 등에 설치하여 자연낙차 압력으로 급수하는 수조

고발포포(고팽창포)
팽창비가 80~1,000인 포

고정 포방출설비(fixed foam discharge system)
고정 포방출구를 사용하는 설비

고정식 모니터(fixed monitor)
다량의 포를 운반할 수 있는 포 방출구로, 고정지지대에 설치되는 장치

관로혼합방식(line proportioner type)
펌프와 발포기의 중간에 설치된 벤투리관(venturi tube)의 벤투리 작용에 따라 포 소화약제를 흡입, 혼합하는 방식

국소방출방식(local application system)
고정된 포 발생장치로 구성되어 화점이나 연소 유출물 위에 직접 포를 방출하도록 설치된 설비방식

급수배관
수원 및 옥외송수구로부터 포 소화설비의 헤드 또는 방출구에 급수하는 배관

기동용 수압개폐장치
소화설비의 배관 내 압력변동을 검지하여 자동적으로 펌프를 기동 및 정지시키는 것으로서 압력챔버, 기동용 압력스위치 등으로 구성

미터링 밸브(metering valve)
포 농도조정 밸브

송액관

수원으로부터 포 헤드, 고정 포 방출구 또는 이동식 포 노즐에 급수하는 배관

압력수조(pressure tank)

소화용수와 공기를 채우고 일정압력 이상으로 가압하여 그 압력으로 급수하는 수조

압력혼합방식(pressure side proportioner type)

펌프의 토출관에 압입기를 설치하여 포 소화약제 압입용 펌프로 포 소화약제를 압입시켜 혼합하는 방식

연성계(compound gage)

대기압 이상의 압력과 대기압 이하의 압력을 측정할 수 있는 계측기

저발포포(저팽창포)

팽창비가 20 이하인 포

전역방출방식(total flooding system)

고정식 포 발생장치로 구성되어 포 수용액을 방호대상물 주위가 막힌 공간이나 밀폐공간 속으로 방출하는 설비방식

정격토출량

정격토출압력에서의 펌프의 토출량

정격토출압력

정격토출량에서의 펌프의 토출측 압력

진공계(vacuum gage)

대기압 이하의 압력을 측정하는 계측기

차압혼합방식(pressure proportioner type)

펌프와 발포기의 중간에 설치된 벤투리관(venturi tube)의 벤투리 작용과 펌프 가압수의 포 소화약제 저장탱크에 대한 압력에 따라 포 소화약제를 흡입, 혼합하는 방식

충압펌프(priming pump, jockey pump)

배관내 압력손실에 따른 주펌프의 빈번한 기동을 방지하기 위하여 충압하는 펌프

팽창비(expansion ratio)

최종 발생한 포 체적을 원래 포 수용액 체적으로 나눈 값

펌프혼합방식(pump proportioner type)
펌프의 토출관과 흡입관 사이의 배관 도중에 설치한 흡입기에 펌프에서 토출된 물의 일부를 보내고, 농도 조정밸브에서 조정된 포 소화약제의 필요량을 포 소화약제 탱크에서 펌프 흡입 측으로 보내어 이를 혼합하는 방식

포 농도(foam concentration)
포 수용액내 함유된 포 소화약제의 vol%
(포 원액의 체적/포 수용액의 체적×100)

포 발생기(foam generator)
포 원액과 공기를 혼합하여 팽창비 80～1,000의 고발포(고팽창) 포를 만드는 장치

포 방출장치 (foam discharge device)
포 흐름이 화재 또는 인화성 액체의 표면을 향하도록 하는 고정식, 반고정식 또는 이동식 장치

포 배출기(유도기)(eductor(inductor))
일정 비율의 포 소화약제를 물 흐름에 주입시키기 위해 벤투리(venturi) 작용을 사용하여 혼합하는 장치

포 소화전설비(foam hydrant system)
포 소화전 방수구·호스 및 이동식 포 노즐을 사용하는 설비

포 워터(foam water) **스프링클러설비**
포 워터 스프링클러 헤드를 사용하는 포소화 설비

포 헤드(foam head)**설비**
포 헤드를 사용하는 포 소화설비

프로포셔너(proportioner)
포 비례혼합장치

호스릴(hose reel) **포 소화설비**
호스릴 포방수구, 호스릴 및 이동식 포 노즐을 사용하는 설비

6.2 포 소화설비의 개요

수원, 가압송수장치, 포 원액 저장탱크, 포 혼합기, 포 방출구, 배관, 화재감지장치 등으로 구성된 포 소화설비는 물로서 소화가 어렵거나 물로 인하여 화재가 확대될 우려가 있는 방호대상물(가연성 또는 인화성 액체위험물)을 소화할 목적으로 개발된 설비이다. 물과 포 소화약제가 일정 비율로 혼합된 수용액이 공기에 의하여 발포되고 미세한 기포의 집합체가 연소물의 표면을 덮어 필요한 공기를 차단하는 질식효과와 포에 함유된 물의 냉각효과에 의하여 소화한다.

포(foam)는 수용액에서 형성된 공기가 충전된 거품의 집합체이고, 인화성 액체보다 밀도가 낮다. 이는 주로 인화성 및 가연성 액체에서 접착성 부유 포막을 형성하면서 공기를 차단하고 연료를 냉각시킴으로써 화재를 예방하거나 소화시킨다. 포는 또한 가연성 증기의 형성을 억제하여 재발화를 방지한다. 포는 표면에 접착성을 가지므로 인접한 화재에 대한 노출을 어느 정도 막는다. 포는 인화성 액체의 화재 예방, 제어 또는 소화약제로서 사용할 수 있는데, 고정식 배관설비 또는 이동식 포 발생장치를 사용하여 포를 공급한다. 포는 포 방출구 또는 포 헤드, 포 소화전을 통해 방출되며, 연소중인 연료의 표면상에 서서히 공급된다. 또한 이동식 호스, 대용량 모니터 노즐 또는 표면하 주입설비를 사용하여 방출할 수도 있다. 고가의 장치 인근에 누출된 액체 위험물을 소화하기 위해 또는 넓은 영역을 소화하기 위해 포를 공급할 수 있다.

포에는 점성이 커서 액체표면이나 고체의 수직표면을 두껍게 덮어 소화하는 것이 있고, 아주 얇게 액체표면에 확산되는 수성막포도 있다. 계면활성제 포는 인화성액체 표면에 가스막을 형성한다. 포는 쉽게 분해되지 않으며, 연소 중인 표면 위를 흘러 이미 소화된 표면이 다시 발화되는 것을 방지한다. 포는 흐르는 액체연료의 화재나 가스화재에 대해서는 적합하지 않다.

스프링클러설비 등 물을 사용하는 설비에 비해 포 소화설비는 단백질이나 합성제가 물과 혼합하여 수많은 포를 형성하여 소화하는 설비로, 주로 옥내 대형주차장, 파라핀유, 아염소산염류 등의 위험물저장소, 고무, 석탄, 합성수지 등의 특수가연물을 저장, 취급하는 장소, 석유류 저장조 등에 설치한다.

포 소화설비에서는 열감지기, 연기감지기 또는 폐쇄형 스프링클러 헤드로 화재를 감지한다. 그러나 감지기는 오동작이 잦아 소화설비 관리자들이 감지기의 전원을 차단하기도 하는데, 분포형 감지기를 사용하면 오동작을 줄일 수 있다. 제어밸브가 열려있음을 확인할 수 있도록 개폐표시형 밸브를 사용하는 것이 바람직하다. 포 소화설비는 진화 후 포에 의한 피해가 크고, 대규모 주차장이나 LPG, LNG, 석유류 저장시설에서는 효용성이 떨어지므로, 단백포와 같은 저발포 대신에 합성제를 사용하는 고발포 소화설비를 사용한다.

포 소화약제의 구비조건은 다음과 같다.

(1) 포의 안정성이 좋을 것

(2) 독성이 적을 것

(3) 유류와의 점착성이 좋을 것

(4) 포의 유동성이 좋을 것

(5) 유류의 표면에 잘 분산될 것

6.3 포 소화설비의 종류

6.3.1 설치방식에 의한 분류

(1) 고정식 포 소화설비(fixed foam system)

<그림 6-1>과 같이 포 소화약제의 저장탱크, 포 수용액 공급배관 및 펌프 시스템까지 모든 설비가 영구적으로 고정되어 있는 설비이다.

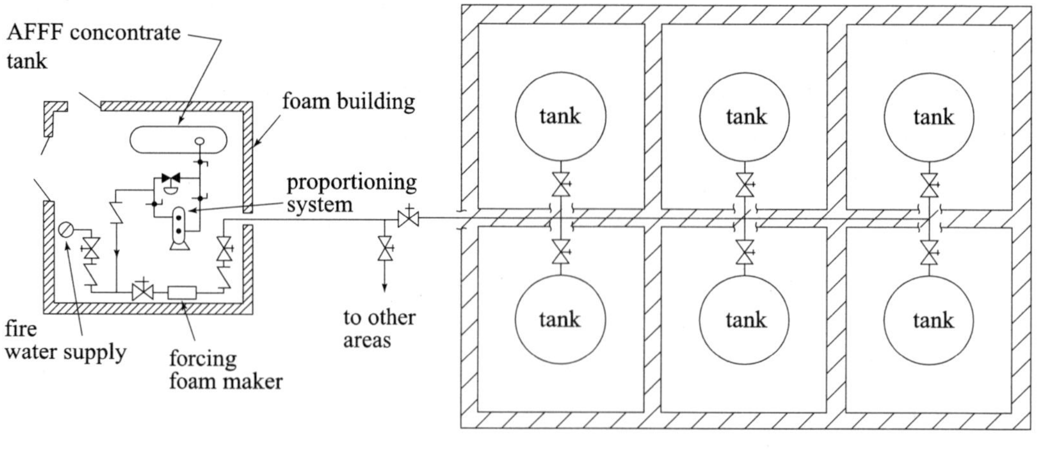

〈그림 6-1〉 고정식 포 소화설비

(2) 반고정식 포 소화설비(semi-fixed foam system)

이 방식은 방호대상물에 포 방출구 및 그에 접속하는 배관의 일부를 방호대상물로부터 화재시 안전한 거리까지 고정 설치해 두고 화재시 안전하나 곳에서 소방호스나 화학소방차를 사용하여 송액, 포를 방출하는 설비를 말한다. <그림 6-2>는 유류저장고에 설치한 반고정식 포 설비이다.

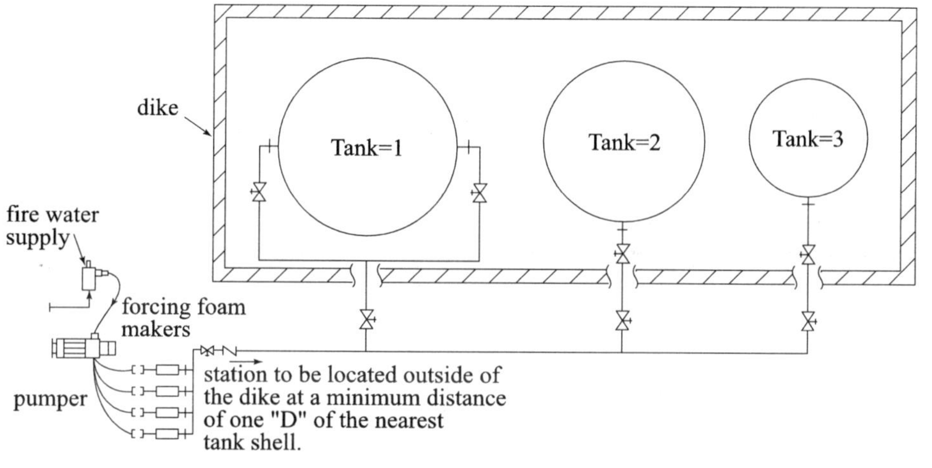

〈그림 6-2〉 반고정식 포 소화설비

(3) 이동식 포 소화설비(potable foam system)

화재 시 쉽게 접근하여 소화작업을 할 수 있는 장소 또는 방호대상물로서 고정 포 방출설비방식이나 포 헤드 방식으로는 충분한 소화 효과를 얻을 수 없는 부분에 설치하는 것으로, 호스 또는 호스릴 및 이동식 포 노즐을 사용하는 설비이며, 포 소화전 설비와 포 호스릴 설비가 있다. 이동식 포 소화설비는 저발포의 것에 한한다. 포 소화전 설비는 호스와 포 노즐은 이동식이지만, 포 소화전함은 고정식이다. 더욱이 가압송수장치, 포 소화약제의 저장소, 혼합장치, 포 소화전함에 이르기까지 배관 등 대부분이 고정설비다. <그림 6-3>은 이동식의 하나인 포 소화전설비로, 각각 압력혼합기(pressure side proportioner)와 차압혼합기(pressure proportioner)를 사용한 것이다.

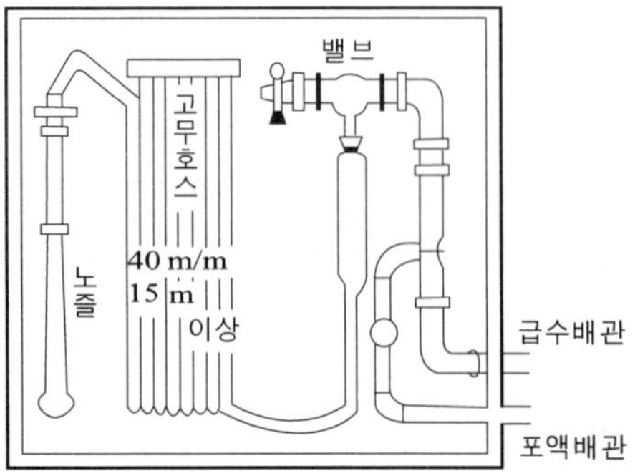

pressure side proportioner방식

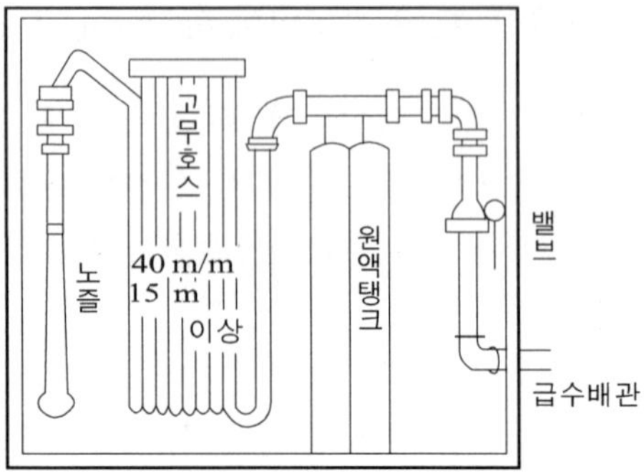

pressure proportioner방식

〈그림 6-3〉 이동식(포 소화전) 포소화설비

한편, mobile 포 소화설비는 <그림 6-4>와 같이 이동식 포 소화설비의 하나로, 석유화학단지, 공항 등의 자체 소방대나 소방서에서 유류화재시 긴급 출동하여 소화할 목적으로 포 소화약제 저장탱크, 호스 또는 방출구 등 설비를 바퀴가 달린 이동장비에 설치해 놓은 것이다.

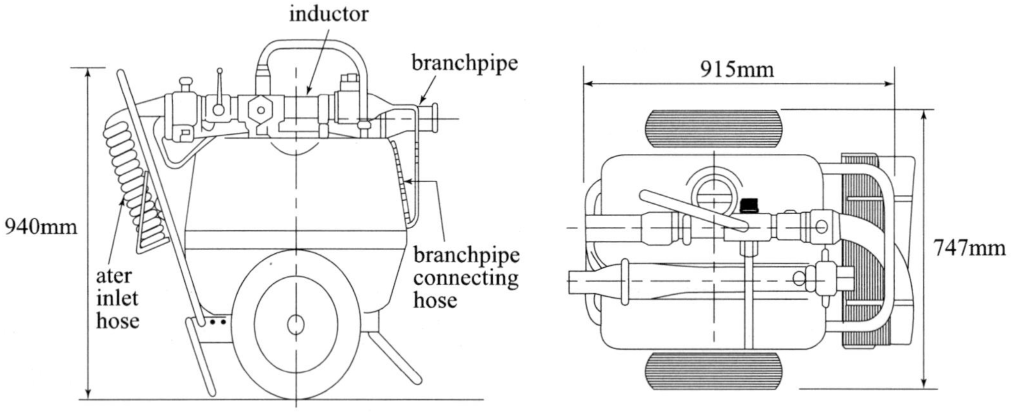

〈그림 6-4〉 mobile 포 소화설비

6.3.2 방출방식에 의한 분류

(1) 고정 포 방출구설비

고정 포 방출구설비는 수원, 가압송수장치, 포 소화약제, 혼합장치, 개방밸브, 방출구, 배관, 기동장치, 화재감지장치 등으로 구성되며, 주로 위험물 저장탱크에 설치하는 것으로 탱크의 직경, 탱크의 형태, 포 방출구의 종별에 따라 일정한 수의 방출구를 탱크에 설치하는 것이다. 위험물이 포 방출구로 들어오는 것을 방지하기 위해 납이나 유리, 주석으로 만든 봉판(seal)을 설치하고, 봉판의 점검과 교체가 용이한 점검구를 설치한다. 또 외부로 방출 시험이 가능한 구조로 한다. 방출구에는 I형, II형, 특형 방출구가 있고, 고발포(팽창비 20 이하)용 포를 사용한다. 포를 액면 아래에서 주입하는 표면하 주입 방출구와 반표면하 주입 방출구도 있다.

1) I형 방출구

<그림 6-5>와 같이 방출구에서 방출된 포가 홈통을 따라 위험물(가연성 액체)과 섞이지 않고 탱크 속으로 흘러 들어가 소화하는 것으로, 액체 가연성물질의 표면에 요동을 주지 않아 액체가 밖으로 넘치는 것을 막을 수 있다. 또 내알코올포는 연소 액면에 포를 주입할 때 포의 소멸이 빨라 소화효과가 감소하기 때문에 I형 방출구를 사용하는 것이 좋다. 방출된 포가 액면위에서 전개될 수 있도록 탱크 내부에 포의 통로가 있는 설비로서 원추형 탱크(cone roof tank)에 설치한다. 크로스 석션 뮬러튜브 챔버(cross suction muller tube chamber) 방식과 포 슈트(foam chute) 방식, 포 홈통(foam trough)방식이 있다.

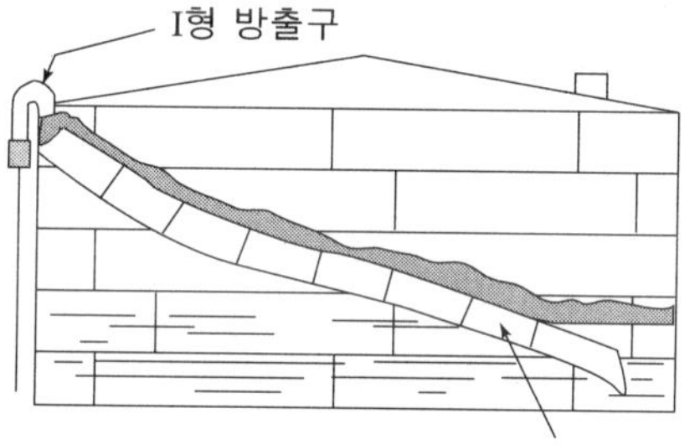

〈그림 6-5〉 I형 포 방출구 (포 홈통방식)

2) II형 방출구

<그림 6-6>은 공기포 제조(air foam maker)방식의 II형 방출구로서, 방출된 포가 반사판(deflector)에 의하여 탱크의 벽면을 따라 흘러 들어가 소화하는 포 방출구이다. 원추형 탱크(cone roof tank)에 설치하며, 케미컬 챔버(chemical chamber)방식과 공기포 제조기(air foam maker)방식이 있다.

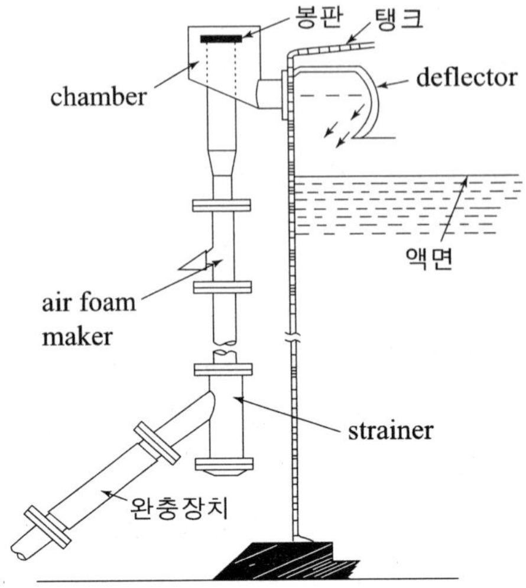

〈그림 6-6〉 II형 포 방출구

3) **특형 방출구**

탱크의 측면과 굽도리판(foam dam)에 의하여 형성된 환상 부분에 포를 방출하여 소화하는 포 방출구이며, 부상식 탱크(floating roof tank)에 설치한다(그림 6-7 참조).

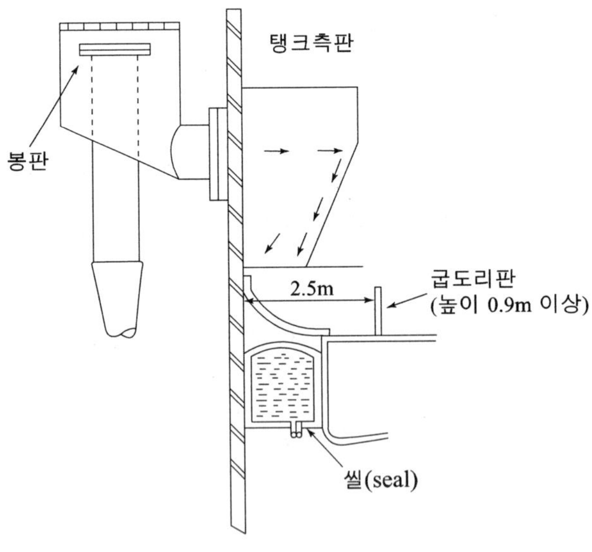

〈그림 6-7〉 특형 방출구

<그림 6-8>은 II형(공기포 제조기방식)과 특형 포 방출구가 설치된 고정포 방출구설비의 계통도이다.

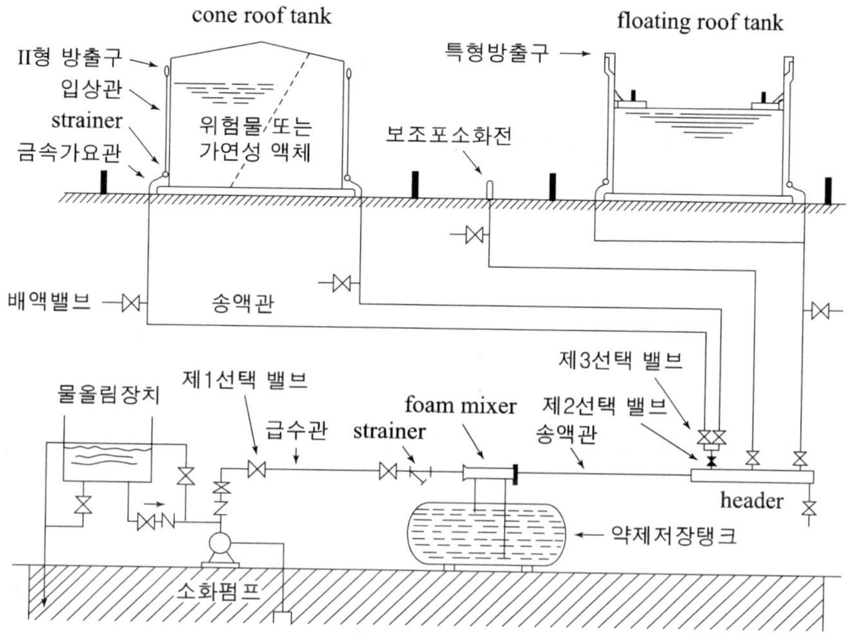

〈그림 6-8〉 고정포 방출구설비의 계통도

4) **표면하 주입 방출구(III형)**

<그림 6-9>와 같이 폭발에 의해 포 방출구가 파손되는 것을 막기 위해 탱크 하부에서 포를 방출하여 포가 가연성 액체를 거쳐 표면으로 떠올라 소화하는 포 방출구이다. 바닥에서부터 1.2 m 이상 높이에 포 방출구를 설치하며, 탱크직경이 60 m 이상인 대형 탱크에 적합하고, 대기압 상태의 원추형 탱크(cone roof tank)에 사용한다. 점도가 낮은 위험물에 적합하고, 포의 유동은 액면에서 30 m 깊이가 효과적이다.

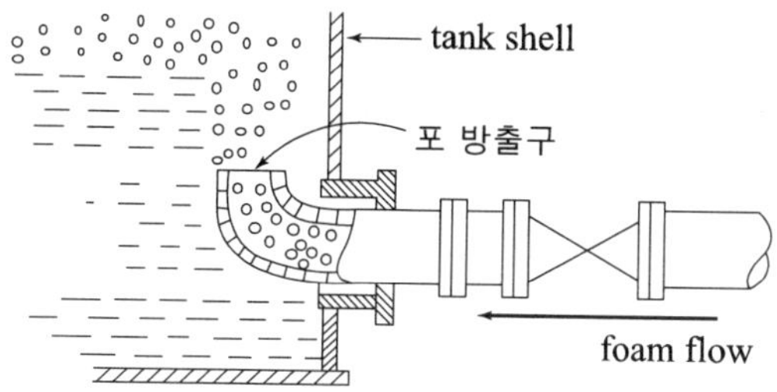

〈그림 6-9〉 표면하 주입 방출구

5) **반표면하 주입 방출구**(IV**형**)

표면하 주입 방출구와 같이 탱크 하부에서 포가 공급되지만 호스를 이용해 가연성 액체 표면에서 포를 방출하므로 포의 오염을 방지하고 주위 압력의 영향을 적게 하여 표면하 주입 방식의 단점을 보완한 방출구이다.

(2) 포 헤드설비, 포 워터 스프링클러설비

포 헤드설비는 포 헤드(foam head) 또는 포 워터 스프링클러 헤드(foam water sprinkler head)를 사용하는 포 소화설비로서, 포 혼합장치 외에는 스프링클러설비와 거의 비슷하다. 포 헤드설비에는 저발포(팽창비 20 이하)용 포를 사용한다. 자동차 정비공장과 주차장에는 포 헤드설비를, 항공기 격납고, 수직 이착륙 항공기의 발착장에는 포 워터 스프링클러설비를, 특수가연물에는 포 헤드설비 또는 포 워터 스프링클러설비를 설치한다.

<그림 6-10>은 포 헤드설비의 계통도이다. 차압혼합기(pressure proportioner)를 사용하며, 화재감지용으로 4개의 폐쇄형 스프링클러 헤드 또는 3개의 화재감지기가 설치되어 있다. 각 방호구역마다 일제개방밸브(deluge valve)를 설치하고, 상시 물이 가압되어 있다가 화재로 폐쇄형 스프링클러 헤드가 개방되면 감압으로 일제개방밸브가 열려 포 헤드로 포가 공급된다. 포 헤드 또는 포 워터 스프링클러설비의 작동순서는 다음과 같다.

1) 화재발생
2) 화재감지헤드(폐쇄형 스프링클러 헤드) 개방 또는 화재감지기 작동
3) 전자밸브 또는 수동개방밸브의 개방에 의한 일제개방밸브 개방
4) 배관 내 압력강하
5) 기동용 수압개폐장치의 압력스위치 작동
6) 펌프 기동
7) 포 혼합장치 작동
8) 포 수용액 방출

한편, 배관 내 압력강하로 유수검지장치가 열려 자동경보장치가 작동하면 화재경보 벨이 울리고 포가 방출됨이 표시된다.

<그림 6-11>은 포 헤드의 예이다.

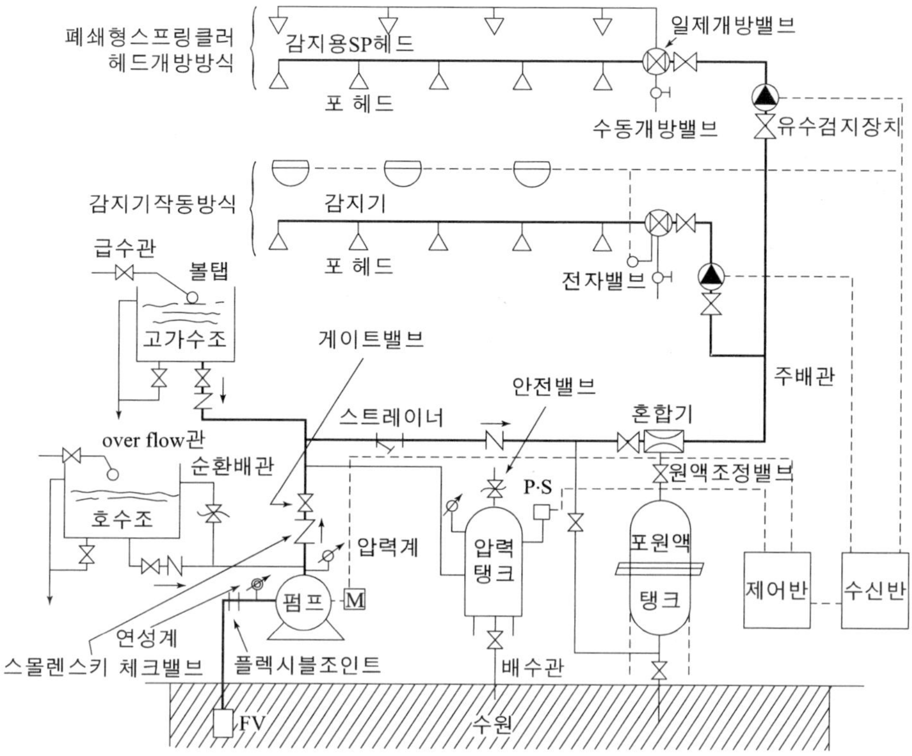

〈그림 6-10〉 포 헤드설비의 계통도

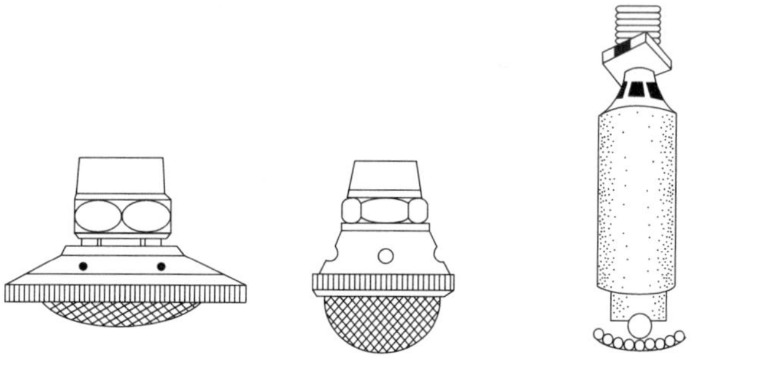

〈그림 6-11〉 포 헤드

(3) 포 소화전설비

옥내 또는 옥외 소화전 설비와 비슷한 구조이지만, 앞의 <그림 6-3>과 같이 압송된 물과 흡입관을 통해 흡수된 포 소화약제가 혼합되어 방출하는 것과 별도의 혼합기에서 혼합된 포 수용액이 압송되는 것이 있다.

(4) 포 호스릴 소화설비

6.3.1의 이동식 포 소화설비 참조

(5) 포 모니터설비

석유화학공장이나 석유류 등의 위험물 저장탱크를 방호하기 위하여 설치하는 설비로서 소화활동이 가능한 장소로부터 원격조작 또는 수동조작이 가능한 설비이다. 원격조작 모니터(remote controlled monitor)는 화재 발생 시 막대한 열과 폭발의 위험으로 접근과 화재 진압이 곤란한 지역에 설치하여 신속하게 대처함으로써 인명과 재산을 보호할 수 있다. 또한 모든 구조는 방수 및 방폭형 구조로 제작되어 안전하게 사용할 수 있다.

6.4 포 소화약제의 종류

포(foam)에는 화학포와 기계포가 있는데, 화학포는 탄산수소나트륨($NaHCO_3$)와 황산알루미늄($Al_2(SO_4)_3 18H_2O$)의 화학반응으로 발생하는 이산화탄소로 포를 만들고, 기계포는 포 원액이 일정 농도로 물과 혼합, 헤드나 소화전으로 방출하여 포를 만들거나 발포기로 포를 발생하게 한다. 그러므로 화학포 속에는 이산화탄소가 들어있고, 기계포 속에는 공기가 차 있어 공기포라고 부른다. 화학포 소화약제의 유지관리가 어려워 화학포를 거의 사용하지 않고 대부분 공기포를 사용하는데, 공기포용 포 소화약제에는 다음과 같이 5가지가 있다.

(1) 단백포(protein foam)

동물의 피, 뿔, 뼈 등의 동물성 단백질을 가수분해하여 생긴 생성물을 원료로 한다. 여기에 안정제인 제1철염과 용기의 부식방지, 세균에 의한 분해방지, 점도 조절 등을 위한 억제제를 첨가하여 사용한다. 영하의 기온에서는 유동성이 없다. 물로 희석하여 3%, 또는 6% 수용액으로 사용한다. 변질의 위험이 높다.

(2) 불화단백포(fluoroprotein foam)

불화단백포 소화약제는 상기 기술된 단백포 소화약제와 매우 유사하나 미량의 불소계면활성제를 함유한다. 공기차단 포막에 더하여 이것을 또한 액체연료 표면에 기화 방지막을 형성시킬 수 있다. 불소의 소화효과가 우수하지만, 값이 비싸 흔히 사용되지 않는다. 불화단백포 소화약제를 물로 희석하여 유형에 따라 3% 또는 6% 수용액을 형성한다. 이런 소화약제는 특정 분말 소화약제와 병용할 수 있다.

(3) 합성계면활성제포(synthetic foam)

탄화수소계 합성계면활성제를 원료로 하고 기포제, 안정제, 용제, 부동제, 방부식제 등을 첨가한 것이다. 이 포 소화약제는 합성물질이기 때문에 단백질과 달리 쉽게 변질되지 않는다. 저발포용으로 3, 6%, 고발포용으로 1, 1.5, 2%가 사용된다.

(4) 수성막포(aqueous film forming foam, AFFF)

불소계 계면활성제와 포 안정제를 기제로 하는 흑갈색 포 소화약제로, 3% 또는 6% 수용액으로 희석한다. 형성된 포는 공기 또는 산소를 차단하고, 연료 표면에 연료 증기의 방출을 억제할 수 있는 수성막을 형성하여 가연물의 표면을 덮어 질식소화 한다. 성능은 단백포에 비해 약 3배의 효과가 있어 단백포 소요량의 1/3 정도로 소화할 수 있다. 부식의 우려가 없어 보존성이 좋고 독성이 없으며, 영하의 기온에서도 유동성이 있고 발포효과가 커 대규모 저유시설, 폭발물 제조공장, 비행기 격납고, 옥내주차장의 포 헤드용으로 사용된다. AFFF 소화약제로 형성된 포는 분말 소화약제와 배합 가능하므로 분말 소화약제와 혼합 용도에 적합하다. 널리 알려져 있는 3M의 Light Water는 수성막포이다.

(5) 내알코올포(alcohol resistant foam)

내알코올포는 일반 포 소화약제의 파포현상이 있는 알코올, 에스테르와 같은 수용성 물질이나 다른 가연성 물질의 화재를 소화하기 위해서 뿐만 아니라 탄화수소를 수반하는 화재를 소화하기 위해 사용된다. 단백포를 수용성 가연성 액체에 사용하면 포가 순식간에 파괴되고 지속성과 소화기능을 발휘하지 못하게 되므로 내알코올포를 사용한다. 파포현상은 포가 수용성 가연성 액체와 접하면 소멸되는 현상을 말한다. 포는 94% 이상이 수분으로 구성되어 있으며, 포가 수용성 가연성 액체에 접하면 포에 함유된 수분이 수용성 가연성 액체로 녹아 들어가고 포에서 탈수현상이 일어나 포가 순간적으로 소멸된다. 이와 동시에 수용성 가연성 액체는 반대로 포쪽으로 이동하여 포의 형성을 유지케 하는 유기물질을 응고시켜 파포현상이 계속된다.

내알코올포 소화약제는 소화해야 할 위험물의 성질과 소화약제의 유형에 따라 일반적으로 3～10% 수용액으로 사용한다. 내알코올포 소화약제에는 다음 3가지의 유형이 있다.

1) 단백질 또는 불화단백질 소화약제와 같은 수용성 천연 중합체를 기제로 하고 또한 거품 구조 내에 불용성 장벽으로서 침전하는 알코올 불용성 물질을 함유한다.
2) 합성 포 소화약제를 기제로 하고, 포 거품을 둘러싸고 수용성 연료의 표면에 소화 부유물을 형성하는 겔화 물질을 함유하고, 탄화수소 연료에 대한 막 형성 특성을 가지고 있다.
3) 불화단백포와 같은 수용성 천연단백포를 기제로 하고, 수용성 연료로부터 포를 보호하는 겔화 물질을 함유한다. 또한 이 포는 탄화수소 연료에 대한 막 형성 및 불화단백질 특성을 가지고 있다.

<표 6-1>은 공기포용 포 소화약제의 성분과 소화특성을 요약한 것이다.

〈표 6-1〉 포 소화약제의 성분과 소화특성(공기포)

약제의 종류	성분 및 소화 특성	사용농도*	방호 대상
단백포 (protein foam)	· 동식물성 단백질의 가수분해 생성물을 기제로 하고, 포막 안정제($FeSO_4$, $FeCl_2$)를 첨가한 것 · 흑갈색으로서 독한 냄새가 있음 · 포의 유동성이 작아서 소화 속도가 늦은 반면 안정성이 커서 재연방지효과 우수	3% 6%	석유류 탱크 석유화학공장
불화단백포 (fluoroprotein foam)	· 단백포 소화약제에 불소계 계면활성제를 미량 첨가한 것 · 단백포와 수성막포의 단점인 유동성과 열안정성 보완 · 표면하 주입 방식에도 효과적임	3% 6%	석유류 탱크 석유화학공장
합성계면 활성제포 (synthetic foam)	· 계면 활성제를 기제로 하여 안정제 등을 첨가한 것 · 저팽창에서 고팽창까지 팽창 범위가 넓어 고체 및 가스화재 등 사용 범위가 큼 · 유동성이 좋은 반면 내유성이 약하고 포가 빨리 소멸되는 단점이 있음	1%, 1.5%, 2%(고발포) 3%, 6% (저발포)	가스화재 화학공장 차고, 주차장 위험물저장소 고체연료
수성막포 (aqueous film forming foam, AFFF)	· 불소계 습윤제를 기제로 하여 안정제 등을 첨가한 것 · 화학적으로 안정되어 보존성, 내약품성 우수 · 대형화재 또는 1,000℃ 이상의 고온화재에 표면막 생성 곤란	3% 6%	유류탱크 화학공장
내알코올포 (alcohol resistant foam)	· 천연 단백질 분해물과 합성 계면활성제로 구분 · 물과 혼합하면 알코올과 같은 수용성 위험물에서 불용성이 되므로 알코올류 위험물의 소화에 사용	6%	수용성 액체위험물(알코올, 케톤, 에스테르)

* 포 농도는 체적농도(vol%)임

6.5 포 소화설비의 적응성

소방대상물에 따라 적응하는 포 소화설비는 다음과 같다.

(1) 특수가연물을 저장·취급하는 공장 또는 창고

포 워터 스프링클러설비, 포 헤드설비 또는 고정 포 방출설비

(2) 차고 또는 주차장

포 워터 스프링클러설비, 포 헤드설비 또는 고정 포 방출설비

다음의 하나에 해당하는 차고, 주차장의 부분에는 호스릴 포 소화설비 또는 포 소화전설비를 설치할 수 있다.

1) 완전 개방된 옥상주차장 또는 고가 밑의 주차장 등으로서 주된 벽이 없고 기둥뿐이거나 주위가 위해방지용 철주 등으로 둘러싸인 부분
2) 옥외로 통하는 개구부가 상시 개방된 구조의 부분으로서 그 개방된 부분의 합계면적이 당해 차고 또는 주차장의 바닥면적의 15% 이상인 부분
3) 지상 1층으로서 방화구획되거나 지붕이 없는 부분
4) 지상에서 수동 또는 원격조작에 따라 개방이 가능한 개구부의 유효면적의 합계가 바닥면적의 20% 이상(시간당 5회 이상의 배연능력을 가진 배연설비가 설치된 경우에는 15% 이상)인 부분

(3) 비행기 격납고

포 워터 스프링클러설비, 포 헤드설비 또는 고정 포 방출설비. 다만, 바닥면적의 합계가 1,000 m^2 이상이고 비행기의 격납위치가 한정되어 있는 경우에는 그 한정된 장소외의 부분에 대하여는 호스릴 포 소화설비를 설치할 수 있다.

6.6 포 소화설비의 수원

(1) 포 소화설비의 수원의 저수량이 소방대상물에 따라 다음 기준에 적합하도록 하여야 한다.

1) 특수가연물을 저장, 취급하는 공장 또는 창고

포 워터 스프링클러설비 또는 포 헤드 설비의 경우에는 포 워터 스프링클러헤드 또는 포 헤드가 가장 많이 설치된 층의 포 헤드(바닥면적이 200 m^2를 초과한 층에 있어서는 바닥면적 200 m^2 이내에 설치된 포 헤드)에서 동시에 표준방사량으로 10분간 방사할 수 있는 양 이상으로, 고정 포 방출설비의 경우에는 고정 포 방출구가 가장 많이 설치된 방호구역안의 고정 포 방출구에서 표준방사량으로 10분간 방사할 수 있는 양 이상으로 한다. 이 경우 하나의 공장 또는 창고에 포 워터 스프링클러설비, 포 헤드설비 또는 고정포방출설비가 함께 설치된 때에는 각 설비별로 산출된 저수량 중 최대의 것을 그 특정소방대상물에 설치하여야 할 수원의 양으로 한다.

2) 차고 또는 주차장

호스릴 포 소화설비 또는 포 소화전설비의 경우에는 방수구가 가장 많은 층의 설치개수(호스릴 포 방수구 또는 포 소화전방수구가 5개 이상 설치된 경우에는 5개)에 6,000 ℓ를 곱한 양 이상으로, 포 워터 스프링클러설비, 포 헤드설비 또는 고정 포 방출설비의 경우에는 1)의 기준을 준용한다. 이 경우 하나의 차고 또는 주차장에 호스릴 포 소화설비, 포 소화전설비, 포 워터 스프링클러설비, 포 헤드설비 또는 고정 포 방출설비가 함께 설치된 때에는 각 설비별로 산출된 저수량 중 최대의 것을 그 차고 또는 주차장에 설치하여야 할 수원의 양으로 한다.

3) 비행기 격납고

포 워터 스프링클러설비, 포 헤드설비 또는 고정 포 방출설비의 경우에는 포 헤드 또는 고정 포 방출구가 가장 많이 설치된 비행기격납고의 포 헤드 또는 고정 포 방출구에서 동시에 표준방사량으로 10분간 방사할 수 있는 양 이상으로 하되, 호스릴 포 소화설비를 함께 설치한 경우에는 호스릴 포 방수구가 가장 많이 설치된 격납고의 호스릴 방수구수(호스릴 포 방수구가 5개 이상 설치된 경우에는 5개)에 6,000 ℓ를 곱한 양을 합한 양 이상으로 하여야 한다.

(2) 포 소화설비의 수원을 수조로 설치하는 경우에는 소방설비의 전용수조로 하여야 한다. 다만, 다음의 하나에 해당하는 경우에는 그러하지 아니하다.

1) 포 소화설비 펌프의 풋밸브 또는 흡수배관의 흡수구(수직회전축펌프의 흡수구 포함)를 다른 설비(소방용 설비 외의 것)의 풋밸브 또는 흡수구보다 낮은 위치에 설치한 때

2) 고가수조로부터 포 소화설비의 수직배관에 물을 공급하는 급수구를 다른 설비의 급수구보다 낮은 위치에 설치한 때

(3) 저수량을 산정함에 있어서 다른 설비와 겸용하여 포 소화설비용 수조를 설치하는 경우에는 포 소화설비의 풋밸브, 흡수구 또는 수직배관의 급수구와의 다른 설비의 풋밸브, 흡수구 또는 수직배관의 급수구와의 사이의 수량을 그 유효수량으로 한다.

(4) 포 소화설비용 수조의 설치기준

1) 점검에 편리한 곳에 설치할 것
2) 동결방지조치를 하거나 동결의 우려가 없는 장소에 설치할 것
3) 수조의 외측에 수위계를 설치할 것. 다만, 구조상 불가피한 경우에는 수조의 맨홀 등을 통하여 수조 안의 물의 양을 쉽게 확인할 수 있도록 하여야 한다.
4) 수조의 상단이 바닥보다 높은 때에는 수조의 외측에 고정식 사다리를 설치할 것
5) 수조가 실내에 설치된 때에는 그 실내에 조명설비를 설치할 것
6) 수조의 밑 부분에는 청소용 배수밸브 또는 배수관을 설치할 것
7) 수조의 외측의 보기 쉬운 곳에 "포 소화설비용 수조"라고 표시한 표지를 할 것. 이 경우 그 수조를 다른 설비와 겸용하는 때에는 그 겸용되는 설비의 이름을 표시한 표지를 함께 하여야 한다.
8) 포 소화설비 펌프의 흡수배관 또는 포 소화설비의 수직배관과 수조의 접속부분에는 "포 소화설비용 배관"이라고 표시한 표지를 할 것

6.7 포 소화설비의 가압송수장치

6.7.1 펌프방식

전동기 또는 내연기관에 따른 펌프를 이용하는 가압송수장치는 다음 기준에 따라 설치하여야 한다.

(1) 쉽게 접근할 수 있고 점검하기에 충분한 공간이 있는 장소로서 화재 및 침수 등의 재해로 인한 피해를 받을 우려가 없는 곳에 설치할 것

(2) 동결방지조치를 하거나 동결의 우려가 없는 장소에 설치할 것

(3) 소화약제가 변질될 우려가 없는 곳에 설치할 것

(4) 펌프의 토출량은 포 헤드, 고정 포 방출구 또는 이동식 포 노즐의 설계압력 또는 노즐의 방사압력의 허용범위 안에서 포수용액을 방출 또는 방사할 수 있는 양 이상이 되도록 할 것

(5) 펌프는 전용으로 하되, 다른 소화설비와 겸용하는 경우 각각의 소화설비의 성능에 지장이 없을 때에는 전용으로 하지 않아도 된다.

(6) 펌프의 양정은 다음의 식에 따라 산출한 수치 이상이 되어야 한다.

$$H = h_1 + h_2 + h_3 + h_4 \tag{6.1}$$

여기서,

H = 펌프의 양정
h_1 = 실양정(풋밸브로부터 최고층에 설치된 포 헤드까지의 수직거리)
h_2 = 배관의 손실수두
h_3 = 소방호스의 마찰손실수두
h_4 = 방출구의 압력 환산수두 또는 노즐 선단의 방사압력 환산수두

이다.

(7) 펌프의 토출측에는 압력계를 체크밸브 이전에 펌프 토출측 플랜지에서 가까운 곳에 설치하고, 흡입측에는 연성계 또는 진공계를 설치할 것. 다만, 수원의 수위가 펌프의 위치보다 높거나 수직 회전축 펌프의 경우에는 연성계 또는 진공계를 설치하지 아니할 수 있다.

(8) 가압송수장치에는 정격부하운전 시 펌프의 성능을 시험하기 위한 배관을 설치할 것. 다만, 충압펌프의 경우에는 그러하지 아니하다.

(9) 가압송수장치에는 체절운전 시 수온의 상승을 방지하기 위한 순환배관을 설치할 것. 다만, 충압펌프의 경우에는 그러하지 아니하다.

(10) 기동용 수압개폐장치(압력챔버)를 사용할 경우 그 용적은 100 ℓ 이상의 것으로 할 것

(11) 수원의 수위가 펌프보다 낮은 위치에 있는 가압송수장치에는 다음의 기준에 따른 물올림장치를 설치할 것

1) 물올림장치에는 전용의 수조를 설치할 것

2) 수조의 유효수량은 100 ℓ 이상으로 하되, 구경 15 mm 이상의 급수배관에 따라 당해 수조에 물이 계속 보급되도록 할 것

(12) 기동용 수압개폐장치를 기동장치로 사용하는 경우에는 다음 기준에 따른 충압펌프를 설치할 것. 다만, 호스릴 포 소화설비 또는 포 소화전설비를 설치한 경우 소화용 급수

펌프로 상시 충압이 가능하고 1개의 호스릴 포 방수구 또는 포 소화전 방수구를 개방할 때에 급수펌프가 지속적으로 작동될 수 있고 다음의 성능을 갖춘 경우에는 충압펌프를 별도로 설치하지 아니할 수 있다.

1) 펌프의 토출압력은 그 설비의 최고위 일제개방밸브, 포 소화전 또는 호스릴 포 방수구의 자연압보다 적어도 0.2 MPa이 더 크도록 하거나 가압송수장치의 정격토출압력과 같게 할 것
2) 펌프의 정격토출량은 정상적인 누설량보다 적어서는 안 되며, 포 소화설비가 자동적으로 작동할 수 있도록 충분한 토출량을 유지할 것

(13) 내연기관을 사용하는 경우에는 제어반에 따라 내연기관의 자동기동 및 수동기동이 가능하고, 상시 충전되어 있는 축전지설비를 갖출 것

(14) 가압송수장치에는 "포 소화설비펌프"라고 표시한 표지를 부착할 것. 이 경우 그 가압송수장치를 다른 설비와 겸용하는 때에는 그 겸용되는 설비의 이름을 표시한 표지를 함께 하여야 한다.

6.7.2 고가수조방식

고가수조(gravity tank)의 자연낙차수두(수조의 하단으로부터 최고층에 설치된 포 헤드까지의 수직거리)는 다음의 식에 따라 산출한 수치 이상이 되도록 할 것

$$H = h_1 + h_2 + h_3 \tag{6.2}$$

여기서,

H = 필요한 낙차
h_1 = 배관의 손실수두
h_2 = 소방호스의 마찰손실수두
h_3 = 방출구의 압력 환산수두 또는 노즐선단의 방사압력 환산수두

이다.

고가수조에는 수위계와 배수관, 급수관, 오버플로우관, 맨홀을 설치해야 한다.

6.7.3 압력수조방식

압력수조(pressure tank)의 압력은 다음의 식에 따라 산출한 수치 이상이 되도록 할 것

$$P = p_1 + p_2 + p_3 + p_4 \tag{6.3}$$

여기서,

P = 필요한 압력

p_1 = 방출구의 설계압력 또는 노즐선단의 방사압력

p_2 = 배관의 손실수두압

p_3 = 낙차(수조의 하단에서 최고층의 포 헤드까지의 수직거리)의 환산압

p_4 = 소방호스의 마찰손실압

이다.

압력수조에는 수위계와 급수관 · 배수관, 급기관, 맨홀, 압력계, 안전장치, 압력저하방지를 위한 자동식 공기압축기를 설치해야 한다.

6.7.4 감압장치 및 표준방사량

가압송수장치에는 포 헤드, 고정 포 방출구 또는 이동식 포 노즐의 방사압력이 설계압력 또는 방사압력의 허용범위를 넘지 아니하도록 감압장치를 설치하여야 한다.

가압송수장치는 <표 6-2>의 표준방사량을 방사할 수 있도록 하여야 한다.

〈표 6-2〉 표준방사량

포 소화설비 구분	표준방사량
포 워터 스프링클러 헤드	75 ℓ/min 이상
포 헤드, 고정 포 방출구 또는 이동식 포 노즐	각 포 헤드, 고정 포 방출구 또는 이동식 포 노즐의 설계압력에 따라 방출되는 양

6.8 포 소화설비의 배관 등

(1) 배관은 배관용 탄소강관(KSD 3507) 또는 배관 내 사용압력이 1.2 MPa 이상일 경우에는 압력배관용 탄소강관(KSD 3562)이나 이와 동등 이상의 강도와 내식성 및 내열성을 가진 것으로 하여야 한다. 다만, 다음의 하나에 해당하는 장소에는 성능시험기술기준에

적합한 소방용 합성수지 배관으로 설치할 수 있다.

1) 배관을 지하에 매설하는 경우
2) 다른 부분과 내화구조로 구획된 덕트 또는 피트의 내부에 설치하는 경우
3) 천장(상층이 있는 경우에는 상층바닥의 하단을 포함한다. 이하 같다)과 반자를 불연재료로 설치하고 그 내부에 습식으로 배관을 설치하는 경우

(2) 송액관은 포의 방출 종료 후 배관안의 액을 배출하기 위하여 적당한 기울기를 유지하도록 하고 그 낮은 부분에 배액밸브를 설치하여야 한다.

(3) 포 워터 스프링클러설비 또는 포 헤드설비의 가지배관의 배열은 토너먼트(tournament) 방식이 아니어야 하며, 교차배관에서 분기하는 지점을 기점으로 한쪽 가지배관에 설치하는 헤드의 수는 8개 이하로 한다.

(4) 송액관은 전용으로 하여야 한다. 다만, 포 소화전의 기동장치의 조작과 동시에 다른 설비의 용도에 사용하는 배관의 송수를 차단할 수 있거나, 포 소화설비의 성능에 지장이 없는 경우에는 다른 설비와 겸용할 수 있다.

(5) 펌프의 흡입측 배관은 다음 기준에 따라 설치하여야 한다.

1) 공기고임이 생기지 아니하는 구조로 하고 여과장치를 설치할 것
2) 수조가 펌프보다 낮게 설치된 경우에는 각 펌프(충압펌프 포함)마다 수조로부터 별도로 설치할 것

(6) 연결송수관설비의 배관과 겸용할 경우의 주배관은 구경 100 mm 이상, 방수구로 연결되는 배관의 구경은 65 mm 이상의 것으로 하여야 한다.

(7) 펌프의 성능은 체절운전 시 정격토출압력의 140%를 초과하지 아니하고, 정격토출량의 150%로 운전시 정격토출압력의 65% 이상이 되어야 하며, 펌프의 성능시험배관은 다음 기준에 적합하여야 한다.

1) 성능시험배관은 펌프의 토출측에 설치된 개폐밸브 이전에서 분기하여 설치하고, 유량측정장치를 기준으로 전단 직관부에 개폐밸브를 후단 직관부에는 유량조절밸브를 설치할 것
2) 유량측정장치는 성능시험배관의 직관부에 설치하되, 펌프의 정격 토출량의 175%까지 측정할 수 있는 성능이 있을 것

(8) 가압송수장치의 체절운전 시 수온의 상승을 방지하기 위하여 체크밸브와 펌프사이에서 분기한 구경 20 mm 이상의 배관에 체절압력 미만에서 개방되는 릴리프 밸브를 설치하여야 한다.

(9) 동결방지조치를 하거나 동결의 우려가 없는 장소에 설치하여야 한다.

(10) 급수배관에 설치되어 급수를 차단할 수 있는 개폐밸브(포 헤드, 고정 포방출구 또는 이동식 포 노즐 제외)는 개폐표시형으로 하여야 한다. 이 경우 펌프의 흡입측 배관에는 버터플라이 밸브(butterfly valve) 외의 개폐표시형 밸브를 설치하여야 한다.

(11) 위 (10)의 개폐밸브에는 그 밸브의 개폐상태를 감시제어반에서 확인할 수 있는 급수 개폐밸브 작동표시 스위치를 다음 기준에 따라 설치하여야 한다.

1) 급수개폐밸브가 잠길 경우 탬퍼 스위치(tamper switch)의 동작으로 인하여 감시제어반 또는 수신기에 표시되어야 하며 경보음을 발할 것
2) 탬퍼 스위치는 감시제어반에서 동작의 유무확인과 동작시험, 도통시험을 할 수 있을 것
3) 급수개폐밸브의 작동표시 스위치에 사용되는 전기배선은 내화전선 또는 내열전선으로 설치할 것

(12) 기계실, 공동구 또는 덕트(duct)에 설치되는 배관은 다른 설비의 배관과 쉽게 구분이 될 수 있는 위치에 설치하거나 그 배관표면 또는 배관 보온재표면의 색상을 달리하는 방법 등으로 소방용 설비의 배관임을 표시하여야 한다.

(13) 포 소화설비에는 소방차로부터 그 설비에 송수할 수 있는 송수구를 다음 기준에 따라 설치하여야 한다.

1) 송수구는 화재층으로부터 지면으로 떨어지는 유리창 등이 송수 및 그 밖의 소화작업에 지장을 주지 아니하는 장소에 설치할 것
2) 송수구로부터 포 소화설비의 주배관에 이르는 연결배관에 개폐밸브를 설치한 때에는 그 개폐상태를 쉽게 확인 및 조작할 수 있는 옥외 또는 기계실 등의 장소에 설치할 것
3) 구경 65 mm의 쌍구형으로 할 것
4) 송수구에는 그 가까운 곳의 보기 쉬운 곳에 송수압력범위를 표시한 표지를 할 것
5) 포 소화설비의 송수구는 하나의 층의 바닥면적이 3,000 m^2를 넘을 때마다 1개 이상을 설치할 것(5개를 넘을 경우에는 5개)
6) 지면으로부터 높이가 0.5 m 이상 1 m 이하의 위치에 설치할 것
7) 송수구의 가까운 부분에 자동배수밸브(또는 직경 5 mm의 배수공) 및 체크밸브를 설치할 것. 이 경우 자동배수밸브는 배관안의 물이 잘 빠질 수 있는 위치에 설치하되, 배수로 인하여 다른 물건 또는 장소에 피해를 주지 않아야 한다.

6.9 포 소화설비의 저장탱크 등

6.9.1 저장탱크

포 소화약제의 저장탱크(용기 포함)는 다음 기준에 따라 설치하고 혼합장치와 배관 등으로 연결하여 두어야 한다.

(1) 화재 등의 재해로 인한 피해를 받을 우려가 없는 장소에 설치할 것

(2) 기온의 변동으로 포의 발생에 장애를 주지 아니하는 장소에 설치할 것. 다만, 기온의 변동에 영향을 받지 아니하는 포 소화약제의 경우에는 그러하지 아니하다.

(3) 포 소화약제가 변질될 우려가 없고 점검에 편리한 장소에 설치할 것

(4) 가압송수장치 또는 포 소화약제 혼합장치의 기동에 따라 압력이 가해지는 것 또는 상시 가압된 상태로 사용되는 것에 있어서는 압력계를 설치할 것

(5) 포 소화약제 저장량의 확인이 쉽도록 액면계 또는 계량봉 등을 설치할 것

(6) 가압식이 아닌 저장탱크는 그라스게이지를 설치하여 액량을 측정할 수 있는 구조로 할 것

6.9.2 저장량

포 소화약제의 저장량은 다음 기준에 따른다.

(1) 고정 포 방출구 방식에 있어서는 다음의 양을 합한 양 이상으로 할 것

1) 고정 포 방출구에서 방출하기 위하여 필요한 양

$$V_F = A \times q \times t \times S \tag{6.4}$$

V_F = 포 소화약제의 양(ℓ)
A = 탱크의 액표면적(m^2)
q = 단위면적당 포 수용액 방출률($\ell/m^2 \cdot min$)
t = 방출시간(min)
S = 포 농도(%)/100

2) 보조포 소화전에서 방출하기 위하여 필요한 양

$$V_F = N \times S \times 8{,}000 \tag{6.5}$$

V_F = 포 소화약제의 양(ℓ)
N = 호스 접결구수(최대 3)

S = 포 농도(%)/100

8,000 = 400 ℓ/min×20min

3) 가장 먼 탱크까지의 송액관(내경 75 mm 이하의 송액관 제외)에 충전하기 위하여 필요한 양

(2) 옥내 포 소화전방식 또는 호스릴 방식에 있어서는 다음의 식에 따라 산출한 양 이상으로 할 것. 다만, 바닥면적이 200 m^2 미만인 건축물에 있어서는 그 75%로 할 수 있다.

$$V_F = N \times S \times 6{,}000 \tag{6.6}$$

V_F = 포 소화약제의 양(ℓ)
N = 호스 접결구 수(최대 5)
S = 포 농도(%)/100

6,000 = 300 ℓ/min×20min

(3) 포 헤드방식에 있어서는 하나의 방사구역 안에 설치된 포 헤드를 동시에 개방하여 표준방사량으로 10분간 방사할 수 있는 양 이상으로 할 것

예제6-1 바닥의 크기가 10 m×12 m인 주차장에 3%의 단백포를 사용하는 포 헤드 소화설비가 설치되어 있다. 포 헤드의 방사압력이 0.25 MPa, 실양정(수원의 바닥에서 헤드까지의 수직거리)이 5 m, 배관의 손실수두가 10 m, 펌프의 효율이 60%일 때 다음을 계산하라.
(1) 포원액 저장량, (2) 펌프의 토출량, (3) 전동기의 동력

풀이

(1) $V_F = qAtS$에서
V_F = 포원액 저장량
q = 단위면적당 포수용액 방출량, 6.5 ℓ/m^2·min (표 6-4 참조)
A = 바닥면적, 10×12 m^2
t = 방출시간, 10 min

이므로

$V_F = (6.5\ \ell/m^2\cdot min)(120\ m^2)(10\ min)(0.03)$
$= 234\ \ell$
$= 0.234\ m^3$

(2) $Q = qA$
$= (6.5\ \ell/m^2\cdot min)(120\ m^2)$
$= 780\ \ell/min$
$= 780\ \ell/min \times \dfrac{min}{60s} \times \dfrac{m^3}{1000\ \ell}$
$= \underline{0.013\ m^3/s}$

(3) 전양정 $H = 5\ m+10\ m+25\ m$(0.25 MPa의 환산수두)

$= 40\ m$

$L = \gamma QHk/\eta$

$= (9{,}810\ N/m^3)(0.013\ m^3/s)(40\ m)(1.1)/0.6$

$= 9{,}350\ W$

$= \underline{9.5\ kW}$

예제 6-2 직경 40 m의 경유저장용 FRT(floating roof tank)에 특형 포방출구가 설치되어 있다. 탱크 내면과 굽도리판의 간격이 2.5 m, 3%의 포수용액의 방출량 10 ℓ/m²·min으로 20분간 방출할 때 다음을 구하라. 펌프의 효율은 65%이고, 전양정은 60 m로 가정한다.

(1) 물의 양, V_W, (2) 포원액의 양, V_F, (3) 펌프의 토출량, Q, (4) 소화펌프용 전동기의 동력, L

풀이

(1) $V_W = qAt(1-S)$에서

q = 포수용액 방출량, 10 ℓ/m²·min

A = 탱크 내 액 표면적, $\frac{\pi}{4}(40^2-35^2)\ m^2$

t = 방출시간, 20 min

S = 포 농도, 0.03

이므로

$V_W = (10\ \ell/m^2\cdot min)[\frac{\pi}{4}(40^2-35^2)\ m^2](20\ min)(1-0.03)$

$= 57{,}100\ \ell$

$= \underline{57.1\ m^3}$

(2) $V_F = qAtS$

$= (10\ \ell/m^2\cdot min)[\frac{\pi}{4}(40^2-35^2)](20\ min)(0.03)$

$= 1{,}770\ \ell$

$= \underline{1.8\ m^3}$

(3) $Q = (V_W+V_F)/t$ (또는 $Q = qA$)

$= (57.1+1.8)/20 = 2.945\ m^3/min$

$= \underline{0.049\ m^3/s}$

(4) $L = \gamma QHk/\eta = (9{,}810\ N/m^3)(0.049\ m^3/s)(60\ m)(1.1)/0.65$

$= 48{,}810\ W$

$= \underline{49\ kW}$

6.10 포 소화약제의 혼합장치

포 소화약제의 혼합장치는 포 소화약제의 사용농도에 적합한 수용액으로 혼합할 수 있도록 다음에 해당하는 방식에 따르되, 성능시험기관으로 지정받은 기관에서 검증받은 제품으로 설치하여야 한다. 비례혼합기(proportioner)에는 펌프혼합기(pump proportioner), 차압혼합기(pressure proportioner), 관로혼합기(line proportioner), 압력혼합기(pressure side proportioner)가 있다.

(1) 펌프혼합방식(pump proportioner type)

<그림 6-12>와 같이 펌프의 토출관과 흡입관 사이의 배관에 설치한 흡입기에 펌프에서 토출된 물의 일부를 보내고 농도 조정밸브(metering valve)에서 조정된 포 소화약제의 필요량을 포 소화약제 탱크에서 펌프의 흡입측으로 보내어 혼합하는 방식이다. 펌프의 흡입측과 토출측을 연결하는 바이패스 배관(by-pass pipe)의 중간에 흡입기를 설치하여 토출유량의 일부가 흡입기로 흐르고 농도조정밸브로 포원액의 흡입량을 조정함으로써 일정 농도의 포수용액을 송액관을 통해 발포기로 보낸다. 발포기에서는 포수용액에 공기를 흡입하여 포를 형성한다.

포원액을 사용하기 위한 압력손실이 작고 보수가 용이하다. 그러나 펌프는 포 소화설비 전용이어야 하며, 펌프의 흡입측 배관에 압력손실이 있을 때 혼합비가 달라지거나 원액탱크 쪽으로 물이 역류할 수 있는 단점이 있다.

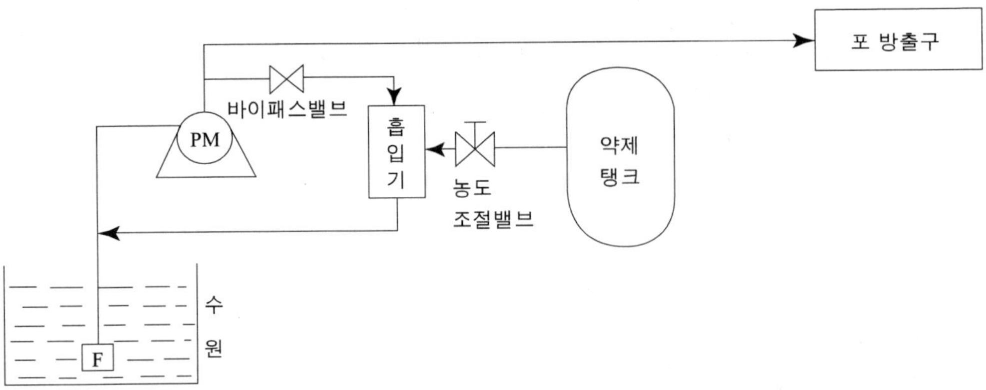

〈그림 6-12〉 펌프혼합기(pump proportioner)

(2) 차압혼합방식(pressure proportioner type)

<그림 6-13>은 차압혼합기로, 펌프와 발포기의 중간에 설치된 벤투리관(venturi tube)이 벤투리 작용과 펌프 가압수의 포 소화약제 저장탱크에 대한 압력에 의하여 포 소화약제를 흡입, 혼합하는 방식으로, 원액저장탱크를 혼합기의 일부로 이용하여 송수관으로부터의 입력수를 일부 원액 탱크에 도입하여 물 오리피스와 원액 오리피스의 면적비에 따라 압력이나 유량에 관계없이 항상 일정한 비율로 혼합하는 장치로 재래식으로 탱크 내에 격막(diaphragm)이 없이 한번 사용하면 탱크의 원액 잔량을 버리고 재충전해야 하는 것(압입식)과 탱크 내에 이동식 격막을 두어 잔량을 버리지 않고 계속 사용하는 것(압송식)이 있다.

혼합기에 의한 압력손실이 적고, 혼합가능 유량의 범위가 넓어 한 개의 혼합기로 여러 개의 소방대상물에 사용할 수 있다. 그러나 물과 비중이 비슷한 수성막포 등의 혼합에 어려움이 있고, 혼합에 시간이 걸리며, 압입식의 경우 저장탱크에 격막이 없어 물이 유입되면 재사용할 수 없다.

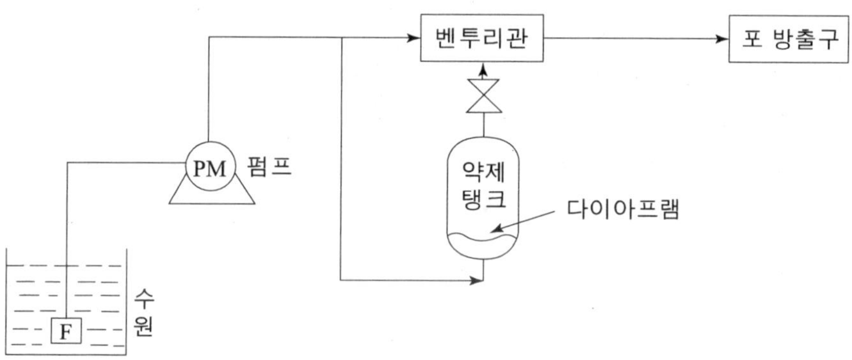

〈그림 6-13〉 차압혼합기(pressure proportioner) - 압송식

(3) 관로혼합방식(line proportioner type)

이 혼합방식은 <그림 6-14>와 같이 펌프와 발포기 중간 배관에 흡입관을 설치하여 벤투리관의 벤투리 작용에 의해서 물과 포원액을 혼합하는 방식으로 흡입기에 보내어진 압력수에 의해서 흡입기 내부는 부압으로 되어 흡상관에 의해서 공기포 소화제를 흡입시킴으로써 공기를 흡입, 공기포를 발생시키는 기구로서 가장 단수한 방식으로 관로 조합기라고도 하며, 가장 경제적인 혼합방식인 반면에 흡입 때문에 생기는 송수압력의 손실(유입압의 1/3)이 크고, 송수압력의 토출압력, 토출측 호스 길이, 탱크 높이 등이 포원액의 흡입량에 민감하게 작용하므로 정밀한 설계와 시공을 요한다. 또 혼합가능 유량의 범위가 좁고, 혼합기의 흡입가능 높이가 1.8 m 이하로 제한된다.

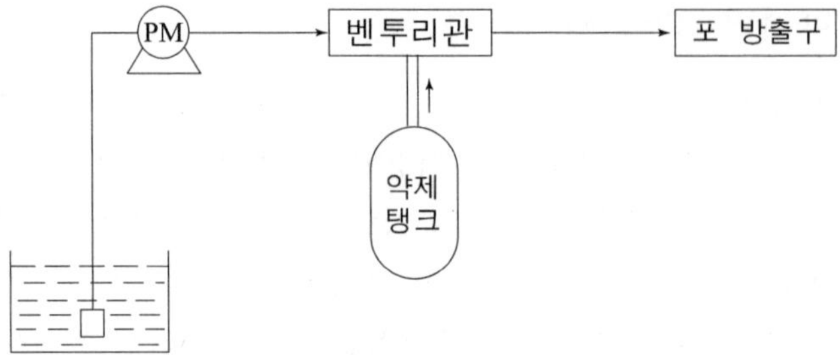

〈그림 6-14〉 관로혼합기(line proportioner)

(4) 압력혼합방식(pressure side proportioner type)

<그림 6-15>와 같이 펌프의 토출과에 압입기를 설치하여 포 소화약제를 압입시켜 혼합하는 방식으로 대규모의 혼합장치에 사용되며 압입기를 혼합기로 사용한 것이다. 물과 포 소화약제를 각각 다른 펌프로 가압 송수 및 송액하여 혼합기로 혼합시키는 방식이며 방호대상설비의 규모가 큰 소화설비에 사용된다. 특징으로는 압입 원액량의 조절은 등압밸브에서 물과 압력이 일정하게 되도록 조정하여 각각의 오리피스(orifice) 면적에 따라 규정비율로 혼합한다. 운전 후 재사용이 가능하고 소화용수가 포 원액 탱크로의 역류현상이 없으며 압력손실이 작다는 장점이 있는 반면에, 원액펌프의 토출압력이 급수펌프의 토출압력보다 낮으면 원액이 혼합기에 유입되지 못하며, 조정밸브 고장 시 혼합비율을 맞추기가 어렵고, 시설이 크며 설비비용이 고가인 것이 단점이다.

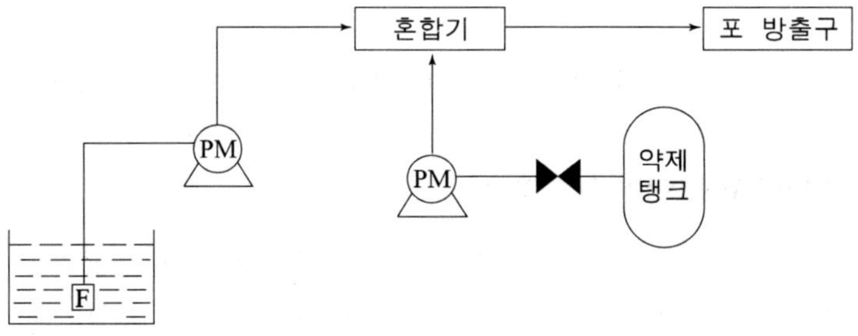

〈그림 6-15〉 압력혼합기(pressure side proportioner)

6.11 포 소화설비의 기동장치

6.11.1 개방밸브

포 소화설비의 개방밸브는 다음 기준에 따라 설치하여야 한다.

(1) 자동식 개방밸브는 화재감지장치의 작동에 따라 자동으로 개방되는 것으로 할 것

(2) 수동식 개방밸브는 화재 시 쉽게 접근할 수 있는 곳에 설치할 것

6.11.2 수동식 기동장치

포 소화설비의 수동식 기동장치는 다음 기준에 따라 설치하여야 한다.

(1) 직접조작 또는 원격조작에 따라 가압송수장치·수동식 개방밸브 및 소화약제 혼합장치를 기동할 수 있는 것으로 할 것

(2) 2 이상의 방사구역을 가진 포 소화설비에는 방사구역을 선택할 수 있는 구조로 할 것

(3) 기동장치의 조작부는 화재 시 쉽게 접근할 수 있는 곳에 설치하되, 바닥으로부터 0.8 m 이상 1.5 m 이하의 위치에 설치하고, 유효한 보호장치를 설치할 것

(4) 기동장치의 조작부 및 호스 접결구에는 가까운 곳의 보기 쉬운 곳에 각각 "기동장치의 조작부" 및 "접결구"라고 표시한 표지를 설치할 것

(5) 차고 또는 주차장에 설치하는 포 소화설비의 수동식 기동장치는 방사구역마다 1개 이상 설치할 것

(6) 비행기 격납고에 설치하는 포 소화설비의 수동식 기동장치는 각 방사구역마다 2개 이상을 설치하되, 그 중 1개는 각 방사구역으로부터 가장 가까운 곳 또는 조작에 편리한 장소에 설치하고, 1개는 화재감지수신기를 설치한 감시실 등에 설치할 것

6.11.3 자동식 기동장치

포 소화설비의 자동식 기동장치는 자동화재탐지설비의 감지기의 작동 또는 폐쇄형 스프링클러 헤드의 개방과 연동하여 가압송수장치, 일제개방밸브 및 포 소화약제 혼합장치를 기동시킬 수 있도록 다음 기준에 따라 설치하여야 한다. 다만, 자동화재탐지설비의 수신기가 설치된 장소에 상시 사람이 근무하고 있고, 화재 시 즉시 당해 조작부를 작동시킬 수 있는 경우에는 그러하지 아니하다.

(1) 폐쇄형 스프링클러 헤드를 사용하는 경우에는 다음에 따를 것

1) 표시온도가 79℃ 미만인 것을 사용하고, 1개의 스프링클러 헤드의 경계면적은 20 m^2 이하로 할 것

2) 부착면의 높이는 바닥으로부터 5 m 이하로 하고, 화재를 유효하게 감지할 수 있도록 할 것

3) 하나의 감지장치 경계구역은 하나의 층이 되도록 할 것

(2) 화재감지기를 사용하는 경우에는 다음에 따를 것

1) 화재감지기는 자동화재탐지설비의 화재안전기준(NFSC 203)에 따라 설치할 것

2) 화재감지기 회로에는 다음 기준에 따른 발신기를 설치할 것

- 조작이 쉬운 장소에 설치하고, 스위치는 바닥으로부터 0.8 m 이상 1.5 m 이하의 높이에 설치할 것
- 소방대상물의 층마다 설치하되, 당해 소방대상물의 각 부분으로부터 수평거리가 25 m 이하가 되도록 할 것. 다만, 복도 또는 별도로 구획된 실로서 보행거리가 40 m 이상일 경우에는 추가로 설치하여야 한다.
- 발신기의 위치를 표시하는 표시등은 함의 상부에 설치하되, 그 불빛은 부착면으로부터 15° 이상의 범위 안에서 부착지점으로부터 10 m 이내의 어느 곳에서도 쉽게 식별할 수 있는 적색등으로 할 것

3) 동결우려가 있는 장소의 포 소화설비의 자동식 기동장치는 자동화재탐지설비와 연동으로 할 것

(3) 포 소화설비의 기동장치에 설치하는 자동경보장치는 다음 기준에 따라 설치하여야 한다. 다만, 자동화재탐지설비에 따라 경보를 발할 수 있는 경우에는 음향경보장치를 설치하지 아니할 수 있다.

1) 방사구역마다 일제개방밸브와 그 일제개방밸브의 작동여부를 발신하는 발신부를 설치할 것. 이 경우 각 일제개방밸브에 설치되는 발신부 대신 1개 층에 1개의 유수검지장치를 설치할 수 있다.

2) 상시 사람이 근무하고 있는 장소에 수신기를 설치하되, 수신기에는 폐쇄형 스프링클러 헤드의 개방 또는 감지기의 작동여부를 알 수 있는 표시장치를 설치할 것

3) 하나의 소방대상물에 둘 이상의 수신기를 설치하는 경우에는 수신기가 설치된 장소 상호간에 동시 통화가 가능한 설비를 할 것

6.12 포 헤드 및 고정 포 방출구

(1) 포 헤드 및 고정 포 방출구는 포의 팽창비에 따라 <표 6-3>에 따른 것으로 하여야 한다.

〈표 6-3〉 팽창비에 따른 포 종류 및 포 방출구

팽창비에 따른 포의 종류	포 방출구의 종류
팽창비가 20 이하인 것(저발포)	포 헤드
팽창비가 80 이상 1,000 미만인 것(고발포)	고발포용 고정 포 방출구

(2) 포 헤드의 설치기준

1) 포 워터 스프링클러 헤드는 소방대상물의 천장 또는 반자에 설치하되, 바닥면적 8 m^2마다 1개 이상으로 하여 당해 방호대상물의 화재를 유효하게 소화할 수 있도록 할 것
2) 포 헤드는 소방대상물의 천장 또는 반자에 설치하되, 바닥면적 9 m^2마다 1개 이상으로 하여 당해 방호대상물의 화재를 유효하게 소화할 수 있도록 할 것
3) 포 헤드는 소방대상물별로 그에 사용되는 포 소화약제에 따라 1분당 방사량이 <표 6-4>에 따른 양 이상이 되는 것으로 할 것

〈표 6-4〉 소방대상물별 단위면적당 포 수용액 방출률

소방대상물	포 소화약제의 종류	포 수용액 방출률 ($\ell/m^2 \cdot min$)
차고, 주차장 및 비행기격납고	단백포	6.5
	합성계면활성제포	8.0
	수성막포	3.7
특수가연물을 저장, 취급하는 소방대상물	단백포	6.5
	합성계면활성제포	6.5
	수성막포제	6.5

4) 소방대상물의 보가 있는 부분의 포 헤드는 <표 6-5>의 기준에 따라 설치할 것

〈표 6-5〉 포 헤드와 보의 거리

포 헤드와 보의 하단의 수직거리	포 헤드와 보의 수평거리
0	0.75 m 미만
0.1 m 미만	0.75 ~ 1 m
0.1 ~ 0.15 m	1 ~ 1.5 m
0.15 ~ 0.30 m	1.5 m 이상

5) 포 헤드 상호간에는 다음 기준에 따른 거리를 두도록 할 것

- 정방형으로 배치한 경우에는 다음의 식에 따라 산정한 수치 이하가 되도록 할 것

$$S = 2r\cos 45^\circ \tag{6.7}$$

S = 포 헤드 상호간의 거리(m)
r = 유효반경(2.1 m)

- 장방형으로 배치한 경우에는 그 대각선의 길이가 다음의 식에 따라 산정한 수치 이하가 되도록 할 것

$$p_t = 2r \tag{6.8}$$

p_t = 대각선의 길이(m)
r = 유효반경(2.1 m)

6) 포 헤드와 벽 방호구역의 경계선과는 위의 5)에 따른 거리의 2분의 1 이하의 거리를 둘 것

(3) 차고, 주차장에 설치하는 호스릴 포 소화설비 또는 포 소화전설비는 다음 기준에 따라야 한다.

1) 소방대상물의 어느 층에 있어서도 그 층에 설치된 호스릴 포 방수구 또는 포 소화전 방수구(호스릴 포 방수구 또는 포 소화전방수구가 5개 이상 설치된 경우에는 5개)를 동시에 사용할 경우 각 이동식 포 노즐 선단의 포 수용액 방사압력이 0.35 MPa 이상이고 300 ℓ/min 이상(1개 층의 바닥면적이 200 m^2 이하인 경우에는 230 ℓ/min 이상)의 포 수용액을 수평거리 15 m 이상으로 방사할 수 있도록 할 것

2) 저발포의 포 소화약제를 사용할 수 있는 것으로 할 것

3) 호스릴 또는 호스를 호스릴 포 방수구 또는 포 소화전 방수구로 분리하여 비치하는 때에는 그로부터 3 m 이내의 거리에 호스릴함 또는 호스함을 설치할 것

4) 호스릴함 또는 호스함은 바닥으로부터 높이 1.5 m 이하의 위치에 설치하고 그 표면에는 "포 호스릴함(또는 포 소화전함)"이라고 표시한 표지와 적색의 위치표시등을 설치할 것

5) 방호대상물의 각 부분으로부터 하나의 호스릴 포 방수구까지의 수평거리는 15 m 이하(포 소화전방수구의 경우에는 25 m 이하)가 되도록 하고 호스릴 또는 호스의 길이는 방호대상물의 각 부분에 포가 유효하게 뿌려질 수 있도록 할 것

(4) 고발포용 포 방출구는 다음의 기준에 따라 설치하여야 한다.

1) 전역방출방식의 고발포용 고정 포 방출구는 다음에 따를 것

- 개구부에 자동폐쇄장치(갑종 방화문, 을종 방화문 또는 불연재료로 된 문으로 포수용액이 방출되기 직전에 개구부가 자동적으로 폐쇄될 수 있는 장치를 말한다)를 설치할 것. 다만, 당해 방호구역에서 외부로 새는 양 이상의 포 수용액을 유효하게 추가하여 방출하는 설비가 있는 경우에는 그러하지 아니하다.
- 고정 포 방출구(포 발생기가 분리되어 있는 것에 있어서는 당해 포 발생기를 포함한다)는 소방대상물 및 포의 팽창비에 따른 종별에 따라 당해 방호구역의 관포체적(당해 바닥면으로부터 방호대상물의 높이보다 0.5 m 높은 위치까지의 체적) 1 m^3에 대하여 1분당 방출량이 <표 6-6>에 따른 양 이상이 되도록 할 것

〈표 6-6〉 소방대상물별 단위체적당 포 수용액 방출률

소방대상물	팽창비	포 수용액 방출률 ($\ell/m^3 \cdot min$)
비행기 격납고	80 ~ 250	2.00
	250 ~ 500	0.50
	500 ~ 1,000	0.29
차고 또는 주차장	80 ~ 250	1.11
	250 ~ 500	0.28
	500 ~ 1,000	0.16
특수가연물을 저장, 취급하는 소방대상물	80 ~ 250	1.25
	250 ~ 500	0.31
	500 ~ 1,000	0.18

- 고정 포 방출구는 바닥면적 500 m^2마다 1개 이상으로 하여 방호대상물의 화재를 유효하게 소화할 수 있도록 할 것

- 고정 포 방출구는 방호대상물의 최고부분보다 높은 위치에 설치할 것. 다만, 밀어 올리는 능력을 가진 것에 있어서는 방호대상물과 같은 높이로 할 수 있다.

포 발생기(foam generator)는 합성계면활성제 포 원액을 공기와 혼합시켜 고정 포 방출구에 사용되는 팽창비 80～1,000의 고발포(고팽창) 포를 만드는 장치로, <그림 6-16>과 같이 흡출식(aspirating type)과 송출식(blower type)이 있다. 흡출식은 가압수가 방출될 때 낮은 압력에 의해 포 원액이 흡입되어 혼합된 포 수용액을 분사시키면 포 스크린(foam screen)을 지나면서 약 250배로 체적이 팽창하는 방식이다. 이에 비해 송출식은 송풍기로 공기를 불고 포 혼합기(proportioner)에서 미리 혼합된 포 수용액을 분사하면 포 스크린에서 팽창비 500～1,000의 고발포(고팽창) 포가 얻어지는 방식이다.

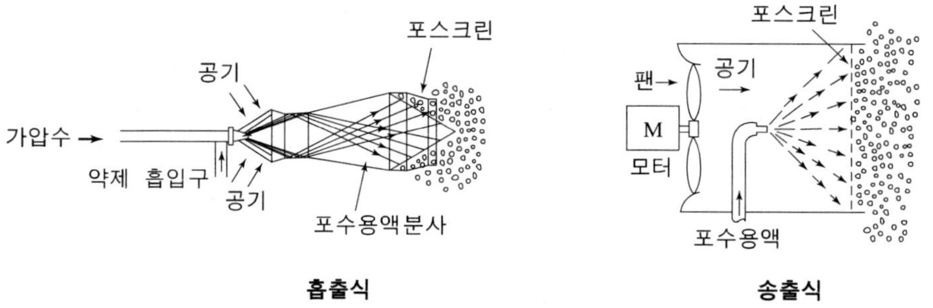

〈그림 6-16〉 포 발생기

2) 국소방출방식의 고발포용 고정 포 방출구는 다음에 따를 것
   - 방호대상물이 서로 인접하여 불이 쉽게 붙을 우려가 있는 경우에는 불이 옮겨 붙을 우려가 있는 범위내의 방호대상물을 하나의 방호대상물로 하여 설치할 것
   - 고정 포 방출구(포 발생기가 분리되어 있는 것에 있어서는 당해 포 발생기 포함)는 방호대상물의 구분에 따라 당해 방호대상물의 높이의 3배(1 m 미만의 경우에는 1 m)의 거리를 수평으로 연장한 선으로 둘러싸인 부분의 면적 1 m^2에 대하여 1분당 방출량이 <표 6-7>에 따른 양 이상이 되도록 할 것

〈표 6-7〉 고정 포 방출구의 단위면적당 포 수용액 방출률

방호대상물	방출률 ($\ell/m^2 \cdot min$)
특수가연물	3
기타의 것	2

6.13 포 소화설비의 전원

(1) 포 소화설비에는 다음 기준에 따라 상용전원회로의 배선을 설치하여야 한다.

1) 저압수전인 경우에는 인입개폐기의 직후에서 분기하여 전용배선으로 하여야 하며, 전용의 전선관에 보호되도록 할 것

2) 특별고압수전 또는 고압수전일 경우에는 전력용 변압기 2차측의 주차단기 1차측에서 분기하여 전용배선으로 하되, 상용전원의 상시공급에 지장이 없을 경우에는 주차단기 2차측에서 분기하여 전용배선으로 할 것. 다만, 가압송수장치의 정격입력전압이 수전전압과 같은 경우에는 1)의 기준에 따른다.

(2) 포 소화설비에는 자가발전설비 또는 축전지설비에 따른 비상전원을 설치하되, 다음의 하나에 해당하는 경우에는 비상전원수전설비로 설치할 수 있다. 다만, 2이상의 변전소(전기사업법의 규정에 따른 변전소)로부터 동시에 전력을 공급받을 수 있거나 하나의 변전소로부터 전력의 공급이 중단되는 때에는 자동으로 다른 변전소로부터 전력을 공급받을 수 있도록 상용전원을 설치한 경우에는 비상전원을 설치하지 아니할 수 있다.

1) 호스릴 포 소화설비 또는 포 소화전만을 설치한 차고·주차장

2) 포 헤드설비 또는 고정 포 방출설비가 설치된 부분의 바닥면적(스프링클러설비가 설치된 차고·주차장의 바닥면적 포함)의 합계가 1,000 m^2 미만인 것

(3) (2)의 규정에 따른 비상전원 중 자가발전설비 또는 축전지설비(내연기관에 따른 펌프를 사용하는 경우에는 내연기관의 기동 및 제어용 축전지)는 다음 기준에 의하고, 비상전원수전설비는 소방시설용 비상전원수전설비의 화재안전기준(NFSC 602)의 규정에 따라 설치하여야 한다.

1) 점검에 편리하고 화재 및 침수 등의 재해로 인한 피해를 받을 우려가 없는 곳에 설치할 것

2) 포 소화설비를 유효하게 20분 이상 작동할 수 있도록 할 것

3) 상용전원으로부터 전력의 공급이 중단된 때에는 자동으로 비상전원으로부터 전력을 공급받을 수 있도록 할 것

4) 비상전원의 설치장소는 다른 장소와 방화구획 할 것. 이 경우 그 장소에는 비상전원의 공급에 필요한 기구나 설비외의 것(열병합발전설비에 필요한 기구나 설비 제외)을 두어서는 안 된다.

5) 비상전원을 실내에 설치하는 때에는 그 실내에 비상조명등을 설치할 것

6.14 포 소화설비의 제어반

6.14.1 제어반

포 소화설비에는 제어반을 설치하되, 감시제어반과 동력제어반으로 구분하여 설치하여야 한다. 다만, 다음의 하나에 해당하는 경우에는 감시제어반과 동력제어반으로 구분하지 않아도 된다.

(1) 다음의 하나에 해당하지 아니하는 소방대상물에 설치되는 포 소화설비
  1) 지하층을 제외한 층수가 7층 이상으로서 연면적이 2,000 m^2 이상인 것
  2) 1)에 해당하지 아니하는 소방대상물로서 지하층의 바닥면적의 합계가 3,000 m^2 이상인 것. 다만, 차고 · 주차장 또는 보일러실, 기계실, 전기실 등 이와 유사한 장소의 면적은 제외한다.

(2) 내연기관에 따른 가압송수장치를 사용하는 포 소화설비
(3) 고가수조에 따른 가압송수장치를 사용하는 포 소화설비

6.14.2 감시제어반의 기능

감시제어반의 기능은 다음 기준에 적합하여야 한다. 다만, 6.14.1의 (1)에 해당하는 경우에는 아래의 (3) 및 (6)의 규정을 적용하지 않는다.

(1) 각 펌프의 작동여부를 확인할 수 있는 표시등 및 음향경보기능이 있어야 할 것
(2) 각 펌프를 자동 및 수동으로 작동시키거나 작동을 중단시킬 수 있어야 할 것
(3) 비상전원을 설치한 경우에는 상용전원 및 비상전원의 공급여부를 확인할 수 있어야 하고, 자동 또는 수동으로 상용전원 또는 비상전원으로의 전환이 가능할 것
(4) 수조 또는 물올림탱크가 저수위로 될 때 표시등 및 음향으로 경보할 것
(5) 각 확인회로(기동용 수압개폐장치의 압력스위치 회로, 수조 또는 물올림탱크의 감시회로)마다 도통시험 및 작동시험을 할 수 있어야 할 것
(6) 예비전원이 확보되고 예비전원의 적합여부를 시험할 수 있어야 할 것

6.14.3 감시제어반의 설치기준

감시제어반은 다음 기준에 따라 설치하여야 한다.

(1) 화재 및 침수 등의 재해로 인한 피해를 받을 우려가 없는 곳에 설치할 것

(2) 감시제어반은 포 소화설비의 전용으로 할 것. 다만, 포 소화설비의 제어에 지장이 없는 경우에는 다른 설비와 겸용할 수 있다.

(3) 감시제어반은 다음 기준에 따른 전용실 안에 설치할 것. 다만 6.14.1의 하나에 해당하는 경우와 공장, 발전소 등에서 설비를 집중 제어・운전할 목적으로 설치하는 중앙제어실내에 감시제어반을 설치하는 경우에는 그러하지 아니하다.

1) 다른 부분과 방화구획을 할 것. 이 경우 전용실의 벽에는 기계실 또는 전기실 등의 감시를 위하여 두께 7 mm 이상의 망입유리(두께 16.3 mm 이상의 접합유리 또는 두께 28 mm 이상의 복층유리 포함)로 된 4 m^2 미만의 붙박이창을 설치할 수 있다.

2) 피난층 또는 지하 1층에 설치할 것. 다만, 다음의 하나에 해당하는 경우에는 지상 2층에 설치하거나 지하 1층 외의 지하층에 설치할 수 있다.

- 건축법시행령의 규정에 따라 특별피난계단이 설치되고 그 계단(부속실 포함)출입구로부터 보행거리 5 m 이내에 전용실의 출입구가 있는 경우
- 아파트의 관리동(관리동이 없는 경우에는 경비실)에 설치하는 경우

3) 비상조명등 및 급・배기설비를 설치할 것

4) 무선통신보조설비의 화재안전기준(NFSC 505)의 규정에 따른 무선기기 접속단자(무선통신보조설비가 설치된 특정소방대상물에 한함)를 설치할 것

5) 바닥면적은 감시제어반의 설치에 필요한 면적 외에 화재 시 소방대원이 그 감시제어반의 조작에 필요한 최소면적 이상으로 할 것

(4) (3)의 규정에 따른 전용실에는 소방대상물의 기계・기구 또는 시설 등의 제어 및 감시설비외의 것을 두지 아니할 것

6.14.4 동력제어반의 설치기준

동력제어반은 다음 기준에 따라 설치하여야 한다.

(1) 앞면은 적색으로 하고 "포 소화설비용 동력제어반"이라고 표시한 표지를 설치할 것

(2) 외함은 두께 1.5 mm 이상의 강판 또는 이와 동등 이상의 강도 및 내열성능이 있는 것으로 할 것

(3) 그 밖의 동력제어반의 설치에 관하여는 6.14.3의 (1), (2)를 준용할 것

6.15 포 소화설비의 배선 등

(1) 포 소화설비의 배선은 전기사업법의 규정에 따른 기술기준에서 정한 것 외에 다음 기준에 따라 설치하여야 한다.

1) 비상전원으로부터 동력제어반 및 가압송수장치에 이르는 전원회로배선은 내화배선으로 할 것. 다만, 자가발전설비와 동력제어반이 동일한 실에 설치된 경우에는 자가발전기로부터 그 제어반에 이르는 전원회로배선은 그러하지 아니하다.

2) 상용전원으로부터 동력제어반에 이르는 배선, 그 밖의 포 소화설비의 감시·조작 또는 표시등회로의 배선은 내화배선 또는 내열배선으로 할 것. 다만, 감시제어반 또는 동력제어반 안의 감시·조작 또는 표시등회로의 배선은 그러하지 아니하다.

(2) 위 (1)의 규정에 따른 내화배선 및 내열배선에 사용되는 전선 및 설치방법은 옥내소화전설비의 화재안전기준(NFSC 102)의 기준에 따른다.

(3) 포 소화설비의 과전류차단기 및 개폐기에는 "포 소화설비용"이라고 표시한 표지를 하여야 한다.

(4) 포 소화설비용 전기배선의 양단 및 접속단자에는 다음 기준에 따라야 한다.

1) 단자에는 "포 소화설비단자"라고 표시한 표지를 부착할 것

2) 포 소화설비용 전기배선의 양단에는 다른 배선과 식별이 용이하도록 표시할 것

6.16 수원 및 가압송수장치의 펌프 등의 겸용

(1) 포 소화전설비의 수원을 옥내소화전설비, 스프링클러설비, 간이스프링클러설비, 화재조기진압용 스프링클러설비, 물분무소화설비 및 옥외소화전설비의 수원과 겸용하여 설치하는 경우의 저수량은 각 소화설비에 필요한 저수량을 합한 양 이상이 되도록 하여야 한다. 다만, 이들 소화설비 중 고정식 소화설비(펌프·배관과 소화수 또는 소화약제를 최종 방출하는 방출구가 고정된 설비를 말한다. 이하 같다)가 둘 이상 설치되어 있고, 그 소화설비가 설치된 부분이 방화벽과 방화문으로 구획되어 있는 경우에는 각 고

정식 소화설비에 필요한 저수량 중 최대의 것 이상으로 할 수 있다.

(2) 포 소화설비의 가압송수장치로 사용하는 펌프를 옥내소화전설비, 스프링클러설비, 간이스프링클러설비, 화재 조기진압용 스프링클러설비, 물분무소화설비 및 옥외소화전설비의 가압송수장치와 겸용하여 설치하는 경우의 펌프의 토출량은 각 소화설비에 해당하는 토출량을 합한 양 이상이 되도록 하여야 한다. 다만, 이들 소화설비 중 고정식 소화설비가 둘 이상 설치되어 있고, 그 소화설비가 설치된 부분이 방화벽과 방화문으로 구획되어 있으며 각 소화설비에 지장이 없는 경우에는 펌프의 토출량 중 최대의 것 이상으로 할 수 있다.

(3) 옥내소화전설비, 스프링클러설비, 간이스프링클러설비, 화재 조기진압용 스프링클러설비, 물분무소화설비 및 옥외소화전설비의 가압송수장치에 있어서 각 토출측 배관과 일반급수용의 가압송수장치의 토출측 배관을 상호 연결하여 화재 시 사용할 수 있다. 이 경우 연결배관에는 개폐표시형 밸브를 설치하여야 하며, 각 소화설비의 성능에 지장이 없도록 하여야 한다.

(4) 포 소화설비의 송수구를 옥내소화전설비, 스프링클러설비, 간이스프링클러설비, 화재 조기진압용 스프링클러설비, 물분무소화설비, 연결송수관설비 또는 연결살수설비의 송수구와 겸용으로 설치하는 경우에는 스프링클러설비의 송수구의 설치기준에 따르되 각각의 소화설비의 기능에 지장이 없도록 하여야 한다.

6.17 포 소화설비의 점검

포 소화설비의 점검은 <표 6-8>의 종합정밀점검표에 따른다.

(1) 설치상태 개요

〈표 6-8〉 포 소화설비 종합정밀점검표

항 목			
방 식	□ 포 워터 스프링클러설비 □ 포 헤드설비 □ 고정 포 방출설비 □ 호스릴 포 설비		
수 원	종 별	□ 고가수조 □ 압력수조 □ 그 밖의 것 :	
	위 치	설치장소 □ 지하 □ 지상 □ 옥상 □ 그 밖의 것 : 펌프흡입방식 □ 부압흡입방식의 저수조 □ 정압흡입방식의 저수조	
	수 량	보유량 : m^3 유효수량 : m^3 □ 전용 □ 겸용	
가 압 송수장치	설치위치	층 실	압력조정장치 □ 유 □ 무
	펌프방식	펌프 전동기	□ 전용 □ 겸용 토출량 : ℓ/min
			전양정 : m 직 경 : mm
			전 압 : V 출 력 : kW
		물올림장치	유효수량 : ℓ 급수방식 : 급수배관구경 : mm
			감수경보의 종별 및 표시장소 :
		기동용 수압개폐장치	용 량 : ℓ 사용압력 : MPa
	고가수조방식	유 효 낙 차 : m	
	압력탱크방식	탱크가압압력 : MPa 용 량 : ℓ	
		공기압축기 용량 : m^3/min 동 력 : kW	
포 방출	□ 포 워터 스프링클러설비 □ 포 헤드 □ 고정 포 방출구 □ 호스릴 □ 포 소화전		
일제개방 밸 브	□ 감압개방 □ 가압개방 형식번호 제 호 □ 직경 : mm 설치개수 : 개		
	□ 감압개방 □ 가압개방 형식번호 제 호 □ 직경 : mm 설치개수 : 개		
방출구역	방수구역수 : 구역		
	최대방수구역 : m^3 ○ 최대방사체적 : m^3 방사량 : ℓ/min		
	최소방수구역 : m^3 ○ 최대방사체적 : m^3 방사량 : ℓ/min		
소화약제	종 별	(□ 단백포 □ 합성계면활성제 □ 수성막포 □ 내알코올포) 형식 제 호	
	저장량 : ℓ 설치층 : 층 농도 : %		
	혼합방식	□ 펌프 프로포셔너 □ 프레져 프로포셔너 □ 라인 프로포셔너 □ 프레져 사이드 프로포셔너	
기동장치	펌프기동	□ 기동용수압개폐장치 □ 유수검지장치 □ 그 밖의 것	
	방수기동	□ 스프링클러헤드 □ 감지기 □ 수동기동밸브	
자 동 경보장치	□ 유수검지장치	형식번호 제 호 □ 직경 : mm 설치개수 : 개	
	□ 압력검지장치	형식번호 제 호 □ 직경 : mm 설치개수 : 개	
	경 보	□ 자동화재탐지설비 □ 전기식 □ 기계식	
배 관	배 관	입 상 관	□ 직경 : mm □ 전용 □ 겸용
		재 질	□ KSD 3562 □ KSD 3507 □ 그 밖의 것
	이 음	□ 플랜지 □ 그 밖의 것	
	밸 브	개폐밸브	□ KS : K □ 그 밖의 것 :
		체크밸브	□ KS : K □ 그 밖의 것 :
	방식조치	□ 방식테이프감기 □ 라이닝관 □ 그 밖의 것 :	
송 수 구	□ 단구형 : 개 □ 쌍구형 : 개 □ 설치위치 :		
배 선	비상전원회로	□ 내화전선 □ 전선관매설 □ 그 밖의 것	
	조 작 회 로	□ 내화전선 □ 전선관노출 □ 전선관매설 □ 그 밖의 것	
비상전원	□ 비상전원수전설비 □ 자가발전설비 □ 축전지설비 □ 그 밖의 것		
설 치 수	구 역 명		계
	비닥면적		
	헤 드 수		
비 고	형식번호는 소방시설성능시험표 해당		

(2) 성능 및 종합정밀점검

(결과 : 양호○, 요정비△, 불량×)

번호	점 검 항 목	결 과			
		결과	불량 내용	조치 내용	법적 근거
1	포 소화설비의 종류 ○ 소방대상물별 포 소화설비 종류의 적용				
2	수 원 ○ 주된 수원의 저수량 ○ 다른 설비와 겸용의 경우 풋밸브 또는 흡수구의 위치 ○ 수원의 수질(오염, 부유물, 침전물 상태)				
3	수 조 ○ 점검의 편의성 ○ 동결방지조치(또는 동결 우려가 없는 장소의 환경)상태 ○ 수위계(또는 수위확인 조치) ○ 수조 외측사다리(바닥보다 낮은 경우 제외) ○ 조명설비(또는 채광상태) ○ 배수밸브 또는 배수관(개폐조작 및 부식상태) ○ 수조내부 청소상태 및 방청조치				
4	제어반 ○ 각 펌프의 작동표시등 및 음향경보기능 상태 ○ 각 펌프의 자동 및 수동으로의 작동 및 중단기능 ○ 비상전원이 있는 경우 상용 또는 비상전원 전환기능 ○ 수조 또는 물올림탱크의 저수위 표시 및 경보기능 ○ 예비전원 확보상태 및 전환기능 ○ 모든 확인회로의 도통 · 작동시험기능 및 결과 ○ 설치장소 점검 편의성 및 화재, 침수 등 재해방지환경 ○ 감시제어반 전용실을 설치하는 경우 방화구획 · 설치장소 · 조명 · 급배기설비 · 무선기기접속단자 · 최소면적 및 정리상태 ○ 다른 설비와 제어반을 겸용하는 경우 소화용으로의 사용 시 장애 발생여부 ○ 동력제어반의 설치장소 · 용도표지 · 재질 및 두께 ○ 각 배선의 절연저항				
5	가압송수장치 ○ 펌프설치장소의 점검편의성, 화재 · 침수 등 재해방지환경 ○ 동결방지조치(또는 동결 우려가 없는 장소의 환경)상태 ○ 표준방사량의 적정 여부 ○ 다른 설비와 펌프를 겸용하는 경우 소화용으로 사용 시 장애 발생여부 ○ 기동스위치 또는 수압개폐장치의 기능 ○ 펌프성능시험배관 상태 ○ 수온상승방지밸브 설치위치 · 배관규격, 그 밖의 설치상태 및 릴리프 밸브 개방압력 ○ 물올림장치 용량 · 배관 및 보급수 보급상태 ○ 물올림장치의 감수시 자동급수 및 저수위경보작동상태 ○ 충압펌프 용량 · 양정 및 표지 ○ 내연기관의 경우 기동장치 및 축전지 상태				

번호	점 검 항 목	결 과			
		결과	불량 내용	조치 내용	법적 근거
	ㅇ가압송수장치의 소화용도 표지 ㅇ고가수조의 경우 낙차 · 급수관 및 오버플로우관 상태 ㅇ압력수조의 경우 수조의 내용적 · 내용적과 저수량의 비율 · 가압가스의 평상시 압력 · 수위계 · 급수관 · 급기관 · 맨홀 · 압력계 · 연성계 · 안전장치 및 압력저하방지장치 설치상태				
6	포 소화설비 배관 등 ㅇ송액관의 기울기 및 배액밸브 설치상태 ㅇ송액관과 탱크의 접합부분의 완충조치 ㅇ포 소화약제의 혼합장치의 설치상태 및 기능 ㅇ포 소화설비 자동개방밸브의 설치상태 ㅇ배관의 재질 ㅇ다른 설비와 급수배관을 겸용하는 경우 소화용으로의 사용 시 장애 발생여부 ㅇ흡입측 배관의 공기고임방지조치 및 여과장치 상태 ㅇ유량측정장치의 용량 및 설치상태 ㅇ동결방지조치 또는 동결우려가 없는 장소의 환경상태 ㅇ개폐표시형 밸브의 종류, 설치위치 및 기능 ㅇ개폐밸브의 탬퍼 스위치 설치상태 ㅇ다른 설비의 배관과의 구분방식 및 상태 ㅇ다른 설비와 겸용의 경우 풋밸브 또는 흡수구의 위치				
7	옥외송수구 ㅇ설치장소 및 위치(높이 포함) ㅇ개폐밸브 설치장소 및 조작을 위한 편의성 상태 ㅇ송수구의 규격 및 접결나사의 보호상태 ㅇ송수구의 송수압력 표시 ㅇ송수구의 송수담당면적 송수구의 개수 ㅇ자동배수밸브, 체크밸브의 설치위치 및 상태				
8	약제탱크 ㅇ화재등 재해로 인한 피해의 방지환경 ㅇ기온의 변동에 의한 포의 장애 발생여부 ㅇ포 소화약제의 변질우려 및 점검의 편리성 여부 ㅇ약제탱크의 압력이 가해지는 경우 압력계 설치 여부 ㅇ액면계 또는 계량봉 설치 여부 ㅇ가압식이 아닌 경우 글라스게이지 설치 여부 ㅇ포 소화약제 저장량의 적정 여부				
9	포 소화설비 기동장치 및 음향장치 ㅇ직접조작, 원격조작에 의한 가압송수장치, 수동식 개방밸브 및 소화약제 혼합장치의 기동여부 ㅇ기동장치 조작부의 설치상태 및 표지 설치 여부 ㅇ수동식 기동장치의 설치개수 적정 여부 ㅇ자동식 기동장치의 자동화재탐지설비 감지기 또는 폐쇄형 스프링클러헤드의 개방과 연동하여 기동여부 ㅇ기동장치와 연동하는 자동경보장치의 음향경보 상태				

번호	점 검 항 목	결 과			
		결과	불량 내용	조치 내용	법적 근거
10	포 헤드 및 고정 포 방출구 ○ 팽창비에 따른 방출구의 적정여부(팽창비 20 이하는 포 헤드, 팽창비 80 이상 1,000 미만은 고발포형 고정 포 방출구) ○ 포 헤드 방사량의 적정여부 ○ 고정 포 방출구의 점검구 설치상태 ○ 고정 포 방출구의 방출압력 및 방출량 적정 여부 ○ 위험물옥외탱크의 고정 포 방출구까지 사다리 설치상태 ○ 보조 포 소화전의 설치상태 ○ 고발포용 고정 포 방출구 설치 시 개구부 자동폐쇄장치 설치상태 ○ 고발포용 고정 포 방출구의 방출량 적정 여부				
11	전원 ○ 수전전압에 따른 배선방식 ○ 비상전원 설치장소의 점검편의성 및 화재 · 침수등 재해방지환경 ○ 비상전원의 종류 및 용량 ○ 상용전원의 전력공급중단 시 비상전원의 전력공급으로의 자동 및 수동전환 상태 ○ 비상전원의 설치장소 · 조명 · 방화구획 및 비상전원설비 외 다른 설비 · 물품의 설치 또는 비치여부 ○ 각 배선의 절연저항				
12	전동기 ○ 베이스에 고정 및 커플링 결합상태 ○ 원활한 회전 여부(진동 및 소음 상태) ○ 운전 시 과열 발생여부 ○ 베어링부의 윤활유 충진상태 및 변질여부 ○ 본체의 방청의 보존상태				

12

펌프성능시험결과표

구 분	체절 운전	정격운전 (100%)	정격유량의 150% 운전	적 정 여 부
토출량 (ℓ/min)	0			1. 체절운전 시 토출압은 정격토출압의 140 % 이하일 것( ) 2. 정격운전 시 토출량과 토출압이 규정치 이상일 것 ( ) (펌프 명판 및 설계치 참조) 3. 정격토출량 150 %에서 토출압이 정격토출압의 65 % 이상일 것( )
토출압 (MPa)				

설정압력
○ 주펌프
기동 : MPa
정지 : MPa

○ 보조펌프
기동 : MPa
정지 : MPa

릴리프 밸브 작동 압력 : MPa 미만

13	비 고

(비고) 포 소화설비 단위별로 작성한다.

연 습 문 제

6.1 포 소화설비의 설치대상은 무엇인가?

6.2 포 소화약제의 혼합방식을 열거하고, 각각의 혼합원리와 장단점을 설명하라.

6.3 포 소화약제에는 어떤 것이 있으며, 각각 어떤 곳에 사용하는지 설명하라.

6.4 표면하 주입방식 및 반표면하 주입방식에 대하여 설명하라. 또 이들 방식이 I형, II형 방출구방식에 비해 유리한 점은 무엇인가?

6.5 소방대상물별 적용 포 소화설비는 무엇인가?

6.6 포 소화설비의 장단점을 기술하라.

6.7 포 소화설비의 소화원리는 무엇인가?

6.8 포 방출구(foam outlet)에 의한 포 소화설비를 분류하고 각각 설명하라.

6.9 팽창비가 20, 농도 6%의 포를 사용하는 포 소화설비에서 300 ℓ의 원액을 사용하였다면, 방출한 포의 체적은 얼마인가?

6.10 유류저장탱크에 화재가 발생했을 때 포 소화설비로부터 팽창비 20, 포 농도 3%의 포를 10 ℓ/min-m^2로 20분간 방출한다. 포 방출면적이 50 m^2이고 수원에서 포 방출구까지의 높이 30 m, 배관손실수두 10 m, 펌프효율 60%일 때 다음을 구하라. (a) 포 원액의 양, (b) 수조의 유효수량, (c) 발포후의 체적, (d) 소화펌프용 전동기의 동력

6.11 포 소화전이 차고의 1층에 3개, 2층에 2개씩 설치되어있고, 차고의 연면적은 150 m^2이다. 3%의 포를 사용할 때 필요한 소화약제량은 얼마인가?

CHAPTER 7 이산화탄소 소화설비

7.1 용어의 정의

교차회로방식

하나의 방호구역 내에 2 이상의 화재감지기회로를 설치하고 인접한 2 이상의 화재감지기가 동시에 감지되는 때에는 이산화탄소 소화설비가 작동하여 소화약제가 방출되는 방식

국소방출방식(local application system)

고정식 이산화탄소 공급장치에 배관 및 분사헤드를 설치하여 직접 화점에 이산화탄소를 방출하는 설비로 화재발생부분에만 집중적으로 소화약제를 방출하도록 설치하는 방식

방화문(fire door)

건축법시행령 규정에 따른 갑종 방화문 또는 을종 방화문으로서 언제나 닫힌 상태를 유지하거나 화재로 인한 연기의 발생 또는 온도의 상승에 따라 자동적으로 닫히는 구조

심부화재(deep-seated fire)

목재 또는 섬유류와 같은 고체가연물에서 발생하는 화재형태로서 가연물 내부에서 연소하는 화재

전역방출방식(total flooding system)

고정식 이산화탄소 공급장치에 배관 및 분사헤드를 고정 설치하여 밀폐 방호구역 내에 이산화탄소를 방출하는 설비

충전비

소화약제의 질량(kg)에 대한 용기의 용적(ℓ)의 비(고압식 1.5～1.9 ℓ/kg, 저압식 1.1～1.4 ℓ/kg)

표면화재(surface fire)

가연성 물질의 표면에서 연소하는 화재

호스릴(hose reel)**방식**

분사헤드가 배관에 고정되어 있지 않고 소화약제 저장용기에 호스를 연결하여 사람이 직접 화점에 소화약제를 방출하는 이동식 소화설비

7.2 이산화탄소 소화설비의 개요

이산화탄소 소화설비(carbon dioxide system)는 불연성 가스인 CO_2가스를 고압가스용기에 저장하여 두었다가 화재발생시 미리 설치된 소화설비에 의하여 화재 발생지역에 CO_2가스를 방출 분사시켜 질식 및 냉각작용에 의한 소화를 목적으로 설치한다. 대기 중에는 체적비로 산소가 21 %를 차지하고 있으나 이를 약 15% 이하로 감소시키면 연소가 계속되지 못하고 소화되는 원리를 이용한 것이다. 불연성 가스에는 CO_2, N_2, Ar, 프레온(freon) 등이 있으나 비교적 값이 저렴하고 기화 팽창률(534 ℓ/kg @15℃)이 큰 액화 CO_2가스를 사용한다.

이산화탄소(CO_2) 소화설비는 불연성 가스 소화설비라고도 불리며, 전기화재와 같이 물을 사용할 수 없는 장소의 화재 진압에 널리 사용되어 왔다. CO_2는 기체의 물성만으로는 인체에 대해 독성이 없고 가격이 싸며 쉽게 구할 수 있지만, 고압의 저장용기와 내압성이 있는 관 및 관부속류가 필요하므로 설비의 안정성을 확보하기 위해 세심한 주의가 필요하다. CO_2 소화설비는 질식 및 냉각 효과에 의한 소화를 목적으로 이산화탄소를 일정한 고압 용기에 저장해 두었다가 화재 시 수동 또는 자동으로 화점에 분사하게 하는 고정식 또는 이동식의 설비이다. 이 설비는 연소의 3대 요소의 하나인 산소의 공급을 차단하여 소화하는 것으로서 CO_2 저장용기, 화재감지장치, 기동장치, 분사헤드, 음향경보장치, 제어반, 방호구역 자동폐쇄장치, 비상전원 등으로 구성되어 있다. <그림 7-1>은 CO_2가스가 고압용기에 저장되어 있고, 자동-수동겸용 전역방출방식으로 가스압력에 의해 소화용 CO_2가스가 방출되는 이산화탄소 소화설비이다. 방호구역에 화재가 발생하면 화재감지기가 화재를 감지하고 제어반에서 음향경보장치와 개구부 자동폐쇄장치가 작동한다. 기동용 CO_2가스가 방출되어 소화용 CO_2 용기(내용적 68 ℓ, 약제량 45 kg)의 집합관에서 CO_2가 흘러 분사헤드에서 방출된다.

이산화탄소 소화설비의 작동순서는 다음과 같다.

(1) 화재감지(화재감지기로 자동감지 또는 수동조작함의 스위치 누름)

(2) 음향경보장치와 자동폐쇄장치 작동

(3) 기동용 가스용기의 전자밸브 작동, 기동용 가스 방출

(4) 선택밸브(selection valve) 개방

(5) CO_2 용기 개방

(6) 압력스위치 작동으로 방출표시등 점등

(7) 분사헤드에서 CO_2 방출

각 방호구역의 출입구 부근에 있는 조작함의 문을 열면 스위치가 작동, 대피경보가 울리고 누름단추를 누르면 먼저 보조 계전기가 작동하고 환기설비가 정지되면서 방화셔터를 폐쇄한 후 이산화탄소 방출 타이머(timer)가 작동한다. 대피시간에 맞추어 조정된 시간이 경과하면 발화구역의 선택밸브의 전자밸브(solenoid valve)가 작동하고 용기밸브를 개방시켜 가스용기로부터 CO_2가스가 방출된다. 보조계전기는 처음부터 방화셔터의 폐쇄시간에 맞추어 용기밸브개방장치의 전자밸브를 작동시켜 가스를 방출 처음에 열려진 선택밸브를 통하여 방호구역으로 방출하는 것이다. 또한 가스 방출용의 타이머 대신에 방화셔터에 리미트 스위치(limit switch)를 설치, 방화셔터의 폐쇄와 동시에 용기밸브의 솔레노이드가 작동하는 방식도 있다.

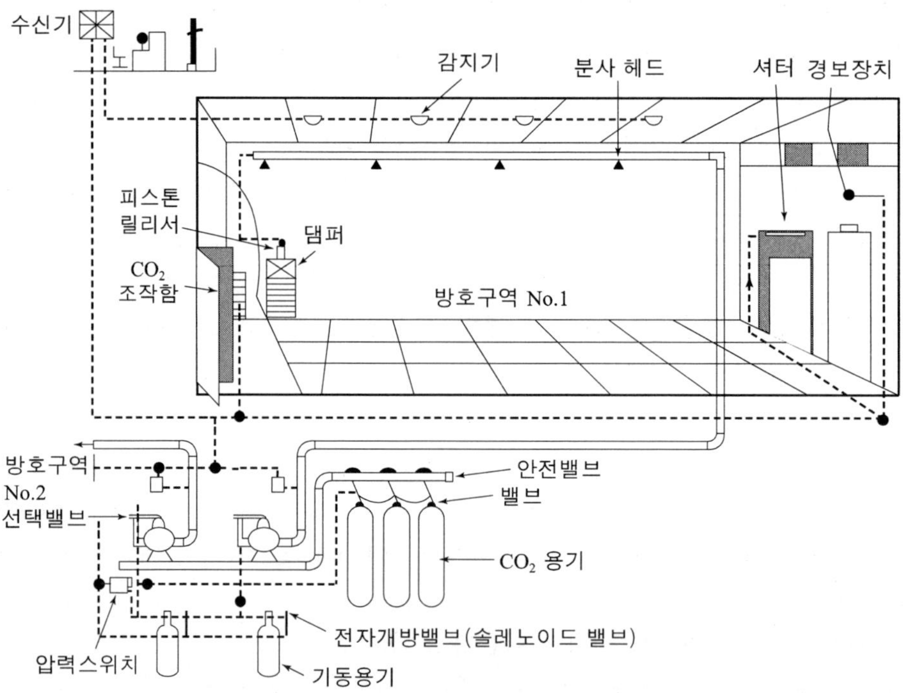

〈그림 7–1〉 이산화탄소 소화설비(전역방출방식, 자동식, 고압용기 저장방식)

출입구에 기동장치와 자동 폐쇄장치가 설치되어 있는 경우, 타구역으로의 대피에 이용되는 별도의 출입구가 없는 곳에는 소화설비 기동 후 출입구의 폐쇄기구의 시동까지 20초 이상의 지연장치를 설치해야 한다. 또 출입구의 폐쇄 후 CO_2가스를 방출하는 방식으로 하고, 이 경우에 다른 곳으로 피난에 이용할 수 있는 출입구가 있는 곳에는 소화설비의 기동

후 가스방출까지 20초 이상의 지연장치를 설치하고, 자동방출방식의 방호구역에는 내부에서 외부로 열 수 있는 피난구를 설치해야 한다.

이산화탄소 소화설비에 관련된 기준은 화재안전기준(NFSC 106)에 규정되어 있다.

7.3 이산화탄소 소화약제

7.3.1 CO_2의 물리적 성질

이산화탄소(carbon dioxide)는 비중이 공기의 1.529배이며, 무색, 무취, 무독성, 비전도성의 가스로서, 가연성이나 부식성이 없고 상온에서 기체이다. 주요 물리적 성질은 <표 7-1>과 같다.

〈표 7-1〉 CO_2의 주요 물리적 성질

분자식	CO_2
분자량	44
비 점	−78℃
비 중	1.529 (공기 기준)
임계온도	31.0℃
임계압력	72.25 atm
밀 도	1.977 kg/m^3
삼중점	−56.3℃
승화점	−78.5℃
점도(20℃)	14.7 μPa·s(14.7×10^{-6} kg/m·s)
정압비열	0.833 kJ/kg℃
정적비열	0.641 kJ/kg℃
열전도계수	0.015 W/m℃
액체의 표면장력	16.54 μN/m

7.3.2 CO_2의 소화약제의 특징과 장단점

(1) CO_2 소화약제의 특징

소화 후 오손, 수손, 부식 등의 피해가 전혀 없고 심부화재에 효과가 높다. 또 자체의 압력으로 원격, 자동조작이 쉽고, 공기 중 산소 농도를 21 vol%에서 15 vol% 이하로 낮추어 질식효과로 소화하며, 냉각소화의 효과도 있다. 소화약제로서의 이산화탄소의 특징은 다음과 같다.

1) CO_2 소화약제는 액체상태로 압력 용기에 저장되며 자신의 증기압 또는 가압 가스에 의하여 방출된다.
2) 소화속도가 빠르다.
3) 전기 절연성이 커서 전기기기의 화재에 사용된다.
4) 변질이 없어 장기간 저장된다.
5) 소화할 때 대상물 또는 주변 기물에 오염을 시키지 않고 부식성이 없다.
6) 소화설비의 보수 관리가 용이하다.
7) 내부까지 연소가 진행하는 심부화재의 소화에 적합하다.
8) 산소농도를 저하시켜 소화하므로 질식작용이 있고, 기화열에 의한 냉각작용이 있다.

(2) CO_2 소화약제의 장단점

1) 기체의 비체적이 15℃에서 534 ℓ/kg로 팽창률이 크며 기화 잠열이 크다.
2) 임계점이 31.35℃로 액화가 용이하다.
3) 자체 증기압이 높으며 화재의 심부까지 침투가 용이하다. (증기압 6 MPa @20℃)
4) 전기의 부도체로서 C급 (전기)화재에 적응성이 있다.
5) 소화 잔존물이 없어 전산실 등 정밀장치의 소화에 적합하다.
6) 증거보존이 양호하여 화재원인의 조사가 쉽다.
7) 소화농도가 사람의 질식사를 초래하는 농도보다 높아 질식의 위험이 있다.
8) 배관 및 용기가 고압설비다.
9) 온실가스로서 지구온난화 물질이다.

CO_2 자체는 무독성이지만, <표 7-2>와 같이 공기 중에서 낮은 농도에서도 독성이 있으며 농도가 높으면 질식사를 초래할 수 있다.

〈표 7-2〉 CO_2의 독성

공기 중 농도(vol%)	증 상
2	불쾌감
3	호흡수 증가, 호흡이 깊어짐
4	눈·목의 점막자극, 두통, 귀울림, 어지러움, 혈압상승
8	호흡곤란
9	구토, 실신
10	시력장애, 몸이 떨리며 1분 이내 의식상실, 방치하면 사망
20	중추신경 마비, 사망

7.4 이산화탄소 소화설비의 종류

이산화탄소 소화설비는 이산화탄소의 방출방식과 소화약제의 저장방식, 기동방식으로 나눌 수 있다. 방출방식에 따라 전역 방출 방식, 국소 방출방식, 이동식의 3종류로 구분되고, CO_2의 저장방식에 따라 고압용기저장방식과 저압용기저장방식으로 나눌 수 있다. 또 기동방식에 따라 자동식, 수동식, 자동-수동겸용이 있으며, 기동의 원격조작방식에 따라 전기식과 가스압력식으로 구분된다.

7.4.1 방출방식에 따른 분류

(1) 전역방출방식(total flooding system)

밀폐 또는 이와 유사한 상태로 될 수 있는 구역 전체에 CO_2를 방출하여 소화하는 방식이다. 변전실, 주차장 등에서 예상되는 유류화재와 같은 급속하게 표면으로 확산되는 표면화재, 또는 냉장고, 대형 창고 등에서 발생하는 포장재료, 종이류 등의 화재와 같은 심부화재에 따라 이 설비의 이산화탄소의 양과 방출시간이 달라진다. 이 설비의 기동방식은 자동화재탐지설비의 감지기와 연동하여 자동으로 가스를 방출시키는 자동식과 자동화재탐지설비의 감지기와 연동하지 않는 수동식이 있다.

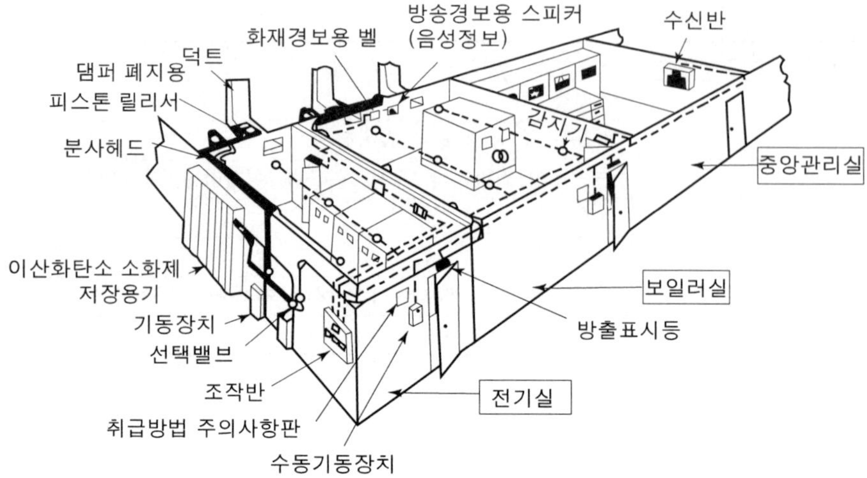

〈그림 7-2〉 전역방출방식 이산화탄소 소화설비

(2) 국소방출방식(local application system)

방호대상물에 큰 개구부가 있어 가스 방출 시에 폐쇄가 곤란하여 전역방출방식으로는 소화효과를 기대할 수 없는 경우, 대규모의 대상물로 전역방출방식으로는 많은 가스량이 필요한 경우, 또는 가스 방출 시 인명손실의 위험이 있어 전역방출방식이 곤란한 경우에 사용되는 방식이다. 방호대상물의 특정부분 또는 특정설비를 방출가스로 덮어 소화할 수 있도록 하고 고정배관에 가스 방출헤드를 설치하는 방식이다.

(3) 이동식(potable installation)

호스릴(hose reel)에 감아 놓은 호스의 선단에 대형 혼(horn)을 부착하여 화재 발생의 경우 기동밸브에 의하여 가스용기 개방밸브를 열어 호스를 연장하고 혼 밸브를 개방, 이산화탄소를 방출시켜 소화하는 방법이다. 이동식은 조작하는 자가 화점에 접근하여 소화하여야 하기 때문에 그 설치장소가 한정되어 있고, 가연성 가스나 미분이 발생하여 화재가 갑자기 확대될 우려가 있는 장소, 또는 화재 시 연기가 충만할 우려가 있는 장소에는 설치하지 않는 것이 좋으며, 일반적으로 양측이 개방되어 있는 소규모의 주차장 등의 경우에 설치한다. 이동식은 전역방출방식 또는 국소방출방식에 의하지 아니하더라도 유효하게 방호할 수 있는 경우로 그 실태상 불가피한 경우에 한하여 설치한다. 즉, 화재 시 화세가 급격히 확대할 우려가 없는 장소, 또는 연기가 현저하게 충만할 우려가 없는 장소, 개구부의 면적이 바닥면적의 20% 이상인 장소 혹은 개구부의 합계면적이 주위 벽면적의 10% 이상인 장소이다. 하나의 호스 접결구는 방호대상물이 포함할 수 있도록 반경 15 m인 원의 중심에 설치하고, 조작하기 위해 용이하게 접근할 수 있고 연소 위험이 적은 장소에 설치한다. 이 경우 하나의 호스릴은 반드시 각 층 출입구 부근에 설치한다.

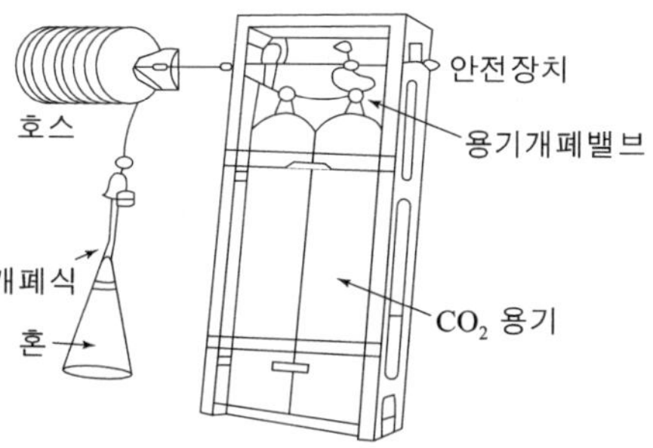

〈그림 7-3〉 이동식 이산화탄소 소화설비

7.4.2 저장방식에 따른 분류

(1) 고압용기저장방식(high pressure storage container type)

고압용기에 액체상태로 저장하는 방식이다. CO_2는 15℃에서 5.3 MPa의 압력(계기압력)에서 액화되며, 액체상태로 보통 내용적 68 ℓ의 용기(봄베)에 45 kg(충전비 1.51 ℓ/kg)이 들어있다(그림 7-4 참조). 고압용기저장방식의 충전비는 1.5 ℓ/kg 이상, 1.9 ℓ/kg 이하이다. 고압용기저장방식은 저압용기저장방식의 냉동장치가 필요하지 않지만, 압력이 높아 높은 압력에 견딜 수 있는 배관재를 사용해야 한다.

고압용기의 설치모습

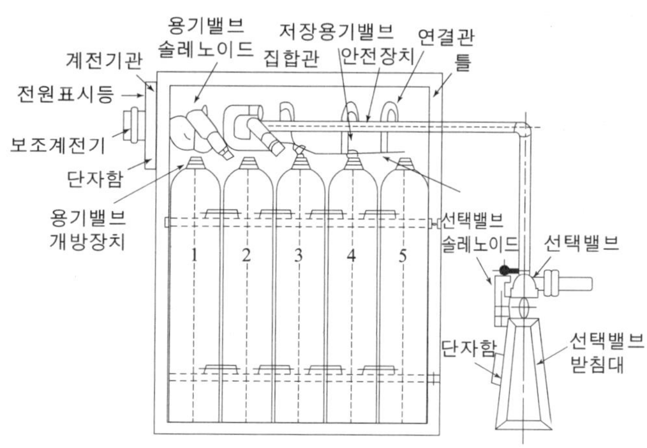

고압용기저장방식의 예

〈그림 7-4〉 고압용기저장방식

(2) 저압용기저장방식(low pressure storage container type)

CO_2가스는 -18℃에서 2.1 MPa의 압력에 액화되므로, 이 온도와 압력에서 저장하는 방식이다. 따라서 고압용기저장방식에 비해 훨씬 더 낮은 압력으로 저장할 수 있으나, 자동 냉동장치가 필요하므로 고압용기저장방식을 많이 사용한다. 저압용기저장방식의 충전비는 1.1 ℓ/kg 이상, 1.4 ℓ/kg 이하이다. <그림 7-5>는 저압용기저장방식의 예이다.

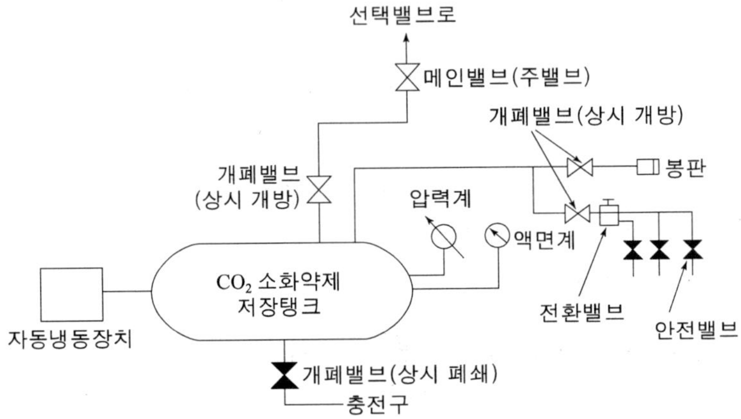

〈그림 7-5〉 저압용기저장방식

7.4.3 기동방식에 따른 분류

(1) 자동식

자동식은 화재감지기로 화재를 감지하여 음향경보를 발하고 자동으로 CO_2를 방출하는 설비이며, 무인 변전실과 같이 가스방출에 따른 인명손실의 위험이 없는 장소에 설치한다.

(2) 수동식

화재감지기가 화재를 감지하면 방사구역 내에 있는 사람의 대피를 확인한 후 누름단추를 누름으로써 기동용 가스를 방출하여 선택밸브, CO_2 저장용기의 용기밸브를 개방하여 CO_2를 방출한다.

(3) 자동-수동 겸용식

근무자가 없는 야간이나 휴일에는 자동으로, 평상시 근무자가 있는 경우에는 수동으로 전환하는 방식으로 가장 많이 사용된다.

7.4.4 원격조작방식에 따른 분류

(1) 전기식

<그림 7-6>과 같이 CO_2 저장용기와 선택밸브에 전자밸브(solenoid)가 부착되어 있어서 수신반에서 자동으로, 또는 수동조작함의 누름스위치를 누르면 전기에 의해 선택밸브가 개방되어 CO_2가스를 방출한다. 가스압력식과 달리 전기식에서는 기동용 CO_2가스가 필요하지 않다.

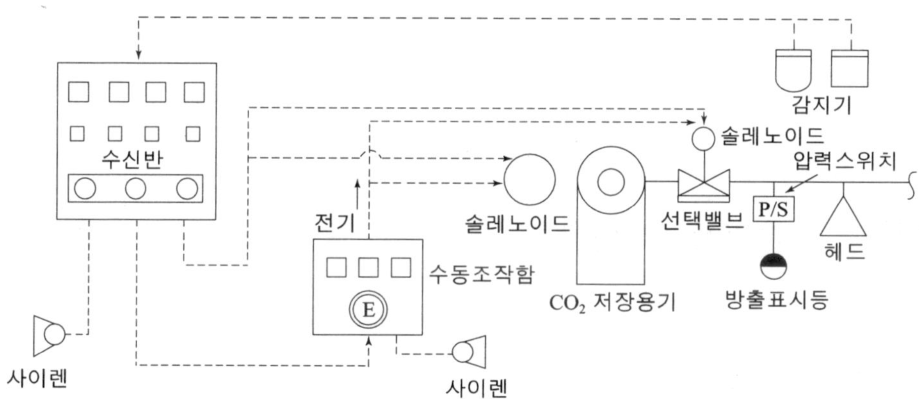

〈그림 7-6〉 전기식

(2) 가스압력식

<그림 7-7>과 같이 각 방호구역의 출입구 부근에 소형의 기동용 CO_2 용기를 설치하고, 수신반에서 자동으로 또는 수동조작함의 누름스위치를 눌러 기동용 CO_2 용기의 전자밸브를 열면 기동용 CO_2가스가 용기 밸브를 개방하게 하는 방식이다. 수동조작함의 문을 열면 대피경보가 울리고 방호구역 내 사람의 대피상황을 확인한 다음, 누름스위치를 누르면 필요에 따라 셔터 폐쇄, 환기팬 정지, 기계 기구의 정지 등이 자동으로 이루어지고, 기동용기의 전자밸브가 작동하면 기동용 CO_2가 방출된다. 기동용 CO_2가스의 압력으로 선택밸브의 피스톤 릴리서(piston releaser)와 소화용 CO_2 저장용기 밸브가 개방되어 CO_2가 방출된다.

소화용 CO_2가스의 압력으로 개구부 폐쇄 댐퍼(damper)가 폐쇄되고 압력스위치가 작동하여 가스방출경보가 울린다.

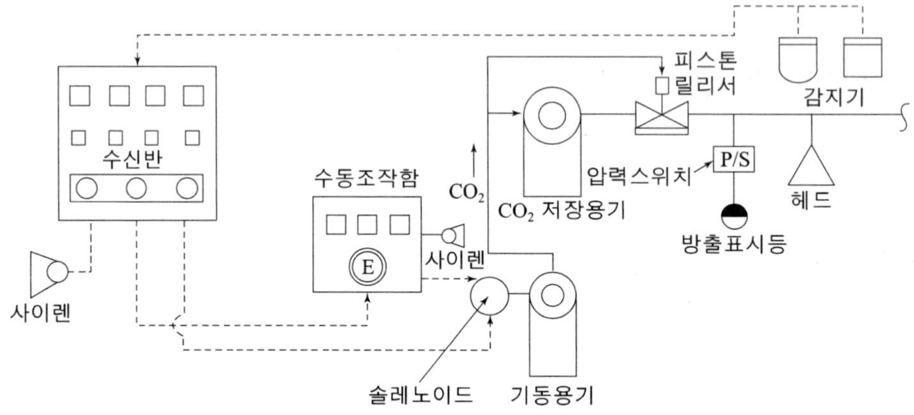

〈그림 7-7〉 가스압력식

7.5 소화약제 저장용기 등

7.5.1 소화약제 저장용기의 설치장소

이산화탄소 소화약제의 저장용기는 다음 기준에 적합한 장소에 설치하여야 한다.

(1) 방호구역 외의 장소에 설치할 것. 다만, 방호구역 내에 설치할 경우에는 피난 및 조작이 용이하도록 피난구 부근에 설치하여야 한다.
(2) 온도가 40℃ 이하이고, 온도변화가 적은 곳에 설치할 것
(3) 직사광선 및 빗물이 침투할 우려가 없는 곳에 설치할 것
(4) 방화문으로 구획된 실에 설치할 것
(5) 용기의 설치장소에는 당해 용기가 설치된 곳임을 표시하는 표지를 할 것
(6) 용기간의 간격은 점검에 지장이 없도록 3 cm 이상의 간격을 유지할 것
(7) 저장용기와 집합관을 연결하는 연결배관에는 체크밸브를 설치할 것. 다만, 저장용기가 하나의 방호구역만을 담당하는 경우에는 그러하지 아니하다.

7.5.2 소화약제 저장용기의 설치기준

이산화탄소 소화약제의 저장용기는 다음 기준에 따라 설치하여야 한다.

(1) 저장용기의 충전비는 고압식에 있어서는 1.5 ℓ/kg 이상 1.9 ℓ/kg 이하, 저압식에 있어서는 1.1 ℓ/kg 이상 1.4 ℓ/kg 이하로 할 것

(2) 저압식 저장용기에는 내압시험압력의 0.64배 내지 0.8배의 압력에서 작동하는 안전밸브와 내압시험압력의 0.8배 내지 내압시험압력에서 작동하는 봉판(seal)을 설치할 것

(3) 저압식 저장용기에는 액면계 및 압력계와 1.9 MPa 이상 2.3 MPa 이하의 압력에서 작동하는 압력경보장치를 설치할 것

(4) 저압식 저장용기에는 용기내부의 온도가 영하 18℃ 이하에서 2.1 MPa의 압력을 유지할 수 있는 자동냉동장치를 설치할 것

(5) 저장용기는 고압식은 25 MPa 이상, 저압식은 3.5 MPa 이상의 내압시험압력에 합격한 것으로 할 것

(6) 이산화탄소 소화약제 저장용기의 개방밸브는 전기식, 가스 압력식 또는 기계식에 따라 자동으로 개방되고 수동으로도 개방되는 것으로서 안전장치가 부착된 것으로 하여야 한다.

(7) 이산화탄소 소화약제 저장용기와 선택밸브 또는 개폐밸브 사이에는 내압시험압력 0.8배에서 작동하는 안전장치를 설치하여야 한다.

7.6 소화약제 저장량

이산화탄소 소화약제 저장량은 다음 기준에 따른 양으로 한다. 이 경우 동일한 소방대상물 또는 그 부분에 둘 이상의 방호구역이나 방호대상물이 있는 경우에는 각 방호구역 또는 방호대상물에 대하여 다음 기준에 따라 산출한 저장량 중 최대의 것으로 할 수 있다.

(1) 전역방출방식에 있어서 가연성 액체 또는 가연성 가스 등 표면화재 방호대상물의 경우에는 다음 기준에 따른다.

1) 방호구역의 체적(불연재료나 내열성의 재료로 밀폐된 구조물이 있는 경우에는 그 체적을 감한 체적) 1 m^3에 대하여 <표 7-3>에 따른 양으로 하되, 산출한 양이 저장량의 최저한도의 양 미만이 될 경우에는 그 최저한도의 양으로 한다.

〈표 7-3〉 방호구역 체적당 이산화탄소 소화약제의 저장량(전역방출방식, 표면화재)

방호구역 체적	방호구역의 체적 1 m^3에 대한 소화약제의 양(kg)	소화약제 저장량의 최저한도의 양(kg)
45 m^3 미만	1.00	45
45~150 m^3	0.90	
150~1,450 m^3	0.80	135
1,450 m^3 이상	0.75	1,125

2) 설계농도가 34 vol% 이상인 방호대상물의 소화약제량은 위의 기준에 따라 산출한 기본소화약제량에 <그림 7-8>에 따른 보정계수를 곱하여 산출한다.

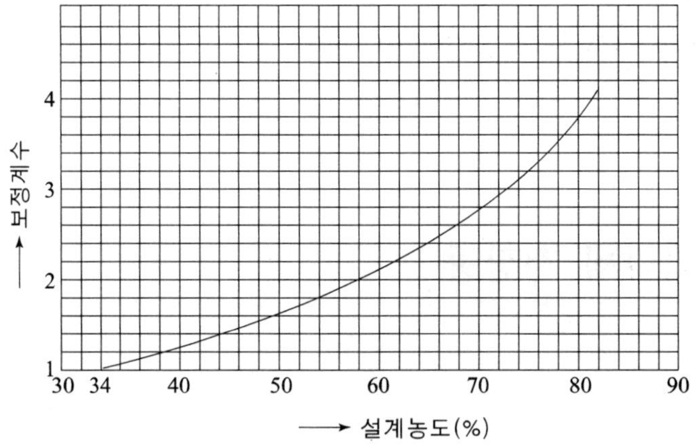

〈그림 7-8〉 소화설계농도에 따른 보정계수

〈표 7-4〉 가연성 액체 또는 가연성 가스의 소화에 필요한 설계농도

방호대상물	설계농도(vol%)
수소(hydrogen)	75
이황화탄소(carbon disulfide)	72
아세틸렌(acetylene)	66
일산화탄소(carbon monoxide)	64
산화에틸렌(ethylene oxide)	53
에틸렌(ethylene)	49
에틸에테르(ethyl ether)	46
에틸알코올(ethyl alcohol)	43
부타다이엔(butadiene)	41
에탄(ethane)	40
벤젠(benzene)	37
석탄가스(coal gas), 천연가스(natural gas)	37
사이클로프로판(cyclopropane)	37
아이소부탄(isobutane)	36
프로판(propane)	36
프로필렌(propylene)	36
헥산(hexane)	35
펜탄(pentane)	35
부탄(butane)	34
가솔린(gasoline)	34
석유(kerosene)	34
담금질유(quenching oil), 윤활유(lube oil)	34
아세톤(acetone)	34
메틸알코올(methyl alcohol)	40
메탄(methane)	34
에틸렌다이클로라이드(ethylene dichloride)	34

*** 이산화탄소의 농도**

밀폐공간에 CO_2가스가 방사되면 실내 산소의 질량은 변함없다. CO_2의 방사전후의 압력이 일정, 즉 체적은 변하지만 압력이 변하지 않는다고 가정하면, 밀도도 일정하므로

$$m_{O2} = \rho \times \frac{21}{100} \times V = \rho \times \frac{x_{O2}}{100} \times (V + V_{CO2}) \tag{7.1}$$

가 된다. 여기서 m_{O2}는 공간 내 산소의 질량, ρ는 산소의 밀도, V는 공간의 체적, V_{CO2}는 방사된 CO_2 체적, x_{O2}는 방사후 산소의 체적농도, 21은 방사전 공기 중 산소농도(vol%)이다.

이 식을 정리하면

$$V_{CO2} = \left(\frac{21}{x_{O2}} - 1\right)V = \frac{21 - x_{O2}}{x_{O2}}V \tag{7.2}$$

가 된다. 방사후 산소의 농도 x_{O2}를 알면 방사된 CO_2의 체적을 계산할 수 있다. 한편, 방사후 CO_2 농도(x_{CO2})는

$$x_{CO2} = \frac{V_{CO2}}{V+V_{CO2}} \times 100(\%) \tag{7.3}$$

이므로

$$x_{CO2} = \frac{1}{\frac{V}{V_{CO2}}+1} \times 100(\%)$$

이 된다. 식 (7.2)에서

$$\frac{V}{V_{CO2}} = \frac{x_{O2}}{21 - x_{O2}}$$

이므로 이것을 위 식에 대입하면

$$x_{CO2} = \frac{21 - x_{O2}}{21} \times 100(\text{vol}\%) \tag{7.4}$$

이다. 여기에 산소의 연소한계농도인 15 vol%를 대입하면

$$x_{CO2} = \frac{21 - 15}{21} \times 100 = 28.6\ \text{vol}\%$$

이고, 이 값이 CO_2의 최소이론농도이다. 안전계수 1.2를 곱하면

$$x_{CO2} = 34\ \text{vol}\%$$

이고, 이것이 표면화재를 소화하는데 필요한 CO_2의 최소설계농도(minimum design concentration)이다.

3) 방호구역의 개구부에 자동폐쇄장치를 설치하지 아니한 경우에는 1) 및 2)의 기준에 따라 산출한 양에 개구부 면적 1 m^2당 5 kg을 가산하여야 한다. 이 경우 개구부의 면적은 방호구역 전체 표면적의 3% 이하로 하여야 한다.

(2) 전역방출방식에 있어서 종이 · 목재 · 석탄섬유류 · 합성수지류 등 심부화재 방호대상물의 경우에는 다음 기준에 따른다.

1) 방호구역의 체적(불연재료나 내열성의 재료로 밀폐된 구조물이 있는 경우에는 그 체적을 감한 체적) 1 m^3에 대하여 <표 7-5>에 따른 양 이상으로 하여야 한다.

〈표 7-5〉 방호대상물별 체적당 이산화탄소 소화약제의 저장량과 설계농도

(전역방출방식, 심부화재)

방 호 대 상 물	방호구역의 체적 1 m^3에 대한 소화약제의 양(kg)	설계농도 (vol%)
유압기기를 제외한 전기설비, 케이블실	1.3	50
체적 55 m^3 미만의 전기설비	1.6	50
서고, 전자제품 창고, 목재가공품 창고, 박물관	2.0	65
고무류 · 면화류 창고, 모피 창고, 석탄 창고, 집진설비	2.7	75

2) 방호구역의 개구부에 자동폐쇄장치를 설치하지 아니한 경우에는 1)의 기준에 따라 산출한 양에 개구부 면적 1 m^2당 10 kg을 가산하여야 한다. 이 경우 개구부의 면적은 방호구역 전체 표면적의 3% 이하로 하여야 한다.

(3) 국소방출방식에 있어서는 다음의 기준에 따라 산출한 양에 고압식의 것에 있어서는 1.4, 저압식의 것에 있어서는 1.1을 각각 곱하여 얻은 양 이상으로 할 것

1) 윗면이 개방된 용기에 저장하는 경우와 화재 시 연소면이 한정되고 가연물이 비산할 우려가 없는 경우에는 방호대상물의 표면적 1 m^2에 대하여 13 kg

2) 1)외의 경우에는 방호공간(방호대상물의 각 부분으로부터 0.6 m의 거리에 따라 둘러싸인 공간)의 체적 1 m^3에 대하여 다음의 식에 따라 산출한 양

$$Q = 8 - 6a/A \tag{7.5}$$

Q = 방호공간 1 m^3당 이산화탄소 소화약제의 양(kg/m^3)

a = 방호대상물 주위에 설치된 벽의 면적의 합계(m^2)

A = 방호공간의 벽 면적(벽이 없는 경우에는 벽이 있는 것으로 가정한 당해 부분의 면적)의 합계(m^2)

(4) 호스릴 이산화탄소 소화설비에 있어서는 하나의 노즐에 대하여 90 kg 이상으로 할 것

예제7-1 CO_2 용기의 45 kg이 25℃의 대기에 모두 방출되었을 때 CO_2의 체적을 구하라. 대기압은 1 atm으로 가정한다.

풀이 pV = mRT에서

p = 압력
V = 체적
m = 질량
R = 기체상수, 8,314/M J/kg·K(M = 분자량, 44 kg/kmol)
T = 온도(273+25 K)

이다. 따라서

V = mRT/p

$$= \frac{(45\text{kg})\left(\frac{8314}{44}\text{N}\cdot\text{m/kg}\cdot\text{K}\right)(298\text{K})}{101{,}325\ \text{N/m}^2}$$

$= \underline{25\ \text{m}^3}$

예제7-2 10 m×5 m×5 m 크기의 전기실에 전역방출방식으로 CO_2 180 kg을 방출하였다. 대기압이 1 atm, 전기실의 온도가 20℃이고, CO_2의 순도를 100%라고 가정하면 CO_2의 농도는 얼마인가? 이 경우 산소의 농도는 얼마인가?

풀이

(1) CO_2의 농도(x_{CO_2}) $= \dfrac{\text{방출된 } CO_2 \text{ 체적}}{\text{방출구역의 체적} + \text{방출된 } CO_2 \text{ 체적}} \times 100$

에서 방출된 CO_2의 체적은

$$V = \frac{mRT}{p}$$

$$= \frac{180 \times \frac{8314}{44} \times (273+20)}{101{,}325} = 98.4\ \text{m}^3$$

따라서

$$x_{CO_2} = \frac{98.4}{10\times5\times5+98.4} \times 100 = \underline{28.2\ \text{vol\%}}$$

(2) $x_{CO_2} = \dfrac{21 - x_{O_2}}{21} \times 100$ 에서

$$x_{O_2} = 21 - \frac{21\times x_{CO_2}}{100} = 21 - \frac{21\times28.2}{100}$$

$= \underline{15.1\ \text{vol\%}}$

7.7 이산화탄소 소화설비의 기동장치

(1) 이산화탄소 소화설비의 수동식 기동장치는 다음 기준에 따라 설치하여야 한다. 이 경우 수동식 기동장치의 부근에는 소화약제의 방출을 지연시킬 수 있는 비상스위치(자동복귀형 스위치로서 수동식 기동장치의 타이머를 순간 정지시키는 기능의 스위치)를 설치하여야 한다.

1) 전역방출방식에 있어서는 방호구역마다, 국소방출방식에 있어서는 방호대상물마다 설치할 것

2) 당해 방호구역의 출입구부분 등 조작을 하는 자가 쉽게 피난할 수 있는 장소에 설치할 것

3) 기동장치의 조작부는 바닥으로부터 높이 0.8 m 이상 1.5 m 이하의 위치에 설치하고, 보호판 등에 따른 보호장치를 설치할 것

4) 기동장치에는 그 가까운 곳의 보기 쉬운 곳에 "이산화탄소 소화설비 기동장치"라고 표시한 표지를 할 것

5) 전기를 사용하는 기동장치에는 전원표시등을 설치할 것

6) 기동장치의 방출용 스위치는 음향경보장치와 연동하여 조작될 수 있는 것으로 할 것

(2) 이산화탄소 소화설비의 자동식 기동장치는 자동화재탐지설비의 감지기의 작동과 연동하는 것으로서 다음 기준에 따라 설치하여야 한다.

1) 자동식 기동장치에는 수동으로도 기동할 수 있는 구조로 할 것

2) 전기식 기동장치로서 7병 이상의 저장용기를 동시에 개방하는 설비에 있어서는 2병 이상의 저장용기에 전자 개방밸브를 부착할 것

3) 가스압력식 기동장치는 다음의 기준에 따를 것

- 기동용 가스용기 및 당해 용기에 사용하는 밸브는 25 MPa 이상의 압력에 견딜 수 있는 것으로 할 것
- 기동용 가스용기에는 내압시험압력의 0.8배 내지 내압시험압력 이하에서 작동하는 안전장치를 설치할 것
- 기동용 가스용기의 용적은 1 ℓ 이상으로 하고, 당해 용기에 저장하는 이산화탄소의 양은 0.6 kg 이상으로 하며, 충전비는 1.5 kg/ℓ 이상으로 할 것

4) 기계식 기동장치에 있어서는 저장용기를 쉽게 개방할 수 있는 구조로 할 것

(3) 이산화탄소 소화설비가 설치된 부분의 출입구 등의 보기 쉬운 곳에 소화약제의 방사를 표시하는 표시등을 설치하여야 한다.

7.8 제어반 등

이산화탄소 소화설비의 제어반 및 화재표시반은 다음 기준에 따라 설치하여야 한다. 다만, 자동화재탐지설비의 수신기의 제어반이 화재표시반의 기능을 가지고 있는 것에 있어서는 화재표시반을 설치하지 아니할 수 있다.

(1) 제어반은 수동기동장치 또는 감지기에서의 신호를 수신하여 음향경보장치의 작동, 소화약제의 방출 또는 지연 기타의 제어기능을 가진 것으로 하고, 제어반에는 전원표시등을 설치할 것

(2) 화재표시반은 제어반에서의 신호를 수신하여 작동하는 기능을 가진 것으로 하되, 다음의 기준에 따라 설치할 것

1) 각 방호구역마다 음향경보장치의 조작 및 감지기의 작동을 명시하는 표시등과 이와 연동하여 작동하는 벨, 부자 등의 경보기를 설치할 것. 이 경우 음향경보장치의 조작 및 감지기의 작동을 명시하는 표시등을 겸용할 수 있다.

2) 수동식 기동장치에 있어서는 그 방출용 스위치의 작동을 명시하는 표시등을 설치할 것

3) 소화약제의 방출을 명시하는 표시등을 설치할 것

4) 자동식 기동장치에 있어서는 자동・수동 절환을 명시하는 표시등을 설치할 것

(3) 제어반 및 화재표시반의 설치장소는 화재에 따른 영향, 진동 및 충격에 따른 영향 및 부식의 우려가 없고 점검에 편리한 장소에 설치할 것

(4) 제어반 및 화재표시반에는 당해 회로도 및 취급설명서를 비치할 것

7.9 배관 등

(1) 이산화탄소 소화설비의 배관은 다음 기준에 따라 설치하여야 한다.

1) 배관은 전용으로 할 것

2) 강관을 사용하는 경우의 배관은 압력배관용 탄소강관(KSD 3562)중 스케줄 80(저압식에 있어서는 스케줄 40) 이상의 것 또는 이와 동등 이상의 강도를 가진 것으로 아연도금 등으로 방식처리된 것을 사용할 것. 다만, 배관의 호칭구경이 20 mm 이하인 경우에는 스케줄 40 이상인 것을 사용할 수 있다.

3) 동관을 사용하는 경우의 배관은 이음이 없는 동 및 동합금관(KSD 5301)으로서 고압식은 16.5 MPa 이상, 저압식은 3.75 MPa 이상의 압력에 견딜 수 있는 것을 사용할 것

4) 고압식의 경우 개폐밸브 또는 선택밸브의 2차측 배관부속은 2 MPa의 압력에 견딜 수 있는 것을 사용하여야 하며, 1차측 배관부속은 4 MPa의 압력에 견딜 수 있는 것을 사용하여야 하고, 저압식의 경우에는 2 MPa의 압력에 견딜 수 있는 배관부속을 사용할 것

(2) 배관의 구경은 이산화탄소의 소요량이 다음 기준에 따른 시간 내에 방사될 수 있는 것으로 하여야 한다.

1) 전역방출방식에 있어서 가연성 액체 또는 가연성 가스 등 표면화재 방호대상물의 경우에는 1분

2) 전역방출방식에 있어서 종이, 목재, 석탄, 석유류, 합성수지류 등 심부화재 방호대상물의 경우에는 7분. 이 경우 설계농도가 2분 이내에 30%에 도달하여야 한다.

3) 국소방출방식의 경우에는 30초

(3) 선택밸브(selection valve)

하나의 소방대상물 또는 그 부분에 둘 이상의 방호구역 또는 방호대상물이 있어 이산화탄소 저장용기를 공용하는 경우에는 방호구역 또는 방호대상물마다 선택밸브를 설치하고, 각 선택밸브에는 그 담당방호구역 또는 방호대상물을 표시해야 한다.

7.10 분사헤드

(1) 전역방출방식의 이산화탄소 소화설비의 분사헤드는 다음 기준에 따라 설치하여야 한다.
  1) 방사된 소화약제가 방호구역의 전역에 균일하게 신속히 확산할 수 있도록 할 것
  2) 분사헤드의 방사압력이 2.1 MPa(저압식의 것에 있어서는 1.05 MPa) 이상의 것으로 할 것
  3) 소방대상물 또는 그 부분에 설치된 이산화탄소 소화설비의 소화약제의 저장량은 기준에서 정한 시간이내에 방사할 수 있는 것으로 할 것

(2) 국소방출방식의 이산화탄소 소화설비의 분사헤드는 다음 기준에 따라 설치하여야 한다.
  1) 소화약제의 방사에 따라 가연물이 비산하지 아니하는 장소에 설치할 것
  2) 이산화탄소 소화약제의 저장량은 30초 이내에 방사할 수 있는 것으로 할 것
  3) 성능 및 방사압력이 위 (1)의 1) 및 2)의 기준에 적합한 것으로 할 것

(3) 화재 시 현저하게 연기가 찰 우려가 없는 장소로서 다음의 하나에 해당하는 장소에는 호스릴 이산화탄소 소화설비를 설치할 수 있다.
  1) 지상 1층 및 피난층에 있는 부분으로서 지상에서 수동 또는 원격조작에 따라 개방할 수 있는 개구부의 유효면적의 합계가 바닥면적의 15% 이상이 되는 부분
  2) 전기설비가 설치되어 있는 부분 또는 다량의 화기를 사용하는 부분(당해 설비의 주위 5 m 이내의 부분 포함)의 바닥면적이 당해 설비가 설치되어 있는 구획의 바닥면적의 5분의 1 미만이 되는 부분

(4) 호스릴 이산화탄소 소화설비는 다음 기준에 따라 설치하여야 한다.
  1) 방호대상물의 각 부분으로부터 하나의 호스 접결구까지의 수평거리가 15 m 이하가 되도록 할 것
  2) 노즐은 20℃에서 하나의 노즐마다 60 kg/min 이상의 소화약제를 방사할 수 있는 것으로 할 것
  3) 소화약제 저장용기는 호스릴을 설치하는 장소마다 설치할 것
  4) 소화약제 저장용기의 개방밸브는 호스의 설치장소에서 수동으로 개폐할 수 있는 것으로 할 것
  5) 소화약제 저장용기의 가장 가까운 곳의 보기 쉬운 곳에 표시등을 설치하고, 호스릴 이산화탄소 소화설비가 있음을 표시한 표지를 할 것

(5) 이산화탄소 소화설비의 분사헤드의 오리피스(orifice) 구경 등은 다음 기준에 적합하여

야 한다.

1) 분사헤드에는 부식방지조치를 하여야 하며 오리피스의 크기, 제조일자, 제조업체가 표시되도록 할 것
2) 분사헤드의 개수는 방호구역에 방사시간이 충족되도록 설치할 것
3) 분사헤드의 방출률 및 방출압력은 제조업체에서 정한 값으로 할 것
4) 분사헤드의 오리피스의 면적은 분사헤드가 연결되는 배관구경면적의 70%를 초과하지 아니할 것

(6) 분사헤드 설치제외

이산화탄소 소화설비의 분사헤드는 다음 장소에 설치하여서는 아니된다.

1) 방재실, 제어실 등 사람이 상시 근무하는 장소
2) 나이트로셀룰로오스, 셀룰로이드 제품 등 자기연소성 물질을 저장・취급하는 장소
3) 나트륨, 칼륨, 칼슘 등 활성금속물질을 저장・취급하는 장소
4) 전시장 등의 관람을 위하여 다수인이 출입, 통행하는 통로 및 전시실 등

7.11 자동식 기동장치의 화재감지기

이산화탄소 소화설비의 자동식 기동장치는 다음 기준에 따른 화재감지기를 설치하여야 한다.

(1) 각 방호구역내의 화재감지기의 감지에 따라 작동되도록 할 것
(2) 화재감지기의 회로는 교차회로방식으로 설치할 것. 다만, 화재감지기를 자동화재탐지설비의 화재안전기준(NFSC 203)의 감지기로 설치하는 경우에는 그러하지 아니하다.
(3) 교차회로내의 각 화재감지기회로별로 설치된 화재감지기 1개가 담당하는 바닥면적은 자동화재탐지설비의 화재안전기준(NFSC 203)의 규정에 따른 바닥면적으로 할 것

7.12 음향경보장치

(1) 이산화탄소 소화설비의 음향경보장치는 다음 기준에 따라 설치하여야 한다.

1) 수동식 기동장치를 설치한 것에 있어서는 그 기동장치의 조작과정에서, 자동식 기동장치를 설치한 것에 있어서는 화재감지기와 연동하여 자동으로 경보를 발하는 것으로 할 것
2) 소화약제의 방사개시 후 1분 이상 경보를 계속할 수 있는 것으로 할 것
3) 방호구역 또는 방호대상물이 있는 구획 안에 있는 자에게 유효하게 경보할 수 있는 것으로 할 것

(2) 방송에 따른 경보장치를 설치할 경우에는 다음 기준에 따라야 한다.

1) 증폭기 재생장치는 화재 시 연소의 우려가 없고, 유지관리가 쉬운 장소에 설치할 것
2) 방호구역 또는 방호대상물이 있는 구획의 각 부분으로부터 하나의 확성기까지의 수평거리는 25 m 이하가 되도록 할 것
3) 제어반의 복구스위치를 조작하여도 경보를 계속 발할 수 있는 것으로 할 것

7.13 자동폐쇄장치

전역방출방식의 이산화탄소 소화설비를 설치한 소방대상물 또는 그 부분에 대하여 자동폐쇄장치를 설치해야 한다. 자동폐쇄장치는 <그림 7-9>와 같이 방화문, 창문, 환기구 등 개구부나 환기구에 피스톤 릴리서(piston releaser)를 설치하여 화재발생 후 이산화탄소가 흘러 피스톤 릴리서로 폐쇄함으로써 이산화탄소가 밖으로 유출되는 것을 방지하기 위한 장치이다.

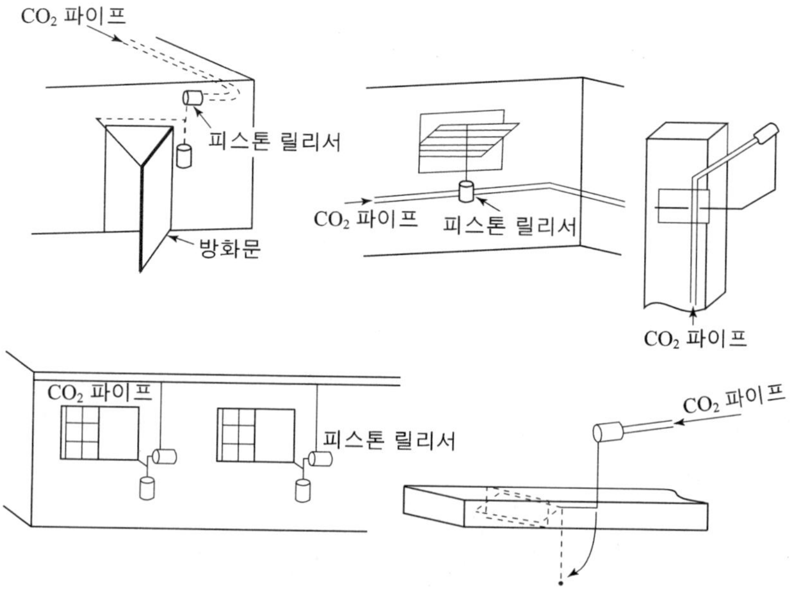

〈그림 7-9〉 자동폐쇄장치의 설치 예

자동폐쇄장치의 설치기준은 다음과 같다.

(1) 환기장치를 설치한 것에 있어서는 이산화탄소가 방사되기 전에 당해 환기장치가 정지할 수 있도록 할 것
(2) 개구부가 있거나 천장으로부터 1 m 이상의 아래 부분 또는 바닥으로부터 당해층의 높이의 3분의 2 이내의 부분에 통기구가 있어 이산화탄소의 유출에 따라 소화효과를 감소시킬 우려가 있는 것에 있어서는 이산화탄소가 방사되기 전에 당해 개구부 및 통기구를 폐쇄할 수 있도록 할 것
(3) 자동폐쇄장치는 방호구역 또는 방호대상물이 있는 구획의 밖에서 복구할 수 있는 구조로 하고, 그 위치를 표시하는 표지를 할 것

7.14 비상전원

이산화탄소 소화설비(호스릴 이산화탄소 소화설비 제외)의 비상전원은 자가발전설비 또는 축전지설비(제어반에 내장하는 경우 포함)로서 다음 기준에 따라 설치하여야 한다.

(1) 점검에 편리하고 화재 및 침수 등의 재해로 인한 피해를 받을 우려가 없는 곳에 설치할 것
(2) 이산화탄소 소화설비를 유효하게 20분 이상 작동할 수 있어야 할 것
(3) 상용전원으로부터 전력의 공급이 중단된 때에는 자동으로 비상전원으로부터 전력을 공급받을 수 있도록 할 것
(4) 비상전원의 설치장소는 다른 장소와 방화구획 할 것. 이 경우 그 장소에는 비상전원의 공급에 필요한 기구나 설비외의 것(열병합발전설비에 필요한 기구나 설비 제외)을 두어서는 안 된다.
(5) 비상전원을 실내에 설치하는 때에는 그 실내에 비상조명등을 설치할 것

7.15 기 타

지하층, 무창층 및 밀폐된 거실 등에 이산화탄소 소화설비를 설치한 경우에는 소화약제의 농도를 희석시키기 위한 배출설비를 갖추어야 한다.

이산화탄소 소화설비의 방호구역에 소화약제 방출시 과압으로 인하여 구조물 등에 손상이 생길 우려가 있는 장소에는 과압배출구를 설치하여야 한다.

이산화탄소 소화설비를 컴퓨터를 이용하여 설계하는 경우에는 성능시험기관으로 지정받은 기관에서 검증받은 설계프로그램을 사용하여야 한다.

소방본부장 또는 소방서장은 기존건축물이 증축, 개축, 대수선되거나 용도 변경되는 경우에 있어서 이 기준이 정하는 기준에 따라 당해 건축물에 설치하여야 할 이산화탄소 소화설비의 배관·배선 등의 공사가 현저하게 곤란하다고 인정되는 경우에는 당해 설비의 기능 및 사용에 지장이 없는 범위 안에서 이산화탄소 소화설비의 설치·유지기준의 일부를

적용하지 아니할 수 있다.

이산화탄소 소화설비의 안전점검은 <표 7-6>의 종합정밀점검표에 따라 수행한다.

〈표 7-6〉 이산화탄소 소화설비 종합정밀점검표

(1) 설치상태 개요

<table>
<tr><th colspan="3">항 목</th></tr>
<tr><td>저장방식</td><td colspan="2">☐ 고압식 ☐ 저압식</td></tr>
<tr><td>설비방식</td><td colspan="2">☐ 전역방출방식 ☐ 국소방출방식 ☐ 이동식</td></tr>
<tr><td>기동방식</td><td colspan="2">☐ 자동 ☐ 수동전기식 ☐ 수동가스압식 ☐ 그 밖의 것 :</td></tr>
<tr><td rowspan="2">용기개방장치</td><td>전 기 식</td><td>○ 최다개방용기수 : ○ 전자개방밸브수 : ○ 체크밸브수 :</td></tr>
<tr><td>가스압력식</td><td>○ 기동용기수 : ○ 선택밸브수 :</td></tr>
<tr><td>용기개수 등</td><td colspan="2">kg ℓ 개 ○ 설치장소 : 층</td></tr>
<tr><td>제어반설치위치</td><td colspan="2">☐ 제어반 : ☐ 자연배기</td></tr>
<tr><td>배출조치</td><td colspan="2">☐ 전용배출기 ☐ 겸용배출기 ☐ 자연배기</td></tr>
<tr><td>방호구역수</td><td colspan="2">☐ 구역</td></tr>
<tr><td>전 원</td><td colspan="2">☐ 직류 V ☐ 교류 V</td></tr>
<tr><td>음향경보</td><td colspan="2">☐ 방송 ☐ 모터 사이렌 ☐ 벨 ☐ 부저 ☐ 그 밖의 것 :</td></tr>
<tr><td>표 시</td><td colspan="2">☐ 수동 기동장치 표시 ☐ 선택밸브의 방호구역 표시 ☐ 방호구역 표시</td></tr>
<tr><td>화재감지</td><td colspan="2">☐ 자동화재탐지설비 ☐ 그 밖의 것 :</td></tr>
<tr><td>조작요령</td><td>자동
○ 화재감지
○ 음향경보장치기동
☐ 화재표시경보
☐ 환기장치정지
☐ 출입문 등 개구부 자동폐쇄장치 기동
☐ 화재경보 후 소화약제 방출장치 작동지연시간 : 초
○ 용기개방자동장치
○ 소화약제 방출
☐ 개구부 등에 대한 가스압 자동 폐쇄장치 기동
☐ 소화약제 방출표시등 점등</td><td>수동
○ 화재 확인
○ 음향경보장치기동
☐ 화재표시경보
○ 기동장치기동
○ 피난확인 후 소화설비기동
☐ 환기장치 기동
☐ 출입문 등 자동폐쇄장치 기동
☐ 가스압 자동폐쇄장치 기동
☐ 소화약제 방출표시등 점등</td></tr>
<tr><td rowspan="6">기기 등의 규격</td><td>용 기</td><td>☐ 고압가스 안전관리법에 의한 용기검사 결과</td></tr>
<tr><td rowspan="4">배관재질</td><td>☐ KSD 3562 이음 없는 탄소강관 ○ SCH :</td></tr>
<tr><td>☐ KSD 5301 이음 없는 동·동합금강관 ○ SCH :</td></tr>
<tr><td>○ 관 이음쇠 내압력 : 1차측 MPa 2차측 MPa</td></tr>
<tr><td>○ 밸브류의 내압력 : MPa</td></tr>
<tr><td>호 스 릴</td><td>○ 개 ○ 설치위치 : ○ 내압력 : MPa</td></tr>
<tr><td colspan="2">옥외가스주입구</td><td>○ 개 ○ 내 압 력 : MPa</td></tr>
<tr><td>비상전원</td><td colspan="2">☐ 비상전원수전설비 ☐ 자가발전설비 ☐ 축전지설비</td></tr>
<tr><td>비 고</td><td colspan="2">배관재질항목 중 KSD, SCH 및 호스릴 내압력은 소방시설성능시험표 해당</td></tr>
</table>

(2) 성능 및 종합정밀점검

(결과 : 양호○, 요정비△, 불량×)

번호	점 검 항 목	결 과			
		결과	불량 내용	조치 내용	법적 근거
1	저장용기 ○ 설치장소의 방화구역·방호구역과의 분리 및 표지 ○ 저장용기(□ 고압식 □ 저압식)의 충전비 ○ 안전밸브 및 봉판의 작동압력 및 기능 (저압식) ○ 액면계, 압력계, 입력강하 경보장치의 기능 (저압식) ○ 자동냉동장치의 기능 (저압식) ○ 내압시험의 합격여부 ○ 개방밸브의 개방방식(□ 전기식 □ 가스압력식 □ 기계식) 및 자동·수동 개방기능 ○ 개방밸브의 안전장치의 기능 ○ 저장용기와 선택밸브(또는 개폐밸브) 사이의 안전장치의 작동압력 및 기능				
2	소화약제 ○ 소화약제 총저장량 ○ 전역방출방식의 경우 각 방호구역 체적별 방호대상종류별 소화약제 배정량 ○ 국소방출방식의 경우 방호공간별, 방호대상 종류별 소화약제 저장량 ○ 호스릴 방식의 경우 노즐별 소화약제 저장량				
3	기동장치 □ 수동식기동장치 ○ 방호구역별 또는 방호대상별 설치위치(높이 포함) 및 기능 ○ 조작부의 보호판 및 기동장치의 표지상태 ○ 전원 및 위치표시등 상태 ○ 음향경보장치와 연동기능 □ 자동식기동장치(자동식기동장치가 설치된 경우) ○ 수동기동 기능유무 및 상태 ○ 전기식 기동장치의 경우 저장용기에 대한 전자개방밸브의 배치 적정여부 및 전자개방밸브의 설치 ○ 가스압력식 기동장치의 경우 기동용 가스용기 및 밸브의 내압력 적정여부 ○ 가스압력식 기동장치의 경우 기동용 가스용기의 용적, 충전량, 충전비 및 안전밸브의 적정여부 ○ 기계식 기계장치의 경우 개방장치의 시험작동상태				
4	○ 소화약제 방사표시등 설치위치 및 점등상태				
5	제어반 및 화재표시등 ○ 자동화재탐지설비 수신기로 화재표시반을 대신하는 경우 자동화재탐지설비 수신기의 화재표시반 기능유무 ○ 제어반의 신호수신 방법과 상태, 음향경보장치의 작동, 소화약제 방출 및 방출시간 지연 등의 기능상태 ○ 화재표시반의 제어반과의 연동상태 ○ 화재표시반의 각 방호구역별 음향경보장치의 작동기능, 감지기작동 명시표시, 벨·부자 등 경보기의 기능상태				

번호	점 검 항 목	결 과			
		결과	불량내용	조치내용	법적근거
	○ 수동식 기동장치방식의 경우 화재표시반의 방출 스위치의 작동표시등의 점등상태 ○ 화재표시반의 소화약제 방출표시등의 점등상태 ○ 자동식기동장치방식의 경우 자동·수동 절환기능 절환표시등의 점등상태 ○ 제어반 및 화재표시반의 설치장소·환경 적정여부 및 점검의 용이성 여부 ○ 제어반·화재표시반의 취급설명서의 비치 및 적합여부				
6	배관 등 ○ 전용 여부 ○ 배관의 종류·규격 및 방식처리의 적정 여부(소방시설성능시험표 해당) ○ 동관을 사용하는 경우 내압력의 적정여부 ○ 배관의 구경(기준시간 내 방사가능 구경)적합여부 ○ 분사헤드의 방사압력 적합여부 ○ 옥외가스주입구를 설치하는 경우 옥외가스주입구의 규격, 배치, 주입배관과 주배관의 접속위치, 체크밸브, 방호구역별 안내도 설치의 적합여부 ○ 2이상의 방호구역(또는 방호대상물)에 대하여 이산화탄소저장용기를 공용하는 경우 선택밸브의 배치, 설치장소 적정여부 및 표시상태				
7	분사헤드 □ 전역방출방식 ○ 전용여부 ○ 헤드배치 및 설치위치(신속 균일한 확산가능 위치) 적합여부 ○ 헤드의 방사압력 적합여부 ○ 소방대상물(또는 방호대상부분 종류별) 기준시간 내 방사압력 적합여부 □ 국소방출방식 ○ 헤드의 설치장소 적합여부 ○ 30초 내 방사완료 가능여부 ○ 헤드의 방사압력 적정여부 □ 호스릴방식 ○ 방호대상물과 호스 접결구의 수평거리 적합여부 ○ 시간당 방출량 적합여부 ○ 소화약제저장용기 및 호스릴 설치장소 일치여부 ○ 소화약제저장용기의 위치표시등 설치 및 점등상태				
8	화재감지기(자동식 기동장치를 설치한 경우) ○ 각 방호구역 내 화재감지기의 감지에 의한 기동장치 작동여부 ○ 교차회로(또는 복합형감지기) 설치여부 및 상태 ○ 화재감지기의 종류 적합여부 ○ 교차회로의 경우 화재감지기 담당 바닥면적 적합여부				
9	개구부 자동폐쇄장치 ○ 환기장치 자동정지기능 적합여부 ○ 개구부 및 통기구의 자동폐쇄장치 설치 및 기능의 적합여부 ○ 자동폐쇄장치의 복구장치의 위치 및 표지 적합여부				
10	○ 비상전원 확보상태 적합여부				

(3) 방호구역상세서

층 별								
방호구획 명칭								
층높이(m)								
면적(m^2)								
체적(m^3)								
방호구역 구조	칸막이	벽						
		천장						
	개구부	창						
		그 밖의 것						
		문						
환기장치	방 식	강제급기						
		강제배기						
		자연						
	폐쇄 방식 등	자동정지						
		자동폐쇄						
방출시간(초)								
소화약제량	산출계수							
	수정계수							
	기본소화약제량							
	개구부 증가량	개구부면적(m^2)						
		개구계수						
		소화약제량						
	합계소화약제량							
방출소화약제량								
방출용기수(kg/개)								
배관관계	주배관직경							
	말단부직경							
	헤드형식							
	헤드개수							
	오리피스구경(면적)							

오리피스구경은 소방시설 성능시험표 해당

연 습 문 제

7.1 이산화탄소 소화설비의 장단점을 설명하라.

7.2 이산화탄소 소화설비의 적응성과 비적응성에 대하여 설명하라.

7.3 이산화탄소가 인체에 미치는 영향에 대하여 기술하라.

7.4 이산화탄소 저장방식의 고압식과 저압식에 대하여 다음을 비교하라.

(a) 저장압력 (b) 저장용기 (c) 충전비(ℓ/kg)

(d) 배관재질 (e) 안전장치 (f) 전역방출방식에서 분사헤드의 방사압

7.5 이산화탄소 소화설비의 최소설계농도 34%의 산출근거에 대하여 설명하라.

7.6 이산화탄소 저장량 계산방식을 설명하라.

7.7 이산화탄소 소화설비가 심부화재에 적합한 이유는 무엇인가? 또 사람이 상주하지 않는 전기실 등에 많이 설치하는 이유는 무엇인가?

7.8 전역방출방식의 이산화탄소 소화설비의 계통도를 그리고 주요 구성요소의 명칭과 기능, 작동순서를 설명하라.

7.9 5 m×10 m×4 m 크기의 주차장에 설치된 전역방출방식의 이산화탄소 소화설비가 있다. 1.8 m×2.5 m의 출입문에는 자동폐쇄장치가 설치되어 있을 때 저장용기(68 ℓ, 45 kg)의 개수와 용기밸브 개방 후 평균방사율을 구하라.

7.10 50 m×10 m×4 m 크기의 전기실에 전역방출방식의 이산화탄소 소화설비가 설치되어 있고, 2 m×2.5 m의 출입문에는 자동폐쇄장치가 설치되어 있지 않을 때, 저장용기의 개수와 용기밸브 개방 후 평균체적방사율을 구하라. 이산화탄소의 비체적은 0.51 m^3/kg로 한다.

7.11 10 m×10 m×3 m의 공간에 전역방출방식으로 이산화탄소를 방사하여 CO_2의 농도가 36 %가 되려면, 방사해야 할 때 CO_2의 체적과 실내 산소농도를 구하라.

CHAPTER 8

청정소화약제 소화설비

8.1 용어의 정의

대기잔존기간(atmospheric life time, ALT)
대기 중에 존재하는 기간을 연수로 표시한 것. 지구온난화 및 오존층파괴에 영향을 미친다.

방화문(fire door)
건축법시행령 규정에 따른 갑종 방화문 또는 을종 방화문으로서 언제나 닫힌 상태를 유지하거나 화재로 인한 연기의 발생 또는 온도의 상승에 따라 자동적으로 닫히는 구조

불활성가스 청정소화약제(inert gas agent)
헬륨(He), 네온(Ne), 아르곤(Ar), 질소(N_2) 중 하나 이상의 원소를 기본성분으로 하는 소화약제

오존파괴지수(ozone depletion potential, ODP)
CFC-11 1 kg이 파괴하는 오존의 양에 대한 물질 1 kg이 파괴하는 오존량

지구온난화지수(global warming potential, GWP)
CO_2 1 kg의 지구온난화 정도에 대한 물질 1 kg의 지구 온난화 정도

축압(superpressurization)
청정소화약제 자체의 증기압 또는 가스압으로 설비가 필요로 하는 방출압력을 얻기 어려울 때 필요한 압력에 도달하기 위하여 가스를 소화약제 용기에 추가시켜 방출압력으로 증가시킨 상태

충전밀도(fill density)
용기의 단위용적당 소화약제량의 비율(kg/m^3)

청정소화약제(clean agent)
할로겐화합물(할론 1301, 할론 2402, 할론 1211 제외) 및 불활성기체로서 전기적으로 비전도성이며 휘발성이 없고 증발 후 잔여물을 남기지 않는 소화약제

할로겐화합물 청정소화약제(halocarbon agent)
불소(F), 염소(Cl), 브롬(Br) 또는 요오드(I) 중 하나 이상의 원소를 포함하고 있는 유기화합물을 기본성분으로 하는 소화약제

ALC(approximate lethal concentration)
사망에 이르게 할 수 없는 최대 농도

Drop-in **소화약제**
기존의 소화설비를 변경하지 않고 소화약제만 교체하여 사용할 수 있는 대체 소화약제

LOAEL(lowest observable adverse effect level)
농도를 감소시킬 때 아무런 악영향을 감지할 수 없는 최대 농도

NOAEL(no observable adverse effect level)
농도를 증가시킬 때 아무런 악영향을 감지할 수 없는 최대 농도

8.2 청정소화약제 소화설비의 개요

할로겐화합물 소화약제는 화학적, 물리적으로 안정되어 있고, B급(유류) 및 C급(전기) 화재의 진압에 우수한 소화 성능을 갖고 있는 소화약제이다. 또한 할로겐화합물 소화약제 중에서 상온에서 기체상태로 존재하는 할론 1211과 1301은 인화성 기체의 폭발 방지용으로 널리 사용되어 왔다. 또 할로겐화합물이 인체에 미치는 영향이 비교적 낮아 할로겐화합물 소화설비는 전산실, 통신기기실 등 사람이 상주하면서도 화재의 피해가 우려되는 장소에 사용해왔다. 그러나 할로겐화합물 소화약제가 지구 성층권(지상 12~50 km)의 오존층 파괴물질 중의 하나라는 것이 알려지면서 1987년에 체결된 몬트리올 의정서에 따라 그 사용이 제한되기 시작했고, 선진국에서는 1994년부터 할로겐화합물 소화약제의 생산을 중단하였고, 우리나라도 이미 이를 생산할 수 없게 되었다. 따라서 지금까지 할로겐화합물 소화약제를 사용하던 장소에는 할로겐화합물 소화약제의 대체물질, 즉, 청정소화약제를 사용해야 한다. 청정소화약제는 할로겐화합물(기존의 할론 1301과 할론 1211, 할론 2402 제외) 및 불활성기체로서 전기적으로 비전도성이며 휘발성이 없고 증발 후 잔여물을 남기지 않

는 소화약제이다. 청정소화약제는 지구 환경을 보호하고 오존파괴지수(ozone depletion potential, ODP)와 지구온난화지수(global warming potential, GWP)가 낮으면서도 소화성능이 우수하고 인체에 대한 독성은 없으며, 가격이 낮아야 한다.

기존 할로겐화합물 소화약제의 오존파괴지수는 할론 1301이 14.1, 할론 1211이 2.4, 할론 2402는 6.6이다. 한편, 사람이 상주하는 장소에서는 NOAEL과 LOAEL의 독성을 평가하여 소화농도가 NOAEL보다 낮은 것이 바람직하다. 청정소화약제 소화설비 관련 기준은 국가화재안전기준(NFSC 107A)에 규정되어 있다.

8.2.1 청정소화약제 소화설비의 적응성

청정소화약제 소화설비(clean agent extinguish system)의 적응대상은 물분무 등 소화설비의 소방대상물 중 방호구역내의 연소형태가 표면화재인 것에 한한다. 미국소방협회(NFPA)에서는 청정소화약제 소화설비의 사용대상을

(1) 전기, 전자적 위험이 있는 소방대상물

(2) 전기통신설비

(3) 인화성, 가연성 액체와 가스

(4) 기타 고가 자산

으로 하고 있다.

8.2.2 청정소화약제 소화설비의 비적응성

청정소화약제 소화설비를 설치할 수 없는 곳(설치 제외 소방대상물)은

(1) 사람이 상주하는 장소로서 최대허용설계농도를 초과하는 장소

(2) 제3류 위험물과 제5류 위험물을 사용하는 장소

이다.

미국소방협회(NFPA)에서는 청정소화약제 소화설비의 설치제외대상으로 다음과 같이 규정하고 있다.

(1) 공기가 없는 곳에서 급속히 산화할 가능성이 있는 질화면, 화약 등의 화공약품이나 혼합물

(2) 리튬, 나트륨, 칼륨, 마그네슘, 티타늄, 지르코늄, 우라늄, 플루토늄과 같은 반응성 금속

(3) 금속수소화합물

(4) 유기과산화물이나 수소화합물과 같은 자연발열 분해가 가능한 화공약품

8.3 청정소화약제의 종류

청정소화약제에는 할로겐화합물 청정소화약제(halocarbon agent)와 불활성기체 청정소화약제(inert gas agent)가 있다. 할로겐화합물 청정소화약제는 할로겐원소인 불소(F), 염소(Cl), 브롬(Br), 요오드(I) 가운데 하나 이상을 함유하는 유기화합물을 주요 구성물로 하는 소화약제이고, 불활성기체 청정소화약제는 질소와 아르곤, 이산화탄소가 혼합된 가스이다.

소화설비에 적용되는 청정소화약제의 종류는 <표 8-1>과 같으며, 모두 상온에서 기체이다.

〈표 8-1〉 청정소화약제의 종류

소화약제		화학식(%는 질량분율)	상품명
할로겐 화합물	도데카플루오로-2-메틸펜탄-3-원 (FK-5-1-12)	$CF_3CF_2C(O)CF(CF_3)_2$	Novec-1230
	퍼플루오로부탄 (FC-3-1-10)	C_4F_{10}	CEA-410
	하이드로클로로 플루오로 카본 혼화제 (HCFC Blend A)	HCFC-123($CHCl_2CF_3$) 4.75% HCFC-22($CHClF_2$) 82% HCFC-124($CHClFCF_3$) 9.5% $C_{10}H_{16}$ 3.75%	NAF S-III
	클로로테트라플루오르에탄(HCFC-124)	$CHClFCF_3$	FE-241
	펜타플루오로 에탄(HFC-125)	CHF_2CF_3	FE-25
	헵타플루오로 프로판(HFC-227ea)	CF_3CHFCF_3	FM-200
	트라이플루오로 메탄(HFC-23)	CHF_3	FE-13
	헥사플루오로 프로판(HFC-236fa)	$CF_3CH_2CF_3$	FE-36
	트라이플루오로이오 다이드(FIC-13I1)	CF_3I	Triodide, DHK
불활성기체 (불연성·불활성 기체 혼합가스)	IG-01	Ar	Argotec
	IG-100	N_2	NN-100
	IG-541	N_2 52 %, Ar 40 %, CO_2 8 %	Inergen
	IG-55	N_2 50 %, Ar 50 %	Argonite

(1) HFC-227ea(FM-200)

미국의 Great Lakes Chemical이 FM-200이라는 상품명으로 개발한 CF_3CHFCF_3 소화약제로, 오존파괴지수 ODP가 0이며, 끓는점이 −16.4℃로 전역방출방식에 적합하다. 소화농도는 5.8~6.6%로 비교적 성능이 우수한 편이다. 독성은 NOAEL 9.0%, LOAEL 10.5%이므로 사람이 상주하는 곳에 사용할 수 있다. 우수한 소화약제이지만 가격이 높은 것이 단점이다. 미국 환경청(EPA)에서 추천한 할론 1301의 소화약제 대체소화약제로 소화효과가 뛰어나며, 미국 UL(Underwriter's Laboratories)과 FM(Factory Mutual)으로부터 공식 승인된 소화약제이다. 인체에 미치는 독성이 할론 1301 소화약제와 동등한 수준이며 미국소방협회의 NFPA 2001에서 추천한 8가지 청정소화약제 중 독성이 가장 적다.

FM-200 소화설비는 할론 1301 대체물질 소화약제 중 가장 안정된 소화약제의 하나로, 전기적으로 비전도성 소화약제가 필요한 곳, 소화약제 방출 후 문제를 발생시키는 곳, 그리고 상시 사람이 거주하는 장소의 화재를 진압하기 위해 사용된다. 용기 내 약제 압력이 저압으로 안전하고 초기 투자비에 비해 사후 유지관리가 저렴한 소화설비이다. <표 8-2>는 이 소화약제의 주요 물리적 성질이다.

〈표 8-2〉 HFC-227ea(FM-200)의 주요 물리적 성질

물질명	HFC-227ea
분자식	CF_3CHFCF_3
상품명	FM-200
분자량	170.03 kg/kmol
비등점	−16.36℃ @1 atm
빙 점	−131℃
임계압력	2.91 MPa
임계부피	1.61 ℓ/kg
임계밀도	0.621 kg/ℓ
상 태	기체 (1 atm, 20℃)
ODP	0

(2) 불활성기체

불연성기체인 이산화탄소(CO_2)와 불활성기체인 질소(N_2)와 아르곤(Ar)의 혼합가스인 Inergen은 보통(A급) 및 유류(B급)화재의 소화에 적합하다. 이 소화약제는 할론이나 분말소화제와 같이 화학적 소화성능을 가진 것은 아니고 주로 밀폐공간의 산소농도를 낮추어

질식작용으로 소화한다. 이 소화약제의 장점은 다른 불활성기체에 비해 독성이 강한 이산화탄소의 농도가 일정수준(5%) 이상 될 수 없어 사람이 있는 곳에서도 사용할 수 있고, 오존층 파괴와는 아무 관련이 없다는 점이다. 질소와 아르곤, 이산화탄소의 체적분율에 따라 IG-01, IG-100, IG-541, IG-55가 있다. IG-541의 조성은 <표 8-3>과 같다.

〈표 8-3〉 IG-541(Inergen)의 조성(단위 : vol%)

구 분	N_2	Ar	O_2	CO_2
가스성분	52	40	–	8
공기 중 농도	78	1	21	0.03
가스방출 후 실내가스성분	67～70	12～16	12～14	3～4

불활성기체 소화설비는 할론 1301 소화설비의 대체설비가 아니며, 대상방호구역으로는 컴퓨터실, 통신실, 전기실, 기계실, 중앙감시실, 전자교환기실, 컨트롤 센터 등과 같이 전자기기와 사람이 상주하는 곳, 미술관, 박물관, 귀중품보관소, 데이터보관소, 서고 등이다. 또 반도체 제조라인(청정실)의 소화시스템으로도 적합하다.

(3) HCFC Blend A(NAF S-III)

비등점이 −38.3℃(1 atm)이고, HCFC-123와 HCFC-22, HCFC-124, $C_{10}H_{16}$의 혼합물로 이루어진 소화약제로서, 캐나다의 North America Fire Guardian이 개발하였다. 이 소화제는 오존파괴지수 ODP가 0.044이고 대기잔존기간 ALT가 7년으로 할론 1301의 대체물질, 즉, 기존의 할론 1301 소화설비를 변경하지 않고 할론 1301 대신 HCFC blend A를 사용할 수 있는 Drop-in 소화약제이다. 소화농도가 10% 내외이고 NOAEL이 10%이다. 미국 환경청(EPA)으로부터 사람의 상주구역에 사용할 수 있음을 인정받았고, NFPA 2001에 할론 대체 소화약제로 등록되어 있다. NAF S-III의 구성성분은 할로카본(halocarbon) 혼합물질로서 여기에 약제의 분해독성부산물의 생성을 감소시키기 위해 NAF XX로 지칭되는 저독성화 촉매를 첨가한 것이다. A급(보통), B급(유류), C급(전기) 화재의 전반에 걸쳐 사용된다. 다른 할론대체물질과 비교하여 소량으로도 동일한 소화효과를 발휘하기 때문에 경제적이다. 그러나 오존층 파괴물질로 분류됨에 따라 사용이 금지된다. <표 8-4>는 NAF S-III의 주요 물리적 성질이다.

〈표 8-4〉 HCFC Blend A(NAF S-III)의 주요 물리적 성질

물질명	HCFC Blend A	
분자식	HCFC-123($CHCl_2CF_3$) 4.75% HCFC-124($CHClFCF_3$) 9.5%	HCFC-22($CHClF_2$) 82% $C_{10}H_{16}$ 3.75%
상품명	NAF S-III	
분자량	92.90 kg/kmol	
비등점	−38.3℃ @1 atm	
빙 점	−107.2℃	
임계온도	124.4℃	
임계압력	6.65 MPa	
임계밀도	577 kg/m^3	
상 태	기체 (1 atm, 20℃)	
ODP	0.044	

(4) HFC-23(FE-13)

HFC-23은 Du Pont의 FE-13라는 상품명으로 판매되는 CHF_3이다. NFPA 2001과 미국의 UL(Underwriter's Laboratories)과 FM(Factory Mutual)으로부터 안전성을 확인받은 소화약제로, 보통(A급), 유류(B급), 전기(C급)화재에 적용된다. 주요 물리적 성질이 <표 8-5>에 나타나 있다.

FC(fluorocarbon)에 수소가 첨가된 HFC(hydrofluorocarbon)계의 대체물질로 대기잔존년수 ALT가 FC에 비해 줄어들어 지구온난화지수(GWP)도 작게 개발된 물질로, 끓는점은 −82.1℃이다. HFC계 물질은 브롬(Br)과 염소(Cl)도 함유하지 않아 오존파괴지수(ODP)가 0이며 독성도 낮다. 이 물질의 단점은 브롬이 함유되지 않아 화학적 소화성능이 없고 물리적 소화성능(냉각)만 발휘하기 때문에 소화성능이 기존의 할론보다 낮은 점이다.

B급(유류) 화재기준 최소소화농도가 12.9%, ALT=243년, GWP(100yr)=14,800, NOAEL=50%이다.

〈표 8-5〉 HFC-23(FE -13)의 주요 물리적 특성

물질명	HFC-23
분자식	CHF_3
분자량	70.01 kg/kmol
상품명	FC-13
비등점	－82.1℃ @1 atm
빙 점	－155.2℃
임계온도	25.9℃
임계압력	4.89 MPa
상 태	기체(1 atm, 20℃)
ODP	0

FE-13의 적용대상은

1) 전기실, 변전실, 발전실, 축전지실, 전산실
2) 통신기기실, 방재실, 제어실 등
3) 도서관, 박물관, 화랑 등
4) 인화성, 가연성 액체와 가스를 저장, 취급하는 장소
5) 기타 고가의 자산이 있는 장소

등이다.

(5) 기타 청정소화약제

1) HFC Blend B

HFC Blend B는 HFC-134a($C_2H_2F_4$) 70% 이상, HFC-125(C_2HF_5) 15% 이하, CO_2 15% 이하를 혼합한 것으로 상품명은 Halotron Ⅱ이다. 분자량 99.4, 비등점 －26.1℃(1 atm), 액체의 밀도 1,190 kg/m^3(25℃), 포화증기압 1,438 kPa(25℃)이다. 또 ODP＝0.0, GWP＝1,598, ALT＝32.6년이다. NFPA2001에 FC-3-1-10 대신 청정소화약제로 지정되었다.

2) HCFC-124

HCFC-124는 HCFC-123과 마찬가지로 HCFC계 물질로 비등점이 －11.0℃인 전역방출 방식 및 소화기용 소화약제이다. HCFC-124는 Du Pont에서 FE-241이라는 상품명으로 판매되고 있고, 소화농도는 6.4～8.2%, NOAEL이 1.0%, LOAEL이 2.5%로, 사람이 상주하는

곳에 사용할 수 없다. 할론 1301과 비교할 때 무게비로 1.6배, 부피비로 2.3배를 투입하여야 효과적으로 소화할 수 있다.

3) HFC-125

분자식은 CHF_2CF_3이고, Du Pont가 FE-25라는 상품명으로 개발한 전역방출방식용의 대체소화약제이다. HFC-125는 할론 1301과 아주 유사한 물성을 지니고 있고, 소화농도는 8.1～9.4%, 비등점은 －48.5℃(1 atm)이다.

4) FIC-13I1

분자식은 CF_3I이며, 미국의 NMERI(New Mexico Engineering Research Institute)에서 개발하여 Pacific Scientific(상품명 Triodide)과 West Florida Ordinance(상품명 DHK)가 판매하고 있는 소화약제이다. 염소(Cl) 대신 요오드(I)가 들어있어 제2세대 청정소화약제라고 부르기도 한다. 이 소화약제의 장점은 물리적 소화성능 뿐만 아니라 화학적 소화성능을 지니고 있는 점이다. 소화농도가 3.1%인데 NOAEL이 0.2%, LOAEL이 0.4%이므로 사람이 상주하는 곳에서는 사용이 곤란하고 값이 비싸다.

8.4 청정소화약제 소화설비의 종류

청정소화약제 소화설비는 이산화탄소 소화설비나 할로겐화합물 소화설비와 거의 비슷하다. 따라서 소화약제의 저장과 방출, 기동방식 등에 따른 소화설비의 분류와 작동원리는 이산화탄소 소화설비와 할로겐화합물 소화설비와 유사하다. <그림 8-1>은 전역방출방식의 청정소화약제 소화설비로, 기동용기의 기동용 가스의 압력에 의해 청정소화약제 저장용기로부터 방출된다. 상세한 내용은 이산화탄소 소화설비를 참고하면 된다.

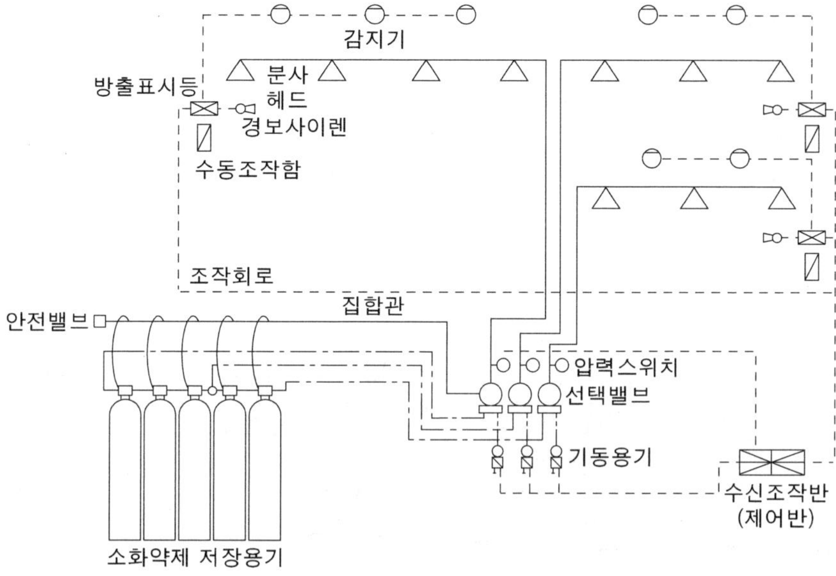

〈그림 8-1〉 청정소화약제 소화설비 계통도(전역방출방식)

8.5 저장용기

8.5.1 저장용기 설치장소

청정소화약제의 저장용기는 다음 기준에 적합한 장소에 설치하여야 한다.

(1) 방호구역외의 장소에 설치할 것. 다만, 방호구역 내에 설치할 경우에는 피난 및 조작이 용이하도록 피난구 부근에 설치하여야 한다.

(2) 온도가 55℃ 이하이고 온도의 변화가 작은 곳에 설치할 것

(3) 직사광선 및 빗물이 침투할 우려가 없는 곳에 설치할 것

(4) 방화문으로 구획된 실에 설치할 것

(5) 용기의 설치장소에는 당해 용기가 설치된 곳임을 표시하는 표지를 할 것

(6) 용기간의 간격은 점검에 지장이 없도록 3 cm 이상의 간격을 유지할 것

(7) 저장용기와 집합관을 연결하는 연결배관에는 체크밸브를 설치할 것. 다만, 저장용기가 하나의 방호구역만을 담당하는 경우에는 그러하지 아니하다.

8.5.2 저장용기 설치기준

청정소화약제의 저장용기는 다음 기준에 적합하여야 한다.

(1) 저장용기의 충전밀도, 충전압력 및 최소사용설계압력은 <표 8-6>과 <표 8-7>에 따를 것

(2) 저장용기는 약제명, 저장용기의 자체중량과 총중량 · 충전일시 · 충전압력 및 약제의 체적을 표시할 것

(3) 집합관에 접속되는 저장용기는 동일한 내용적을 가진 것으로 충전량 및 충전압력이 같도록 할 것

〈표 8-6〉 할로겐화합물 청정소화약제 저장용기의 충전비 · 충전압력 및 최소사용설계압력

항목 / 소화약제	최대충전밀도 (kg/m^3)	21℃충전압력 (kPa)	최소사용설계압력 (kPa)
HFC-227ea	1,201.4	1,034*	1,379
	1,153.3	2,482*	2,868
	1,153.3	4,137*	5,654
HFC Blend B			
HCFC Blend A	900.2	4,137*	4,689
	900.2	2,482*	2,979
HFC-23	768.9	4,198**	9,453
	720.8	4,198**	8,605
	640.7	4,198**	7,626
	560.6	4,198**	6,943
	480.6	4,198**	6,392
HCFC-124	1,185.3	1,655*	1,951
	1,185.3	2,482*	3,199
HFC-125	865	2,482*	3,392
	897	4,137*	5,764
HFC-236fa	1,185.3	1,655*	1,931
	1,201.4	2,482*	3,310
	1,185.4	4,137*	6,068
FK-5-1-12	1,441.7	2,482*	2,482

* 질소축압 ** 비축압

〈표 8-7〉 불활성기체 청정소화약제 저장용기의 충전압력 및 최소사용설계압력

소화약제 / 항목		IG-01		IG-541			IG-55			IG-100		
21℃ 충전압력(kPa)		16,341	20,436	14,997	19,996	29,994	15,320	20,423	30,634	16,575	22,312	28,000
최소사용 설계압력(kPa)	1차측	16,341	20,436	14,997	19,996	29,994	15,320	20,423	30,634	16,575	22,312	28,000
	2차측											

비고 : (1) 1, 2차 구분은 감압장치 기준

(2) 2차측 최소사용설계압력은 제조사의 설계프로그램에 의한 압력값에 따름

(4) 저장용기에 충전량 및 충전압력을 확인할 수 있는 장치를 하는 경우에는 해당 소화약제에 적합한 구조로 할 것

(5) 저장용기의 약제량 손실이 5%를 초과하거나 압력손실이 10%를 초과할 경우에는 재충전하거나 저장용기를 교체할 것. 다만, 불활성가스 청정소화약제 저장용기의 경우에는 압력손실이 5%를 초과할 경우 재충전하거나 저장용기를 교체하여야 한다.

(6) 하나의 방호구역을 담당하는 저장용기의 소화약제의 체적합계보다 소화약제의 방출시 방출경로가 되는 배관(집합관 포함)의 내용적의 비율이 청정소화약제 제조업체의 설계기준에서 정한 값 이상일 경우에는 당해 방호구역에 대한 설비는 별도 독립방식으로 하여야 한다.

8.6 소화약제량의 산정

(1) 할로겐화합물 청정소화약제의 저장량은 다음 식에 따라 산출한 양 이상으로 해야 한다.

$$W = \frac{V}{S} \frac{C}{100 - C} \tag{8.1}$$

W = 소화약제의 질량(kg)
V = 방호구역의 체적(m^3)
S = 소화약제의 비체적($K_1 + K_2 \times T$)(m^3/kg)
K_1 = 0℃에서 소화약제의 비체적(m^3/kg)
$K_2 = K_1/273$
C = 소화약제의 설계농도(vol%)
T = 방호구역의 최소예상온도(℃)

〈표 8-8〉 할로겐화합물 청정소화약제의 K_1과 K_2의 값

소화약제	K_1	K_2
FK-5-1-12	0.0664	0.0002741
HFC Blend B	0.2172	0.0009
HCFC Blend A	0.2413	0.00088
HCFC-124	0.1575	0.0006
HFC-125	0.1825	0.0007
HFC-227ea	0.1269	0.0005
HFC-23	0.3164	0.0012
HFC-236fa	0.1413	0.0006
FIC-13I1	0.1138	0.0005

(2) 불활성기체 청정소화약제는 다음 식에 따라 산출한 양 이상으로 해야 한다.

$$X = V\frac{v_s}{S}\ln\frac{100}{100-C} \qquad (8.2)$$

X = 소화약제의 체적(m^3)
V = 방호구역의 체적(m^3)
S = 소화약제의 비체적($K_1+K_2\times T$)(m^3/kg)
K_1 = 0℃에서 소화약제의 비체적(m^3/kg)
K_2 = $K_1/273$
C = 소화약제의 설계농도(vol%)
v_s = 20℃에서 소화약제의 비체적(m^3/kg)
T = 방호구역의 최소예상온도(℃)

〈표 8-9〉 불활성기체 청정소화약제의 K_1과 K_2의 값

소화약제	K_1	K_2
IG-01	0.5685	0.00208
IG-100	0.7997	0.00293
IG-541	0.65799	0.00239
IG-55	0.6598	0.00242

(3) 소화약제의 설계농도(%)는 상온에서 제조업체의 설계기준에서 정한 실험수치를 적용한다. 이 경우 설계농도는 A, C급 화재의 경우에는 UL 2127(불활성기체) 또는 UL 2166(할로겐화합물)에 따른 소화농도, B급 화재의 경우에는 *n*-Heptane 컵버너 소화농도에 안전계수(A, C급 화재 1.2, B급 화재 1.3)를 곱한 값으로 할 것

(4) (1)의 기준에 의해 산출한 소화약제량은 사람이 상주하는 곳에서는 <표 8-10>에 따른 최대허용설계농도를 초과할 수 없다.

(5) 방호구역이 둘 이상인 장소인 경우에 가장 큰 방호구역에 대하여 산출한 양 이상이 되도록 하여야 한다.

〈표 8-10〉 청정소화약제 최대허용설계농도

소화약제		최대허용 설계농도(vol%)	소화약제		최대허용 설계농도(vol%)
할로겐 화합물	FK-5-1-12 FC-3-1-10 HCFC Blend A HCFC-124 HFC-125 HFC-227ea HFC-23 HFC-236fa FIC-13I1	10 40 10 1.0 11.5 10.5 50 12.5 0.3	불활성 가스	IG-01 IG-100 IG-541 IG-55	43

8.7 기동장치

청정소화약제 소화설비는 다음 기준에 따라 설치하여야 한다.

(1) 수동식 기동장치는 다음 기준에 따라 설치할 것

1) 방호구역마다 설치

2) 당해 방호구역의 출입구부근 등 조작을 하는 자가 쉽게 피난할 수 있는 장소에 설치할 것

3) 기동장치의 조작부는 바닥으로부터 0.8 m 이상 1.5 m 이하의 위치에 설치하고, 보호판 등에 따른 보호장치를 설치할 것
4) 기동장치에는 가깝고 보기 쉬운 곳에 "청정소화약제 소화설비 기동장치"라는 표지를 할 것
5) 전기를 사용하는 기동장치에는 전원표시등을 설치할 것
6) 기동장치의 방출용 스위치는 음향경보장치와 연동하여 조작될 수 있는 것으로 할 것
7) 50 N 이하의 힘을 가하여 기동할 수 있는 구조로 설치

(2) 자동식 기동장치는 자동화재탐지설비의 감지기의 작동과 연동하는 것으로서 다음 각 목의 기준에 따라 설치할 것
1) 자동식 기동장치에는 (1)의 기준에 따른 수동식 기동장치를 함께 설치할 것
2) 기계식, 전기식 또는 가스압력식에 따른 방법으로 기동하는 구조로 설치할 것

(3) 청정소화약제 소화설비가 설치된 구역의 출입구에는 소화약제가 방출되고 있음을 나타내는 표시등을 설치할 것

8.8 제어반 등

청정소화약제 소화설비의 제어반 및 화재표시반은 다음 기준에 따라 설치하여야 한다. 다만, 자동화재탐지설비의 수신기의 제어반이 화재표시반의 기능을 가지고 있는 것에 있어서는 화재표시반을 설치하지 않을 수 있다.

(1) 제어반은 수동기동장치 또는 감지기에서의 신호를 수신하여 음향경보장치의 작동, 소화약제의 방출 또는 지연 기타의 제어기능을 가진 것으로 하고, 제어반에는 전원표시등을 설치할 것

(2) 화재표시반은 제어반에서의 신호를 수신하여 작동하는 기능을 가진 것으로 하되, 다음의 기준에 따라 설치할 것

1) 각 방호구역마다 음향경보장치의 조작 및 감지기의 작동을 명시하는 표시등과 이와 연동하여 작동하는 벨, 부자 등의 경보기를 설치할 것. 이 경우 음향경보장치의 조작 및 감지기의 작동을 명시하는 표시등을 겸용할 수 있다.

2) 수동식 기동장치에 있어서는 그 방출용 스위치의 작동을 명시하는 표시등을 설치할 것

3) 소화약제의 방출을 명시하는 표시등을 설치할 것

4) 자동식 기동장치에 있어서는 자동·수동의 전환을 명시하는 표시등을 설치할 것

(3) 제어반 및 화재표시반의 설치장소는 화재에 따른 영향, 진동 및 충격에 따른 영향 및 부식의 우려가 없고 점검에 편리한 장소에 설치할 것

(4) 제어반 및 화재표시반에는 당해 회로도 및 취급설명서를 비치할 것

8.9 배 관

(1) 청정소화약제 소화설비의 배관은 다음 기준에 따라 설치하여야 한다.

1) 배관은 전용으로 할 것

2) 배관, 배관부속 및 밸브류는 저장용기의 방출내압을 견딜 수 있어야 하며 다음의 각목의 기준에 적합할 것. 이 경우 설계내압은 최소사용설계압력 이상으로 하여야 한다.

- 강관을 사용하는 경우의 배관은 압력배관용 탄소강관(KSD 3562) 또는 이와 동등 이상의 강도를 가진 것으로서 아연도금 등에 따라 방식처리된 것을 사용할 것
- 동관을 사용하는 경우의 배관은 이음이 없는 동 및 동합금관(KSD 5301)의 것을 사용할 것

3) 배관부속 및 밸브류는 강관 또는 동관과 동등 이상의 강도 및 내식성이 있는 것으로 할 것

(2) 배관과 배관, 배관과 배관부속 및 밸브류의 접속은 나사접합, 용접접합, 압축접합 또는 플랜지접합 등의 방법을 사용하여야 한다.

(3) 배관의 구경은 당해 방호구역에 청정소화약제가 10초(불활성가스 청정소화약제는 1분) 이내에 방호구역 각 부분에 최소설계농도의 95% 이상 해당하는 약제량이 방출되도록 하여야 한다.

8.10 분사헤드

(1) 분사헤드는 다음 기준에 따라야 한다.

1) 분사헤드의 설치 높이는 방호구역의 바닥으로부터 최소 0.2 m 이상 최대 3.7 m 이하로 하여야 하며 천장높이가 3.7 m를 초과할 경우에는 추가로 다른 열의 분사헤드를 설치할 것. 다만, 분사헤드의 성능인정 범위 내에서 설치하는 경우에는 그러하지 아니하다.

2) 분사헤드의 개수는 방호구역 규정이 충족되도록 설치할 것

3) 분사헤드에는 부식방지조치를 하여야 하며 오리피스의 크기, 제조일자, 제조업체가 표시되도록 할 것

(2) 분사헤드의 방출률 및 방출압력은 제조업체에서 정한 값으로 한다.

(3) 분사헤드의 오리피스(orifice)의 면적은 분사헤드가 연결되는 배관구경면적의 70%를 초과하지 않게 한다.

8.11 선택밸브

하나의 소방대상물 또는 그 부분에 둘 이상의 방호구역이 있어 소화약제의 저장용기를 공용하는 경우에 있어서 방호구역마다 선택밸브를 설치하고 선택밸브에는 각각의 방호구역을 표시하여야 한다.

8.12 자동식 기동장치의 화재감지기

청정소화약제 소화설비의 자동식 기동장치는 다음 기준에 따른 화재감지기를 설치하여야 한다.

(1) 각 방호구역내의 화재감지기의 감지에 따라 작동되도록 할 것

(2) 화재감지기의 회로는 교차회로방식으로 설치할 것. 다만, 화재감지기를 자동화재탐지설비의 화재안전기준(NFSC 203)의 감지기로 설치하는 경우에는 그러하지 아니하다.

(3) 교차회로내의 각 화재감지기회로별로 설치된 화재감지기 1개가 담당하는 바닥면적은 자동화재탐지설비의 화재안전기준(NFSC 203) 규정에 따른 바닥면적으로 할 것

8.13 음향경보장치

(1) 청정소화약제 소화설비의 음향경보장치는 다음 기준에 따라 설치하여야 한다.

1) 수동식 기동장치를 설치한 것에 있어서는 그 기동장치의 조작과정에서, 자동식 기동장치를 설치한 것에 있어서는 화재감지기와 연동하여 자동으로 경보를 발하는 것으로 할 것

2) 소화약제의 방사 개시 후 1분 이상 경보를 계속할 수 있는 것으로 할 것

3) 방호구역 또는 방호대상물이 있는 구획 안에 있는 자에게 유효하게 경보할 수 있는 것으로 할 것

(2) 방송에 따른 경보장치를 설치할 경우에는 다음 기준에 따라야 한다.

1) 증폭기 재생장치는 화재 시 연소의 우려가 없고, 유지관리가 쉬운 장소에 설치할 것

2) 방호구역 또는 방호대상물이 있는 구획의 각 부분으로부터 하나의 확성기까지의 수평거리는 25 m 이하가 되도록 할 것

3) 제어반의 복구스위치를 조작하여도 경보를 계속 발할 수 있는 것으로 할 것

8.14 자동폐쇄장치

청정소화약제 소화설비를 설치한 소방대상물 또는 그 부분에 대하여는 다음 기준에 따라 자동폐쇄장치를 설치하여야 한다.

(1) 환기장치를 설치한 것에 있어서는 청정소화약제가 방사되기 전에 당해 환기장치가 정지할 수 있도록 할 것
(2) 개구부가 있거나 천장으로부터 1 m 이상의 아래 부분 또는 바닥으로부터 당해층의 높이의 3분의 2 이내의 부분에 통기구가 있어 청정소화약제의 유출에 따라 소화효과를 감소시킬 우려가 있는 것에 있어서는 청정소화약제가 방사되기 전에 당해 개구부 및 통기구를 폐쇄할 수 있도록 할 것
(3) 자동폐쇄장치는 방호구역 또는 방호대상물이 있는 구획의 밖에서 복구할 수 있는 구조로 하고, 그 위치를 표시하는 표지를 할 것

8.15 비상전원

청정소화약제 소화설비의 비상전원은 자가발전설비 또는 축전지설비(제어반에 내장하는 경우 포함)로서 다음 기준에 따라 설치하여야 한다.

(1) 점검에 편리하고 화재 및 침수 등의 재해로 인한 피해를 받을 우려가 없는 곳에 설치할 것
(2) 청정소화약제 소화설비를 유효하게 20분 이상 작동할 수 있어야 할 것
(3) 상용전원으로부터 전력의 공급이 중단된 때에는 자동으로 비상전원으로부터 전력을 공급받을 수 있도록 할 것
(4) 비상전원의 설치장소는 다른 장소와 방화구획 할 것. 이 경우 그 장소에는 비상전원의 공급에 필요한 기구나 설비외의 것(열병합발전설비에 필요한 기구나 설비 제외)을 두어서는 안 된다.
(5) 비상전원을 실내에 설치하는 때에는 그 실내에 비상조명등을 설치할 것

8.16 기 타

(1) 과압배출구

청정소화약제 소화설비의 방호구역에 소화약제가 방출시 과압으로 인하여 구조물 등에 손상이 생길 우려가 있는 장소에는 과압배출구를 설치하여야 한다.

(2) 설계프로그램

청정소화약제 소화설비를 컴퓨터를 이용하여 설계하는 경우에는 성능시험기관으로 지정받은 기관에서 검증받은 설계프로그램을 사용하여야 한다.

(3) 설치 · 유지기준의 특례

소방본부장 또는 소방서장은 기존건축물이 증축 · 개축 · 대수선되거나 용도 변경되는 경우에 있어서 이 기준이 정하는 기준에 따라 당해 건축물에 설치하여야 할 청정소화약제 소화설비의 배관 · 배선 등의 공사가 현저하게 곤란하다고 인정되는 경우에는 당해 설비의 기능 및 사용에 지장이 없는 범위 안에서 청정소화약제 소화설비의 설치 · 유지기준의 일부를 적용하지 아니할 수 있다.

(4) 청정소화약제 소화설비의 점검

청정소화약제 소화설비의 점검은 <표 8-11>의 종합안전점검표에 따라 수행한다.

〈표 8-11〉 청정소화약제 소화설비 종합정밀점검표

(1) 설치상태 개요

<table>
<tr><th colspan="3">항　　　목</th></tr>
<tr><td>설비방식</td><td colspan="2">☐ 전역방출방식　☐ 국소방출방식　☐ 호스릴방식</td></tr>
<tr><td>약제종별</td><td colspan="2">☐ FC-3-1-10　☐ HCFC Blend A　☐ HCFC-124　☐ HFC-125
☐ HFC-227ea　☐ HFC-23　☐ IG-541　☐ 그 밖의 것 :</td></tr>
<tr><td>저장방식</td><td colspan="2">☐ 축압식 :　MPa　☐ 가압식 :　MPa</td></tr>
<tr><td>저장용기실</td><td colspan="2">○ 설치위치 :　○ 약제량 :　kg</td></tr>
<tr><td>기동방식</td><td colspan="2">☐ 자동　☐ 수동전기식　☐ 수동가스압식　☐ 그 밖의 것 :</td></tr>
<tr><td rowspan="2">용　기
개방장치</td><td>전 기 식</td><td>○ 최다개방용기수 :　○ 전자개방밸브수 :　○ 체크밸브수 :</td></tr>
<tr><td>가스압력식</td><td>○ 기동용기수 :　○ 선택밸브수 :</td></tr>
<tr><td>용기개수 등</td><td colspan="2">kg　ℓ　개　○ 설치장소 :</td></tr>
<tr><td>제어반설치위치</td><td colspan="2">☐ 제어반 :　☐ 화재표시반 :</td></tr>
<tr><td>배출조치</td><td colspan="2">☐ 전용배출기　☐ 겸용배출기　☐ 자연배기</td></tr>
<tr><td>방호구역수</td><td colspan="2">☐　구역</td></tr>
<tr><td>전　원</td><td colspan="2">☐ 직류　V　☐ 교류　V</td></tr>
<tr><td>음향경보</td><td colspan="2">☐ 방송　☐ 모터 사이렌　☐ 벨　☐ 부저　☐ 그 밖의 것 :</td></tr>
<tr><td>표　시</td><td colspan="2">☐ 수동기동장치표시　☐ 선택밸브의 방호구역표시　☐ 방호구역표시</td></tr>
<tr><td>화재감지</td><td colspan="2">☐ 자동화재탐지설비　☐ 그 밖의 것 :</td></tr>
<tr><td>조작요령</td><td>자동
○ 화재감지
○ 음향경보장치기동
☐ 화재표시경보
☐ 환기장치정지
☐ 출입문 등 개구부 자동폐쇄 장치 기동
☐ 화재경보 후 소화약제 방출장치 작동지연시간 :　초
○ 용기개방자동장치
○ 소화약제 방출
☐ 개구부 등에 대한 가스압 자동폐쇄장치기동
☐ 소화약제 방출표시등 점등</td><td>수동
○ 화재 확인
○ 음향경보장치기동
☐ 화재표시경보
○ 기동장치기동
○ 피난확인 후 소화설비기동
☐ 환기장치 기동
☐ 출입문 등 자동폐쇄장치 기동
☐ 가스압 자동폐쇄장치 기동
☐ 소화약제 방출 표시등 점등</td></tr>
<tr><td rowspan="6">기기 등의
규격</td><td>용　기</td><td>☐ 고압가스안전관리법에 의한 용기검사결과</td></tr>
<tr><td rowspan="4">배　관
재　질</td><td>☐ KSD　○ SCH :</td></tr>
<tr><td>☐ KSD　○ SCH :</td></tr>
<tr><td>○ 관 이음쇠 내압력 : 1차측　MPa　2차측　MPa</td></tr>
<tr><td>○ 밸브류의 내압력 :　MPa</td></tr>
<tr><td>호 스 릴</td><td>○ 개수 :　개　○ 내압력 :　MPa</td></tr>
<tr><td>비상전원</td><td colspan="2">☐ 비상전원수전설비　☐ 자가발전설비　☐ 축전지설비</td></tr>
<tr><td>비　고</td><td colspan="2">배관재질항목 중 KSD, SCH 및 호스릴 내압력은 소방시설성능시험표에 해당</td></tr>
</table>

(2) 성능 및 종합정밀점검

(결과 : 양호○, 요정비△, 불량×)

번호	점 검 항 목	결과			
		결과	불량 내용	조치 내용	법적 근거
1	저장용기 ○ 설치장소의 환경 적정 여부 ○ 설치장소의 방화구역·방호구역과의 분리 및 표지 ○ 저장용기의 충전비, 충전압력, 설계압력의 적정 여부 ○ 약제명등 표시의 적정 여부 ○ 동일 집합관에 접속되는 저장용기의 충전비 적정 여부 ○ 충전량 및 충전압력의 확인구조 적정 여부				
2	소화약제 ○ 소화약제 총저장량 적정 여부 ○ 전역방출방식의 경우 각 방호구역 체적별 방호대상종류별 소화약제 적정 여부 ○ 국소방출방식의 경우 방호공간별·방호대상종류별 소화약제저장량 적정 여부 ○ 호스릴방식의 경우 노즐별 소화약제저장량 적정 여부				
3	기동장치 □ 수동식 기동장치 ○ 방호구역별 방호대상별 설치위치(높이 포함) 및 기능 ○ 조작부의 보호판 및 기동장치의 표지상태 ○ 전원 및 위치표시등 상태 ○ 음향경보장치와 연동기능 □ 자동식 기동장치(자동식 기동장치가 설치된 것에 한함) ○ 수동기동 기능유무 및 상태 ○ 전기식 기동장치의 경우 저장용기에 대한 전자개방밸브의 배치 적정여부 및 전자개방밸브의 설치 ○ 가스압력식 기동장치의 경우 기동용 가스용기 및 밸브의 내압력 적정여부 ○ 가스압력식 기동장치의 경우 기동용 가스용기의 용적·충전량·충전비 및 안전밸브의 적정여부 ○ 기계식 기계장치의 경우 개방장치의 시험작동상태				
4	○ 소화약제 방사표시등 설치위치 및 점등상태				
5	제어반 및 화재표시등 ○ 자동화재탐지설비 수신기로 화재표시반을 대신하는 경우 자동화재탐지설비 수신기의 화재표시반 기능유무 ○ 제어반의 신호수신 방법·상태, 음향경보장치의 작동, 소화약제 방출 및 방출시간 지연등의 기능상태 ○ 화재표시반의 제어반과의 연동상태 ○ 화재표시반의 각 방호구역별 음향경보장치의 작동기능, 감지기작동 명시표시, 벨·부자 등 경보기의 기능상태 ○ 수동식 기동장치방식의 경우 화재표시반의 방출스위치의 작동표시등의 점등상태				

번호	점 검 항 목	결 과			
		결과	불량 내용	조치 내용	법적 근거
	ㅇ화재표시반의 소화약제 방출표시등의 점등상태 ㅇ자동식기동장치방식의 경우 자동 · 수동 절환기능 절환표시등의 점등상태 ㅇ제어반 및 화재표시반의 설치장소 · 환경 적정여부 및 점검의 용이성 여부 ㅇ제어반 및 화재표시반의 취급설명서의 비치 및 적합여부				
6	배관 등 ㅇ전용여부 ㅇ배관의 종류 · 규격 및 방식처리의 적정여부(소방시설성능시험표 해당) ㅇ동관을 사용하는 경우 내압력의 적정여부 ㅇ배관의 구경(기준시간내 방사가능 구경) 적합여부 ㅇ선택밸브의 적부 및 표시상태				
7	분사헤드 □전역방출방식 ㅇ전용여부 ㅇ헤드배치 및 설치위치(신속 균일한 확산가능 위치) 적합여부 ㅇ헤드의 방사압력 적합여부 ㅇ소방대상물(또는 방호대상부분 종류별) 기준시간 내 방사압력 적합여부 □국소방출방식 ㅇ헤드의 설치장소 적합여부 ㅇ30초 내 방사완료 가능여부 ㅇ헤드의 방사압력 적정여부 □호스릴방식 ㅇ방호대상물과 호스 접결구의 수평거리 적합여부 ㅇ시간당 방출량 적합여부 ㅇ소화약제저장용기 및 호스릴 설치장소 일치여부 ㅇ소화약제저장용기의 위치표시등 설치 및 점등상태				
8	화재감지기(자동식 기동장치를 설치한 경우에 한함) ㅇ각 방호구역 내 화재감지기의 감지에 의한 기동장치 작동여부 ㅇ교차회로(또는 복합형감지기) 설치여부 및 상태 ㅇ화재감지기의 종류 적합여부				
9	개구부의 자동폐쇄장치 ㅇ환기장치 자동정지기능 적합여부 ㅇ개구부 · 통기구의 자동폐쇄장치 설치 · 기능의 적합여부 ㅇ자동폐쇄장치의 복구장치의 위치 및 표지 적합여부				
10	ㅇ비상전원 확보상태 적합여부				

(3) 방호구역상세서

층 별								
방호구획 명칭								
층높이(m)								
면적(m^2)								
체적(m^3)								
방호구역 구 조	칸막이	벽						
		천장						
	개구부	창						
		그 밖의 것						
		문						
환기장치	방식	강제급기						
		강제배기						
		자연						
	폐쇄 방식 등	자동정지						
		자동폐쇄						
방출시간(초)								
소 화 약 제 량	산출계수							
	보정계수							
	기본소화약제량							
	개구부 증가량	개구부면적(m^2)						
		개구계수						
		소화약제량						
	합계소화약제량							
방출소화약제량								
방출용기수(kg/개)								
배관관계	주배관직경							
	말단부직경							
	헤드형식							
	헤드개수							
	오리피스구경(면적)							

연 습 문 제

8.1 청정소화약제 소화설비의 적응성과 비적응성(설치제외장소)에 대하여 설명하라.

8.2 청정소화약제가 필요한 이유는 무엇인가?

8.3 청정소화약제에서 ODP와 GWP, NOAEL(또는 LOAEL)의 정의와 중요한 이유를 설명하라.

8.4 주요 청정소화약제의 종류와 그 상품명 및 제조사를 조사하라.

8.5 FM-200과 Inergen을 비교하여 설명하라.

CHAPTER 9

분말소화설비

9.1 용어의 정의

교차회로방식

하나의 방호구역 내에 2이상의 화재감지기회로를 설치하고 인접한 2이상의 화재감지기가 동시에 감지되는 때에는 분말소화설비가 작동하여 소화약제가 방출되는 방식

국소방출방식(local application system)

고정식 분말소화약제 공급장치에 배관 및 분사헤드를 설치하여 직접 화점에 분말 소화약제를 방출하는 설비로 화재발생 부분에만 집중적으로 소화약제를 방출하도록 설치하는 방식

방화문(fire door)

건축법시행령 규정에 따른 갑종 방화문 또는 을종 방화문으로서 언제나 닫힌 상태를 유지하거나 화재로 인한 연기의 발생 또는 온도의 상승에 따라 자동적으로 닫히는 구조

전역방출방식(total flooding system)

고정식 분말소화약제 공급장치에 배관 및 분사헤드를 고정 설치하여 밀폐 방호구역 내에 분말소화약제를 방출하는 설비

집합관

분말소화설비의 가압용 가스(질소 또는 이산화탄소)와 분말소화약제가 혼합되는 관

충전비

용기의 용적을 소화약제의 질량으로 나눈 값(ℓ/kg)

호스릴(hose reel)**방식**

분사헤드가 배관에 고정되어 있지 않고 소화약제 저장용기에 호스를 연결하여 사람이 직접 화점에 소화약제를 방출하는 이동식 소화설비

9.2 분말소화설비의 개요

9.2.1 분말소화설비의 특성, 구성 및 작동원리

(1) 분말소화설비의 특성

분말소화설비는 분말용기에 저장된 소화분말을 가압가스 용기내의 질소 또는 이산화탄소 가스의 압력으로 밀어내어 배관을 통하여 그 말단에 설치된 분사헤드 또는 호스릴(hose reel)의 노즐을 통해 방화대상물에 방사하여 소화하는 설비이다. 소화원리는 열분해 시 생성되는 이산화탄소 등의 불연성 가스에 의한 질식효과와 연소의 연쇄반응을 제어하는 화학작용, 약제분해 시 흡열반응에 의한 냉각효과에 의하여 소화한다. 분말소화약제는 연소중의 불꽃을 짧은 시간 안에 사그라지게 하는데 이를 분말소화약제의 넉다운(knockdown) 효과라고 한다. 분말소화약제의 소화특성의 하나로서, 소화약제 방사 개시 후 10～20초 이내에 소화되지 않으면 소화 불가능으로 판단되며, 이는 화재규모에 비하여 소화약제 방출률이 부족할 때 발생한다. 넉다운 효과로 분말소화설비의 소화시간이 짧은 반면에, 넉다운 효과가 일어나지 않으면 소화할 수 없다.

분말소화설비는 표면화재에 대하여 소화성능이 높으며, 특히 화재확산 및 인화성 액체의 화재방호에 적합하다. 소화약제는 전기 절연성이 높으므로 전기설비에도 사용되고, 표면화재의 성상을 보이는 보통(A급)화재에 대하여도 효과가 있다. 약제는 동결되지 않고 장기 보존이 가능하며 동력을 필요로 하지 않아 정전에 대해 염려할 필요가 없다.

(2) 분말소화설비의 구성

분말소화설비는 분말용기(약제탱크)와 기동장치, 가압가스용기, 압력조정기, 정압작동장치, 선택밸브, 수동기동장치, 화재감지장치, 경보장치, 자동폐쇄장치, 배관, 분사헤드 등으로 구성되어 있다. 분말소화설비의 구조 및 작동원리는 이산화탄소 및 할로겐화합물 소화설비와 유사하나 분말의 특성상 정압작동장치와 청소장치, 압력조정기, 기동장치 등이 추가로 필요하다.

(3) 분말소화설비의 작동원리

화재감지기에 의하여 화재를 감지하게 되면 경보벨이 울림과 동시에 제어반에 전류가 흘러 기동장치가 작동하고 가압가스용기밸브와 선택밸브를 개방시킨다. 가압가스(질소 또는 이산화탄소)는 분말용기로 들어가 분말을 배합시키고 소정의 압력이 되면 정압작동장치가 동작하며, 분말용기의 주밸브를 개방시켜 소화분말이 배관을 통하여 헤드 또는 노즐로 방사한다.

<그림 9-1>은 전역방출방식 분말소화설비의 계통도이고, 동작순서는 다음과 같다.

1) 화재감지기 작동
2) 제어반에 화재통보 (수동의 경우 수동기동장치의 누름스위치 누름)
3) 기동장치 작동
4) 기동용 가스방출
5) 선택밸브 및 가압용 가스용기 개방, 개구부 폐쇄

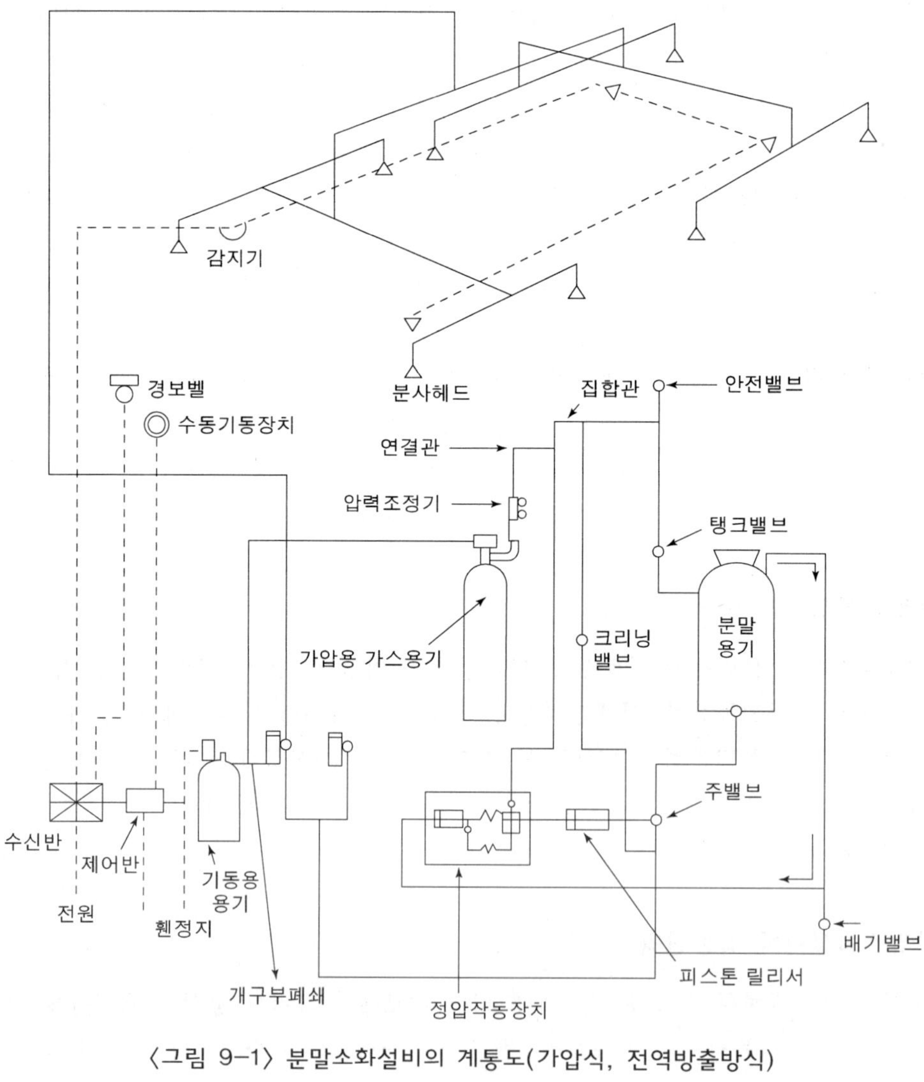

〈그림 9-1〉 분말소화설비의 계통도(가압식, 전역방출방식)

6) 가압용 가스가 압력조정기를 거쳐 분말용기 가압 및 분말 유동화
7) 분말용기의 압력증가로 정압작동장치 작동
8) 주밸브 개방
9) 분말 방사

분말소화설비 관련기준은 국가화재안전기준(NFSC 108)에 규정되어 있다.

9.2.2 분말소화설비의 장단점 등

(1) 분말소화설비의 장점

1) 소화성능이 우수하며, 넉다운(knockdown) 효과로 화재진압이 빠르다.
2) 소화약제는 완전 절연성이므로 고전압 기기의 소화에 안전하다.
3) 구조가 간단하고 유지 관리가 용이하다.
4) 의류나 기물의 오손이 없고 인체에 해가 없다.
5) 온도변화에 대한 약제의 변질이나 성능의 저하가 없다.
6) 약제의 수명이 반영구적이므로 경제적이다.
7) 다른 소화설비에 비해 설비비가 저렴하다.
8) 보통화재, 유류화재, 전기화재에 적응할 수 있다.
9) 가연성 액체와 가스 등의 3차원 화재에 반드시 필요한 소화설비이다.

(2) 분말소화설비의 단점

1) 넉다운(knockdown) 효과로 단시간 내에 소화할 수 없으면 소화가 불가능하다.
2) 침투성이 좋지 않다.
3) 재발화의 위험이 있다.
4) 냉각효과가 미약하다.
5) 방사된 분말이 수분을 흡수, 금속의 부식을 일으키므로 방사 후 즉시 청소를 해야 한다.
6) 가시거리가 짧아 피난에 방해가 된다.

(3) 분말소화약제 구비조건

1) 내습성
2) 유동성
3) 고화되지 않을 것(고화 방지제 첨가)
4) 미세한 입자
5) 일정한 겉보기 비중
6) 무독성 및 내부식성
7) 경년기간이 길고 안전성이 좋아야 한다.

9.3 분말소화설비의 종류

9.3.1 방출방식에 따른 분류

분말소화설비는 그 방출방식에 따라 전역방출방식, 국소방출방식, 호스릴방식(이동식)의 3종류로 구분된다.

(1) 전역방출방식(total flooding system)

앞의 <그림 9-1>과 같이 방호대상물이 내화구조 또는 불연재료로 된 벽, 반자(반자가 없는 경우에는 지붕)로 구획되어 있고, 자동폐쇄장치의 개구부가 설치된 구획 안에 헤드를 설치하여 분말소화약제를 방출하는 방식이다.

(2) 국소방출방식(local application system)

방호대상물이 불연재료로 되어있지 않거나 구획되어있어도 전역방출방식으로 소화가 곤란한 부분이나, 한정된 소규모 방호대상물의 연소면을 직접 분말소화약제로 소화할 수 있도록 헤드를 배치한 방식이다.

(3) 호스릴방식(이동식)(potable installation)

전역방출방식이나 국소방출방식과 같이 배관을 고정 설치하지 않고, 옥내소화전과 같이 호스를 연장하여 사람이 조작하여 소화하는 방식이다.

9.3.2 충전방식에 따른 분류

분말소화설비에는 분말소화약제와 가압가스의 충전상태에 따른 축압식과 가압식이 있다.

(1) 축압식

저장용기에 분말소화약제를 충전한 후 가압가스로 사용되는 질소가스 또는 이산화탄소를 함께 충전하여 저장용기를 축압상태로 설치한 설비이다.

(2) 가압식

분말소화약제를 충전하는 저장용기 외에 가스용기를 별도로 설치하여 가압가스인 질소가스 또는 이산화탄소를 저장용기에 주입시켜 이것을 방사원으로 하여 분말약제를 외부로 방출시키는 방식이다. 앞의 <그림 9-1>의 분말소화설비는 가압식이다.

9.4 저장용기와 부속장치

9.4.1 저장용기

(1) 저장용기의 구성

<그림 9-2>와 같이 분말저장용기에는 안전밸브, 정압작동장치, 청소장치가 설치되어 있다.

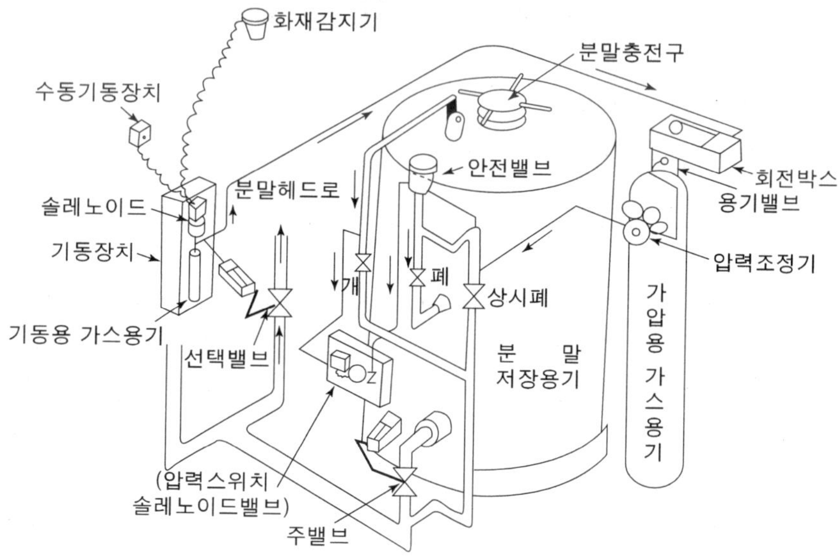

〈그림 9-2〉 분말저장용기

(2) 분말소화약제 저장용기의 설치장소

1) 방호구역외의 장소에 설치할 것. 다만, 방호구역 내에 설치할 경우에는 피난 및 조작이 용이하도록 피난구 부근에 설치하여야 한다.
2) 온도가 40℃ 이하이고, 온도변화가 적은 곳에 설치할 것
3) 직사광선 및 빗물이 침투할 우려가 없는 곳에 설치할 것
4) 방화문으로 구획된 실에 설치할 것
5) 용기의 설치장소에는 당해용기가 설치된 곳임을 표시하는 표지를 할 것
6) 용기간의 간격은 점검에 지장이 없도록 3 cm 이상의 간격을 유지할 것
7) 저장용기와 집합관을 연결하는 연결배관에는 체크밸브를 설치할 것. 다만, 저장용기가 하나의 방호구역만을 담당하는 경우에는 그러하지 아니하다.

(3) 분말소화약제의 저장용기의 설치기준

1) 저장용기의 내용적(ℓ)/소화약제(kg), 즉, 충전비는 <표 9-1>에 따른다.

〈표 9-1〉 분말소화약제 저장용기의 충전비

소화약제의 종별	소화약제의 충전비(ℓ/kg)
제1종 분말(탄산수소나트륨)	0.8
제2종 분말(탄산수소칼륨)	1.0
제3종 분말(인산염)	1.0
제4종 분말(탄산수소칼륨과 요소 혼합)	1.25

2) 저장용기에는 가압식의 것에 있어서는 최고사용압력의 1.8배 이하, 축압식의 것에 있어서는 용기의 내압시험압력의 0.8배 이하의 압력에서 작동하는 안전밸브를 설치할 것
3) 저장용기에는 저장용기의 내부압력이 설정압력으로 되었을 때 주밸브를 개방하는 정압작동장치를 설치할 것
4) 저장용기의 충전비는 0.8 이상으로 할 것
5) 저장용기 및 배관에는 잔류 소화약제를 처리할 수 있는 청소장치를 설치할 것
6) 축압식의 분말소화설비는 사용압력의 범위를 표시한 지시압력계를 설치할 것

9.4.2 부속장치

(1) 정압작동장치

정압작동장치는 분말소화설비에서 분말저장용기와 방출밸브 사이에 있다. 이 장치는 가압용 가스가 분말저장용기에 들어가 소화약제가 유동화 되고, 약 15~30초 후 또는 용기 내 압력이 소화약제의 방출에 충분한 압력에 도달했을 때 주밸브가 개방되게 하는 장치로 그 기구는 분말저장용기 내의 압력이 일정한 압력에 도달했을 때 주밸브 개방회로가 열려서 가압용 가스가 밸브 개방장치로 흐르도록 되어있다. 정압작동장치에는 다음 3가지 방식이 있다.

1) **압력스위치식**(pressure switch type)

분말저장용기의 압력에 의하여 작동하는 압력스위치를 설치하고, 소정의 압력에 달했을 때 작동하여 전자밸브(solenoid valve)가 열려 주밸브 개방용 가스를 보내는 방식이다.

2) **기계식**

분말저장용기의 압력에 따라 밸브의 콕(cock)을 잡아 당겨 주밸브 개방용 가스를 보내는 방식이다.

3) **시한 릴레이식**(time limit relay type)

<그림 9-3>과 같이 분말저장용기(약제저장탱크)의 압력이 소정압력에 달하는 시간을 미리 추정하여 기동과 동시에 시한 릴레이를 움직여 그 시간 후에 릴레이가 닫혔을 때 전자밸브를 열어 주밸브(main valve) 개방용 가스를 보내는 방식이다.

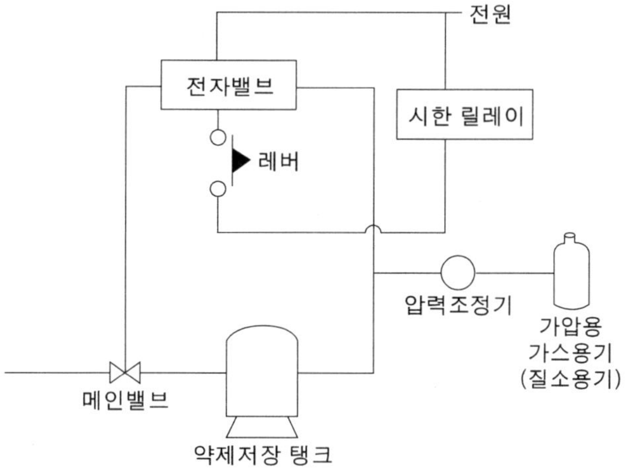

〈그림 9-3〉 시한 릴레이 방식

(2) 청소장치

분말소화약제의 방출이 완료된 후 배관 속에 분말이 남아 있으면 습기를 흡수하여 굳어져 막히므로 분말소화설비를 사용할 수 없게 된다. 그러므로 분말소화설비의 작동완료 후 즉시 분말저장용기의 잔압을 방출함과 동시에 배관 내를 깨끗하게 청소해 주어야 한다. <그림 9-4>는 청소장치의 작동과정을 나타낸 그림이다.

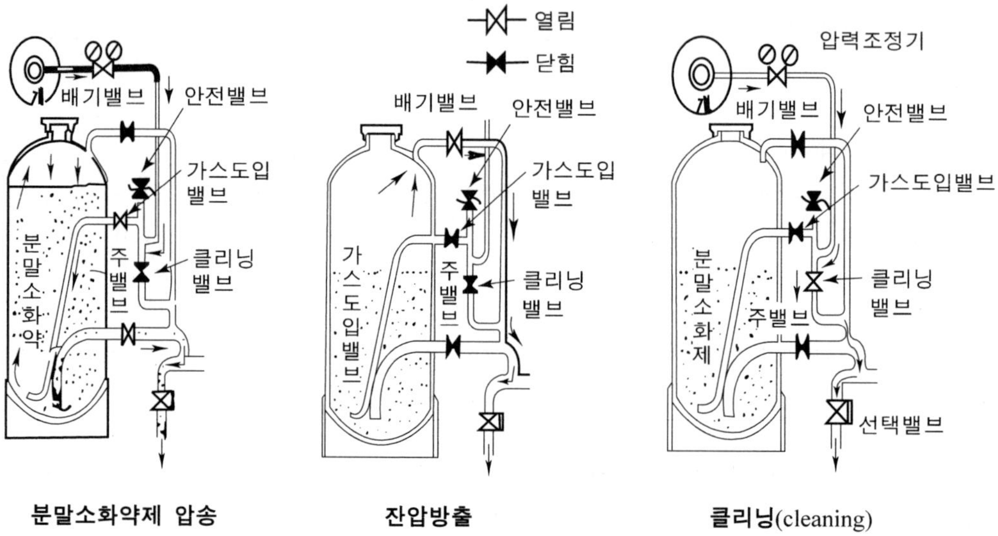

〈그림 9-4〉 분말소화설비의 청소과정

(3) 압력조정기

압력조정기는 가압용 질소가 통상 15 MPa의 압력으로 용기에 충전되어 있으나 이 압력을 소화약제 방출압의 0.5～2 MPa로 감압하여 소화약제 저장용기로 도입시키기 위해 사용한다. 저장용기의 압력이 낮을 때는 개방하여 가스를 보내고 적정 압력에 달하면 개방을 정지하는 구조로 되어 있으며 소화약제 방출에 충분한 가스를 보낼 수 있는 대용량의 것이 필요하다.

9.5 가압용 가스용기

(1) 분말소화약제의 가스용기는 분말소화약제의 저장용기에 접속하여 설치하여야 한다.

(2) 분말소화약제의 가압용 가스용기를 3병 이상 설치한 경우에 있어서는 2개 이상의 용기에 전자개방밸브를 부착하여야 한다.

(3) 분말소화약제의 가압용 가스용기에는 2.5 MPa 이하의 압력에서 조정이 가능한 압력조정기를 설치하여야 한다.

(4) 가압용 가스 또는 축압용 가스는 다음 기준에 따라 설치하여야 한다.

1) 가압용 가스 또는 축압용 가스는 질소가스 또는 이산화탄소로 할 것

2) 가압용 가스에 질소가스를 사용하는 것에 있어서의 질소가스는 소화약제 1 kg마다 40 ℓ(35℃에서 1 atm의 압력상태로 환산한 것) 이상, 이산화탄소를 사용하는 것에 있어서의 이산화탄소는 소화약제 1 kg에 대하여 20 g에 배관의 청소에 필요한 양을 가산한 양 이상으로 할 것

3) 축압용 가스에 질소가스를 사용하는 것에 있어서의 질소가스는 소화약제 1 kg에 대하여 10 ℓ(35℃에서 1기압의 압력상태로 환산한 것) 이상, 이산화탄소를 사용하는 것에 있어서의 이산화탄소는 소화약제 1 kg에 대하여 20 g에 배관의 청소에 필요한 양을 가산한 양 이상으로 할 것

4) 배관의 청소에 필요한 양의 가스는 별도의 용기에 저장할 것

9.6 분말소화약제

분말소화약제는 내습성, 유동성, 비고화 경향성, 일정한 겉보기 비중을 가지고 미세한 입자이어야 하며 부식성과 독성이 없어야 하고 안정성이 좋아야 한다.

9.6.1 분말소화약제의 종류와 특성

분말소화약제에는 <표 9-2>와 같이 중탄산나트륨($NaHCO_3$)과 중탄산칼륨($KHCO_3$), 인

산암모늄, 중탄산칼륨과 요소 혼합물의 4가지가 있고, 각각 제1종, 2종, 3종, 4종 분말소화약제로 부른다.

〈표 9-2〉 분말소화약제의 종류

종 별	소화약제 성분	착 색	적응화재
제1종 분말	중탄산나트륨($NaHCO_3$) 97% + 방습제(실리콘유) 3%	백 색	B, C
제2종 분말	중탄산칼륨($KHCO_3$) 97% + 방습제(실리콘유) 3%	담자색	B, C
제3종 분말	인산암모늄(NH_3PO_4) 97% + 방습제(실리콘유) 3%	담홍색	A, B, C
제4종 분말	중탄산칼륨 + 요소 ($KHCO_3 + (NH_2)_2CO$)	회 색	B, C

(1) 제1종 분말

중탄산나트륨(중조)인 $NaHCO_3$을 주성분으로 하고 방습제로 스테아린산 또는 실리콘유의 방습제를 소량 추가한 것으로, 유류(B급)와 전기(C급)화재에 적응하며, 분말은 백색 또는 담청색으로 착색되어 있다. 소화작용은 열분해 시 식 (9.1)과 같이 생성되는 물에 의한 냉각 및 흡열반응에 의한 냉각작용과 열분해 시 발생하는 CO_2 및 수증기에 의한 질식작용이 있고, 분말 자체에 의한 희석작용과 연쇄반응을 일으키는 활성종이 분말소화약제의 표면에 흡착되는 부촉매작용이 있고, 특히 식용유나 지방질유 화재 시 가연물과 비누화 반응을 일으켜 가연물 자체의 가연성을 억제한다.

$$2NaHCO_3 \rightarrow Na_2CO_3 + CO_2 + H_2O \quad -126.8\ \text{kJ@}270℃ \tag{9.1}$$

$$2NaHCO_3 \rightarrow Na_2O + 2CO_2 + H_2O \quad -437.0\ \text{kJ@}850℃ \tag{9.2}$$

제1종 분말소화약제(중탄산나트륨)의 분말소화약제를 지방이나 기름(식용유)의 화재에 사용할 때 기름의 지방산과 중탄산나트륨의 Na^+이온이 화합하여 비누가 되어 연료물질인 기름은 포위하거나 연소 생성물의 가스에 의해 포를 형성하기도 하여 소화작용을 돕게 되는데 이를 분말소화약제의 비누화 현상이라 한다. 비누분자는 친유기인 알킬기와 친수기인 카르복실기의 염으로 되어 있어서 기름과 친유기가 결합하고 친수기는 물쪽으로 향하며 기름을 둘러싸 전체적으로는 친수의 집단이 된다.

(2) 제2종 분말

중탄산칼륨 $KHCO_3$을 주성분으로 하고 방습제로 스테아린산 아연 또는 Mg이 첨가된 것으로 적응성은 유류(B급)화재와 전기(C급)화재이며 분말은 담자색으로 착색되어 있다. 소화작용은 열분해 시 생성되는 H_2O에 의한 냉각 및 흡열반응에 의한 냉각작용과 열분해 시 발생하는 CO_2 및 수증기에 의한 질식작용, 분말의 미립자에 의한 희석작용과 부촉매작용이 있고, 제1종 분말에 비해 2배정도의 소화효과가 있다.

$$2KHCO_3 \rightarrow K_2CO_3 + CO_2 + H_2O \quad -124.8\ kJ@190℃ \qquad (9.3)$$

$$2KHCO_3 \rightarrow K_2O + 2CO_2 + H_2O \quad -532.0\ kJ@891℃ \qquad (9.4)$$

(3) 제3종 분말

주성분은 제1인산암모늄($NH_4H_2PO_4$)과 실리콘유(방습제)이고, 보통(A급), 유류(B급), 전기(C급)화재에 사용이 가능하므로 ABC 분말소화기의 소화약제로도 사용된다. 소화작용은 주성분인 제1인산암모늄이 화염에 의해 분해되어 발생하는 암모니아, 수증기 및 메타인산에 의한 냉각작용, 분말입자에 의한 자유근(활성종) 흡착, NH_3에 의한 부촉매작용, 불연성가스 NH_3, H_2O에 의한 질식작용, H_3PO_4(올트인산)에 의한 섬유소에 대한 탈수작용, HPO_3에 의한 방진작용이 있다. 숯불에 융착, 유리상의 피막을 이루므로 재연소를 방지한다. 차고 또는 주차장에 설치하는 분말소화설비의 소화약제는 제3종 분말로 하여야 한다.

$$NH_4H_2PO_4 \rightarrow H_3PO_4 + NH_3 \quad @166℃ \qquad (9.5)$$

$$NH_4H_2PO_4 \rightarrow HPO_3 + NH_3 + H_2O \quad -322.1\ kJ@360℃ \qquad (9.6)$$

$$HPO_3 \rightarrow P_2O_5 + H_2O \qquad (9.7)$$

(4) 제4종 분말소화약제

요소와 중탄산칼륨이 혼합된 분말로 적응화재는 유류화재(B급 화재)와 전기화재(C급 화재)이다. 소화작용은 식 (9.8)과 같이 열분해 시 발생하는 불연성가스인 NH_3, CO_2, H_2O에 의한 질식작용, 흡열반응에 의한 냉각작용과 NH_3의 부촉매에 의한 연쇄반응 억제효과가 있다. 분말소화약제는 소화성능이 우수하고 빠른 화재진압이 가능하고 비전도성이므로 전기화재에 유효하다. 그러나 불씨나 과열된 금속에 의해 화재의 재발 위험성이 있고, 냉각효과가 적으며, 분말에 의해 피연소물에 2차 손상을 가져올 수 있다. 또한 침투성이 나쁘기 때문에 심부화재에는 적합하지 않다.

$$2KHCO_3 + (NH_2)_2CO \rightarrow K_2CO_3 + 2NH_3 + CO_2 + H_2O \qquad (9.8)$$

9.6.2 분말소화약제의 저장량

분말소화약제의 저장량은 다음 기준에 따라야 한다. 이 경우 동일한 소방대상물 또는 그 부분에 2 이상의 방호구역 또는 방호대상물이 있는 경우에는 각 방호구역 또는 방호대상물에 대하여 산출한 저장량 중 최대의 것으로 할 수 있다.

(1) 전역방출방식에 있어서는 다음의 기준에 따라 산출한 양 이상으로 할 것

1) 방호구역의 체적 1 m^3에 대하여 <표 9-3>에 따른 양

〈표 9-3〉 전역방출방식의 분말소화약제 저장량

소화약제의 종별	방호구역의 체적 1 m^3에 대한 소화약제의 양
제1종 분말	0.60 kg
제2종 또는 제3종 분말	0.36 kg
제4종 분말	0.24 kg

2) 방호구역의 개구부에 자동폐쇄장치를 설치하지 아니한 경우에는 가목에 따라 산출한 양에 <표 9-4>에 따라 산출한 양을 가산한 양

〈표 9-4〉 전역방출방식의 분말소화약제 가산량

소화약제의 종별	가산량(개구부의 면적 1 m^2에 대한 소화약제의 양)
제1종 분말	4.5 kg
제2종 또는 제3종 분말	2.7 kg
제4종 분말	1.8 kg

(2) 국소방출방식에 있어서는 식 (9.9)에 따라 산출한 양에 1.1을 곱하여 얻은 양 이상으로 할 것

$$Q = X - Y\ a/A \qquad (9.9)$$

Q = 방호공간(방호대상물의 각 부분으로부터 0.6 m의 거리에 따라 둘러싸인 공간) 1 m^3에 대한 분말소화약제의 양(kg/m^3)

a = 방호대상물의 주변에 설치된 벽면적의 합계(m^2)

A = 방호공간의 벽면적(벽이 없는 경우에는 벽이 있는 것으로 가정한 당해 부분의 면적)의 합계(m^2)

이 식에서 X와 Y의 값은 <표 9-5>와 같다. 소요 분말소화약제의 질량 m(kg)은

$$m = 1.1QV \qquad (9.10)$$

이고, V는 방호공간의 체적(m^3)이다.

〈표 9-5〉 식 (9.6)의 X 및 Y의 수치

소화약제의 종별	X의 수치	Y의 수치
제1종 분말	5.2	3.9
제2종 또는 제3종 분말	3.2	2.4
제4종 분말	2.0	1.5

(3) 호스릴 분말소화설비에 있어서는 하나의 노즐에 대하여 <표 9-6>에 따른 양 이상으로 할 것

〈표 9-6〉 호스릴 방식의 분말소화약제 저장량

소화약제의 종별	소화약제의 양
제1종 분말	50 kg
제2종 또는 제3종 분말	30 kg
제4종 분말	20 kg

예제9-1 크기가 10 m×5 m×5 m인 방호대상물에 가압식 전역방출방식의 제1종 분말소화설비가 설치되어 있다. 개구부의 면적이 4 m^{2}이고 자동폐쇄장치가 설치되어 있을 때 다음을 구하라.

(1) 약제 저장량
(2) 가압가스가 질소인 경우의 질소 저장량
(3) 가압가스가 이산화탄소인 경우의 CO_2 저장량

풀이

(1) m = (10 m×5 m×5 m)(0.6 kg/m^3)
= <u>150 kg</u>

(2) N_2의 저장량 = (40 ℓ/kg)(150 kg)
= <u>6,000 ℓ</u>

(3) CO_2의 저장량 = (20 g/kg)(150 kg)
= 3,000 g
= <u>3 kg</u>

실제 N_2, CO_2의 저장량은 위의 값에 배관청소에 필요한 양을 추가해야 한다.

예제9-2 크기 12 m×6 m×6 m의 공간에 화재 시 비산할 우려가 있는 10 m×5 m×3 m의 제4류 위험물이 있다. 국소방출방식의 제1종 분말소화설비가 설치되어 있을 때 약제저장량을 구하라.

풀이

Q = X − Y a/A에서

X = 5.2

Y = 3.9

$$a = 10\text{ m}\times 5\text{ m}\times 1 + 5\text{ m}\times 3\text{ m}\times 2 + 10\text{ m}\times 3\text{ m}\times 2 = 140\text{ m}^2$$

$$A = 12\text{ m}\times 6\text{ m}\times 1 + 6\text{ m}\times 6\text{ m}\times 2 + 12\text{ m}\times 6\text{ m}\times 2 = 288\text{ m}^2$$

이므로

$$Q = 5.2 - 3.9\times\frac{140}{288} = 3.304\text{ kg/m}^3$$

따라서

$$m = (3.304\text{ kg/m}^3)(12\text{ m}\times 6\text{ m}\times 6\text{ m})\times 1.1 = \underline{1{,}570\text{ kg}}$$

9.7 기동장치

분말소화설비의 기동장치에는 일반적으로 가압용 가스가 아닌 별도의 기동용 가스를 사용하고 기동용 가스가 가압용 가스용기의 밸브를 개방하는 장치가 사용된다. 기동용 가스용기의 용기밸브는 솔레노이드와 스프링을 이용한 전기적 조작으로 봉판을 깨뜨려서 개방된다. 기동용 가스는 일반적으로 CO_2가 사용되고, 전역방출방식의 경우 기동용 누름스위치의 조작에서 소화약제 방출까지는 20초 이상 걸리도록 하는 지연장치가 설치되어 있다.

(1) 분말소화설비의 수동식 기동장치는 다음 기준에 따라 설치하여야 한다. 이 경우 수동식 기동장치의 부근에는 소화약제의 방출을 지연시킬 수 있는 비상스위치(자동복귀형 스위치로서 수동식 기동장치의 타이머를 순간 정지시키는 기능의 스위치)를 설치하여야 한다.

1) 전역방출방식에 있어서는 방호구역마다, 국소방출방식에 있어서는 방호대상물마다 설치할 것
2) 당해 방호구역의 출입구부분 등 조작을 하는 자가 쉽게 피난할 수 있는 장소에 설치할 것
3) 기동장치의 조작부는 바닥으로부터 높이 0.8 m 이상 1.5 m 이하의 위치에 설치하고, 보호판 등에 따른 보호장치를 설치할 것
4) 기동장치에는 그 가까운 곳의 보기 쉬운 곳에 "분말소화설비 기동장치"라고 표시한 표지를 할 것

5) 전기를 사용하는 기동장치에는 전원표시등을 설치할 것

6) 기동장치의 방출용 스위치는 음향경보장치와 연동하여 조작될 수 있는 것으로 할 것

(2) 분말소화설비의 자동식 기동장치는 자동화재탐지설비의 감지기의 작동과 연동하는 것으로서 다음 기준에 따라 설치하여야 한다.

1) 자동식 기동장치에는 수동으로도 기동할 수 있는 구조로 할 것

2) 전기식 기동장치로서 7병 이상의 저장용기를 동시에 개방하는 설비에 있어서는 2병 이상의 저장용기에 전자 개방밸브를 부착할 것

3) 가스압력식 기동장치는 다음의 기준에 따를 것

- 기동용 가스용기 및 당해 용기에 사용하는 밸브는 25 MPa 이상의 압력에 견딜 수 있는 것으로 할 것
- 기동용 가스용기에는 내압시험압력의 0.8배 내지 내압시험압력 이하에서 작동하는 안전장치를 설치할 것
- 기동용 가스용기의 용적은 1 ℓ 이상으로 하고, 당해 용기에 저장하는 이산화탄소의 양은 0.6 kg 이상으로 하며, 충전비는 1.5 이상으로 할 것

4) 기계식 기동장치에 있어서는 저장용기를 쉽게 개방할 수 있는 구조로 할 것

(3) 분말소화설비가 설치된 부분의 출입구 등의 보기 쉬운 곳에 소화약제의 방사를 표시하는 표시등을 설치하여야 한다.

9.8 제어반 등

분말소화설비의 제어반 및 화재표시반은 다음 기준에 따라 설치하여야 한다. 다만, 자동화재탐지설비의 수신기의 제어반이 화재표시반의 기능을 가지고 있는 것에 있어서는 화재표시반을 설치하지 아니할 수 있다.

(1) 제어반은 수동기동장치 또는 감지기에서의 신호를 수신하여 음향경보장치의 작동, 소화약제의 방출 또는 지연 기타의 제어기능을 가진 것으로 하고, 제어반에는 전원표시등을 설치할 것

(2) 화재표시반은 제어반에서의 신호를 수신하여 작동하는 기능을 가진 것으로 하되, 다음의 기준에 따라 설치할 것

1) 각 방호구역마다 음향경보장치의 조작 및 감지기의 작동을 명시하는 표시등과 이와 연동하여 작동하는 벨·부자 등의 경보기를 설치할 것. 이 경우 음향경보장치의 조작 및 감지기의 작동을 명시하는 표시등을 겸용할 수 있다.
2) 수동식 기동장치에 있어서는 그 방출용 스위치의 작동을 명시하는 표시등을 설치할 것
3) 소화약제의 방출을 명시하는 표시등을 설치할 것
4) 자동식 기동장치에 있어서는 자동·수동의 절환을 명시하는 표시등을 설치할 것

(3) 제어반 및 화재표시반의 설치장소는 화재에 따른 영향, 진동 및 충격에 따른 영향 및 부식의 우려가 없고 점검에 편리한 장소에 설치할 것
(4) 제어반 및 화재표시반에는 당해 회로도 및 취급설명서를 비치할 것

9.9 배 관

분말이 고르게 분배되도록 토너먼트(tournament) 배관으로 하고, 마찰을 감소시키기 위해 가능한 짧게, 굴곡이 작게 한다. 분말의 유동성을 향상하기 위해 입도가 극히 작은 미분상태(소화약제의 대부분이 325 mesh 이하)이어야 하며, 가압가스(질소 또는 이산화탄소)의 흐름 속에 분말이 분산, 혼합되어 흐른다.

분말소화설비의 배관은 다음 기준에 따라 설치하여야 한다.

(1) 배관은 전용으로 할 것
(2) 강관을 사용하는 경우의 배관은 아연도금에 따른 배관용 탄소강관(KSD 3507)이나 이와 동등 이상의 강도·내식성 및 내열성을 가진 것으로 할 것. 다만, 축압식 분말소화설비에 사용하는 것 중 20℃에서 압력이 2.5 MPa 이상 4.2 MPa 이하인 것에 있어서는 압력배관용 탄소강관(KSD 3562) 중 이음이 없는 스케줄 40 이상의 것 또는 이와 동등 이상의 강도를 가진 것으로서 아연도금으로 방식처리된 것을 사용하여야 한다.
(3) 동관을 사용하는 경우의 배관은 고정압력 또는 최고사용압력의 1.5배 이상의 압력에 견딜 수 있는 것을 사용할 것
(4) 밸브류는 개폐위치 또는 개폐방향을 표시한 것으로 할 것
(5) 배관의 관부속 및 밸브류는 배관과 동등 이상의 강도 및 내식성이 있는 것으로 할 것
(6) 선택밸브

하나의 소방대상물 또는 그 부분에 둘 이상의 방호구역 또는 방호대상물이 있어 분말소화설비 저장용기를 공용하는 경우에는 방호구역 또는 방호대상물마다 설치하고, 각 선택밸브에는 그 담당방호구역 또는 방호대상물을 표시해야 한다.

9.10 분사헤드 등

(1) 전역방출방식의 분말소화설비의 분사헤드는 다음 기준에 따라 설치하여야 한다.

1) 방사된 소화약제가 방호구역의 전역에 균일하고 신속하게 확산할 수 있도록 할 것

2) 소화약제 저장량을 30초 이내에 방사할 수 있는 것으로 할 것

(2) 국소방출방식의 분말소화설비의 분사헤드는 다음 기준에 따라 설치하여야 한다.

1) 소화약제의 방사에 따라 가연물이 비산하지 아니하는 장소에 설치할 것

2) 기준저장량의 소화약제를 30초 이내에 방사할 수 있는 것으로 할 것

(3) 화재 시 현저하게 연기가 찰 우려가 없는 장소로서 다음의 하나에 해당하는 장소에는 호스릴 분말소화설비를 설치할 수 있다.

1) 지상 1층 및 피난층에 있는 부분으로서 지상에서 수동 또는 원격조작에 따라 개방할 수 있는 개구부의 유효면적의 합계가 바닥면적의 15% 이상이 되는 부분

2) 전기설비가 설치되어 있는 부분 또는 다량의 화기를 사용하는 부분(당해 설비의 주위 5 m 이내의 부분 포함)의 바닥면적이 당해 설비가 설치되어 있는 구획의 바닥면적의 5분의 1 미만이 되는 부분

(4) 호스릴 분말소화설비는 다음 기준에 따라 설치하여야 한다.

1) 방호대상물의 각 부분으로부터 하나의 호스 접결구까지의 수평거리가 15 m 이하가 되도록 할 것

2) 소화약제의 저장용기의 개방밸브는 호스릴의 설치장소에서 수동으로 개폐할 수 있는 것으로 할 것

3) 소화약제의 저장용기는 호스릴을 설치하는 장소마다 설치할 것

4) 노즐은 하나의 노즐마다 <표 9-7>에 따른 소화약제를 방사할 수 있는 것으로 할 것

〈표 9-7〉 호스릴방식의 노즐 분말소화약제 방출률

소화약제의 종별	소화약제 방출률
제1종 분말	45 kg/min
제2종 또는 제3종 분말	27 kg/min
제4종 분말	18 kg/min

5) 저장용기에는 그 가까운 곳의 보기 쉬운 곳에 적색의 표시등을 설치하고, 이동식 분말소화설비 표지를 할 것

9.11 자동식 기동장치의 화재감지기

분말소화설비의 자동식 기동장치는 다음 기준에 따른 화재감지기를 설치하여야 한다.

(1) 각 방호구역내의 화재감지기의 감지에 따라 작동되도록 할 것

(2) 화재감지기의 회로는 교차회로방식으로 설치할 것. 다만, 화재감지기를 자동화재탐지설비의 화재안전기준(NFSC 203)의 감지기로 설치하는 경우에는 그러하지 아니하다.

(3) 교차회로내의 각 화재감지기회로별로 설치된 화재감지기 1개가 담당하는 바닥면적은 자동화재탐지설비의 화재안전기준(NFSC 203)의 규정에 따른 바닥면적으로 할 것

9.12 음향경보장치

(1) 분말소화설비의 음향경보장치는 다음 기준에 따라 설치하여야 한다.

1) 수동식 기동장치를 설치한 것에 있어서는 그 기동장치의 조작과정에서, 자동식 기동장치를 설치한 것에 있어서는 화재감지기와 연동하여 자동으로 경보를 발하는 것으로 할 것

2) 소화약제의 방사개시 후 1분 이상 계속 경보를 계속할 수 있는 것으로 할 것

3) 방호구역 또는 방호대상물이 있는 구획 안에 있는 자에게 유효하게 경보할 수 있는 것으로 할 것

(2) 방송에 따른 경보장치를 설치할 경우에는 다음 기준에 따라야 한다.

1) 증폭기 재생장치는 화재 시 연소의 우려가 없고, 유지관리가 쉬운 장소에 설치할 것
2) 방호구역 또는 방호대상물이 있는 구획의 각 부분으로부터 하나의 확성기까지의 수평거리는 25 m 이하가 되도록 할 것
3) 제어반의 복구스위치를 조작하여도 경보를 계속 발할 수 있는 것으로 할 것

9.13 자동폐쇄장치

전역방출방식의 분말소화설비를 설치한 소방대상물 또는 그 부분에 대하여는 다음 기준에 따라 자동폐쇄장치를 설치하여야 한다.

(1) 환기장치를 설치한 것에 있어서는 분말이 방사되기 전에 당해 환기장치가 정지할 수 있도록 할 것

(2) 개구부가 있거나 천장으로부터 1 m 이상의 아랫부분 또는 바닥으로부터 당해층의 높이의 3분의 2 이내의 부분에 통기구가 있어 분말의 유출에 따라 소화효과를 감소시킬 우려가 있는 것에 있어서는 분말이 방사되기 전에 당해 개구부 및 통기구를 폐쇄할 수 있도록 할 것

(3) 자동폐쇄장치는 방호구역 또는 방호대상물이 있는 구획의 밖에서 복구할 수 있는 구조로 하고, 그 위치를 표시하는 표지를 할 것

9.14 기 타

(1) 비상전원

분말소화설비의 비상전원은 자가발전설비 또는 축전지설비(제어반에 내장하는 경우 포함)로서 다음 기준에 따라 설치하여야 한다.

1) 점검에 편리하고 화재 및 침수 등의 재해로 인한 피해를 받을 우려가 없는 곳에 설치할 것
2) 분말소화설비를 유효하게 20분 이상 작동할 수 있어야 할 것
3) 상용전원으로부터 전력의 공급이 중단된 때에는 자동으로 비상전원으로부터 전력을 공급받을 수 있도록 할 것
4) 비상전원의 설치장소는 다른 장소와 방화구획 할 것. 이 경우 그 장소에는 비상전원의 공급에 필요한 기구나 설비외의 것(열병합발전설비에 필요한 기구나 설비 제외)을 두어서는 안 된다.
5) 비상전원을 실내에 설치하는 때에는 그 실내에 비상조명등을 설치할 것

(2) 점검

분말소화설비의 점검은 <표 9-8>에 따라 실시한다.

〈표 9-8〉 분말소화설비의 종합정밀점검표

(1) 설치상태 개요

<table>
<tr><th colspan="6">항 목</th></tr>
<tr><td>설비방식</td><td colspan="5">□ 전역방출방식 □ 국소방출방식 □ 이동식</td></tr>
<tr><td>약제종별</td><td colspan="2">□ 제1종 분말</td><td>□ 제2종 분말</td><td>□ 제3종 분말</td><td>□ 제4종 분말</td></tr>
<tr><td>저장방식</td><td colspan="2">□ 축압식 □ 가압식</td><td>□ 축압식 □ 가압식</td><td>□ 축압식 □ 가압식</td><td>□ 축압식 □ 가압식</td></tr>
<tr><td>저장용기실</td><td colspan="5">○ 설치위치 : ○ 약제량 : kg</td></tr>
<tr><td>기동방식</td><td colspan="5">□ 자동 □ 수동전기식 □ 수동가스압식 □ 그 밖의 것</td></tr>
<tr><td>용기개수 등</td><td colspan="5">kg ℓ 개 ○ 설치장소 : 층</td></tr>
<tr><td>제어반 등 설치위치</td><td colspan="5">□ 제어반 : 층 □ 화재표시반 : 층</td></tr>
<tr><td>배출조치</td><td colspan="5">□ 전용배출기 □ 겸용배출기 □ 자연배기</td></tr>
<tr><td>방호구역수</td><td colspan="5">□ 구역</td></tr>
<tr><td>전 원</td><td colspan="5">□ 직류 V □ 교류 V</td></tr>
<tr><td>음향경보</td><td colspan="5">□ 방송 □ 모터 사이렌 □ 벨 □ 부저 □ 그 밖의 것 :</td></tr>
<tr><td>표 시</td><td colspan="5">□ 수동기동장치표시 □ 선택밸브의 방호구역 등 표시 □ 방호구역표시</td></tr>
<tr><td>화재감지</td><td colspan="5">□ 자동화재탐지설비 □ 그 밖의 것</td></tr>
<tr><td>조작요령</td><td colspan="3">자동
○ 화재감지
○ 음향경보장치 기동
□ 화재표시경보
□ 환기장치정지
□ 출입문등 개구부 자동폐쇄장치기동
□ 화재경보 후 소화약제 방출장치 작동지연시간 : 초
○ 용기개방작동장치
○ 소화약제방출
□ 개구부등에 대한 가스압 자동폐쇄장치 기동
□ 소화약제 방출표시등 점등</td><td colspan="2">수동
○ 화재확인
○ 음향경보장치 기동
□ 화재표시경보
○ 기동장치 기동
○ 피난확인 후 소화설비 기동
□ 환기장치 기동
□ 출입문등 개구부자동폐쇄 장치 기동
□ 가스압 자동폐쇄장치 기동
□ 소화약제 방출표시등 점등</td></tr>
<tr><td rowspan="7">기기 등의 규격</td><td>용 기</td><td colspan="4">□ 고압가스안전관리법에 의한 용기검사 결과</td></tr>
<tr><td rowspan="5">배관재질</td><td colspan="4">□ KSD 3507</td></tr>
<tr><td colspan="4">□ KSD 3562 ○ SCH :</td></tr>
<tr><td colspan="4">○ 관 이음쇠의 내압력 : MPa</td></tr>
<tr><td colspan="4">○ 밸브류의 내압력 : MPa</td></tr>
<tr><td colspan="4"></td></tr>
<tr><td>호 스 릴</td><td colspan="4">개 ○ 내압력 :</td></tr>
<tr><td>비상전원</td><td colspan="5">□ 자가발전설비 □ 축전지설비</td></tr>
<tr><td>비 고</td><td colspan="5">배관자질항목 중 KSD, SCH 및 호스릴 내압력은 소방시설성능시험표 해당</td></tr>
</table>

(2) 성능 및 종합정밀점검

(결과 : 양호○, 요정비△, 불량×)

<table>
<tr><th rowspan="2">번호</th><th rowspan="2">점 검 항 목</th><th colspan="4">결 과</th></tr>
<tr><th>결과</th><th>불량 내용</th><th>조치 내용</th><th>법적 근거</th></tr>
<tr><td>1</td><td>저장용기
○ 설치장소의 방화구역·방호구역과의 분리 및 표지
○ 저장용기의 내용적 여부
○ 저장용기의 안전밸브 및 정압작동장치의 기능
○ 저장용기(□ 축압식, □ 가압식)의 충전비
○ 가압용인 경우 가스용기와 분말용기의 접속여부
○ 가압용인 경우 가스용기의 전자개방밸브 설치 적합여부
○ 가압용인 경우 가스용기의 압력조정기 설치 적합여부
○ 가압용 및 축압용인 경우 청소용 가스의 합격여부
○ 청소용가스의 별도 저장용기 설치여부</td><td></td><td></td><td></td><td></td></tr>
<tr><td>2</td><td>소화약제
○ 소화약제 총저장량
○ 전역방출방식의 경우 각 방호구역 체적별 방호대상종류별 소화약제 적정 여부
○ 국소방출방식의 경우 방호공간별·방호대상종류별 소화약제저장량
○ 호스릴방식의 경우 노즐별 소화약제저장량</td><td></td><td></td><td></td><td></td></tr>
<tr><td>3</td><td>기동장치
□ 수동식 기동장치
○ 방호구역별 또는 방호대상별 설치위치(높이 포함)및 기능
○ 조작부의 보호판 및 기동장치의 표지상태
○ 전원 및 위치표시등 상태
○ 음향경보장치와 연동기능
□ 자동식 기동장치(자동식 기동장치가 설치된 것에 한한다)
○ 수동기동 기능유무 및 상태
○ 전기식 기동장치의 경우 저장용기에 대한 전자개방밸브의 배치 적정 여부 및 전자개방밸브의 설치
○ 가스압력식 기동장치의 경우 기동용 가스용기 및 밸브의 내압력 적정 여부
○ 가스압력식 기동장치의 경우 기동용 가스용기의 용적·충전량·충전비 및 안전밸브의 적정여부
○ 기계식 기계장치의 경우 개방장치의 시험작동상태</td><td></td><td></td><td></td><td></td></tr>
<tr><td>4</td><td>○ 소화약제 방사표시등 설치위치 및 점등상태</td><td></td><td></td><td></td><td></td></tr>
<tr><td>5</td><td>제어반 및 화재표시등
○ 자동화재탐지설비 수신기로 화재표시반을 대신하는 경우 자동화재탐지설비 수신기의 화재표시반 기능유무
○ 제어반의 신호수신 방법·상태, 음향경보장치의 작동, 소화약제 방출 및 방출시간 지연 등의 기능상태
○ 화재표시반의 제어반과의 연동상태
○ 화재표시반의 각 방호구역별 음향경보장치의 작동기능, 감지기작동 명시표시, 벨 및 버저 등 경보기의 기능상태</td><td></td><td></td><td></td><td></td></tr>
</table>

번호	점 검 항 목	결 과			
		결과	불량 내용	조치 내용	법적 근거
	○ 수동식 기동장치방식의 경우 화재표시반의 방출스위치의 작동표시등의 점등상태 ○ 화재표시반의 소화약제 방출표시등의 점등상태 ○ 자동식 기동장치방식의 경우 자동 · 수동 절환기능 절환표시등의 점등상태 ○ 제어반 및 화재표시반의 설치장소 · 환경 적정여부 및 점검의 용이성 여부 ○ 제어반 및 화재표시반의 취급설명서의 비치 및 적합여부				
6	배관등 ○ 전용여부 ○ 배관의 종류 · 규격 및 방식처리의 적정여부(소방시설성능시험표 해당) ○ 동관을 사용하는 경우 내압력의 적정여부 ○ 배관의 구경(기준시간 내 방사가능 구경) 적합여부 ○ 2이상의 방호구역(또는 방호대상물)에 대하여 분말저장용기를 공용하는 경우 선택밸브의 배치, 설치장소 적정여부 및 표시상태				
7	분사헤드 □ 전역방출방식 ○ 전용여부 ○ 헤드배치 및 설치위치(신속 균일한 확산가능 위치) 적합여부 ○ 헤드의 방사압력 적합여부 ○ 소방대상물(또는 방호대상부분 종류별) 기준시간 내 방사압력 적합여부 □ 국소방출방식 ○ 헤드의 설치장소 적합여부 ○ 30초 내 방사완료 가능여부 ○ 헤드의 방사압력 적정여부 □ 호스릴방식 ○ 방호대상물과 호스접결구의 수평거리 적합여부 ○ 시간당 방출량 적합여부 ○ 소화약제저장용기 및 호스릴 설치장소 일치여부 ○ 소화약제저장용기의 위치표시등 설치 및 점등상태				
8	화재감지기(자동식 기동장치를 설치하는 경우에 한한다) ○ 각 방호구역 내 화재감지기의 감지에 의한 기동장치 작동여부 ○ 교차회로(또는 복합형감지기) 설치여부 및 상태 ○ 화재감지기의 종류 적합여부				
9	개구부의 자동폐쇄장치 ○ 환기장치 자동정지기능 적합여부 ○ 개구부, 통기구의 자동폐쇄장치 설치 및 기능의 적합여부 ○ 자동폐쇄장치의 복구장치의 위치 및 표지 적합여부				
10	○ 비상전원 확보상태 적합여부				

(3) 방호구역상세서

<table>
<tr><td colspan="4">층 별</td><td></td><td></td><td></td><td></td><td></td><td></td></tr>
<tr><td colspan="4">방호구획 명칭</td><td></td><td></td><td></td><td></td><td></td><td></td></tr>
<tr><td colspan="4">층높이(m)</td><td></td><td></td><td></td><td></td><td></td><td></td></tr>
<tr><td colspan="4">면적(m^2)</td><td></td><td></td><td></td><td></td><td></td><td></td></tr>
<tr><td colspan="4">체적(m^3)</td><td></td><td></td><td></td><td></td><td></td><td></td></tr>
<tr><td rowspan="5">방호구역
구 조</td><td rowspan="2">칸막이</td><td colspan="2">벽</td><td></td><td></td><td></td><td></td><td></td><td></td></tr>
<tr><td colspan="2">천장</td><td></td><td></td><td></td><td></td><td></td><td></td></tr>
<tr><td rowspan="3">개구부</td><td colspan="2">창</td><td></td><td></td><td></td><td></td><td></td><td></td></tr>
<tr><td colspan="2">그 밖의 것</td><td></td><td></td><td></td><td></td><td></td><td></td></tr>
<tr><td colspan="2">문</td><td></td><td></td><td></td><td></td><td></td><td></td></tr>
<tr><td rowspan="5">환기장치</td><td rowspan="3">방 식</td><td colspan="2">강제급기</td><td></td><td></td><td></td><td></td><td></td><td></td></tr>
<tr><td colspan="2">강제배기</td><td></td><td></td><td></td><td></td><td></td><td></td></tr>
<tr><td colspan="2">자연</td><td></td><td></td><td></td><td></td><td></td><td></td></tr>
<tr><td rowspan="2">폐 쇄
방식 등</td><td colspan="2">자동정지</td><td></td><td></td><td></td><td></td><td></td><td></td></tr>
<tr><td colspan="2">자동폐쇄</td><td></td><td></td><td></td><td></td><td></td><td></td></tr>
<tr><td colspan="4">방출시간(초)</td><td></td><td></td><td></td><td></td><td></td><td></td></tr>
<tr><td rowspan="7">소화약제량</td><td colspan="3">산출계수</td><td></td><td></td><td></td><td></td><td></td><td></td></tr>
<tr><td colspan="3">보정계수</td><td></td><td></td><td></td><td></td><td></td><td></td></tr>
<tr><td colspan="3">기본소화약제량</td><td></td><td></td><td></td><td></td><td></td><td></td></tr>
<tr><td rowspan="3" colspan="2">개 구 부
증가량</td><td>개구부면적(m^2)</td><td></td><td></td><td></td><td></td><td></td><td></td></tr>
<tr><td>개구계수</td><td></td><td></td><td></td><td></td><td></td><td></td></tr>
<tr><td>소화약제량</td><td></td><td></td><td></td><td></td><td></td><td></td></tr>
<tr><td colspan="3">합계소화약제량</td><td></td><td></td><td></td><td></td><td></td><td></td></tr>
<tr><td colspan="4">방출소화약제량</td><td></td><td></td><td></td><td></td><td></td><td></td></tr>
<tr><td colspan="4">방출용기수(kg/개)</td><td></td><td></td><td></td><td></td><td></td><td></td></tr>
<tr><td rowspan="5">배관관계</td><td colspan="3">주배관직경</td><td></td><td></td><td></td><td></td><td></td><td></td></tr>
<tr><td colspan="3">말단부직경</td><td></td><td></td><td></td><td></td><td></td><td></td></tr>
<tr><td colspan="3">헤드형식</td><td></td><td></td><td></td><td></td><td></td><td></td></tr>
<tr><td colspan="3">헤드개수</td><td></td><td></td><td></td><td></td><td></td><td></td></tr>
<tr><td colspan="3">오리피스구경(면적)</td><td></td><td></td><td></td><td></td><td></td><td></td></tr>
</table>

오리피스(orifice) 구경은 소방시설성능시험표 해당

연 습 문 제

9.1 분말소화설비에 사용되는 소화약제의 종류와 각각의 열분해 생성물의 소화작용을 설명하라.

9.2 전역방출방식 분말소화설비의 계통도를 그리고, 주요 구성요소의 기능과 작동순서를 설명하라.

9.3 분말소화설비의 장단점을 설명하라.

9.4 분말소화약제의 구비조건에 대하여 기술하라.

9.5 분말소화설비에서 배관청소가 왜 필요한가? 배관청소의 과정에 대하여 설명하라.

9.6 분말소화설비의 정압작동장치에 대하여 설명하라.

9.7 넉다운(knock-down) 효과가 일어나지 않는 이유는 무엇이며 그 대책은 무엇인가?

9.8 토너먼트방식 배관(tournament type piping)이란 무엇이며, 그 목적은 무엇인가?

CHAPTER 10

소화기구

10.1 용어의 정의

간이소화용구

수동식 및 자동식 소화기 이외의 것으로서 간이소화용으로 사용하는 용구

거실

거주, 집무, 작업, 집회, 오락 그 밖에 이와 유사한 목적을 위하여 사용하는 방

대형 수동식 소화기

화재 시 사람이 운반할 수 있도록 운반대와 바퀴가 설치되어 있고 능력단위가 A급 10단위 이상, B급 20단위 이상인 수동식 소화기

소형 수동식 소화기

능력단위가 1단위 이상이고 대형 수동식 소화기의 능력단위 미만인 수동식 소화기

소화약제

소화에 사용하는 방염성능이 있는 물질

수동식 소화기

소화약제를 압력에 따라 방사하는 기구로서 사람이 수동으로 조작하여 소화하는 것(소화약제에 따른 간이소화용구 제외)

자동식 소화기

가연성 가스 등의 누출을 자동으로 차단하며, 소화약제를 압력 등에 따라 자동으로 방사하여 소화하는 소화기

자동확산소화용구

밀폐 또는 반밀폐된 장소에 고정시켜 화재 시 화염이나 열에 따라 자동으로 소화약제가 확산하여 소화하는 소화용구

10.2 소화기의 개요

소화기는 소화약제에 의한 간이 소화용구를 말한다. 물, 기타 소화제를 압력에 의하여 방사하여 소화하는 기구로서, 사람의 조작에 의하여 이루어진다. 즉, 물이나 그 밖의 소화약제를 용기에 저장하여 놓았다가, 소화기가 갖고 있는 압력에 의하여 연속적으로 방사시켜, 초기의 단계에서 화재를 진화하게 된다.

소화기의 사용목적은 초기진화이므로, 누구나 소화기를 쉽게 다룰 수 있도록 해야 한다. 소화기는 원칙적으로 하나의 동작으로 방사되도록 하는 것이 이상적이지만, 그 구조상 2동작 혹은 3동작의 것이 있으나 3동작을 넘지 않아야 한다.

소화기에는 소화능력을 나타내는 능력단위가 규정되어 있다. 소방용 기계, 기구 등의 규격 및 검정에 관한 규정에 의하여 시험을 실시하여 검정과정에서 사전에 소화기마다 능력단위가 부여된다. 소화기의 능력단위는 용기 내에 충전되어 있는 소화약제의 양에 의하여 다르지만, 같은 양이라고 할지라도 보통(A급)화재와 유류(B급)화재에 따라 능력단위가 달라진다. 그러나 전기(C급)화재에 대한 적응성이 있는 소화기도 전기화재에는 적극적인 소화능력을 갖지 못하기 때문에 전기화재에 대한 능력단위는 존재하지 않는다.

소화기구에 관련된 화재안전기준은 국가화재안전기준(NFSC 101)에 규정되어 있다.

10.3 소화기의 설치기준

연면적 33 m^2 이상인 특정소방대상물과 이보다 작은 면적의 지정문화재 및 가스시설에 수동식 소화기 또는 간이소화용구를 설치해야 한다. 또 아파트에는 자동식 소화기를 설치하여야 한다.

소방대상물에 따라 <표 10-1>와 같이 ○로 표시한 소화기를 사용한다.

소화기에는 능력단위가 표시되어 있는데, 소화기구의 소화능력을 나타내는 수치로서 수동식 소화기 및 소화약제에 따른 간이소화용구에 있어서는 기술기준에 따라 측정된 수치를 표시하고, <표 10-2>과 같이 마른모래는 50 ℓ 이상의 것 1포를 0.5단위, 팽창질석 또는 팽창진주암은 160 ℓ 이상의 것 1포를 1단위로 한다. 소방대상물에 따른 능력단위는 국가화재안전기준(NFSC 102)을 참고하기 바란다.

소화기구(자동식 소화기 및 자동확산 소화용구 제외)는 바닥으로부터 높이 1.5 m 이하의 곳에 비치하고, 수동식 소화기에는 "소화기", 마른모래에는 "소화용 모래", 팽창진주암과 팽창질석에는 "소화질석"이라고 표시한 표지를 보기 쉬운 곳에 게시해야 한다.

이산화탄소 또는 할론 1211을 방사하는 소화기구(분사식 자동확산 소화용구 제외)는 지하층이나 무창층 또는 밀폐된 거실로서 그 바닥면적이 20 m^2 미만의 장소에는 설치할 수 없다. 다만, 배기효과가 있는 개구부가 있는 장소에는 설치할 수 있다.

〈표 10-1〉 소화기구의 설치장소별 적응성

소화기구 구분 / 소방대상물			수동식 소화기						자동확산 소화용구		간이소화용구		
			이산화탄소소화기	청정소화약제소화기	분말: 인산염류소화기	분말: 탄산수소염류소화기	분말: 그 밖의 것	액체계소화기	파열식	분사식	마른모래	팽창질석 또는 팽창진주암	그 밖의 것
설치장소별 적응대상	건축물, 기타 공작물		-	-	○	-	-	○	○	○	-	-	○
	전기실 및 전산실		○	○	○	○	-	-	-	○	-	-	-
	통신기기실		○	○	-	-	-	-	-	-	-	-	-
	특수가연물	가연성 고체류 또는 합성수지류	○	○	○	○	-	○	○	○	○	○	-
		가연성 액체류	○	○	○	○	-	○	○	○	○	○	-
		그 밖의 것	-	-	○	-	-	○	○	○	-	-	-
가연성 가스			○	○	○	○	-	○	-	○	-	-	-

〈표 10-2〉 간이소화용구의 능력단위

간이소화용구		능력단위
마른모래	삽을 상비한 50 ℓ 이상의 것 1포	0.5단위
팽창질석 또는 팽창진주암	삽을 상비한 160 ℓ 이상의 것 1포	1단위

10.4 수동식 소화기의 설치기준

각 층마다 설치하되, 소방대상물의 각 부분으로부터 1개의 수동식 소화기까지의 보행거리가 소형 수동식 소화기의 경우에는 20 m 이내, 대형 수동식 소화기의 경우에는 30 m 이내가 되도록 배치해야 한다. 다만, 가연성 물질이 없는 작업장의 경우에는 작업장의 실정에 맞게 보행거리를 완화하여 배치할 수 있으며, 지하구의 경우에는 화재발생의 우려가 있거나 사람의 접근이 쉬운 장소에 한하여 설치한다.

소방대상물의 각 층이 둘 이상의 거실로 구획된 경우에는 위에 따라 각 층마다 설치하는 것 외에 바닥면적이 33 m^2 이상으로 구획된 각 거실(아파트의 경우에는 각 세대)에도 배치한다.

지하가 중 터널의 경우에는 능력단위 3단위 이상의 수동식 소화기를 주행방향의 측벽길이 50 m 이내마다 2개 이상 설치한다. 능력단위가 2단위 이상이 되도록 수동식 소화기를 설치하여야 할 소방대상물 또는 그 부분에 있어서는 간이소화용구의 능력단위수치의 합계수가 전체 능력단위 합계수의 1/2을 초과하지 않게 한다.

10.5 아파트 주방에 대한 자동식 소화기의 설치기준

소화약제 방출구는 환기구(주방에서 발생하는 열기류 등을 밖으로 배출하는 장치)의 청소부분과 분리되어 있어야 하며, 해당 방호면적을 유효하게 소화할 수 있도록 설치한다. 감지부의 위치는 규정에 따라 형식승인된 유효설치 높이로 하되, 환기구의 중앙근처에 설치하며, 자동식 소화기에 사용되는 가스누설경보차단장치는 주방배관의 개폐밸브로부터 2 m 이하의 위치에 설치하되, 상시 확인 및 점검이 가능하도록 설치한다.

자동식 소화기의 탐지부는 수신부와 분리하여 설치하되, 공기보다 가벼운 가스를 사용하는 경우에는 천장면으로부터 30 cm 이하의 위치에 설치하고, 공기보다 무거운 가스를 사용하는 장소에는 바닥면으로부터 30 cm 이하의 위치에 설치한다. 자동식 소화기의 수신부는 주위의 열기류 또는 습기 등과 주위온도에 영향을 받지 아니하고 사용자가 상시 볼 수 있는 장소에 설치한다.

10.6 수동식 소화기의 감소

소형 수동식 소화기를 설치하여야 할 소방대상물 또는 그 부분에 옥내소화전설비, 스프링클러설비, 물분무 등 소화설비, 옥외소화전설비 또는 대형 수동식 소화기를 설치한 경우에는 당해 설비의 유효범위의 부분에 대하여는 수동식 소화기의 2/3(대형 수동식 소화기를 둔 경우에는 1/2)를 줄일 수 있다. 기타 세부내용은 국가화재안전기준(NFSC 102)에 규정되어 있다.

대형 수동식 소화기를 설치하여야 할 소방대상물 또는 그 부분에 옥내소화전설비, 스프링클러설비, 물분무 등 소화설비 또는 옥외소화전설비를 설치한 경우에는 당해설비의 유효범위안의 부분에 대하여는 대형 수동식 소화기를 설치하지 않아도 된다.

10.7 소화기의 적응성 및 종류

10.7.1 소화기의 적응성

소화기에는 A급(보통) 화재용은 백색, B급(유류) 화재용은 황색, 그리고 C급(전기) 화재용에는 청색 원으로 표시하여, 그 소화기가 적응할 수 있는 화재에 사용된다. 이와 같이 소화기의 화재에 대한 적응성은 이 세 가지 종류로 되어 있다. 예를 들면, 인산염류 분말을 소화약제로 하는 분말소화기는 A, B, C급 화재 모두에 사용할 수 있으므로, 백색, 황색, 청색의 표시가 되어 있다. 소화기의 소방대상물별 적응성은 앞의 <표 10-1>에 나타나 있다.

10.7.2 소화기의 종류

소화약제에 따른 분류는 이산화탄소 소화기, 분말소화기, 할로겐화합물 소화기, 청정소화약제 소화기, 액체 소화기가 있다. 할로겐화합물은 오존층을 파괴하는 물질로서 그 제조 및 사용이 제한되므로, 소화기의 주역은 분말소화기라 할 수 있다.

소화기의 크기에 의한 분류로 소형 소화기와 대형 소화기로 나눈다. 대형 소화기는 그 소화기의 능력단위가 A급 화재에 대하여는 10 이상, B급 화재에 대하여는 20 이상이 되도록 소화약제를 충전한 소화기를 말하며, 중량이 35 kg을 넘는 것은 차륜 적재식으로 되어 있다.

(1) 이산화탄소 소화기

<그림 10-1>과 같이 용기에 충전된 액화 이산화탄소를 필요시 방사시키는 소화기로, 적응화재는 B급(유류) 화재와 C급(전기) 화재이며, 주된 소화효과는 질식과 냉각이다. 1 kg의 액화 이산화탄소는 15℃에서 약 34 ℓ의 기체로 팽창한다. 방사 중 혼(horn)의 금속부분에 손이 닿으면 동상에 걸릴 수 있으므로 주의해야 한다. 이산화탄소는 공기 중 농도가 약 3%로 되면 인체에 유해하므로, 방사 후의 환기가 필요하다.

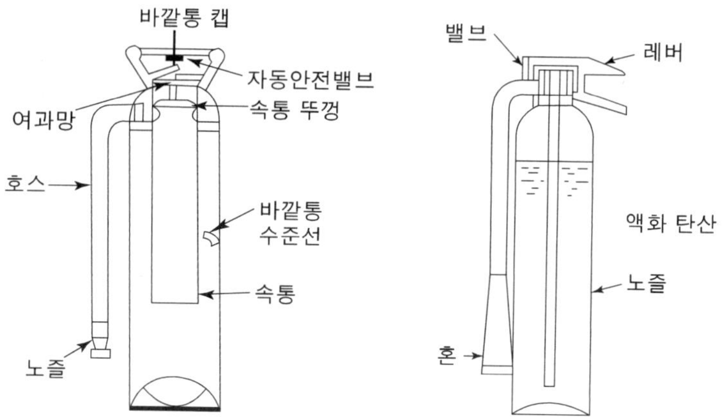

〈그림 10-1〉 이산화탄소 소화기

(2) 할로겐화합물 소화기

할로겐화합물을 사용하는 것으로, <표 10-3>과 같이 상온에서 기체인 할론 1211, 1301의 두 종류가 있다. 적응화재는 B급(유류) 화재와 C급(전기) 화재이며, 주된 소화효과는 질식과 부촉매이다. 이 두 가지 할론 소화약제는 이산화탄소에 비해 소화효과가 좋아 1/3 정도면 소화가 가능하지만 사용할 수 없게 되었다. <그림 3-2>는 할론 소화기이다.

〈표 10-3〉 할로겐화합물 소화기

구 분	할론 1211	할론 1301
분자식	CF_2ClBr	CF_3Br
분자량	166.4	148.9
액체비중	1.75	1.61
기체비중(공기 = 1)	5.7	5.1
비점(℃)	−4	−57.8
응고점(℃)	−160.5	−168
비열(kJ/kgK) @15℃	0.75	0.80
점도(액체, cP) @15℃	0.36	0.28
기화열(kJ/kg)	134	111
용량(ℓ)	0.3∼2.0	1∼3
방사거리(m)	5∼9	6∼7
방사시간(s)	15∼25	25∼40

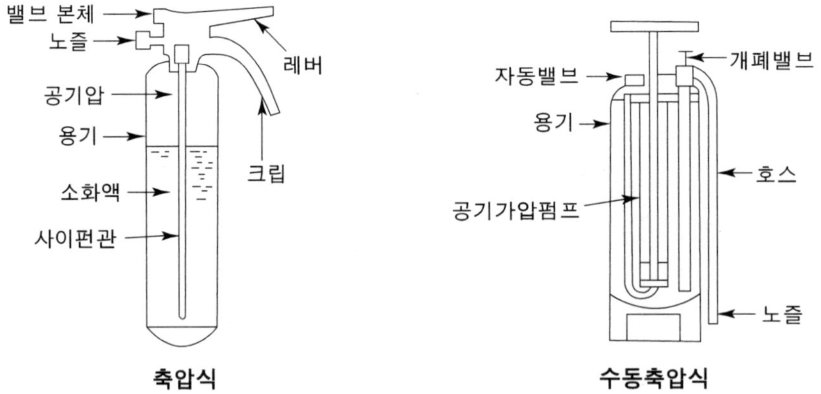

〈그림 10-2〉 할론소화기

(3) 분말소화기

분말소화기는 공기 또는 질소가스를 축압한 축압식과 가압용 가스(이산화탄소 또는 질소가스)용기를 본체에 장치한 가압식(봄베식)이 있다. <그림 10-3>은 가압용 가스용기가 있는 분말소화기의 구조이다. 주 소화효과는 질식과 부촉매이다. 분말소화약제에 관한 설명은 분말소화설비에 나와 있다.

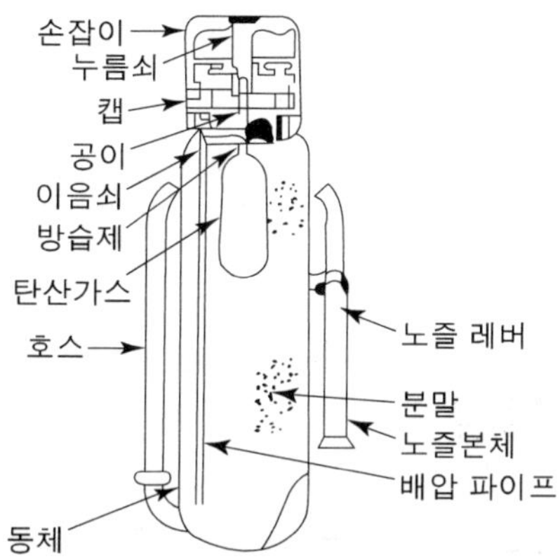

〈그림 10-3〉 분말소화기

1) BC**분말소화기**

중탄산나트륨($NaHCO_3$), 중탄산칼륨($KHCO_3$) 또는 중탄산칼륨과 요소($(NH_2)_2CO$) 분말을 공기, 질소 또는 이산화탄소 가스의 압력에 의해 방사시키는 것으로, 소화약제가 열에 의하여 분해될 때 탄산나트륨(Na_2CO_3), 탄산칼륨(K_2CO_3), 암모니아(NH_3), 이산화탄소가 생성되고, 화학반응은 다음과 같다. 이 소화약제는 각각 제1종, 2종, 4종 분말소화약제로 부르며, B급(유류) 화재, C급(전기) 화재에 사용한다.

$$2NaHCO_3 \rightarrow Na_2CO_3 + CO_2 + H_2O \tag{10.1}$$

$$2KHCO_3 \rightarrow K_2CO_3 + CO_2 + H_2O \tag{10.2}$$

$$2KHCO_3 + (NH_2)_2CO \rightarrow K_2CO_3 + 2NH_3 + CO_2 + H_2O \tag{10.3}$$

2) ABC**분말소화기**

이 소화기는 제3종 분말소화약제인 인산암모늄($NH_4H_2PO_4$)을 사용하며, B급(유류) 화재와 C급(전기) 화재뿐만 아니라, A급(보통) 화재에도 사용할 수 있다. 특히 B급(유류) 화재에 대한 소화력이 BC분말소화기보다 높아 차고나 주차장에도 사용한다. 열분해에 의해 메타인산(HPO_3)과 암모니아가 생성되며, 열분해 생성물은 다음과 같다.

$$NH_4H_2PO_4 \rightarrow HPO_3 + NH_3 + H_2O \tag{10.4}$$

$$HPO_3 \rightarrow P_2O_5 + H_2O \tag{10.5}$$

<표 10-4>는 분말소화기를 비교한 것이다.

〈표 10-4〉 분말소화기의 비교

적응화재	종 별	소화약제	착 색	방사거리 (m)	방사시간 (s)	용 량 (ℓ)	총중량 (kg)
B, C	제1종 분말	중탄산나트륨 $NaHCO_3$	백 색	4～8	7～15	1.8～8	3.2～14
	제2종 분말	중탄산칼륨 $KHCO_3$	담자색				
	제4종 분말	중탄산칼륨 + 요소 $KHCO_3 + (NH_2)_2CO$	회 색				
A, B, C	제3종 분말	인산암모늄 NH_3PO_4	담홍색	2～8	9～20	0.1～6.5	1.3～13

10.8 소화기의 점검

소화기의 점검은 <표 10-5>의 소화기구 종합정밀점검표에 따른다.

〈표 10-5〉 소화기구 종합정밀점검표

(1) 설치상태 개요

□ 수동식소화기

<table>
<tr><th colspan="17" rowspan="2">항 목</th><th colspan="4">결 과</th></tr>
<tr><th>결과</th><th>불량 내용</th><th>조치 내용</th><th>법적 근거</th></tr>
<tr><td colspan="3" rowspan="2">소요능력 단위의수</td><td colspan="14">□ 내화구조 및 불연·준불연 또는 난연내장재의 것
□ 그 밖의 것</td><td rowspan="2"></td><td rowspan="2"></td><td rowspan="2"></td><td rowspan="2"></td></tr>
<tr><td colspan="14">○ 바닥면적 : m² ○ 산출근거 :
○ 필요능력단위수 : 단위 ○ 감소대체소화설비 :</td></tr>
<tr><td colspan="3">부속용도의 종류</td><td colspan="14">□ 화기사용설비 □ 전기설비 □ 소량위험물
□ 특수가연물 □ 가스시설</td><td></td><td></td><td></td><td></td></tr>
<tr><td rowspan="6">소화기설치사항</td><td rowspan="2">층</td><td rowspan="2">실명 (용도 포함)</td><td colspan="5">종별개수</td><td colspan="3">능력단위</td><td rowspan="2">적응성</td><td rowspan="2">설치장소</td><td rowspan="2">표시</td><td rowspan="2">설치높이</td><td rowspan="2">배치거리</td><td rowspan="2">긴급반출여부</td><td rowspan="2"></td><td rowspan="2"></td><td rowspan="2"></td><td rowspan="2"></td></tr>
<tr><td>분말</td><td>이산화탄소</td><td>할론</td><td>기타</td><td>합계</td><td>A급</td><td>B급</td><td>C급</td></tr>
<tr><td></td><td></td><td></td><td></td><td></td><td></td><td></td><td></td><td></td><td></td><td></td><td></td><td></td><td></td><td></td><td></td><td></td><td></td><td></td><td></td></tr>
<tr><td></td><td></td><td></td><td></td><td></td><td></td><td></td><td></td><td></td><td></td><td></td><td></td><td></td><td></td><td></td><td></td><td></td><td></td><td></td><td></td></tr>
<tr><td></td><td></td><td></td><td></td><td></td><td></td><td></td><td></td><td></td><td></td><td></td><td></td><td></td><td></td><td></td><td></td><td></td><td></td><td></td><td></td></tr>
<tr><td colspan="2">합 계</td><td colspan="14"></td><td></td><td></td><td></td><td></td></tr>
<tr><td colspan="3">비 고</td><td colspan="18"></td></tr>
</table>

□ 간이소화용구

설치수량				항 목				결 과			
								결과	불량 내용	조치 내용	법적 근거
종 류		자동 확산	그 밖의 것	설치장소		설치 수량	관리 상태				
층 \ 계				용도	면적(m^2)						
비 고											

□ 자동식소화기

설치수량				항 목						결 과			
										결과	불량 내용	조치 내용	법적 근거
종 류		분말	기타	수신부	감지부	방출구	경보 차단 장치	차단 밸브	관리 상태				
층 \ 계													
비 고													

(비고) 1. □란에는 해당 □란에 "∨"표를, : 다음에는 해당내용을 기입한다.

2. 소화기 설치사항란 중 합계란은 해당 층별로 기재하되, 최종합계란에는 해당 건축물(2이상의 건축물의 경우에는 동별) 총합계를 기재하고, 실명(용도포함)란에는 실별로 실명과 용도를, 소화기의 종별개수란에 적응소화기별 설치개수(소화기가 설치된 실에 한함)를, 능력단위란에는 실별 총 능력단위수(다만, C급란에는 적응소화기개수)를 기재하며, 적응성란·설치장소환경란·표지란·설치높이란·배치거리란 및 긴급반출여부란에는 그 적합 여부에 따라 적합한 경우에는 ○표를, 부적합한 경우에는 ×표를 기재한다.

3. 결과란에는 해당층 또는 실명이 설치된 각종 소화기의 설치상태 적합여부를 종합적으로 판단하여 결과를 양호○, 불량×, 정비요△표를 기재하고, 불량 시 법적근거를 기재한다.

(2) 성능 및 종합정밀점검

(결과 : 양호○, 요정비△, 불량×)

번호	점 검 항 목	결 과			
		결과	불량내용	조치내용	법적근거
1	○설치장소				
2	○설치거리(보행거리)				
3	○적응성				
4	○표시 및 표지				
5	○소화약제량				
6	○성상				
7	○본체용기				
8	○누름쇠, 레버(lever) 등 조작장치				
9	○호스				
10	○혼, 노즐				
11	○가압용 가스용기(가스가압식)				
12	○봉판 및 패킹				
13	○사이폰관 및 가스도입관				
14	○여과망				
15	○지시압력계(축압식)				
16	○캡(압력조정기)				
17	○안전핀				
18	○차륜(대형 소화기에 한함)				
19	○관리상태				
비고					

연 습 문 제

10.1 소화기구의 설치장소별 적응성에 대하여 국가화재안전기준(NFSC 102)에 제시된 내용과 <표 10-1>과 비교하라.

10.2 국가화재안전기준에 규정된 소화소방대상물별 능력단위를 조사하라.

10.3 분말소화기에 사용되는 소화약제의 종류를 열거하고, 열분해 생성물의 소화효과를 설명하라.

10.4 소화기에 표시하는 화재의 종류와 색상에 대하여 기술하라.

10.5 분말소화기의 소화효과가 높은 이유는 무엇인가?

APPENDIX

부 록

부록 I 연습문제 풀이

chapter 1

1.1 (a) $(10^{-2}\ \text{m}) \times (10^{6}\mu\text{m/m}) = \underline{10^{4}\mu\text{m}}$

(b) $5.5\times10^{10}\ \text{kg} = 5.5\times10^{13}\ \text{g} = 55\times10^{12}\ \text{g} = \underline{55\ \text{Gg}}$

(c) $980\times10^{2}\ \text{Pa} = 98{,}000\ \text{Pa} = 0.098\times10^{6}\ \text{Pa} = \underline{0.098\ \text{MPa}}$

(d) $1{,}500\ \text{kW} = 1{,}500{,}000\ \text{W} = \underline{1.5\ \text{MW}}$

1.2 $\rho = m/V = (w/g)/V = 2{,}500\ \text{kg}/2.8\ \text{m}^3 = \underline{892.9\ \text{kg/m}^3}$

$v = 1/\rho = \underline{1.12\times10^{-3}\ \text{m}^3/\text{kg}}$

$\gamma = w/V$

$= \rho g$

$= (892.9\ \text{kg/m}^3) \times (9.81\ \text{m/s}^2)$

$= \underline{8{,}759\ \text{N/m}^3}$

1.3 $W = \gamma V$

$= (13.6)(9{,}810\ \text{N/m}^3)\{\pi\times(0.003\ \text{m})^2/4\} \times (0.72\text{m})$

$= \underline{0.68\ \text{N}}$

1.4 $Q = mc\triangle T + mq$

$= m(c\triangle T + q)$

$= (1{,}320\ \text{kg})[(4.19\ \text{kJ/kg}℃)(100-18)℃ + 2{,}261\ \text{kJ/kg}]$

$= \underline{3{,}438{,}000\ \text{kJ}}$

1.5 (a) $2.5\times10^{6}\ \text{Pa} \times 1.01325\ \text{bar}/101{,}325\ \text{Pa} = \underline{25\ \text{bar}}$

(b) $2.5\times10^{6}\ \text{Pa} \times 10.332\ \text{mH}_2\text{O}/101{,}325\ \text{Pa} = \underline{254.9\ \text{mH}_2\text{O}}$

(c) $2.5\times10^{6}\ \text{Pa} \times 1.0332\ \text{at}/101{,}325\ \text{Pa} = \underline{25.5\ \text{at}}$

(d) 2.5×10^6 Pa × 760 mmHg/101,325 Pa = <u>18,750 mmHg</u>

(e) 2.5×10^6 Pa × 14.7 psi/101,325 Pa = <u>362.7 psi</u>

1.6 $p = \gamma h$

$= (9{,}810\ N/m^3)(35\ m)$

$= 343{,}350$ Pa,gage

= <u>0.343 MPa,gage</u>

1.7 $(1\ kgf/cm^2+25\ kgf/cm^2)[101{,}325\ Pa/(1.0332\ kgf/cm^2)] = 2{,}550{,}000$ Pa,abs

= <u>2.55 MPa,abs</u>

$1\ kgf/cm^2\times[101{,}325\ Pa/(1.0332\ kgf/cm^2)] - 735\ mmHg\times(101{,}325\ Pa/760\ mmHg)$

= <u>77.2 Pa,abs</u>

1.8 $\rho = p/RT$

$= 101325\ Pa/[(287\ J/kgK)(293\ K)] =$ <u>$1.205\ kg/m^3$</u>

$m = \rho V$

$= (1.205\ kg/m^3)(10\times10\times1.5\ m^3) =$ <u>$301.2\ kgm^3$</u>

chapter 2

2.8 (a) $V = Q/A$에서 $Q = 0.36\ m^3/min\times1\ min/60\ s = 0.006\ m^3/s$이므로

$V = (0.006\ m^3/s)/[3.14\times(0.05\ m)^2/4] =$ <u>3.06 m/s</u>

(b) $m = \rho Q = (1{,}000\ kg/m^3)(0.006\ m^3/s) =$ <u>6 kg/s</u>

(c) $w = mg = (6\ kg/s)(9.81\ m/s^2) =$ <u>58.9 N/s</u>

(d) $Re = VD/\nu = (3.06\ m/s)(0.05\ m)/1.003\times10^{-6}\ m^2/s = 152{,}500$

레이놀드수(Reynolds number)가 4,000보다 크므로 <u>난류</u>

2.9 Darcy-Weisbach의 식

$h_f = [f\ell/D]V^2/2g$에서 $f = 0.003$, $D = 0.065$ m, $\ell = 200$ m이고

$V = Q/A$

$= [0.39\ m^3/min\times1\ min/60s] / [3.14\times(0.065\ m)^2/4]$

$= 1.96$ m/s

따라서

$h_f = [(0.003)(100\ m)/0.065\ m] \times (1.96\ m/s)^2/(2\times 9.81\ m/s^2)$

$= \underline{0.904\ m}$

2.10 $\Sigma h = \Delta p/\gamma$

$= (1.2\times 10^6\ Pa - 109\times 10^3\ Pa)/(0.8\times 9{,}810\ N/m^3) = \underline{139.0\ m}$

$P_{th} = \gamma Q \Sigma h$

$= (0.8\times 9{,}810\ N/m^3)\ [(4{,}000\ kg/h)\times(1\ h/3{,}600s\ )/(0.8\times 1{,}000\ kg/m^3)]\ (139\ m)$

$= 1{,}515\ W = \underline{1.52\ kW}$

2.11 $p_1/\gamma + V_1^2/2g + z_1 + H = p_2/\gamma + V_2^2/2g + z_2 + \Sigma h$에서

$V_1^2 = V_2^2 = 0,\ \ \Sigma h = 0$이므로

$H = (p_2 - p_1)/\gamma + z_2 - z_1$

$= \{7.5\ kgf/cm^2\times(101{,}325\ Pa/1.0332\ kgf/cm^2)$

$-[-150\ mmHg\times(101{,}325\ Pa/760\ mmHg)]\}/(9{,}810\ N/m^3) + 0.75\ m = \underline{77.8\ m}$

2.12 $p_1/\gamma + V_1^2/2g + z_1 + H = p_2/g + V_2^2/2g + z_2 + \Sigma h$에서

$p_1 = p_2 =$ 대기압, $V_1 = V_2 = 0$이므로

$H = (z_2 - z_1)/\gamma + \Sigma h = 25\ m + 3\ m = 28\ m$

$P_{th} = \gamma Q h_p$

$= (9{,}810\ N/m^3)(0.9/60\ m^3/s)(28\ m) = 4{,}120\ W = \underline{4.12\ kW}$

$= 4.12\ kW\times(1\ ps/0.736\ kW) = \underline{5.61\ ps}$

$P = P_{th}/\eta$

$= 4.12\ kW/0.75 = \underline{5.49\ kW}$

2.14 $Av\ \ NPSH = p_A/\gamma + V^2/2g - h_S - \Sigma h - p_V/\gamma$ 에서

$p_A = 98{,}000\ Pa,\ \ V = 1\ m/s,\ \ h_S = -1\ m,\ \ \Sigma h = 0.5\ m$이고

<표 1-6>에서 $\gamma = 9{,}789\ N/m^3,\ \ p_V = 2{,}340\ Pa$이므로

$Av\ \ NPSH = (98{,}000\ N/m^2)/(9{,}789\ N/m^3) + (1\ m/s)^2/(2\times 9.81\ m/s^2)$

$-(-1\ m) - 0.5\ m - (2{,}340\ N/m^2)/(9{,}789\ N/m^3)$

$= \underline{10.32\ m}$

2.15 Av NPSH = $p_A/\gamma - h_S - \sum h - p_V/\gamma$

$= (101{,}325\ N/m^2)/(9{,}789\ N/m^3) - h_S - 2\ m - (2{,}340\ N/m^2)/(9{,}789 N/m^3)$

$= 8.11 - h_S$

공동현상이 발생하지 않기 위해서는

Av NPSH > Re NPSH = 7.5 m이므로

$8.11 - h_S > 7.5\ m$

따라서

$\underline{h_S < 0.61\ m}$

그러므로 수원의 수위로부터 높이가 0.61 m 미만인 곳에 펌프를 설치해야 한다.

chapter 3

3.18 $Q = AV = (\pi D^2/4)\times V$에서

$Q = 80\ \ell/min\times(1\ m^3/1{,}000\ \ell)\times(1\ min/60\ s)\times 20 = 0.0267\ m^3/s$이므로

$D = (4Q/\pi V)^{0.5} = [4\times(0.0267\ m^3/s)/(3.14\times 4\ m/s)]^{0.5} = 0.0922\ m = 92.2\ mm$

따라서 지름은 <u>100 mm</u>이다. 입상주배관의 지름은 50 mm 이상이어야 하고, 연결송수관설비와 겸용인 경우에는 입상주배관의 지름을 100 mm 이상, 가지배관의 지름을 65 mm 이상으로 해야 한다.

3.19 (a) <표 3-5>에서 지름이 150 mm, 헤드수가 30개일 때 관 100 m당 마찰손실수두는 4.82 m이고, <표 3-6>에서 지름 150 mm의 90°엘보, OS&Y 밸브(게이트 밸브), 풋밸브(체크밸브)의 상당 관 길이는 각각 6.0 m, 1.2 m, 24.0 m이다. 그러므로 이 구간의 손실수두 h는

$h = (20\ m+6\ m\times 3+1.2\ m\times 1+24.0\ m\times 2)\times 4.82/100$

$= \underline{4.20\ m}$

(b) 전동기의 소요동력은

$L = \gamma QHk/\eta$에서

$\gamma = 9{,}810\ N/m^3$, $k = 1.1$, $\eta = 0.65$(표 2-1 참조)이고,

펌프의 토출량 또는 관내 유량 Q는

$Q = 80\ N\ell/min$

$= 80\times30\ \ell/min\times(1\ m^3/1{,}000\ \ell)\times(1\ min/60\ s)$

$= 0.04\ m^3/s$

이다. 전양정 H는

$H = h_1 + h_2 + 10\ m$

$= 15\ m + (4.2\ m+10\ m) + 10\ m$

$= 39.2\ m$

그러므로

$L = \gamma QHk/\eta$

$= (9{,}810\ N/m^3)(0.04\ m^3/s)(39.2\ m)(1.1)/0.65$

$= 26{,}030\ W$

$= \underline{30\ kW}$

chapter 4

4.6 $1\ kgf/cm^2 = 0.098\ MPa$이고,

$Q(\ell/min) = 0.653\ [D(mm)]^2[p(kgf/cm^2)]^{0.5}$

으로부터

$Q(m^3/s)\times(1{,}000\ \ell/m^3\times60\ s/min) = 0.653[D(mm)]^2\{p[MPa\times(kgf/cm^2/0.098\ MPa)]\}^{0.5}$

따라서

$Q(m^3/s) = 0.653\ /\ [(1{,}000\times60)\times0.098^{0.5}][D(mm)]^2[p(MPa)]^{0.5}$

그러므로

$\underline{Q = 0.348\times10^{-5}D^2p^{0.5}}$

4.7 $Q = 0.653D^2p^{0.5}$에서

$D = [Q/(0.653p^{0.5})]^{0.5}$

이고, Q와 D, p의 단위가 각각 ℓ/min, mm, kgf/cm^2이므로, $Q = 130\ \ell/min$, $p = 1.7\ kgf/cm^2$를 이 식에 대입하면 지름 D는 mm의 단위로 구해진다. 즉,

$D = [Q/(0.653p^{0.5})]^{0.5}$

$= [130/(0.653\times1.7^{0.5})]^{0.5}$

$= 12.36 = \underline{13\ mm}$

방수량은

$Q = 0.653D^2p^{0.5}$

$= 0.653\times13^2\times3.5^{0.5}$

$= 206.5\ \ell/\text{min}$

4.8 방수량이 350 ℓ/min, 방수압이 0.25 MPa, 즉 2.5 kgf/cm²이므로

$D = [Q/(0.653p^{0.5})]^{0.5}$

$= [350/(0.653\times2.5^{0.5})]^{0.5}$

$= 18.4 = \underline{20\ \text{mm}}$

4.11 지름 125 mm, 유량 700 ℓ/min인 관 100 m당 마찰손실수두는 3.26 m이고, 90°엘보와 직류 T, 125-65 리듀서의 상당 관 길이는 각각 5.1 m, 1.5 m, 1.3 m이므로

$h = (20\ \text{m}+5.1\ \text{m}\times3+1.5\ \text{m}\times2+1.3\ \text{m}\times1)\times3.26\ \text{m}\ /\ 100\ \text{m}$

$= \underline{1.29\ \text{m}}$

4.12 유효수량 $V = 350\ \ell/\text{min}\times2$개$\times20\ \text{min}$

$= 14{,}000\ \ell = \underline{14\text{m}^3}$

$L = \gamma QHk/\eta$에서

전양정 $H = 6\ \text{m}+30\ \text{m}+20\ \text{m}\times2\times4\ \text{m}/100\ \text{m}+25\ \text{m}$

$= 62.6\ \text{m}$

그러므로

$L = (9{,}810\ \text{N/m}^3)[350\ \ell/\text{min}\times2\times(1\ \text{m}^3/1{,}000\ \ell)\times(1\ \text{min}/60\ \text{s})](62.6\ \text{m})(1.1)/0.6$

$= 13{,}140\ \text{W}$

$= \underline{13.5\ \text{kW}}$

chapter 5

5.9 관이음쇠 및 밸브의 상당 관 길이(표 3-6 참조)를 포함한 전체 관 길이는

$\ell = 50\ \text{m}+1.2\ \text{m}\times3+6.3\ \text{m}\times2+16.3\ \text{m}+0.81\ \text{m}$

$= 83.31\ \text{m}$

이 값을 하젠-윌리엄스의 식에 대입하면 압력강하 Δp는

$\triangle p = 6.053 \times 10^4 \times Q^{1.85} \ell / (C^{1.85} \times D^{4.87})$

$= (6.053 \times 10^4)(600)^{1.85}(83.31)/(120^{1.85} \times 100^{4.87})$

$= 0.18$ MPa

$= 18{,}000$ Pa

손실수두는 압력강하 $\triangle p$를 물의 비중량 γ로 나누면 되므로

$h = \triangle p / \gamma$

$= (18{,}000 \text{ Pa}) / (9{,}810 \text{ N/m}^3)$

$= \underline{1.83 \text{ m}}$

chapter 6

6.9 $S = V_F/V_{F+W} \times 100(\%)$에서

S = 포 농도(%)

V_F = 포 원액의 체적

V_{F+W} = 포 수용액의 체적이고

$V_{F+W} = V_F + V_W$

이다. 따라서 물의 체적 V_W는

$V_W = V_F \times 100/S - V_F$

$= 300 \times 100/6 - 300$

$= 4{,}700\ \ell$

이고

$V_{F+W} = V_W + V_F$

$= 4{,}700 + 300$

$= 5{,}000\ \ell$

따라서 발포후의 체적 V는

$V = 5{,}000\ \ell \times 20$

$= 100{,}000\ \ell = \underline{100 \text{ m}^3}$

6.10 (a) 포 원액의 양, V_F

포 수용액의 체적 V_{F+W}는

$V_{F+W} = (10\ \ell/\text{min} \cdot \text{m}^2)(20 \text{ min})(50 \text{ m}^2)$

$= 10{,}000\ \ell = 10 \text{ m}^3$

따라서 포 원액의 양 V_F는

$V_F = (10\ m^3)(0.03) = \underline{0.3\ m^3}$

(b) 수조의 유효수량, V_W

$V_W = (10\ m^3)(0.97) = \underline{9.7\ m^3}$(또는 $V_W = V_{F+W} - V_F$)

(c) 발포후의 체적 V

$20 = V/V_{F+W}$에서

$V = V_{F+W} \times 20$

$= 10\ m^3 \times 20$

$= \underline{200\ m^3}$

(d) 소화펌프용 전동기의 동력

$L = \gamma QHk/\eta$에서

$Q = (10\ \ell/min \cdot m^2) \times (50\ m^2) \times (1\ m^3/1{,}000\ \ell) \times (1\ min/60\ s)$

$= 8.33 \times 10^{-3}\ m^3/s$이고

$H = 30\ m + 10\ m = 40\ m$이므로

$L = (9{,}810\ N/m^3)(8.33 \times 10^{-3}\ m^3/s)(40\ m)(1.1)/0.6$

$= 5{,}990\ W$

$= \underline{6\ kW}$

6.11 소화약제량 $V_F = N \times S \times 6{,}000(\ell)$에서

소화전 개수(가장 많이 설치한 층의 설치개수, 최대 5개) N = 3, 포농도 S = 0.03 이므로

$$V_F = 3 \times 0.03 \times 6{,}000 = 540\ \ell$$

그러나 바닥면적이 $200\ m^2$ 이하일 때는 75%이면 되므로

$$V_F = 540 \times 0.75 = \underline{405\ \ell}$$

chapter 7

7.9 (a) 소화약제량 m은 <표 7-1>에서

$m = 0.8V$

$= (0.85\ kg/m^3) \times (5\ m \times 10\ m \times 4\ m)$

$= 170\ kg$

이다. 170 kg을 45 kg으로 나누면 저장용기 개수 N은

$N = 170 \text{ kg}/45 \text{ kg}$

$= 3.8$

$= \underline{4개}$

(b) 방사시간이 1분이므로 방사율은

$45 \text{ kg} \times 4/60 \text{ s} = \underline{3 \text{ kg/s}}$

7.10 (a) 약제량 $m = 1.3V + 10A$

$= (1.3 \text{ kg/m}^3) \times (50 \text{ m} \times 10 \text{ m} \times 4 \text{ m}) + (10 \text{ kg/m}^2) \times (2 \text{ m} \times 2.5 \text{ m})$

$= 2{,}650 \text{ kg}$

이다. 따라서

$N = 2{,}650 \text{ kg}/45 \text{ kg}$

$= 58.9$

$= \underline{59개}$

(b) 방사시간이 7분이므로 체적방사율 Q는

$Q = mv/t$

$= (45 \text{ kg} \times 59)(0.51 \text{ m}^3/\text{kg})/(7 \times 60 \text{ s})$

$= \underline{3.22 \text{ m}^3/\text{s}}$

7.11 (a) CO_2의 체적, V_{CO_2}

$V_{CO_2} = [(21 - x_{O_2})/x_{O_2}] \times V$

$= [(21 - 13.44)/13.44] \times (10 \text{ m} \times 10 \text{ m} \times 3 \text{ m})$

$= \underline{168.75 \text{ m}^3}$

(b) 실내 산소농도, x_{O_2}

$x_{CO_2} = [(21 - x_{O_2})/21] \times 100$에서

$x_{O_2} = 21 \times (1 - x_{CO_2}/100)$

$= 21 \times (1 - 36/100)$

$= \underline{13.44\%}$

부록 II 공기의 물리적 성질

온도 T(K)	밀도 ρ (kg/m^3)	정압비열 Cp(kJ/kgK)	절대점성계수 $\mu \times 10^7$(kg/m-s)	동점성계수 $\nu \times 10^6$(m^2/s)	열전도계수 $k \times 10^3$(W/m·K)	열확산계수 $\alpha \times 10^6$(m^2/s)	프란틀수 Pr
100	3.5562	1.032	71.1	2.00	9.34	2.54	0.786
150	2.3364	1.012	103.4	4.426	13.8	5.84	0.758
200	1.7458	1.007	132.5	7.590	18.1	10.3	0.737
250	1.3947	1.006	159.6	11.44	22.3	15.9	0.720
300	1.1614	1.007	184.6	15.89	26.3	22.5	0.707
350	0.9950	1.009	208.2	20.92	30.0	29.9	0.700
400	0.8711	1.013	230.1	26.41	33.8	38.3	0.690
450	0.7740	1.021	250.7	32.39	37.3	47.2	0.686
500	0.6964	1.030	270.1	38.79	40.7	56.7	0.684
550	0.6329	1.040	288.4	45.57	43.9	66.7	0.683
600	0.5804	1.051	305.8	52.69	46.9	76.9	0.685
650	0.5356	1.063	322.5	60.21	49.7	87.3	0.690
700	0.4975	1.075	338.8	68.10	52.4	98.0	0.695
750	0.4643	1.087	354.6	76.37	54.9	109	0.702
800	0.4354	1.099	369.8	84.93	57.3	120	0.709
850	0.4097	1.110	384.3	93.80	59.6	131	0.716
900	0.3868	1.121	398.1	102.9	62.0	143	0.720
950	0.3666	1.131	411.3	112.2	64.3	155	0.723
1,000	0.3482	1.141	424.4	121.9	66.7	168	0.726
1,100	0.3166	1.159	449.0	141.8	71.5	195	0.728
1,200	0.2902	1.175	473.0	162.9	76.3	224	0.728
1,300	0.2679	1.189	469.0	185.1	82	238	0.719
1,400	0.2488	1.207	530.0	213	91	303	0.703
1,500	0.2322	1.230	557	240	100	350	0.685
1,600	0.2177	1.248	584	268	106	390	0.688
1,700	0.2049	1.267	611	298	113	435	0.685
1,800	0.1935	1.286	637	326	120	482	0.683
1,900	0.1833	1.307	663	362	128	534	0.677
2,000	0.1741	1.337	689	396	137	589	0.672
2,100	0.1658	1.372	715	431	147	646	0.667
2,200	0.1582	1.417	740	468	160	714	0.655
2,300	0.1513	1.478	766	506	175	783	0.647
2,400	0.1448	1.558	792	547	196	869	0.630
2,500	0.1389	1.665	818	589	222	690	0.613
3,000	0.1135	2.726	955	841	486	1570	0.536

부록 Ⅲ 국가화재안전기준(NFSC) 목록

101	소화기구
102	옥내소화전
103	스프링클러설비
103A	간이스프링클러설비
103B	화재조기진압용 스프링클러설비
104	물분무소화설비
105	포소화설비
106	이산화탄소 소화설비
107	할로겐화합물 소화설비
107A	청정소화약제 소화설비
108	분말소화설비
109	옥외소화전설비
201	비상경보설비
202	비상방송설비
203	자동화재탐지설비
204	자동화재속보설비
205	누전경보기
301	피난기구
302	인명구조기구
303	유도등 및 유도표지
304	비상조명등
401	상수도 소화용수설비
402	소화수조 및 저수조
501	제연설비
501A	특별피난계단의 계단실 및 부속실 제연설비
502	연결송수관설비
503	연결살수설비
504	비상콘센트설비
505	무선통신보조설비
506	연소방지설비
602	소방시설용 비상전원 수전설비
603	도로터널

부록 Ⅳ LIST OF NFPA CODES AND STANDARDS

NFPA 1	Fire Code
NFPA 2	Hydrogen Technologies Code
NFPA 3	Standard for the Commissioning and Integrated Testing of Fire Protection and Life Safety Systems
NFPA 10	Standard for Portable Fire Extinguishers
NFPA 11	Standard for Low-, Medium-, and High-Expansion Foam
NFPA 12	Standard on Carbon Dioxide Extinguishing Systems
NFPA 12A	Standard on Halon 1301 Fire Extinguishing Systems
NFPA 13	Standard for the Installation of Sprinkler Systems
NFPA 13D	Standard for the Installation of Sprinkler Systems in One- and Two-Family Dwellings and Manufactured Homes
NFPA 13E	Recommended Practice for Fire Department Operations in Properties Protected by Sprinkler and Standpipe Systems
NFPA 13R	Standard for the Installation of Sprinkler Systems in Residential Occupancies up to and Including Four Stories in Height
NFPA 14	Standard for the Installation of Standpipes and Hose Systems
NFPA 15	Standard for Water Spray Fixed Systems for Fire Protection
NFPA 16	Standard for the Installation of Foam-Water Sprinkler and Foam-Water Spray Systems
NFPA 17	Standard for Dry Chemical Extinguishing Systems
NFPA 17A	Standard for Wet Chemical Extinguishing Systems
NFPA 18	Standard on Wetting Agents
NFPA 18A	Standard on Water Additives for Fire Control and Vapor Mitigation
NFPA 20	Standard for the Installation of Stationary Pumps for Fire Protection
NFPA 22	Standard for Water Tanks for Private Fire Protection
NFPA 24	Standard for the Installation of Private Fire Service Mains and Their Appurtenances
NFPA 25	Standard for the Inspection, Testing, and Maintenance of Water-Based Fire Protection Systems
NFPA 30	Flammable and Combustible Liquids Code
NFPA 30A	Code for Motor Fuel Dispensing Facilities and Repair Garages
NFPA 30B	Code for the Manufacture and Storage of Aerosol Products
NFPA 31	Standard for the Installation of Oil-Burning Equipment
NFPA 32	Standard for Drycleaning Plants

NFPA 33	Standard for Spray Application Using Flammable or Combustible Materials
NFPA 34	Standard for Dipping and Coating Processes Using Flammable or Combustible Liquids
NFPA 35	Standard for the Manufacture of Organic Coatings
NFPA 36	Standard for Solvent Extraction Plants
NFPA 37	Standard for the Installation and Use of Stationary Combustion Engines and Gas Turbines
NFPA 40	Standard for the Storage and Handling of Cellulose Nitrate Film
NFPA 45	Standard on Fire Protection for Laboratories Using Chemicals
NFPA 51	Standard for the Design and Installation of Oxygen-Fuel Gas Systems for Welding, Cutting, and Allied Processes
NFPA 51A	Standard for Acetylene Cylinder Charging Plants
NFPA 51B	Standard for Fire Prevention During Welding, Cutting, and Other Hot Work
NFPA 52	Vehicular Fuel Systems Code
NFPA 53	Recommended Practice on Materials, Equipment, and Systems Used in Oxygen-Enriched Atmospheres
NFPA 54	National Fuel Gas Code
NFPA 55	Standard for the Storage, Use, and Handling of Compressed Gases and Cryogenic Fluids in Portable and Stationary Containers, Cylinders, and Tanks
NFPA 58	Liquefied Petroleum Gas Code
NFPA 59	Utility LP-Gas Plant Code
NFPA 59A	Standard for the Production, Storage, and Handling of Liquefied Natural Gas (LNG)
NFPA 61	Standard for the Prevention of Fires and Dust Explosions in Agricultural and Food Processing Facilities
NFPA 68	Standard on Explosion Protection by Deflagration Venting
NFPA 69	Standard on Explosion Prevention Systems
NFPA 70	National Electrical Code
NFPA 70A	National Electrical Code for Requirements for One- and Two-Family Dwellings
NFPA 70B	Recommended Practice for Electrical Equipment Maintenance
NFPA 70E	Standard for Electrical Safety in the Workplace?/font>
NFPA 72	National Fire Alarm Code
NFPA 73	Electrical Inspection Code for Existing Dwellings
NFPA 75	Standard for the Protection of Information Technology Equipment
NFPA 76	Standard for the Fire Protection of Telecommunications Facilities
NFPA 77	Recommended Practice on Static Electricity
NFPA 79	Electrical Standard for Industrial Machinery
NFPA 80	Standard for Fire Doors and Other Opening Protectives

NFPA 80A	Recommended Practice for Protection of Buildings from Exterior Fire Exposures
NFPA 82	Standard on Incinerators and Waste and Linen Handling Systems and Equipment
NFPA 85	Boiler and Combustion Systems Hazards Code
NFPA 86	Standard for Ovens and Furnaces
NFPA 87	Recommended Practice for Fluid Heaters
NFPA 88A	Standard for Parking Structures
NFPA 90A	Standard for the Installation of Air-Conditioning and Ventilating Systems
NFPA 90B	Standard for the Installation of Warm Air Heating and Air-Conditioning Systems
NFPA 91	Standard for Exhaust Systems for Air Conveying of Vapors, Gases, Mists, and Noncombustible Particulate Solids
NFPA 92A	Standard for Smoke-Control Systems Utilizing Barriers and Pressure Differences
NFPA 92B	Standard for Smoke Management Systems in Malls, Atria, and Large Spaces
NFPA 96	Standard for Ventilation Control and Fire Protection of Commercial Cooking Operations
NFPA 99	Standard for Health Care Facilities
NFPA 99B	Standard for Hypobaric Facilities
NFPA 99C	Standard on Gas and Vacuum Systems
NFPA 101	Life Safety Code
NFPA 101A	Guide on Alternative Approaches to Life Safety
NFPA 102	Standard for Grandstands, Folding and Telescopic Seating, Tents, and Membrane Structures
NFPA 105	Standard for the Installation of Smoke Door Assemblies and Other Opening Protectives
NFPA 110	Standard for Emergency and Standby Power Systems
NFPA 111	Standard on Stored Electrical Energy Emergency and Standby Power Systems
NFPA 115	Standard for Laser Fire Protection
NFPA 120	Standard for Fire Prevention and Control in Coal Mines
NFPA 122	Standard for Fire Prevention and Control in Metal/Nonmetal Mining and Metal Mineral Processing Facilities
NFPA 130	Standard for Fixed Guideway Transit and Passenger Rail Systems
NFPA 140	Standard on Motion Picture and Television Production Studio Soundstages, Approved Production Facilities, and Production Locations
NFPA 150	Standard on Fire and Life Safety in Animal Housing Facilities
NFPA 160	Standard for the Use of Flame Effects Before an Audience
NFPA 170	Standard for Fire Safety and Emergency Symbols
NFPA 204	Standard for Smoke and Heat Venting
NFPA 211	Standard for Chimneys, Fireplaces, Vents, and Solid Fuel-Burning Appliances
NFPA 214	Standard on Water-Cooling Towers

NFPA 220	Standard on Types of Building Construction
NFPA 221	Standard for High Challenge Fire Walls, Fire Walls, and Fire Barrier Walls
NFPA 225	Model Manufactured Home Installation Standard
NFPA 232	Standard for the Protection of Records
NFPA 241	Standard for Safeguarding Construction, Alteration, and Demolition Operations
NFPA 251	Standard Methods of Tests of Fire Resistance of Building Construction and Materials
NFPA 252	Standard Methods of Fire Tests of Door Assemblies
NFPA 253	Standard Method of Test for Critical Radiant Flux of Floor Covering Systems Using a Radiant Heat Energy Source
NFPA 255	Standard Method of Test of Surface Burning Characteristics of Building Materials
NFPA 257	Standard on Fire Test for Window and Glass Block Assemblies
NFPA 259	Standard Test Method for Potential Heat of Building Materials
NFPA 260	Standard Methods of Tests and Classification System for Cigarette Ignition Resistance of Components of Upholstered Furniture
NFPA 261	Standard Method of Test for Determining Resistance of Mock-Up Upholstered Furniture Material Assemblies to Ignition by Smoldering Cigarettes
NFPA 262	Standard Method of Test for Flame Travel and Smoke of Wires and Cables for Use in Air-Handling Spaces
NFPA 265	Standard Methods of Fire Tests for Evaluating Room Fire Growth Contribution of Textile Coverings on Full Height Panels and Walls
NFPA 268	Standard Test Method for Determining Ignitibility of Exterior Wall Assemblies Using a Radiant Heat Energy Source
NFPA 269	Standard Test Method for Developing Toxic Potency Data for Use in Fire Hazard Modeling
NFPA 270	Standard Test Method for Measurement of Smoke Obscuration Using a Conical Radiant Source in a Single Closed Chamber
NFPA 271	Standard Method of Test for Heat and Visible Smoke Release Rates for Materials and Products Using an Oxygen Consumption Calorimeter
NFPA 274	Standard Test Method to Evaluate Fire Performance Characteristics of Pipe Insulation
NFPA 275	Standard Method of Fire Tests for the Evaluation of Thermal Barriers Used Over Foam Plastic Insulation
NFPA 276	Standard Method of Fire Tests for Determining the Heat Release Rate of Combustible Buildings Assemblies or Above Deck Roofing Components
NFPA 285	Standard Fire Test Method for Evaluation of Fire Propagation Characteristics of Exterior Non-Load-Bearing Wall Assemblies Containing Combustible Components

NFPA 286	Standard Methods of Fire Tests for Evaluating Contribution of Wall and Ceiling Interior Finish to Room Fire Growth
NFPA 287	Standard Test Methods for Measurement of Flammability of Materials in Cleanrooms Using a Fire Propagation Apparatus (FPA)
NFPA 288	Standard Methods of Fire Tests of Floor Fire Door Assemblies Installed Horizontally in Fire Resistance-Rated Floor Systems
NFPA 289	Standard Method of Fire Test for Individual Fuel Packages
NFPA 290	Standard for Fire Testing of Passive Protection Materials for Use on LP-Gas Containers
NFPA 291	Recommended Practice for Fire Flow Testing and Marking of Hydrants
NFPA 301	Code for Safety to Life from Fire on Merchant Vessels
NFPA 302	Fire Protection Standard for Pleasure and Commercial Motor Craft
NFPA 303	Fire Protection Standard for Marinas and Boatyards
NFPA 306	Standard for the Control of Gas Hazards on Vessels
NFPA 307	Standard for the Construction and Fire Protection of Marine Terminals, Piers, and Wharves
NFPA 312	Standard for Fire Protection of Vessels During Construction, Conversion, Repair, and Lay-Up
NFPA 318	Standard for the Protection of Semiconductor Fabrication Facilities
NFPA 326	Standard for the Safeguarding of Tanks and Containers for Entry, Cleaning, or Repair
NFPA 329	Recommended Practice for Handling Releases of Flammable and Combustible Liquids and Gases
NFPA 385	Standard for Tank Vehicles for Flammable and Combustible Liquids
NFPA 400	Hazardous Materials Code
NFPA 402	Guide for Aircraft Rescue and Fire-Fighting Operations
NFPA 403	Standard for Aircraft Rescue and Fire-Fighting Services at Airports
NFPA 405	Standard for the Recurring Proficiency of Airport Fire Fighters
NFPA 407	Standard for Aircraft Fuel Servicing
NFPA 408	Standard for Aircraft Hand Portable Fire Extinguishers
NFPA 409	Standard on Aircraft Hangars
NFPA 410	Standard on Aircraft Maintenance
NFPA 412	Standard for Evaluating Aircraft Rescue and Fire-Fighting Foam Equipment
NFPA 414	Standard for Aircraft Rescue and Fire-Fighting Vehicles
NFPA 415	Standard on Airport Terminal Buildings, Fueling Ramp Drainage, and Loading Walkways
NFPA 418	Standard for Heliports
NFPA 422	Guide for Aircraft Accident/Incident Response Assessment

NFPA 423	Standard for Construction and Protection of Aircraft Engine Test Facilities
NFPA 424	Guide for Airport/Community Emergency Planning
NFPA 430	Code for the Storage of Liquid and Solid Oxidizers
NFPA 432	Code for the Storage of Organic Peroxide Formulations
NFPA 434	Code for the Storage of Pesticides
NFPA 450	Guide for Emergency Medical Services and Systems
NFPA 472	Standard for Competence of Responders to Hazardous Materials/Weapons of Mass Destruction Incidents
NFPA 473	Standard for Competencies for EMS Personnel Responding to Hazardous Materials/WMD Incidents
NFPA 484	Standard for Combustible Metals
NFPA 490	Code for the Storage of Ammonium Nitrate
NFPA 495	Explosive Materials Code
NFPA 496	Standard for Purged and Pressurized Enclosures for Electrical Equipment
NFPA 497	Recommended Practice for the Classification of Flammable Liquids, Gases, or Vapors and of Hazardous (Classified) Locations for Electrical Installations in Chemical Process Areas
NFPA 498	Standard for Safe Havens and Interchange Lots for Vehicles Transporting Explosives
NFPA 499	Recommended Practice for the Classification of Combustible Dusts and of Hazardous (Classified) Locations for Electrical Installations in Chemical Process Areas
NFPA 501	Standard on Manufactured Housing
NFPA 501A	Standard for Fire Safety Criteria for Manufactured Home Installations, Sites, and Communities
NFPA 502	Standard for Road Tunnels, Bridges, and Other Limited Access Highways
NFPA 505	Fire Safety Standard for Powered Industrial Trucks Including Type Designations, Areas of Use, Conversions, Maintenance, and Operations
NFPA 520	Standard on Subterranean Spaces
NFPA 550	Guide to the Fire Safety Concepts Tree
NFPA 551	Guide for the Evaluation of Fire Risk Assessments
NFPA 555	Guide on Methods for Evaluating Potential for Room Flashover
NFPA 556	Guide on Methods for Evaluating Fire Hazard to Occupants of Passenger Road Vehicles
NFPA 560	Standard for the Storage, Handling, and Use of Ethylene Oxide for Sterilization and Fumigation
NFPA 600	Standard on Industrial Fire Brigades
NFPA 601	Standard for Security Services in Fire Loss Prevention

NFPA 610 Guide for Emergency and Safety Operations at Motorsports Venues
NFPA 654 Standard for the Prevention of Fire and Dust Explosions from the Manufacturing, Processing, and Handling of Combustible Particulate Solids
NFPA 655 Standard for Prevention of Sulfur Fires and Explosions
NFPA 664 Standard for the Prevention of Fires and Explosions in Wood Processing and Woodworking Facilities
NFPA 701 Standard Methods of Fire Tests for Flame Propagation of Textiles and Films
NFPA 703 Standard for Fire-Retardant Treated Wood and Fire-Retardant Coatings for Building Materials
NFPA 704 Standard System for the Identification of the Hazards of Materials for Emergency Response
NFPA 705 Recommended Practice for a Field Flame Test for Textiles and Films
NFPA 720 Standard for the Installation of Carbon Monoxide(CO) Detection and Warning Equipment
NFPA 730 Guide for Premises Security
NFPA 731 Standard for the Installation of Electronic Premises Security Systems
NFPA 750 Standard on Water Mist Fire Protection Systems
NFPA 780 Standard for the Installation of Lightning Protection Systems
NFPA 801 Standard for Fire Protection for Facilities Handling Radioactive Materials
NFPA 804 Standard for Fire Protection for Advanced Light Water Reactor Electric Generating Plants
NFPA 805 Performance-Based Standard for Fire Protection for Light Water Reactor Electric Generating Plants
NFPA 806 Performance Based Standard for Fire Protection for Advanced Nuclear Reactor Electric Generating Plants Change Process
NFPA 820 Standard for Fire Protection in Wastewater Treatment and Collection Facilities
NFPA 850 Recommended Practice for Fire Protection for Electric Generating Plants and High Voltage Direct Current Converter Stations
NFPA 851 Recommended Practice for Fire Protection for Hydroelectric Generating Plants
NFPA 853 Standard for the Installation of Stationary Fuel Cell Power Systems
NFPA 900 Building Energy Code
NFPA 901 Standard Classifications for Incident Reporting and Fire Protection Data
NFPA 909 Code for the Protection of Cultural Resources Properties - Museums, Libraries, and Places of Worship
NFPA 914 Code for Fire Protection of Historic Structures
NFPA 921 Guide for Fire and Explosion Investigations
NFPA 1000 Standard for Fire Service Professional Qualifications Accreditation and Certification Systems

NFPA 1001 Standard for Fire Fighter Professional Qualifications
NFPA 1002 Standard for Fire Apparatus Driver/Operator Professional Qualifications
NFPA 1003 Standard for Airport Fire Fighter Professional Qualifications
NFPA 1005 Standard for Professional Qualifications for Marine Fire Fighting for Land-Based Fire Fighters
NFPA 1006 Standard for Technical Rescuer Professional Qualifications
NFPA 1021 Standard for Fire Officer Professional Qualifications
NFPA 1026 Standard for Incident Management Personnel Professional Qualifications
NFPA 1031 Standard for Professional Qualifications for Fire Inspector and Plan Examiner
NFPA 1033 Standard for Professional Qualifications for Fire Investigator
NFPA 1035 Standard for Professional Qualifications for Public Fire and Life Safety Educator
NFPA 1037 Standard for Professional Qualifications for Fire Marshal
NFPA 1041 Standard for Fire Service Instructor Professional Qualifications
NFPA 1051 Standard for Wildland Fire Fighter Professional Qualifications
NFPA 1061 Standard for Professional Qualifications for Public Safety Telecommunicator
NFPA 1071 Standard for Emergency Vehicle Technician Professional Qualifications
NFPA 1081 Standard for Industrial Fire Brigade Member Professional Qualifications
NFPA 1122 Code for Model Rocketry
NFPA 1123 Code for Fireworks Display
NFPA 1124 Code for the Manufacture, Transportation, Storage, and Retail Sales of Fireworks and Pyrotechnic Articles
NFPA 1125 Code for the Manufacture of Model Rocket and High Power Rocket Motors
NFPA 1126 Standard for the Use of Pyrotechnics Before a Proximate Audience
NFPA 1127 Code for High Power Rocketry
NFPA 1141 Standard for Fire Protection Infrastructure for Land Development in Suburban and Rural Areas
NFPA 1142 Standard on Water Supplies for Suburban and Rural Fire Fighting
NFPA 1143 Standard for Wildland Fire Management
NFPA 1144 Standard for Reducing Structure Ignition Hazards from Wildland Fire
NFPA 1145 Guide for the Use of Class A Foams in Manual Structural Fire Fighting
NFPA 1150 Standard on Foam Chemicals for Fires in Class A Fuels
NFPA 1192 Standard on Recreational Vehicles
NFPA 1194 Standard for Recreational Vehicle Parks and Campgrounds
NFPA 1201 Standard for Providing Emergency Services to the Public
NFPA 1221 Standard for the Installation, Maintenance, and Use of Emergency Services Communications Systems
NFPA 1250 Recommended Practice in Emergency Service Organization Risk Management
NFPA 1401 Recommended Practice for Fire Service Training Reports and Records

NFPA 1402 Guide to Building Fire Service Training Centers
NFPA 1403 Standard on Live Fire Training Evolutions
NFPA 1404 Standard for Fire Service Respiratory Protection Training
NFPA 1405 Guide for Land-Based Fire Fighters Who Respond to Marine Vessel Fires
NFPA 1407 Standard for Fire Service Rapid Intervention Crews
NFPA 1410 Standard on Training for Initial Emergency Scene Operations
NFPA 1451 Standard for a Fire Service Vehicle Operations Training Program
NFPA 1452 Guide for Training Fire Service Personnel to Conduct Dwelling Fire Safety Surveys
NFPA 1500 Standard on Fire Department Occupational Safety and Health Program
NFPA 1521 Standard for Fire Department Safety Officer
NFPA 1561 Standard on Emergency Services Incident Management System
NFPA 1581 Standard on Fire Department Infection Control Program
NFPA 1582 Standard on Comprehensive Occupational Medical Program for Fire Departments
NFPA 1583 Standard on Health-Related Fitness Programs for Fire Department Members
NFPA 1584 Standard on the Rehabilitation Process for Members During Emergency Operations and Training Exercises
NFPA 1600 Standard on Disaster/Emergency Management and Business Continuity Programs
NFPA 1620 Recommended Practice for Pre-Incident Planning
NFPA 1670 Standard on Operations and Training for Technical Search and Rescue Incidents
NFPA 1710 Standard for the Organization and Deployment of Fire Suppression Operations, Emergency Medical Operations, and Special Operations to the Public by Career Fire Departments
NFPA 1720 Standard for the Organization and Deployment of Fire Suppression Operations, Emergency Medical Operations and Special Operations to the Public by Volunteer Fire Departments
NFPA 1801 Standard on Thermal Imagers for the Fire Service
NFPA 1851 Standard on Selection, Care, and Maintenance of Protective Ensembles for Structural Fire Fighting and Proximity Fire Fighting
NFPA 1852 Standard on Selection, Care, and Maintenance of Open-Circuit Self-Contained Breathing Apparatus (SCBA)
NFPA 1901 Standard for Automotive Fire Apparatus
NFPA 1906 Standard for Wildland Fire Apparatus
NFPA 1911 Standard for the Inspection, Maintenance, Testing, and Retirement of In-Service Automotive Fire Apparatus
NFPA 1912 Standard for Fire Apparatus Refurbishing
NFPA 1925 Standard on Marine Fire-Fighting Vessels
NFPA 1931 Standard for Manufacturer's Design of Fire Department Ground Ladders

NFPA 1932	Standard on Use, Maintenance, and Service Testing of In-Service Fire Department Ground Ladders
NFPA 1936	Standard on Powered Rescue Tools
NFPA 1951	Standard on Protective Ensembles for Technical Rescue Incidents
NFPA 1952	Standard on Surface Water Operations Protective Clothing and Equipment
NFPA 1961	Standard on Fire Hose
NFPA 1962	Standard for the Inspection, Care, and Use of Fire Hose, Couplings, and Nozzles and the Service Testing of Fire Hose
NFPA 1963	Standard for Fire Hose Connections
NFPA 1964	Standard for Spray Nozzles
NFPA 1965	Standard for Fire Hose Appliances
NFPA 1971	Standard on Protective Ensembles for Structural Fire Fighting and Proximity Fire Fighting
NFPA 1975	Standard on Station/Work Uniforms for Fire and Emergency Services
NFPA 1977	Standard on Protective Clothing and Equipment for Wildland Fire Fighting
NFPA 1981	Standard on Open-Circuit Self-Contained Breathing Apparatus (SCBA) for Emergency Services
NFPA 1982	Standard on Personal Alert Safety Systems (PASS)
NFPA 1983	Standard on Life Safety Rope and Equipment for Emergency Services
NFPA 1989	Standard on Breathing Air Quality for Emergency Services Respiratory Protection
NFPA 1991	Standard on Vapor-Protective Ensembles for Hazardous Materials Emergencies
NFPA 1992	Standard on Liquid Splash-Protective Ensembles and Clothing for Hazardous Materials Emergencies
NFPA 1994	Standard on Protective Ensembles for First Responders to CBRN Terrorism Incidents
NFPA 1999	Standard on Protective Clothing for Emergency Medical Operations
NFPA 2001	Standard on Clean Agent Fire Extinguishing Systems
NFPA 2010	Standard for Fixed Aerosol Fire-Extinguishing Systems
NFPA 2112	Standard on Flame-Resistant Garments for Protection of Industrial Personnel Against Flash Fire
NFPA 2113	Standard on Selection, Care, Use, and Maintenance of Flame-Resistant Garments for Protection of Industrial Personnel Against Flash Fire
NFPA 5000	Building Construction and Safety Code

참고문헌

박외철, 유재환, 이수경, 이춘하, 전중함, 김영수, 최신소방설비, 동화기술, 2005.

백열선, 소방기계설비, 형설출판사, 2006.

한국화재소방학회, 핵심화재소방기술, 1997.

정진홍, 이덕수, 소방설비산업기사 기계편, 삼원출판사, 2005.

남상욱, 소방시설의 설계 및 시공, 성안당, 2006.

A.L. Simon원저, 남선우, 최은호 역, 소방수리학(Fire Hydraulics), 기문당, 1994.

D. Drysdale, An Introduction to Fire Dynamics, John Wiley and Sons, 1985.

P.J. DiÑenno, G.L. Beyler, R.L.O. Custer and J.M. Watts, SFPE Handbook of Fire Protection Engineering, NFPA, 2003.

R.M. Gagnon, Design of Water-Based Fire Protection Systems, Delmar Publishers, 1997.

NFPA Fire Protection Handbook, 20th ed., 2008.

NFPA Codes and Standards, 2008.

찾아보기

영문

기타

· 박 외 철
미국 University of Minnesota 유체역학 공학박사
한국원자력연구소 연구원
미국표준기술연구소(NIST) 객원연구원
현) 부경대학교 소방공학과 교수, 미국소방기술사

· 김 영 수
충북대학교 안전공학과
충북대학교 안전공학과 공학박사
현) 신성대학교 소방안전관리과 교수

· 방 창 훈
경북대학교 기계공학과
경북대학교 기계공학과 공학박사
현) 경남대학교 소방방재공학과 교수

· 이 수 경
서울대학교 화학공학과 공학박사
독일 Wuppetal대학 연구원
행정자치부, 중앙소방안전기술위원회 위원
현) 서울과학기술대학교 안전공학과 교수

· 이 춘 하
영남대학교 전기공학과 공학박사
한국기계연구원 실장
현) 호서대학교 소방방재학과 교수

최신 **소화설비** 정가 25,000원

인　쇄 2009년 3월 2일 초판 1쇄
발　행 2023년 9월 10일 초판 6쇄
저　자 박외철·김영수·방창훈·이수경·이춘하
발행인 정우용
발행처 도서출판 **동화기술**
경기도 파주시 광인사길 201(문발동, 파주출판도시)
Tel (031)955-4211~6 donghwae@kornet.net
Fax (031)955-4217 www.donghwapub.co.kr
(등록) 1977년 12월 19일/9-16호

Printed in Korea
ISBN 978-89-425-1382-6